한국산업인력공단 주관

전산응용기계제도
기능사 필기

최신출제경향 완벽 반영!

김원중 저

도서출판 **책과 상상**
www.SangSangbooks.co.kr

전자·컴퓨터 기술의 급속한 발전에 따라 기계제도 분야에서도 컴퓨터에 의한 설계 및 생산시스템(CAD/CAM)이 광범위하게 이용되고 있습니다. 그러나 이러한 시스템을 효율적으로 적용하고 응용할 수 있는 인력은 부족한 실정입니다. 이에 따라 산업현장에서 필요로 하는 전문 기능인력을 양성하고자 제정한 자격이 바로 전산응용기계제도기능사입니다.

전산응용기계제도기능사는 CAD시스템을 이용하여 도면을 작성하거나 수정, 출도를 하며 부품도를 도면의 형식에 맞게 배열하고 단면 형상의 표시 및 치수 노트를 작성. 또한 컴퓨터 그래픽을 이용하여 부품의 전개도, 조립도, 계단도, 유압회로, 전기회로, 배관회로 등을 제도하는 업무를 수행합니다.

필자는 교단과 현장에서의 경험을 토대로 전산응용기계제도기능사 자격을 취득하고자 하는 독자들을 위하여 다음과 같은 내용으로 책을 집필하였습니다.

1. 새로 개정된 출제기준과 유형을 분석하여 핵심적인 내용을 수록하였습니다.
2. 본문 이해가 쉽도록 풍부한 삽화와 일러스트를 추가하였습니다.
3. 과목별 출제예상문제와 해설을 통해 실제시험에 대한 적응력을 향상시킬 수 있도록 하였습니다.
4. CBT 변경 이전 한국산업인력공단이 주관하여 시행한 기출문제 및 CBT 시험 출제문제를 중심으로 5회분의 적중모의고사를 상세한 해설과 함께 수록하였습니다.

내용의 오류가 없도록 세심히 정성을 다했지만 혹 미비한 부분이 있어 불편함이 있다면 독자 여러분들의 조언과 충고를 통해 차후 보다 나은 내용으로 수험생 여러분들에게 찾아뵐 것을 약속드리며 여러분들에게 합격의 영광이 있기를 진심으로 기원합니다.

검정안내 및 출제기준

■ 개요
전자·컴퓨터 기술의 급속한 발전에 따라 기계제도 분야에서도 컴퓨터에 의한 설계 및 생산시스템(CAD/CAM)이 광범위하게 이용되고 있다. 그러나 이러한 시스템을 효율적으로 적용하고 응용할 수 있는 인력은 부족한 편이다. 이에 따라 산업현장에서 필요로 하는 전산응용기계제도분야의 기능인력을 양성하고자 자격을 제정

■ 수행직무
CAD시스템을 이용하여 도면을 작성하거나 수정, 출도를 하며 부품도를 도면의 형식에 맞게 배열하고 단면 형상의 표시 및 치수 노트를 작성. 또한 컴퓨터 그래픽을 이용하여 부품의 전개도, 조립도, 재단도, 유압회로, 전기회로, 배관회로 등을 제도하는 업무 수행

■ 출제경향
CAD시스템을 이용하여 산업체에서 제품개발, 설계, 생산기술 부문의 기술자들이 기술정보를 표현하고 저장하기 위한 도면, 그래픽 모델 및 파일 등을 산업표준 규격에 준하여 제도하는 업무 등의 직무 수행

■ 취득방법
- 시험과목
  - 필기 : 기계설계제도
  - 실기 : 기계설계제도 실무
- 검정방법
  - 필기 : 객관식 60문항(60분)
  - 실기 : 작업형(5시간 정도)
- 합격기준
  - 필기·실기 : 100점을 만점으로 하여 60점 이상

■ 진로 및 전망
기계, 조선, 항공, 전기, 전자, 건설, 환경, 플랜트엔지니어링분야 등으로 진출한다. 최근 기계제도 분야에서는 CAD시스템 사용보편화와 CAD기술의 지속적인 발전으로 전산응용기계제도 방식이 주류를 이루고 있다. 이에 따라 향후 시스템 운용을 담당할 기능인력이 꾸준히 증가할 전망이다. 최근 5년간 자격응시인원도 매년 증가하고 있다.

■ 출제기준

필기 과목명	문제수	주요항목	세부항목	세세항목
기계 설계 제도	60	1. 2D도면작업	1. 작업환경 설정	1. 도면영역의 크기 2. 선의 종류 3. 선의 용도 4. KS 기계제도 통칙 5. 도면의 종류 6. 도면의 양식 7. 2D CAD 시스템 일반 8. 2D CAD 입출력장치
			2. 도면작성	1. 2D 좌표계 활용 2. 도형 작도 및 수정 3. 도면 편집 4. 투상법 5. 투상도 6. 단면도 7. 기타 도시법
			3. 기계 재료 선정	1. 재료의 성질 2. 철강 재료 3. 비철금속 재료 4. 비금속 재료
		2. 2D도면관리	1. 치수 및 공차 관리	1. 치수기입 2. 치수보조기호 3. 치수공차 4. 기하공차 5. 끼워맞춤공차 6. 공차관리 7. 표면거칠기 8. 표면처리 9. 열처리 10. 면의 지시기호
			2. 도면출력 및 데이터 관리	1. 데이터 형식 변환(DXF, IGES)
		3. 3D형상모델링 작업	1. 3D형상모델링 작업 준비	1. 3D 좌표계 활용 2. 3D CAD 시스템 일반 3. 3D CAD 입출력장치
			2. 3D형상모델링 작업	1. 3D 형상모델링 작업
		4. 3D형상모델링 검토	1. 3D형상모델링 검토	1. 조립구속조건 종류
			2. 3D형상모델링 출력 및 데이터 관리	1. 3D CAD 데이터 형식 변환(STEP, STL, PARASOLID, IGES)

필기 과목명	문제 수	주요항목	세부항목	세세항목
기계 설계 제도	60	5. 기계제작	1. 기계제작의 이해	1. 주조 2. 소성가공 3. 절삭가공 4. 정밀입자 및 특수가공 5. 용접가공 6. 프레스가공
		6. 기본측정기 사용	1. 작업계획 파악	1. 측정 방법 2. 단위 종류
			2. 측정기 선정	1. 측정기 종류 2. 측정기 용도 3. 측정기 선정
			3. 기본측정기 사용	1. 측정기 사용 방법
		7. 조립도면해독	1. 부품도 파악	1. 기계 부품 도면 해독 2. KS 규격 기계 재료 기호
			2. 조립도 파악	1. 기계 조립 도면 해독
		8. 체결요소설계	1. 요구기능 파악 및 선정	1. 나사　　　 2. 키 3. 핀　　　　 4. 리벳 5. 볼트 · 너트　6. 와셔 7. 용접　　　 8. 코터
			2. 체결요소 선정	1. 체결요소별 기계적 특성
			3. 체결요소 설계	1. 체결요소 설계 2. 체결요소 재료 3. 체결요소 부품 표면처리 방법
		9. 동력전달요소설계	1. 요구기능 파악 및 선정	1. 축　　　　 2. 축이음 3. 베어링　　 4. 마찰차 5. 기어　　　 6. 캠 7. 벨트　　　 8. 로프 9. 체인　　　 10. 브레이크 11. 스프링 등
			2. 동력전달요소 설계	1. 동력전달요소 설계 2. 동력전달요소 재료 3. 동력전달요소 부품 표면처리 방법

NCS(국가직무능력표준) 안내

NCS(국가직무능력표준)와 NCS 학습모듈

- 국가직무능력표준(NCS, National Competency Standards)이란 산업현장에서 직무를 수행하기 위해 요구되는 지식·기술·소양 등의 내용을 국가가 산업부문별·수준별로 체계화한 것으로 국가적 차원에서 표준화한 것을 의미합니다.
- NCS 학습모듈은 NCS 능력단위를 교육 및 직업훈련 시 활용할 수 있도록 구성한 교수·학습자료입니다. 즉, NCS 학습모듈은 학습자의 직무능력 제고를 위해 요구되는 학습 요소(학습 내용)를 NCS에서 규정한 업무 프로세스나 세부 지식, 기술을 토대로 재구성한 것입니다.

NCS 개념도

NCS의 활용영역

구분		활용 콘텐츠
산업현장	근로자	평생경력개발경로, 자가진단도구
	기업	현장수요 기반의 인력채용 및 인사관리기준, 직무기술서
교육훈련기관		직업교육 훈련과정 개발, 교수계획 및 매체·교재개발, 훈련기준 개발
자격시험기관		자격종목설계, 출제기준, 시험문항, 시험방법

NCS 학습모듈의 특징

- NCS 학습모듈은 산업계에서 요구하는 직무능력을 교육훈련 현장에 활용할 수 있도록 성취목표와 학습의 방향을 명확히 제시하는 가이드라인의 역할을 합니다.
- NCS 학습모듈은 특성화고, 마이스터고, 전문대학, 4년제 대학교의 교육기관 및 훈련기관, 직장교육기관 등에서 표준교재로 활용할 수 있으며 교육과정 개편 시에도 유용하게 참고할 수 있습니다.

NCS와 NCS 학습모듈의 연결 체제

과정평가형 자격취득 안내

과정평가형 자격

과정평가형 자격은 국가기술자격법에 근거하여 국가직무능력표준(NCS)에 따라 설계된 교육·훈련과정을 체계적으로 이수한 교육·훈련생에게 내·외부 평가를 통해 국가기술자격증을 부여하는 새로운 개념의 국가기술자격 취득 제도로서 2015년부터 시행되고 있다.

과정평가형 자격 운영 절차

시행 대상

국가기술자격법의 과정평가형 자격 신청자격에 충족한 기관 중 공모를 통하여 지정된 교육·훈련기관의 단위과정별 교육·훈련을 이수하고 내부평가에 합격한 자

교육·훈련생 평가

① 내부평가(지정 교육·훈련기관)
  ㉮ 평가대상 : 능력단위별 교육·훈련과정의 75% 이상 출석한 교육·훈련생
  ㉯ 평가방법
    ㉠ 지정받은 교육·훈련과정의 능력단위별로 평가
    ㉡ 능력단위별 내부평가 계획에 따라 자체 시설·장비를 활용하여 실시
  ㉰ 평가시기
    ㉠ 해당 능력단위에 대한 교육·훈련이 종료된 시점에서 실시하고 공정성과 투명성이 확보되어야 함
    ㉡ 내부평가 결과 평가점수가 일정수준(40%) 미만인 경우에는 교육·훈련기관 자체적으로 재교육 후 능력단위별 1회에 한해 재평가 실시
② 외부평가(한국산업인력공단)
  ㉮ 평가대상 : 단위과정별 모든 능력단위의 내부평가 합격자
  ㉯ 평가방법 : 1차·2차 시험으로 구분 실시
    ㉠ 1차 시험 : 지필평가(주관식 및 객관식 시험)
    ㉡ 2차 시험 : 실무평가(작업형 및 면접 등)

합격자 결정 및 자격증 교부

① 합격자 결정 기준
   내부평가 및 외부평가 결과를 각각 100점을 만점으로 하여 평균 80점 이상 득점한 자
② 자격증 교부
   기업 등 산업현장에서 필요로 하는 능력보유 여부를 판단할 수 있도록 교육·훈련 기관명·기간·시간 및 NCS 능력단위 등을 기재하여 발급

NCS 및 과정평가형 자격에 대한 내용은 NCS국가직무능력표준 홈페이지(www.ncs.go.kr)에서 보다 자세하게 살펴볼 수 있습니다.

CBT 필기시험제도 안내

변경된 제도 개요

기능사 CBT(컴퓨터 기반 시험) 필기시험제도는 한국산업인력공단 상설시험장과 외부기관의 시설 및 장비를 임차하여 시행하기 때문에 시험장 사정에 따라 시험일자가 달라질 수 있으며, 수험생들이 선호하는 시험장은 조기 마감될 수 있으므로 주의하여야 합니다.

원서접수 기간 및 접수처

- 한국산업인력공단이 주관 및 시행하는 기능사 정기 CBT 필기시험 및 상시 CBT 필기시험과 관련한 정보는 큐넷 홈페이지(http://www.q-net.or.kr)를 방문하여 확인합니다.
- 기능사 필기시험의 원서접수는 인터넷으로만 가능하며 정기 및 상시시험 모두 큐넷 홈페이지(http://www.q-net.or.kr)에서 접수할 수 있습니다.
- 기능사 상시시험 종목 : 한식조리기능사, 양식조리기능사, 일식조리기능사, 중식조리기능사, 제과기능사, 제빵기능사, 미용사(일반), 미용사(피부), 미용사(네일), 미용사(메이크업), 굴착기운전기능사, 지게차운전기능사, 건축도장기능사, 방수기능사 [14종목]
  ※ 건축도장기능사, 방수기능사 2종목은 정기검정과 병행 시행

CBT 부별 시험시간 안내

구분	입실시간	시험시간	비고
1부	09:30	09:50~10:50	
2부	10:00	10:20~11:20	
3부	11:00	11:20~12:20	
4부	11:30	11:50~12:50	
5부	13:00	13:20~14:20	시험실 입실 시간은 시험 시작 20분 전
6부	13:30	13:50~14:50	
7부	14:30	14:50~15:50	
8부	15:00	15:20~16:20	
9부	16:00	16:20~17:20	
10부	16:30	16:50~17:50	

※ 지역별 접수인원에 따라 일일 시행횟수는 변동될 수 있으며, 원거리 시험장으로 이동할 수 있습니다.

합격자 발표

종이 시험과 달리 CBT 필기시험은 시험이 종료된 후 시험점수와 함께 합격 여부를 확인할 수 있으며, 이 결과는 시험일정 상의 합격자 발표일에 최종 확인할 수 있습니다.

■ CBT 필기시험 체험하기

01 CBT 필기시험 응시를 위해 지정된 좌석에 앉으면 해당 컴퓨터 단말기가 시험감독관 서버에 연결되었음을 알리는 연결 성공 메시지가 나타납니다.

02 수험자 접속 대기 화면에서 좌석번호를 확인합니다. 좌석번호 확인이 끝나면 시험감독관의 지시에 따라 시험 안내 화면으로 자동으로 이동합니다.

03 수험자 정보를 확인합니다. 감독관의 신분 확인 절차가 진행됩니다. 신분 확인이 모두 끝나면 시험을 시작할 수 있습니다.

04 CBT 필기시험에 대한 안내사항이 나타납니다. 화면은 예제이며, 실제 기능사 필기시험은 총 60문제로 구성되며, 60분간 진행됩니다.

05 다음 항목에서 시험과 관련된 유의사항을 확인합니다. 특히, 시험과 관련한 부정행위 적발 시 퇴실과 함께 해당 시험은 무효처리되어 불합격 될 뿐만 아니라, 이후 3년간 국가기술자격검정에 응시할 수 있는 자격이 정지되므로 부정행위로 인정되는 내용을 꼼꼼히 확인하도록 합니다.

06 메뉴설명 항목에서는 문제풀이와 관련된 메뉴에 대한 설명을 확인할 수 있습니다. CBT 화면에서는 글자 크기를 크게 하거나 작게 할 수 있을 뿐 아니라, 화면 배치를 1단 또는 2단 화면 보기 혹은 한 문제씩 보기로 선택할 수 있습니다.

07 문제풀이 연습 항목에서는 실제 문제를 풀어보는 과정을 연습할 수 있습니다. 실제 시험에서 실수하지 않도록 하기 위해 [자격검정 CBT 문제풀이 연습] 버튼을 클릭합니다.

08 보기의 연습 문제는 국가기술자격시험의 정부 위탁기관인 한국산업인력공단의 본부 청사 소재지를 묻는 것입니다. 현재 한국산업인력공단 본부는 울산광역시에 소재하고 있습니다. 문제 아래의 보기에서 번호 항목을 클릭하거나 답안 표기란의 번호 항목에서 해당 답안을 클릭하여 답안을 체크합니다.

09 문제 아래의 보기를 클릭하거나 오른쪽 답안 표기란의 답안 항목을 클릭하면 화면과 같이 선택한 답안이 OMR 카드에 색칠한 것과 같이 색이 채워집니다.

> 답안을 수정할 때는 마찬가지 방법으로 수정하고자 하는 문제의 보기 항목이나 답안 표기란의 보기 항목에서 수정하고자 하는 답안을 클릭합니다.

10 문제를 풀고 나면 다음 문제를 풀기 위해 화면 하단의 [다음] 버튼을 클릭하여 문제를 계속 풀어나가면 됩니다. 참고로 하단 버튼 중 [계산기]를 클릭하면 간단한 공학용 계산기를 사용하여 계산 문제를 푸는 데 도움을 받을 수 있습니다.

> 계산이 끝나고 계산기를 화면에서 사라지게 하려면 계산기 창의 오른쪽 상단에 있는 닫기 ❌ 버튼을 클릭합니다.

11 문제 풀이 연습이 끝나면 하단의 [답안 제출] 버튼을 클릭하여 답안을 제출합니다.

> 어려운 문제의 경우 하단의 [다음] 버튼을 클릭하여 다음 문제를 풀 수도 있습니다. 단, 이러한 경우 답안을 제출하기 전에 하단의 [안 푼 문제] 버튼을 클릭하여 혹시 풀지 않은 문제가 있는 지 최종적으로 확인하도록 합니다.

12 답안 제출을 클릭하면 나타나는 화면입니다. 수험생들이 실수로 답안을 모두 체크하지 않고 제출할 수 있는 실수를 방지하기 위해 2회에 걸쳐 주의 화면이 나타납니다. 답안을 제출하려면 [예] 버튼을 누릅니다.

13 문제풀이 연습을 모두 마치면 나타나는 화면에서 [시험 준비 완료] 버튼을 클릭합니다. 이후 시험 시간이 되면 시험감독관의 지시에 따라 시험이 자동으로 시작됩니다.

14 본 시험이 시작되면 첫 번째 문제가 화면에 나타납니다. 앞서 문제풀이 연습 때와 마찬가지 방법으로 문제의 보기에서 정답을 클릭하거나 답안 표기란에 해당 문제의 정답 항목을 클릭하여 답을 선택합니다.

15 화면 하단의 [다음] 버튼을 클릭하면 다음 문제를 풀 수 있습니다. 앞서와 마찬가지 방법으로 답안에 체크하고 모든 문제를 풀었다면 [답안 제출] 버튼을 클릭합니다.

> 화면의 상단 오른쪽에 제한 시간과 남은 시간이 표시됩니다. 본 예제는 체험을 위한 것으로 실제 시험시간은 60분이며, 이에 따라 남은 시간도 표시됩니다.

16 수험생의 실수를 방지하기 위해 2회에 걸쳐 주의 문구가 출력됩니다. 모든 문제를 이상없이 풀고 답안에 체크했다면 [예] 버튼을 클릭하여 답안을 제출하고 시험을 마무리합니다.

> 문제 화면으로 다시 돌아가고자 한다면 [아니오] 버튼을 클릭하여 이미 푼 문제들을 다시 확인하고 필요한 경우 답안을 수정할 수 있습니다.

17 답안 제출 화면이 나타납니다. 잠시 기다립니다.

18 CBT 필기시험을 모두 끝내고 답안을 제출하면 곧바로 합격, 불합격 여부를 화면과 같이 확인할 수 있습니다. 독자분들은 꼭 화면과 같은 합격 축하 문구를 볼 수 있기를 기원합니다.

19 앞서의 합격 여부 화면에서 [확인 완료] 버튼을 클릭하면 CBT 필기시험이 종료됩니다. 고생하셨습니다.

본 도서에 수록된 CBT 필기시험 체험하기 내용은 한국산업인력공단의 CBT 체험하기 과정을 인용하여 구성 및 정리한 것입니다. 직접 한국산업인력공단에서 제공하는 CBT 필기시험을 체험하고자 하는 독자께서는 한국산업인력공단이 운영하는 큐넷 홈페이지(www.q-net.or.kr)를 방문하시기 바랍니다.

차례

01장 제도의 기본

제 1절 제도의 개요 026
  01 제도 통칙(KS A 0005) 026
  02 도면 027

제 2절 선과 문자 032
  01 선 032
  02 문자 034

적중예상문제 035

02장 기초 제도

제 1절 투상법 044
  01 투상법의 종류 044
  02 도형의 도시 방법 047
  03 단면도 049

제 2절 치수의 표시 방법 057
  01 치수 기입 일반 057
  02 치수 기입 방법 060
  03 표면 거칠기 066

제 3절 치수 공차와 끼워 맞춤 073
  01 치수 공차 073
  02 IT 기본 공차 (ISO Tolerance) 074
  03 끼워 맞춤(Fitting) 074
  04 치수 공차 기입법 076
  05 끼워 맞춤 기입법 077

제 4절 기하학적 치수 및 공차 078
  01 일반 사항 078
  02 용어 078

03 기하 공차의 종류와 그 기호	079
04 공차의 표시방법	081

제 5절 재료 표시 082
01 재료 기호 082
02 금속 재료의 기호 085
03 비철금속 재료의 기호 086

제 6절 스케치도 087
01 스케치 087

제 7절 측정기 사용 089
01 손다듬질 작업 순서 089
02 리머 작업 및 태핑 089
03 직접 측정기 090
04 비교 측정기 091
05 블록 게이지(block gauge) 091
06 한계 게이지 091
07 각종 게이지(표준 게이지) 092
08 사인 바(sine bar) 092
09 나사의 유효 지름 측정 092

적중예상문제 093

03장 기계 요소의 제도

제 1절 결합용 기계 요소 134
01 나사 134
02 볼트와 너트 138
03 볼트의 종류 141
04 너트의 종류 142
05 작은 나사 142
06 키와 핀 142
07 코터 이음 144

제 2절 리벳과 용접 이음	145
01 리벳 이음	145
02 용접 이음	147
제 3절 축용 기계 요소	151
01 축(shaft)	151
02 축 이음	152
03 베어링	152
제 4절 전동용 기계 요소	155
01 기어	155
02 벨트 · 로프 · 체인 전동장치	159
제 5절 관용 기계 요소	162
01 파이프	162
02 밸브	164
03 배관	165
제 6절 그 밖의 기계 요소	166
01 스프링	166
02 브레이크	168
03 캠	168
적중예상문제	169

04장 CAD/CAM

제 1절 컴퓨터 기초	198
01 컴퓨터의 개요	198
02 컴퓨터의 구성과 원리	199
03 논리 회로	203
04 중앙 처리 장치	203
05 기억 장치	205
제 2절 CAD/CAM 시스템의 입출력 장치	208
01 CAD/CAM의 정의	208

	02 CAD에 의한 설계 과정	210
	03 CAD 시스템의 효과	210
	04 CAD 시스템의 변화	211
	05 CAD 시스템의 문제	211
	06 CAD 시스템의 입출력 장치	212
제 3절	CAD/CAM시스템의 도형처리와 형상모델링	216
	01 도형 처리의 용어와 기능 선택	216
	02 기본 도형 요소의 정의	217
	03 도형의 변환 기능	218
	04 유틸리티(UTILITY) 기능	218
	05 응용 도형 처리	219
	06 형상 모델링	220
적중예상문제		224

05장 기계 재료

제 1절	기계 재료의 총론과 성질	244
	01 금속의 성질	244
	02 기계적 시험 및 비파괴검사	245
	03 금속의 결정	246
	04 금속 가공	247
제 2절	철강 재료의 이론	248
	01 철강 재료의 개요	248
	02 순철(pure iron)	249
	03 탄소강(carbon steel)	249
	04 특수강(special steel)	250
	05 주철(cast iron)	254
제 3절	비철금속 재료의 종류	256
	01 구리와 그 합금	256
	02 알루미늄과 그 합금	257
	03 그 밖의 비철금속	258

제 4절 비금속 재료 및 신소재의 특성과 용도　　　259
  01 신소재의 종류 및 특성과 용도　　　259
  02 그 밖의 공업 재료(비금속 재료)　　　262

적중예상문제　　　263

06장 기계 요소

제 1절 재료의 강도와 변형　　　280
  01 응력과 변형율　　　280
  02 재료의 강도　　　283

제 2절 결합용 기계 요소　　　286
  01 나사　　　286
  02 키와 핀　　　291
  03 리벳　　　294

제 3절 전동용 기계 요소　　　296
  01 축계 요소　　　296
  02 마찰차　　　300
  03 기어　　　301
  04 벨트 · 로프 · 체인 전동장치　　　304

제 4절 관용 기계 요소　　　309
  01 파이프　　　309
  02 밸브　　　311

제 5절 그 밖에 기계 요소　　　312
  01 스프링　　　312
  02 브레이크　　　313
  03 캠　　　313

적중예상문제　　　314

07장 공단 기출문제

2014년 1회 기출문제	335
2014년 2회 기출문제	345
2014년 3회 기출문제	355
2014년 4회 기출문제	366
2015년 1회 기출문제	376
2015년 2회 기출문제	387
2015년 3회 기출문제	397
2015년 4회 기출문제	407
2016년 1회 기출문제	416
2016년 2회 기출문제	427
2016년 3회 기출문제	437

08장 CBT 대비 적중모의고사

적중모의고사 제1회	448
적중모의고사 제2회	459
적중모의고사 제3회	470
적중모의고사 제4회	481
적중모의고사 제5회	490

제1장
제도의 기본

제 1절 제드의 개요
제 2절 선과 문자
적중예상문제

01 제도의 개요

1. 제도 통칙(KS A 0005) | 2. 도면

1 제도 통칙(KS A 0005)

가. 제도(drawing)의 의의
규정으로 일정하게 정해진 선, 문자, 기호 등을 사용한 제도법에 따라 도면을 작성하는 것

나. 제도의 표준 규격
① 제도 통칙 : KS A 0005(1966년 제정, 2014년 12월 23일 개정)
② 기계제도 통칙 : KS B 0001(1967년 제정, 2008년 12월 23일 개정)

[표1-1 국제 표준 규격]

명칭	규격기호	제정연도
국제 표준화 기구	ISO(International Organization For Standardization)	1947
한국 산업 규격	KS(Korean Industrial Standards)	1966
일본 공업 규격	JIS(Japanese Industrial Standards)	1952
미국공업 규격	ANS(American National Standards) ANSI(American National Standards Institute)	1918
독일공업 규격	DIN(Deutsches Institute for Normung)	1917
영국 규격	BS(British Standards)	1901
스위스공업 규격	SNV(Schweitzerish Normen-Vereinigung)	1918
프랑스 규격	NF(Norme Francaise)	1918

[표1-2 KS 규격의 부문별 분류]

기호	A	B	C	D	E	F	G	H	K	L	M	P	V	R	W
부문	기본	기계	전기	금속	광산	건설	일용품	식료품	섬유	요업	화학	의료	조선	수송기계	항공

2 도면

가. 도면의 의의

(1) 도면이란
① 설계자와 제작자 또는 발주자와 수주자 사이에서 필요한 정보를 전달하는 수단
② 일정한 규칙에 따라 점, 선, 문자, 부호 등을 사용함
③ 물체의 모양, 구조, 기능, 재료, 공정 등을 확실하고 쉽게 나타낸 것
④ 정보의 보존, 검색, 이용이 확실히 이루어지도록 함

(2) 도면이 구비하여야 할 기본 요건
① 대상물의 도형, 필요로 하는 크기, 모양, 자세, 위치의 정보를 포함할 것
② 면의 표면, 재료, 가공 방법 등의 정보를 포함할 것
③ 명확하고 이해하기 쉬운 방법으로 표현할 것
④ 애매한 해석이 생기지 않도록 표현상 명확한 뜻을 가질 것
⑤ 기술의 각 분야 교류의 적합성, 보편성을 가질 것
⑥ 무역 및 기술의 국제 교류 입장에서 국제성을 가질 것
⑦ 복사, 도면의 보존, 검색 및 이용이 확실히 되도록 내용과 양식을 구비할 것

나. 도면의 종류

(1) 도면의 용도에 따른 분류
① 계획도(scheme drawing) : 설계의 의도, 계획을 나타낸 도면
② 제작도(manufacture drawing) : 건설 또는 제조에 필요한 정보를 전달하기 위한 도면
③ 주문도(drawing for order) : 주문서에 첨부하여 물건의 크기, 형태, 정밀도, 정보 등의 주문 내용을 나타낸 도면
④ 견적도(estimation drawing) : 견적서에 첨부하여 의뢰자에게 견적 내용을 나타낸 도면

⑤ 승인도(approved drawing) : 수주자가 주문자의 검토와 승인을 얻기 위한 도면
⑥ 설명도(explanation drawing) : 구조, 기능, 성능 등을 설명하기 위한 도면

(2) 도면의 내용에 따른 분류
① 조립도(assembly drawing) : 2개 이상의 부품, 부분 조립품을 조립한 상태에서 그 상호관계, 조립에 필요한 치수 등을 나타낸 도면
② 부분 조립도(partial assembly drawing) : 대상물 일부분의 조립 상태를 나타낸 도면
③ 부품도(part drawing) : 부품에 대하여 최종 다듬질 상태에서 구비해야 할 사항을 완전히 나타내기 위하여 필요한 모든 정보를 나타낸 도면
④ 상세도(detail drawing) : 필요한 부분을 더욱더 상세하게 표시한 도면
⑤ 공정도(process drawing) : 제조 공정의 도중 상태, 일련의 공정 전체를 나타낸 제작도
⑥ 접속도(electrical schematic diagram) : 전기 기기의 내부 및 기기 상호간 접속 상태 및 기능을 나타낸 도면
⑦ 배선도(wiring diagram) : 장치 또는 그 구성 부품의 전선의 배치를 나타낸 도면
⑧ 배관도(piping diagram) : 구조물, 장치에 대한 관의 접속 배치 상태를 나타낸 계통도
⑨ 기타 : 기초도, 계통도, 설치도, 전개도, 구조선도, 외형도, 배치도, 장치도, 스케치도, 곡면선도 등

(3) 도면의 성격에 따른 분류
① 원도(original drawing) : 제도 용지에 연필로 그리거나 컴퓨터로 작성된 최초의 도면으로 트레이스도의 원본이 된다.
② 트레이스도(traced drawing) : 연필로 그린 원도 위에 트레이싱 페이퍼(tracing paper)를 대고 연필 또는 먹물로 그린 도면으로 청사진도 또는 백사진도의 원본이 된다.
③ 복사도(copy drawing) : 트레이스도를 원본으로 하여 복사한 도면으로 청사진(blue print), 백사진(positive print) 및 전자 복사도 등이 있다.

다. 도면의 크기와 양식

(1) 도면의 크기(종이의 재단치수)
① 도면은 A열로 A0~A4(다만 연장하는 경우 연장 사이즈 사용)
② 도면은 긴 쪽을 좌우 방향으로 놓고서 사용한다.(다만 A4는 짧은 쪽을 좌우 방향으로 놓고서 사용하여도 좋다.)
③ 도면의 폭과 길이의 비는 $1 : \sqrt{2}$, A0의 넓이는 $1m^2$, B0의 넓이는 약 $1.5m^2$
④ 도면은 접을 때의 크기는 원칙적으로 A4의 크기로 접는다.
⑤ 원도를 말아서 보관할 때는 그 안지름이 ∅40mm 이상 되게 한다.

[표1-3 도면의 크기 및 윤곽의 치수(단위:mm)]

호칭 방법	치수 a x b	c (최소)	d(최소)	
			철하지 않을 때	철할 때
A0	841 X 1189	20	20	25
A1	594 X 841			
A2	420 X 594	10	10	
A3	297 X 420			
A4	210 X 297			

비고 1. 원도는 접지 않는 것이 보통이며 말아서 보관시에도 내경 40mm 이상으로 하는 것이 좋다.
　　 2. 도면을 접을 때에는 그 접음의 크기는 A4로 기준한다.
　　 3. 도면을 접을 때에는 표제란이 겉으로 나오게 하고 d부가 표제란 좌측에 오도록 한다.

그림1-1 도면의 크기

(2) 도면의 양식
　① 반드시 마련하여야 할 사항 : 윤곽선, 중심마크, 표제란
　② 마련하는 것이 바람직한 사항 : 비크눈금, 도면구역 구분선·구분기호, 재단마크
　　㉮ 윤곽선 : 굵기 0.5mm 이상의 실선
　　㉯ 표제란
　　　㉠ 도번, 도명, 척도, 투상법, 기업(단체, 학교)명, 도면작성 연월일, 제도자 이름 등
　　　㉡ 도면 오른쪽 아랫부분에 위치
　　㉰ 중심마크(중심태그)
　　　㉠ 4변의 각 중앙에 표시, 그 허용차 0.5mm
　　　㉡ 굵기 0.5mm 실선

㉱ 부품란
  ㉠ 부품번호(품번), 부품명(품명), 재질, 수량, 공정, 중량, 비고란 등
  ㉡ 일반적으로 표제란 위에 위치, 부품수가 많은 조립도의 경우 별지 부품도 사용
㉲ 비교눈금
  ㉠ 길이 100mm를 눈금간격 10mm로 10등분하여 도면 아래 중심마크를 중심으로 표시
  ㉡ 눈금선의 굵기는 윤곽선과 같고, 길이는 5mm 이내로 한다.

그림1-2 비교눈금

㉳ 도면구역 구분선·구분기호
  ㉠ 도면 중 특정부분의 위치를 지시할 때의 편의를 위하여 사용 : "예" : B-2
  ㉡ 좌상 모서리에 변 : 1, 2, 3, …의 아라비아 숫자
  ㉢ 세로의 변 : A, B, C, …의 알파벳 대문자 사용
  ㉣ 상하좌우의 상대하는 변에 같은 기호 기입
㉴ 재단마크
  ㉠ 복사한 도면을 절단한 경우, 용지의 영역을 쉽게 알 수 있도록 표시
  ㉡ 자동 절단의 경우 센서의 검지용마크가 된다.

그림1-3 재단마크

라. 척도

(1) 척도의 사용
① A : B로 표시(A : 도면에 그려지는 크기, B : 실물의 크기)
② 표제란에 기입
③ 같은 도면에 다른 척도를 사용할 때는 그 그림 부근에 기입

[표1-4 축척, 현척 및 배척의 값]

척도의 종류	란	값
축척	1	1:2 1:5 1:10 1:20 1:50 1:100 1:200
축척	2	$1:\sqrt{2}$ 1:2.5 $1:2\sqrt{2}$ 1:3 1:4 $1:5\sqrt{2}$ 1:25 1:250
현척	-	1:1
배척	1	2:1 5:1 10:1 20:1 50:1
배척	2	$\sqrt{2}:1$ $2.5\sqrt{2}:1$ 100:1

비고 : 1란의 척도를 우선으로 한다.

(2) 척도의 종류
① 현척(Full scale) : 실물과 동일한 크기로 그린 척도
② 축척(Contraction scale) : 실물보다 축소하여 그린 척도
③ 배척(Enlargrd scale) : 실물보다 크게 그린 척도
   ㉠ NS(Not scale) : 비례척이 아님
   ㉡ _(Under line) : 비례척이 아님. "예" 20:치수밑의 "_"은 비례척이 아님

02 선과 문자

1. 선 | 2. 문자

1 선

가. 선의 종류와 용도

(1) 모양에 따라 분류한 선
① 실선(────────) : 연속된 선
② 파선(-------) : 짧은 선을 약간의 간격으로 나열한 선
③ 1점 쇄선(── - ──) : 긴 선과 짧은선 1개를 서로 규칙적으로 나열한 선
④ 2점 쇄선(── - - ──) : 긴 선과 짧은선 2개를 서로 규칙적으로 나열한 선

(2) 굵기에 따라 분류한 선
① 가는 선 : 굵기가 0.18 ~ 0.25mm인 선
② 굵은 선 : 굵기가 0.35 ~ 0.5mm인 선(가는 선 굵기의 2배)
③ 아주 굵은 선 : 굵기가 0.7 ~ 1mm인 선(굵은 선 굵기의 2배)
  * 선의 굵기 종류 : 0.18, 0.25, 0.35, 0.5, 0.7, 1mm의 6종이 있다.
  * 가는 선 : 굵은 선 : 아주 굵은 선 = 1 : 2 : 4
  * CAD 제도시 : 가는 선 : 굵은 선 : 아주 굵은 선 = 1 : 2.5 : 5

(3) 용도에 따라 분류한 선의 종류

[표1-5 용도에 따른 선의 종류]

용도에 따른 명칭	선의 종류		용도
외형선	굵은 실선	────	대상물의 보이는 부분의 모양을 나타내는 데 사용한다.
치수선	가는 실선	────	치수 기입을 위하여 쓰인다.
치수보조선			치수 기입을 위하여 도형으로부터 끌어내는 데 쓰인다.

용도에 의한 명칭	선의 종류		용도
지시선	가는 실선	———	기술·기호 등을 표시하기 위하여 끌어내는 데 쓰인다.
회전단면선			도형 내의 그 부분의 절단면을 90도 회전하여 표시하는 데 쓰인다.
중심선			도형의 중심선을 간략하게 표시하는 데 쓰인다.
수준면선(1)			수면, 유면 등의 위치를 표시하는 데 쓰인다.
숨은선	가는 파선 또는 굵은 파선	-----	대상물의 보이지 않는 부분의 모양을 표시하는 데 쓰인다.
중심선	가는 1점 쇄선	—·—·—	(1) 도형의 중심을 표시하는 데 쓰인다. (2) 중심이 이동한 중심궤적을 표시하는 데 쓰인다.
기준선			특히 위치 결정의 근거임을 명시하는 데 쓰인다.
피치선			반복 도형의 피치를 잡는 기준이 되는 선으로 사용한다.
특수지정선	굵은 1점 쇄선	—·—·—	특수한 가공을 하는 부분 등 특별한 요구 사항을 적용할 범위를 표시하는 데 쓰인다.
가상선(2)	가는 2점 쇄선	—··—··—	(1) 인접 부분을 참고로 표시하는 데 사용한다. (2) 공구, 지그 등의 위치를 참고로 나타내는 데 사용한다. (3) 가공 부분을 이동 중의 특정한 위치 또는 이동 한계의 위치로 표시하는 데 사용한다. (4) 가공 전 또는 가공 후의 모양을 표시하는 데 사용한다. (5) 되풀이하는 것을 나타내는 데 사용한다. (6) 도시된 단면의 앞쪽에 있는 부분을 표시하는 데 사용한다.
무게중심선			단면의 무게 중심을 견결한 선을 표시하는 데 사용한다.
파단선	불규칙한 파형의 가는 실선 또는 지그재그선	∿∿	대상물의 일부를 파단하는 경계 또는 일부를 떼어낸 경계를 표시하는 데 사용한다.
절단선	가는 1점 쇄선으로 끝 부분 및 방향이 변하는 부분을 굵게 한 것(3)		단면도를 그리는 경우, 그 절단 위치를 대응하는 그림에 표시하는 데 사용한다.
해칭	가는 실선으로 규칙적으로 줄을 늘어 놓은 것	/////	도형의 한정된 특정 부분을 다른 부분과 구별하는 데 사용한다. 보기를 들면 단면도의 절단된 부분을 나타낸다.
특수용도선	가는 실선	———	(1) 외형선 및 숨은선의 연장을 표시하는 데 사용한다. (2) 평면을 나타내는 데 사용한다. (3) 위치를 명시하는 데 사용한다.
	아주 굵은 실선	━━━	얇은 부분의 단면선 도시를 명시하는 데 사용한다.

주(1) ISO 128(Technical drawings-General principles of presentation)에는 규정되어 있지 않다.
주(2) 가상선은 투상법상에서는 도형에 나타나지 않으나, 편의상 필요한 모양을 나타내는 데 사용한다. 또 기능상, 공작상의 이해를 돕기 위해 도형을 보조적으로 나타내기 위해 사용한다.
주(3) 다른 용도와 혼용할 염려가 없을 때는 끝부분 및 방향이 바뀌는 부분을 굵게 할 필요는 없다.
비고) 가는 선, 굵은 선, 아주 굵은 선의 굵기 비율은 1:2:4로 한다.

(4) 선의 우선 순위

도면에서 2종류 이상의 선이 같은 장소에 중복될 경우 다음의 순위에 따라 우선되는 종류의 선부터 그린다.

① 외형선
② 숨은선
③ 절단선
④ 중심선
⑤ 무게중심선
⑥ 치수보조선

2 문자

(1) 글자 쓰기의 원칙

① 명백히 쓰고, 글자체는 고딕체로 하여 수직 또는 15° 경사로 쓴다.
② 한자는 3.15, 4.5, 6.3, 9, 12.5, 18mm 등 6가지, 한글·숫자·영자는 2.24, 3.15, 4.5, 6.3, 9, 12.5, 18mm 등 7가지 정도가 있다.
③ 숫자, 영자의 서체는 J형 사체, B형 사체 또는 B형 입체 중 어느 한 가지를 사용하며 혼용하지 않는다.
④ 문장은 왼편에서 가로쓰기를 원칙으로 한다.

(2) 쓰이는 곳에 따른 문자의 높이(mm)

① 공차 치수 문자 : 2.24 ~ 4.5
② 일반 치수 문자 : 3.15 ~ 6.3
③ 부품 번호 문자 : 6.3 ~ 12.5
④ 도면 번호 문자 : 9 ~ 12.5
⑤ 도면 이름 문자 : 9 ~ 18

적중예상문제_ 제도의 기본

01 다음 선의 종류 중에서 특수한 가공을 하는 부분 등 특별한 요구사항을 적용할 범위를 나타내는 선은?

① 굵은 실선 ② 가는 실선
③ 가는 1점 쇄선 ④ 굵은 1점 쇄선

02 코일 스프링의 중간 부분을 생략할 때에 생략한 부분을 표시하는 선은?

① 가는 실선 ② 굵은 실선
③ 가는 1점 쇄선 ④ 파단선

03 도면을 접을 때 그 크기의 기준은 얼마로 하여야 하는가?

① A1(594×841) ② A2(420×594)
③ A3(297×420) ④ A4(210×297)

04 개스킷, 박판, 형강 등과 같이 두께가 얇은 것의 절단면 도시에 사용하는 선은?

① 가는 실선 ② 굵은 1점 쇄선
③ 가는 2점 쇄선 ④ 아주 굵은 실선

05 도면이 구비하여 할 요건이 아닌 것은?

① 적합성, 보편성을 가져야 한다.
② 국제성이 있어야 한다.
③ 표현상 명확한 뜻을 가져야 한다.
④ 가격, 유통체제 등의 정보를 포함하여야 한다.

해설

01
- 굵은 실선 : 외형선
- 가는 실선 : 치수선, 회전단면선
- 가는 1점 쇄선 : 도형의 0 동궤적, 기준선, 피치선, 중심선

02 코일 스프링의 일부를 생략하여 도시하는 경우 가는 2점 쇄선 또는 가는 1점 쇄선을 사용한다.

03 도면을 접을 때 기준은 A4(210×297)

05 면의 표면, 재료, 가공 방법 등의 정보를 포함해야 한다.

01 ④ 02 ③ 03 ④ 04 ④
05 ④

07 코일 스프링의 일부를 생략하여 도시하는 경우 가는 2점 쇄선 또는 가는 1점 쇄선을 사용한다.

08 굵기에 따른 선의 종류 3가지는 가는 선, 굵은 선, 아주 굵은 선이다.

10 특수용도선의 가는 실선
- 외형선 및 숨은선의 연장을 표시하는 데 사용한다.
- 평면을 나타내는 데 사용한다.
- 위치를 명시하는 데 사용한다.

06 ① 07 ② 08 ④ 09 ④
10 ②

---

06 도면의 폭과 길이의 비는?

① $1 : \sqrt{2}$ ② $\sqrt{2} : 1$
③ $1 : \sqrt{3}$ ④ $1 : 2$

07 스프링의 코일 중간 부분을 생략도로 그릴 경우 생략 부분은 어느 선으로 표시하는가?

① 가는 실선 ② 가는 2점 쇄선
③ 굵은 실선 ④ 은선

08 선의 종류는 굵기에 따라 3가지로 구분한다. 이에 속하지 않는 것은?

① 가는 선 ② 굵은 선
③ 아주 굵은 선 ④ 해칭선

09 도면이 구비해야 할 기본 요건을 잘못 설명한 것은?

① 대상물의 도형과 함께 필요로 하는 크기, 모양, 자세, 위치의 정보를 포함하여야 한다.
② 애매한 해석이 생기지 않도록 표현상 명확한 뜻을 가져야 한다.
③ 무역 및 기술의 국제 교류의 입장에서 국제성을 가져야 한다.
④ 제품의 부피 및 질량 등의 종합 정보를 항상 포함하여야 한다.

10 다음 그림에서 대각선으로 그은 가는 실선이 의미하는 것은?

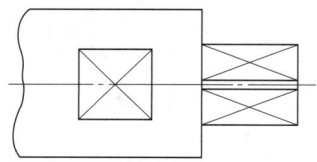

① 열처리 가공 부분 ② 평면 자리 부분
③ 가공 금지 부분 ④ 단조 가공 부분

11 A2 규격의 도면을 철하여 사용하려고 한다. 왼쪽의 윤곽선은 용지의 가장자리로부터 얼마를 떨어지게 하여야 하는가?

① 10mm ② 15mm
③ 20mm ④ 25mm

12 도면의 양식 중 반드시 기입하여야 할 사항이 아닌 것은?

① 비교눈금
② 표제란
③ 중심마크
④ 윤곽선

13 가공 전 또는 가공 후의 모양을 표시하는 데 사용하는 선은?

① 가는 실선
② 가는 2점 쇄선
③ 굵은 1점 쇄선
④ 가는 1점 쇄선

14 한 도면에 사용되는 선의 종류로써 가는 실선으로 부적합한 것은?

① 치수선 ② 지시선
③ 절단선 ④ 회전 단면선

15 한국 산업 규격을 표시한 것은?

① DIN ② JIS
③ KS   ④ ANSI

16 도면에서 사용되는 선 중에서 가는 2점 쇄선을 사용하는 것은?

① 치수를 기입하기 위한 선
② 해칭선
③ 평면이란 것을 나타내는 선
④ 인접부분을 참고로 표시하는 선

---

11 철하지 않을 때 10mm, 철할 때 25mm

12 반드시 기입하여야 하는 사항 : 윤곽선, 중심마크, 표제란

13 가상선의 가는 2점 쇄선
- 인접 부분을 참고로 표시하는 데 사용한다.
- 공구, 지그 등의 위치를 참고로 나타내는 데 사용한다.
- 가공 부분을 이동 중의 특정한 위치 또는 이동 한계의 위치로 표시하는 데 사용한다.
- 가공 전 또는 가공 후의 모양을 표시하는 데 사용한다.
- 되풀이하는 것을 나타내는 데 사용한다.
- 도시된 단면의 앞쪽에 있는 부분을 표시하는 데 사용한다.

14 절단선
가는 1점 쇄선으로 끝 부분 및 방향이 변하는 부분을 굵게 한 것. 단면도를 그리는 경우, 그 절단 위치를 대응하는 그림에 표시하는 데 사용한다.

11 ④ **12** ① **13** ② **14** ③
15 ③ **16** ④

해설

18 특수용도선의 가는 실선
- 외형선 및 숨은선의 연장을 표시하는 데 사용한다.
- 평면이란 것을 나타내는 데 사용한다.
- 위치를 명시하는 데 사용한다.

19 물체의 인접 부위나 가공 전후의 모양을 도시할 때는 가는 2점 쇄선(가상선)을 사용

20 비교눈금
- 길이 100mm를 눈금간격 10mm로 10등분하여 도면 아래 중심마크를 중심으로 표시
- 눈금선의 굵기는 윤곽선과 같고, 길이는 5mm 이내로 한다.

21 척도의 사용
- A : B로 표시(A : 도면에 그려지는 크기, B : 실물의 크기)
- 표제란에 기입
- 같은 도면에 다른 척도를 사용할 때는 그 그림 부근에 기입

22 파단선 : 불규칙한 파형의 가는 실선 또는 지그재그선. 대상물의 일부를 파단 하는 경계 또는 일부를 떼어낸 경계를 표시하는 데 사용한다.

17 ③ 18 ② 19 ④ 20 ④
21 ② 22 ①

---

17 제도 용지의 세로와 가로의 비는 얼마인가?

① 1 : 2
② 2 : 1
③ 1 : $\sqrt{2}$
④ 1 : $\sqrt{3}$

18 외형선 및 숨은선의 연장선을 표시하는 데 사용되는 선은?

① 가는 1점 쇄선
② 가는 실선
③ 가는 2점 쇄선
④ 파선

19 가공 전후의 형상을 나타낼 때 사용하는 선은?

① 파선
② 가는 실선
③ 가는 1점 쇄선
④ 가는 2점 쇄선

20 도면을 축소 또는 확대 복사를 할 때의 편의를 위하여 윤곽선의 외부에 그려주는 것은?

① 비교표시
② 비교마크
③ 중심마크
④ 비교눈금

21 척도 기입 방법에 대한 설명으로 틀린 것은?

① 척도는 표제란에 기입하는 것이 원칙이다.
② 같은 도면에서는 서로 다른 척도를 사용할 수 없다.
③ 표제란이 없는 경우에는 도명이나 품번 가까운 곳에 기입한다.
④ 현척이 가장 보편적으로 사용된다.

22 대상물의 일부를 파단한 경계 또는 일부를 떼어낸 경계를 표시하는데 사용하는 선은?

① 파단선
② 지시선
③ 가상선
④ 절단선

23 도면에 두 종류 이상의 선이 같은 장소에 겹치는 경우 우선순위가 맞는 것은?

① 외형선 → 절단선 → 중심선 → 치수보조선
② 외형선 → 중심선 → 절단선 → 무게중심선
③ 숨은선 → 중심선 → 절단선 → 치수보조선
④ 외형선 → 중심선 → 절단선 → 치수보조선

24 스프링의 종류와 모양만을 도시할 때에는 재료의 중심선을 어떤 선으로 표시하는가?

① 굵은 실선
② 가는 실선
③ 굵은 1점 쇄선
④ 가는 1점 쇄선

25 다음 중에서 도면에 반드시 마련해야 하는 사항은?

① 비교눈금
② 도면의 구역
③ 중심마크
④ 재단마크

26 둥근(원형) 면에서 어느 부분 면이 평면인 것을 나타낼 필요가 있을 경우에 대각선을 그려 사용하는 데 이때 사용되는 선으로 옳은 것은?

① 굵은 실선　　② 가는 실선
③ 굵은 1점 쇄선　　④ 가는 1점 쇄선

27 다음 중에서 가는 실선을 사용하지 않는 것은?

① 지시선　　② 치수보조선
③ 해칭선　　④ 피치선

해설

23 선의 우선순위
① 외형선 〈 ② 숨은선 〈 ③ 절단선 〈 ④ 중심선 〈 ⑤ 무게중심선 〈 ⑥ 치수보조선

24 외형선 용도의 굵은 실선 대상물의 보이는 부분의 모양을 나타내는 데 사용한다.

25 반드시 기입하여야 하는 사항 : 윤곽선, 중심마크, 표제란

26 특수용도선의 가는 실선
• 외형선 및 숨은선의 연장을 표시하는 데 사용한다.
• 평면을 나타내는 데 사용한다.
• 위치를 명시하는 데 사용한다.

27 피치선 : 가는 1점 쇄선

23 ①　24 ①　25 ③　26 ②
27 ④

해설

28 외형선 : 굵은 실선

29 특수지정선 : 굵은 1점 쇄선

31 ① A2, ② A3, ③ A0

28 ④   29 ①   30 ④   31 ④

---

28 도면에서 가는 실선을 사용하지 않는 것은?

① 지시선
② 치수선
③ 해칭선
④ 외형선

29 부품의 일부분을 열처리 할 때 표시 방법은 열처리 부분의 범위를 외형선에 평행하게 약간 떼어서 어떤 선을 긋고 열처리 방법을 기입하는가?

① 굵은 1점 쇄선
② 굵은 2점 쇄선
③ 가는 1점 쇄선
④ 굵은 실선

30 다음 선의 용도 및 종류에 대한 설명 중 맞는 것은?

① 무게중심선은 가는 1점 쇄선으로 단면의 무게 중심을 나타내는 데 쓰인다.
② 기준선은 가는 실선이고, 위치 결정의 근거가 된다는 것을 명시하는 데 쓰인다.
③ 특수지정선은 가는 1점 쇄선으로 특수한 가공을 하는 부분 등 특별 요구사항을 적용할 수 있는 범위를 표시하는 데 쓰인다.
④ 중심선은 가는 1점 쇄선이고 도형의 중심을 표시하는 데 쓰인다.

31 A1 제도 용지의 크기는 몇 mm인가?

① 420×594
② 297×420
③ 841×1189
④ 594×841

32 다음은 절단선을 사용하여 가상으로 대상물을 절단하여 단면도를 그릴 때의 설명이다. 잘못 설명된 것은?

① 절단한 곳을 나타내는 표시 문자는 절단면에 수직하게 쓴다.
② 화살표는 단면을 보는 방향을 나타낸다.
③ 절단한 곳을 나타내는 표시 문자는 영문자의 대문자로 표시한다.
④ 화살표와 글자 기호는 생략할 수 있다.

33 코일 스프링의 중간 부분을 생략할 때에 생략한 부분의 선지름의 중심선을 표시하는 선은?

① 가는 실선 ② 굵은 실선
③ 가는 1점 쇄선 ④ 파단선

34 도면을 접을 때 그 크기의 기준은 얼마로 하여야 하는가?

① A1(594×841) ② A2(420×594)
③ A3(297×420) ④ A4(210×297)

35 기계 제도 도면에 사용되는 척도의 설명이 틀린 것은?

① 도면에 그려지는 길이와 대상물의 실제 길이와의 비율로 나타낸다.
② 한 도면에서 공통적으로 사용되는 척도는 표제란에 기입한다.
③ 같은 도면에서 다른 척도를 사용할 때에는 필요에 따라 그림 부근에 기입한다.
④ 배척은 대상물보다 크게 그리는 것으로 2:1, 3:1, 4:1, 10:1 등 제도자가 임의로 비율을 만들어 사용한다.

36 물체의 표면 처리 부분을 표시하는 선은?

① 가는 2점 쇄선 ② 파선
③ 굵은 1점 쇄선 ④ 가는 실선

해설

32 절단한 곳을 나타내는 표시 문자는 절단면에 수평하게 쓴다.

35 배척 2:1, 5:1, 10:1, 20:1, 50:1

32 ① 33 ③ 34 ④ 35 ④
36 ③

해설

37 표제란에는 도면 번호, 도면 명칭, 척도, 투상법 등을 기입한다.

38 도면에는 실제 치수를 기입한다.

41 도면을 접어서 보관할 경우에는 A4 크기로 한다.

37 ④   38 ④   39 ④   40 ①
41 ④

---

37 도면에 반드시 마련해야 하는 양식에 관한 설명 중 틀린 것은?

① 윤곽선은 도면의 크기에 따라 0.5mm 이상의 굵은 실선으로 그린다.
② 표제란은 도면의 윤곽선 오른쪽 아래 구석의 안쪽에 그린다.
③ 도면을 마이크로필름으로 촬영하거나 복사할 때 편의를 위하여 중심마크를 표시한다.
④ 부품란에는 도면 번호, 도면 명칭, 척도, 투상법 등을 기입한다.

38 도면에서 100mm를 2 : 1 척도로 그릴 때 도면에 기입되는 치수는?

① 10   ② 200
③ 50   ④ 100

39 도형이 이동한 중심 궤적을 표시할 때 사용하는 선은?

① 가는 실선   ② 굵은 실선
③ 가는 2점 쇄선   ④ 가는 1점 쇄선

40 특수한 가공을 하는 부분 등 특별한 요구 사항을 적용할 수 있는 범위를 표시하는 데 사용하는 선은?

① 굵은 1점 쇄선   ② 가는 2점 쇄선
③ 가는 실선   ④ 굵은 실선

41 다음은 도면에 관련된 내용이다. 틀린 것은?

① 도면의 폭과 길이 비는 1 : $\sqrt{2}$이다.
② A2 도면의 크기는 420×594이다.
③ 도면은 말아서 보관할 때는 그 안지름을 40mm 이상으로 하는 것이 좋다.
④ 도면을 접어서 보관할 경우에는 A3의 크기로 한다.

제2장
기초 제도

제 1절 투상법
제 2절 치수의 표시 방법
제 3절 치수 공차와 끼워 맞춤
제 4절 기하학적 치수 및 공차
제 5절 재료 표시
제 6절 스케치도
적중예상문제

01 투상법

1. 투상법의 종류 | 2. 도형의 도시 방법 | 3. 단면도

1 투상법의 종류

* 투시 투상법, 사 투상법, 축측 투상법, 정 투상도법

가. 투시 투상법
- ✓ 원근감을 갖도록 그린 투상
- ✓ 1점 투시도, 2점 투시도, 3점 투시도
- ✓ 토목, 건축 조감도 등에 이용

나. 사 투상법
- ✓ 투상선이 투상면에 사선으로 지나는 평행 투상
- ✓ 일반적으로 투상면이 하나
- ✓ 캐비닛도, 카발리에도

(1) 캐비닛도
① 투상선이 투상면에 대하여 63°26′인 경사를 갖는 사 투상도이다.
② 3축 중 Y, Z축은 실제 길이를 나타내므로 정면도는 실제 크기이다.
③ X축은 보통 실제 크기의 1/2을 나타낸다.

(2) 카발리에도
① 투상선이 투상면에 대하여 45°인 경사를 갖는 사 투상도이다.
② 3축 모두 실제의 길이를 나타낸다.
③ X축을 수평하게 45° 기울여 그리는 것이 일반적이다.

다. 축측 투상법

- ✓ 대상물의 좌표면이 투상면에 대하여 경사를 이룬 직각 투상
- ✓ 일반적으로 투상면이 하나
- ✓ 등각 투상도, 2등각 투상도, 부등각 투상도

(1) 등각 투상도

① 3좌표축의 투상이 서로 120° 등간격이 되는 축측 투상
② X축과 Y축이 수평선과 이루는 각 30°
③ 정면, 평면, 측면을 동시에 입체적으로 볼 수 있음

(2) 2등각 투상도

3좌표축 투상의 교각 중, 2개의 교각이 같은 축측 투상

(3) 부등각 투상도

3좌표축 투상의 교각이 각기 다른 축측 투상

라. 정 투상도법

- ✓ 직교하는 3축이 이루는 투상 공간에 물체를 놓고 : 제3각법과 제1각법
- ✓ 정면도 : 앞에서 보고 그린 것, 입화면에 투상된 그림
- ✓ 평면도 : 위에서 보고 그린 것, 평화면에 투상된 그림
- ✓ 측면도 : 옆에서 보고 그린 것, 측화면에 투상된 그림
- ✓ 저면도 : 밑에서 보고 그린 것
- ✓ 배면도 : 뒤에서 보고 그린 것

(1) 제3각법

① 물체를 투상 공간의 제3각 안에 놓고 투상하는 방법
② 투상면 뒤쪽에 물체를 놓음
③ 눈 → 화면 → 물체의 순
④ 물체 외부를 펼쳐서 표현하므로 비교 대조 용이 : 기계
⑤ 투상도 위치
  ㉠ 평면도 : 정면도 위에
  ㉡ 우측면도 : 정면도 우측에
  ㉢ 좌측면도 : 정면도 좌측에
  ㉣ 저면도 : 정면도 아래
  ㉤ 배면도 : 우측면도 우측에

(2) 제1각법
　① 물체를 투상 공간의 제1각 안에 놓고 투상
　② 투상면의 앞쪽에 물체를 놓음
　③ 눈 → 물체 → 화면의 순
　④ 투상 시점이 안쪽에 있는 경우 표현이 편리 : 건축, 조선
　⑤ 투상도 위치
　　㉮ 평면도 : 정면도 아래
　　㉯ 우측면도 : 정면도 좌측에
　　㉰ 좌측면도 : 정면도 우측에
　　㉱ 저면도 : 정면도 위에
　　㉲ 배면도 : 좌측면도 우측에

(3) 제3각법과 제1각법의 비교

[표2-1 제3각법과 제1각법의 비교]

위치 각법	기준	평면도 위치	우측면도 위치	좌측면도 위치	배면도(참고)	비고
제3각법	정면도	위	우측	좌측	우측면도 우측에	• 비교 대조하기 쉬움 • 기계도면
제1각법	정면도	아래	좌측	우측	좌측면도 우측에	• 투상 시점이 안쪽일 경우 • 유리, 건축 및 조선 도면

비고 : 배면도의 위치는 한 보기를 나타낸다.

그림2-1 제3각법과 제1각법의 비교

(4) 투상법의 기호

① 일반적으로 표제란에 "제3각법" 또는 "제1각법"이라 기입한다.
② 문자 대신 기호를 사용하기도 한다.

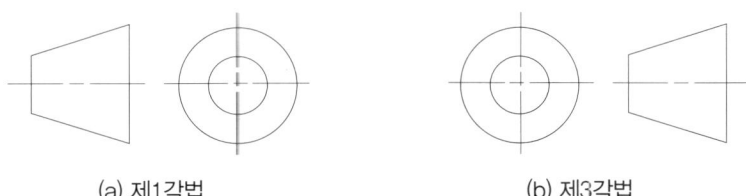

(a) 제1각법   (b) 제3각법

그림2-2 투상법의 기호

2 도형의 도시 방법

가. 주 투상도와 필요 투상도

(1) 주 투상도(정면도) 선택 방법
① 물체의 모양과 기능 등의 특징이 가장 잘 나타난 면
② 은선이 가급적 적은 면
③ 가공 공정 순서와 같게 나타냄
④ 안전감을 갖도록 배치
⑤ 기어, 베어링 등은 축과 직각 방향에서 본 것

(2) 필요 투상도
① 1면도 : 정면도 1개로 투상. 원통, 각 기둥, 평판 등(그림2-3, a)
② 2면도 : 정면도와 평면도, 정면도와 측면도 2개로 투상. 각 기둥, 원통형 등(그림2-3, b)
③ 2면도 : 정면도와 저면도 2개로 투상(그림2-3, c)

(a)   (b)   (c)

그림2-3 필요 투상도

나. 특수 투상도

(1) **보조 투상도**(relevant view) : 대상물의 경사면에 맞서는 위치에 그린 투상도(그림2-4, a)

(2) **부분 투상도**(partial view) : 물체의 홈, 구멍 등 투상도의 일부를 나타낸 투상도(그림2-4, b)

(3) **회전 투상도**(revolved view) : 투상면에 대하여 대상물의 일부분이 경사 방향으로 있는 경우, 그것을 투상면에 평행한 위치까지 회전했다고 가정하여 그린 투상도(그림2-4, c)

(4) **국부 투상도**(local view) : 구멍·홈 등, 대상물의 1국부를 나타낸 투상도(그림2-4, d)

(5) **부분 확대도**(elements on larger scale) : 그림의 특정 부분만을 확대해서 그린 그림(그림2-4, e)

(6) **전개도**(development drawing) : 입체 표면을 평면에 펼쳐서 그린 그림으로 주로 판금 제품의 소재 모양이 됨

그림2-4 특수 투상도

3 단면도

가. 단면도와 단면 법칙

(1) 단면도
물체의 내부를 명확히 도시할 필요가 있는 경우 그 부분을 절단하여 내부가 보이도록 도시한 것

(2) 단면 법칙
① 단면은 일반적으로 기본 중심선으로 절단한 면을 표시
② 기본 중심이 아닌 곳에서 절단할 필요가 있는 경우, 절단할 위치에 절단선(파단선)을 넣고 단면
③ 단면은 해칭이나 스머징
④ 단면 방향을 표시하는 화살표는 보는 방향으로 도시
⑤ 은선은 이해하기에 필요하지 않으면 생략
⑥ 뒤에 있는 외형이 절단면에 나타나지 않고 보일 때에는 나타낸다.

(3) 절단하지 않는 부품
① 길이 방향으로 절단하지 않는다.
② 축, 핀, 볼트, 너트, 와셔(washer), 캡, 스크루(screw), 멈춤 나사, 리벳(rivet), 키, 테이퍼(taper), 핀, 리브(rib), 바퀴의 암, 기어의 이

그림2-5 절단하지 않는 부품

(4) 해칭(hatching)
① 주 중심선에 대하여 45° 등간격의 가는 실선으로 표시한다.
② 해칭선 간격은 2~3mm, 같은 도면 내에는 해칭선의 간격을 같게 유지한다.
③ 부품이 인접해 있는 경우, 이의 구분을 위하여 해칭의 방향을 바꾸거나 간격을 달리한다.

④ 해칭선은 글자, 기호 등을 기입할 필요가 있을 때는 중단하고 외형선 밖으로는 나올 수 없다.
⑤ 동일한 부품의 해칭은 서로 떨어져 있더라도 각도와 간격을 동일하게 한다.
⑥ 간단한 도면에서 단면을 쉽게 알 수 있는 것은 해칭을 생략할 수 있다.
⑦ 해칭한 부분에는 가능한 은선의 기입을 피한다.

나. 단면도의 종류

(1) 온 단면도(full section)
  ① 기본 중심선을 중심으로 물체를 1/2로 절단하여 도면 전체를 단면으로 표시한다.(절단선 생략)(그림2-6, a)
  ② 원칙적으로 대상물의 기본적인 모양을 가장 좋게 표시할 수 있도록 절단면을 정한다. 이 경우 절단선은 기입하지 않는다.(절단부가 확실한 경우)
  ③ 필요한 경우에는 특정 부분의 모양을 잘 표시할 수 있도록 절단면을 정하여 그리는 것이 좋다. 이 경우 절단선에 의하여 절단 위치를 나타낸다.

그림2-6 온 단면도

(2) 한쪽 단면도(half section)
  ① 대칭 물체를 1/4로 절단하여 단면으로 나타낸 것이다.(그림2-7)
  ② 한쪽은 단면도, 다른 한쪽은 외형도를 표시한다.
  ③ 대칭형의 대상물을 외형도시 절반과 온 단면도의 절반을 조합하여 표시할 수 있다.

(3) 부분 단면도
  ① 필요한 부분만을 절단하여 단면으로 나타낸 것이다.(그림2-8)
  ② 절단부 경계는 파단선으로 나타낸다.

(4) 회전 도시 단면도(revolved section)
  ① 핸들이나 기어, 벨트 풀리 등의 암, 리브, 훅, 축 구조물의 부재 등의 절단면은 다음에 따라 90° 회전하여 나타낸다.
  ② 절단할 곳의 전후를 끊어서 그 사이에 그린다.(그림2-9, a)

③ 절단선의 연장선 위에 그린다.(그림2-9, b)
④ 도형 내의 절단한 곳에 겹쳐서 가는 실선을 사용하여 그린다.(그림2-9, c)

그림2-7 한쪽 단면도

그림2-8 부분 단면도

그림2-9 회전 도시 단면도

(5) 조합에 의한 단면도(연속 단면도)
 ① 2개 이상의 절단면에 의한 단면도를 조합하여 행하는 단면 도시 방법이다.
 ② 필요에 따라서 단면을 보는 방향을 나타내는 화살표와 글자 기호를 붙인다.(그림2-10, a)
 ③ 단면도는 필요에 따라 예각 및 직각 단면도, 계단 단면도, 곡면 단면도를 조합하여 표시한다.
  ㉮ 예각 및 직각 단면도 : 대칭형 또는 이에 가까운 형의 대상물의 경우에는 대칭의 중심선을 경계로하여 그 한쪽을 투상면에 평행하게 절단하고, 다른쪽을 투상면과 어느 각도를 이루

그림2-10 조합에 의한 단면도

는 방향으로 절단할 수 있다. 다른 쪽을 투상면과 어느 각도를 이루는 방향으로 절단하는 단면도는 그 각도만큼 투상면 쪽으로 회전시켜서 도시한다.(그림2-10, a,b,c)

㉯ 계단 단면도 : 절단해야 할 부분이 일직선상에 있지 않을때, 평행한 2개 이상의 평면에서 절단한 단면도의 필요 부분만을 합성시켜 나타낼 수 있다. 이 경우, 절단선에 따라 절단의 위치를 나타내고 조합에 의한 단면도라는 것을 나타내기 위하여 2개의 절단선을 임의의 위치에서 이어지게 하고 그 양 끝에 화살표를 붙여, 보는 방향을 나타내어야 한다.(그림2-10, c)

㉰ 곡면 단면도 : 구부러진 관 등의 단면을 표시하는 경우에는 그 구부러진 중심선에 따라 절단하고, 그대로 투상할 수 있다.(그림2-10, b)

(6) 다수의 단면도에 의한 도시
① 복잡한 모양의 물체를 단면할 때(그림2-11, a,b)
② 일련의 단면도는 치수 기입과 도면 이해에 도움이 되도록 절단선의 연장선상 또는 중심선상에 배치한다.(그림2-11, b)
③ 물체의 모양이 서서히 변화하는 경우(프로펠러 날개)

그림2-11 다수 단면에 의한 도시

(7) 얇은 두께 부분의 단면도
① 개스킷, 박판, 형강 등의 절단면이 얇은 경우
② 실제 치수와 관계없이 아주 굵은 실선으로 그린다.
③ 인접한 경우는 선 사이의 간격을 둔다.

그림2-12 얇은 두께 부분의 단면도

다. 도형의 생략

(1) 대칭 도형의 생략 – 도형이 대칭인 경우
① 대칭 중심선의 한쪽 도형만을 그리고, 그 대칭 중심선의 양끝 부분에 짧은 2개의 나란한 가는 선(대칭 도시 기호라 한다.)을 그린다.(그림2-13, a)
② 대칭 중심선의 한쪽의 도형을 대칭 중심선을 조금 넘은 부분까지 그린다. 이때에는 대칭 도시 기호를 생략할 수 있다.(그림2-13, b)

그림2-13 대칭 도형의 생략

(2) 반복 도형의 생략
① 같은 종류, 같은 모양의 것이 다수 줄지어 있는 경우에는 다음에 따라 도형을 생략할 수 있다. 다만, 그림 기호를 사용하여 생략할 경우에는 그 뜻을 알기 쉬운 위치에 기술하거나, 지시선을 사용하여 기술한다.
② 실형 대신 그림 기호를 피치선과 중심선과의 교점에 기입한다.
③ 잘못 볼 우려가 있을 경우에는 양끝부(한 끝은 1피치분), 또는 요점만을 실형 또는 도면 기호로 나타내고 다른 쪽은 피치선과 중심선과의 교점으로 나타낸다. 다만, 치수 기입에 의하여 교점의 위치가 명확할 때는 피치선에 교차되는 중심선을 생략하여도 좋다. 또, 이 경우에는 반복 부분의 수를 치수 기입 또는 주기에 의하여 지시하여야 한다.

(3) 중간부의 생략
① 동일 단면형의 부분(보기1), 같은 모양이 규칙적으로 줄지어 있는 부분(보기2) 또는 긴 테이퍼 등의 부분(보기3)은 지면을 생략하기 위하여 중간 부분을 잘라내서 그 긴요한 부분만을 가까이하여 도시할 수가 있다. 이 경우, 잘라낸 끝 부분은 파단선으로 나타낸다.

> (보기) 1) 축, 막대, 관, 형강
> 2) 래크, 공작 기계의 어미 나사, 교량의 난간, 사다리
> 3) 테이퍼 축

② 요점만을 도시하는 경우 혼동될 염려가 없을 때는 파단선을 생략하여도 좋다.

③ 긴 테이퍼 부분, 또는 끼우기 부분을 잘라낸 도시에서는 경사가 완만한 것은 실제의 각도로 도시하지 않아도 좋다.

라. 특별한 도시 방법

(1) 전개도
① 판을 구부려서 만드는 대상물이나 면으로 구성되는 대상물의 전개한 모양을 나타낼 경우 이용한다.
② 이 경우 전개도의 위쪽 또는 아래쪽 어느 곳에나 통일해서 "전개도"라고 기입한다.

(2) 간명한 도시
① 숨은선은 그것이 없어도 이해할 수 있는 경우에는 생략하여도 좋다.
② 보충한 투상도에 보이는 부분을 전부 그렸을 때, 도면이 도리어 알기 어렵게 될 경우에는 부분 투상도로 하여 표시하는 것이 좋다.
③ 절단면의 앞쪽에 보이는 선은 그것이 없어도 이해할 수 있는 경우에는 생략하여도 좋다.
④ 일부분에 특정한 모양을 가진 것은 되도록 그 부분이 그림의 위쪽에 나타나도록 그리는 것이 좋다.

(3) 2개면의 교차 부분을 표시
① 교차 부분에 둥글기가 있는 경우, 대응하는 그림에 이 둥글기의 부분을 표시할 필요가 있을 때는 교차 부분에 둥글기가 없는 경우의 교차 선의 위치에 굵은 실선으로 표시한다.
② 리브(rib) 등을 표시하는 선의 끝 부분은 직선 그대로 멈추게 한다. 또한, 관련 있는 둥글기의 반지름이 현저하게 다를 경우에는 끝부분을 안쪽 또는 바깥쪽으로 구부려서 멈추게 해도 좋다.
③ 곡면 상호 또는 곡면과 평면이 교차하는 부분의 선(상관선)은 직선으로 표시하던가 올바른 투상에 가깝게 한 원호로 표시한다.

(4) 가공 전 또는 후의 모양의 도시
① 가공 전의 모양을 표시하는 경우에는 가는 2점 쇄선으로 도시한다.
② 가공 후의 모양, 보기를 들어 조립 후의 모양을 표시하는 경우에는 가는 2점 쇄선으로 도시한다.

(5) 기타
① 가공에 사용하는 공구·지그 등의 모양은 가는 2점 쇄선으로 도시한다.
② 절단면의 앞쪽에 있는 부분은 가는 2점 쇄선으로 도시한다.
③ 인접 부분의 도시
㉮ 대상물의 도형은 인접 부분에 숨겨지더라도 숨은선으로 하면 안 된다.
㉯ 단면도에 있어서의 인접 부분에는 해칭을 하지 않는다.

마. 기타 제도

(1) 특수한 가공 부분의 표시

① 대상물의 면의 일부분에 특수한 가공을 하는 경우에는 그 범위를 외형선에 평행하게 약간 떼어서 그은 굵은 1점 쇄선으로 나타낼 수 있다.

② 도형 중 특정 범위를 지시할 필요가 있을 경우에는 그 범위를 굵은 1점 쇄선으로 둘러싼다.

③ 이들의 경우 특수한 가공에 관한 필요 사항을 지시한다.

(2) 조립도 중의 용접 구성품의 표시 방법

① 용접 구성품의 용접의 비드의 크기만을 표시하는 경우에는 그림2-14, a의 보기에 따른다.

② 용접 구성 부재의 겹침의 관계 및 용접의 종류와 크기를 표시하는 경우에는 그림2-14, b의 보기에 따른다.

③ 용접 구성 부재의 겹침의 관계를 표시하는 경우에는 그림2-14, c의 보기에 따른다.

④ 용접 구성 부재의 겹침과 관계 및 용접의 비드의 크기를 표시하지 않아도 좋을 때에는 그림 2-14, d에 따른다.

그림2-14 용접 구성품의 표시

(3) 무늬 등의 표시

널링 가공 부분, 철망, 줄무늬 있는 강판 등의 특징을 외형의 일부분에 그려서 표시하는 경우에는 다음 보기에 따른다.

그림2-15 무늬 등의 표시

(4) 비금속 재료 표시
   ① 원칙적으로 지정된 표시 방법에 의하든지, 해당 규격의 표시 방법에 따른다. 이 경우에도 부품도에는 별도로 재질을 글자로 기입한다.
   ② 겉모양을 나타낼 경우도 단면을 할 경우에도 이에 따르는 것이 좋다.

(5) 관용 도시법
   ① 일부가 특정한 형태로 되어 있는 것의 표시 : 일부가 특정한 것으로 되어 있는 것은 되도록 그 부분이 그림의 위쪽에 나타나도록 그리는 것이 좋다. 예를 들면 키홈을 가지는 보스 구멍, 벽에 구멍 또는 홈을 가지는 관, 실린더, 한 곳이 잘려진 링 등을 도시할 때 등
   ② 평면의 도시 : 면이 평면인 것을 나타낼 필요가 있는 경우에는 가는 실선으로 대각선을 기입한다.
   ③ 원주의 교차부 표시 : 원주가 다른 원주 또는 각주와 교차하는 부분의 선은 정확한 투상법에 의하지 않고 직선 또는 원으로 표시하는 것이 좋다.

02 치수의 표시 방법

1. 치수 기입 일반 | 2. 치수 기입 방법 | 3. 표면 거칠기

1 치수 기입 일반

가. 치수 기입의 원칙 및 표시 방법

(1) 치수 기입의 원칙

① 대상물의 기능, 제작, 조립 등 필요하다고 생각되는 치수를 명료하게 도면에 지시한다.
② 치수는 대상물의 크기, 자서 및 위치를 가장 명확하게 표시하는 데 필요하고 충분한 것을 기입한다.
③ 치수에는 기능상(호환성을 포함) 필요로 한 경우 KS A 0108이 따라 치수의 허용 한계를 지시한다. 다만, 이론적으로 정확한 치수를 제외한다.
④ 치수는 되도록 주 투상도에 집중한다.
⑤ 치수는 중복 기입을 피한다.
⑥ 치수는 되도록 계산해서 구할 필요가 없도록 기입한다.
⑦ 치수는 필요에 따라 기준으로 하는 점, 선, 또는 면을 기준으로하여 기입한다.
⑧ 관련되는 치수는 되도록 한곳에 모아서 기입한다.
⑨ 치수는 되도록 공정마다 배열을 분리하여 기입한다.
⑩ 치수 중 참고 치수에 대하여는 치수 수치에 괄호를 붙인다.

(2) 치수 수치의 표시 방법

① 길이 치수 수치 : 원칙적으로 mm의 단위로 기입하고 단위 기호는 붙이지 않는다.
② 각도 치수 : 도의 단위로 기입하고, 필요한 경우에는 분 및 초를 병기할 수 있다. 각도를 표시하는 데에는 숫자의 오른쪽 위에 각각 °, ′, ″를 기입한다.
  (보기) 90°   22.5°   6°2′15″   8°0′12″

또 각도의 치수 수치를 라디안의 단위로 기입하는 경우에는 그 단위 기호 rad를 기입한다.
(보기) 0.52rad   1/3πrad

③ 치수 수치의 소수점 : 아래쪽의 점으로 하고 숫자 사이를 적당히 떼어서 그 중간에 약간 크게 쓴다. 또, 치수 수치의 자리수가 많은 경우, 3자리마다 숫자의 사이를 적당히 띄우고 코머는 찍지 않는다.
(보기) 123.25   12.00   22.320

나. 치수 기입 요소

(1) 치수선
① 가는 실선으로 긋고, 중앙을 끊지 않는다.
② 외형선, 은선, 중심선, 치수보조선은 치수선으로 사용하지 않는다.
③ 치수선은 외형선으로부터 10~15mm 띄워서 긋는다.
④ 원칙적으로 지시하는 길이 또는 각도를 측정하는 방향에 평행하게 긋는다.
⑤ 원칙적으로 치수보조선을 사용하여 기입한다.
⑥ 치수보조선을 빼내 그림을 혼동하기 쉬울 때는 외형선에 바로 그을 수 있다.
⑦ 각도를 기입하는 치수선은 각도를 구성하는 2변 또는 그 연장선(치수보조선)의 교점을 중심으로 하여 양변 또는 그 연장선 사이에 그린 원호로 표시한다.

(2) 치수보조선
① 가는 실선으로 긋고, 치수선에 직각 되게 한다.
② 지시하는 치수의 끝에 닿는 도형상의 점 또는 선 중심을 통과하고 치수선을 약간(2~3mm) 지날 때까지 연장한다.
③ 치수보조선과 도형 사이를 약간 떼어 놓아도 좋다.
④ 치수를 지시하는 점 또는 선을 명확히 하기 위하여 특히 필요한 경우에는 치수선에 대하여 적당한 각도를 가진 서로 평행한 치수보조선을 그을 수 있다. 이 각도는 되도록 60°가 좋다.

(3) 화살표
① 치수선 끝에 붙여 그 한계를 표시한다.(그림2-16, a)
② 길이와 나비의 비율이 3 : 1 되게 한다.(그림2-16, d)
③ 화살표의 각도는 적당한 각도(90°를 포함)로 하나 30° 이하로 하는 것이 좋다.
④ 단말을 표시하는 방법은 그림2-16과 같다.(그림2-16, a,b,c)

(a) 화살표   (b) 둥근 동그라미   (c) 사선   (d) 길이와 나비의 비율

그림2-16 단말 기호 및 화살표

(4) 지시선
  ① 가는 실선으로 수평에 대하여 60° 경사지게 긋는다.
  ② 가공 방법, 가공 구멍의 치수, 부품 번호 등을 기입할 때 쓰인다.

(5) 치수 수치
  ① 치수선 중앙에 정자로 정확히 써야 한다.
  ② 수직 방향의 치수선에는 왼쪽을 향하여 중앙에 쓴다.
  ③ 크기는 도면과 조화를 이루도록 한다.

다. 치수 기입에 사용되는 기호

[표2-2 치수 기입에 사용되는 기호]

기호 이름	기호 도양	기호의 사용 방법
지름	∅	원형의 지름 치수 앞에 붙인다.
반지름	R	원형의 반지름 치수 앞에 붙인다.
구의 지름	S∅	구의 지름 치수 앞에 붙인다.
구의 반지름	SR	구의 반지름 치수 앞에 붙인다.
정사각형의 변	□	정사각형의 모양이나 위치 치수 앞에 붙인다.
판의 두께	t	판재의 두께 치수 앞에 붙인다.
원호의 길이	⌒	원호의 길이 치수 위에 붙인다.
45° 모떼기(모따기)	C	45°의 모떼기(모따기) 치수 앞에 붙인다.
이론적으로 정확한 치수	50	위치 공차 기호를 기입할 때 이론적으로 정확한 치수를 사각형으로 둘러싼다.
참고 치수	(50)	참고로 기입하는 치수를 괄호로 하고, 제작치수로 사용하지 않는 치수에 사용한다.
치수의 취소	~~50~~	치수를 가로질러 직선을 붙이며, 치수를 수정할 때 사용한다.
비례 척도가 아닌 치수	50	치수 밑에 직선을 붙이며, 투상도의 크기와 치수 값이 일치하지 않을 때 사용한다.
치수의 기준	●—	누진 좌표 치수 기입을 할 때 치수의 기준이 되는 지점을 표시한다.

라. 치수 수치를 기입하는 위치 및 방향

특별히 정한 누진 치수 기입법의 경우를 제외하고는 다음 방법에 따른다. 이 두 개의 방법은 같은 도면내에서는 혼용하면 안 된다.

(1) 정향법
  ① 치수 수치는 수평 방향의 치수선에 대하여는 도면의 하변으로부터, 수직 방향의 치수선에 대하여는 도면의 우변으로부터 읽도록 쓴다.
  ② 경사 방향의 치수선에 대해서도 이에 준하여 쓴다.
  ③ 치수 수치는 치수선을 중단하지 않고 이에 연하여 그 위쪽으로 약간 띄어서 기입한다. 이 경우, 치수선의 거의 중앙에 쓰는 것이 좋다.
  ④ 수직선에 대하여 좌상(左上)에서 우하(右下)로 향하여 약 30° 이하의 각도를 이루는 방향에는 치수선의 기입을 피한다. 다만, 도형의 관계로 기입하지 않으면 안 될 경우에는 그 장소에 혼동하지 않도록 기입한다.

(2) 정렬법
  ① 치수 수치는 도면의 하변에서 읽을 수 있도록 쓴다.
  ② 수평 방향 이외의 방향의 치수 수치를 끼우기 위하여 중단하고, 그 위치는 치수선의 거의 중앙으로 하는 것이 좋다.

2 치수 기입 방법

가. 치수 기입 및 배치
  (1) 좁은 곳에서의 치수의 기입
    ① 부분 확대도를 그려서 기입하든지 또는 다음 중 어느 것을 사용하여도 좋다.
    ② 지시선을 치수선에서 경사 방향으로 끌어내고 원칙으로 그 끝을 수평으로 구부리고 그 위쪽에 치수를 기입한다. 이 경우, 지시선을 끌어내는 쪽 끝에는 아무것도 붙이지 않는다.
    ③ 가공 방법, 주기, 부품의 번호 등을 기입하기 위하여 사용하는 지시선은 원칙으로 경사 방향으로 끌어낸다. 이 경우, 지시선을 모양을 표시하는 선으로부터 끌어내는 경우에는 화살표를 붙이고, 모양을 표시하는 선의 안쪽에서 끌어내는 경우에는 검은 둥근점을 끌어낸 곳에 붙인다.
    ④ 주기 등을 기입하는 경우에는 원칙적으로 그 끝을 수평으로 구부려, 그 위쪽에 쓴다.
    ⑤ 치수보조선의 간격이 좁아서 화살표를 기입할 여지가 없을 경우에는 화살표 대신 검은 둥근점 또는 경사선을 사용하여도 좋다.

  (2) 치수의 배치
    ① 직렬 치수 기입법 : 직렬로 나란히 연결된 개개의 치수에 주어진 치수 공차가 차례차례로 누적되어도 좋은 경우에 사용한다.

② 병렬 치수 기입법 : 병렬로 기입하는 개개의 치수 공차는 다른 치수의 공차에는 영향을 주지 않는다. 이 경우, 공통쪽 치수보조선의 위치는 기능, 가공 등의 조건을 고려하여 적절히 선택한다.

그림2-17 직렬 치수 기입법

그림2-18 병렬 치수 기입법

③ 누진 치수 기입법 : 치수 공차에 관하여 병렬 치수 기입법과 완전히 동등한 의미를 가지면서, 한 개의 연속된 치수선으로 간편하게 표시한다. 이 경우 치수의 기점의 위치는 기점 기호(○)로 나타내고 치수선의 다른 끝은 화살표로 나타낸다. 치수 수치는 치수보조선에 나란히 기입하든지, 화살표 가까운 곳에 치수선의 윗쪽에 이에 연하여 쓴다. 또한, 2개의 형체 사이의 치수선에도 준용할 수 있다.

그림2-19 누진 치수 기입법

④ 좌표 치수 기입법 : 구멍의 위치나 크기 등의 치수는 좌표를 사용하여 표로 하여도 좋다. 이 경우 표에 나타낸 X, Y, β의 수치는 기점에서의 치수이다.

그림2-20 좌표 치수 기입법

나. 치수의 표시 방법

(1) 지름의 표시 방법

① 대상으로 하는 부분의 단면이 원형일 때, 그 모양을 도면에 표시하지 않고 원형인 것을 나타내는 경우에는 지름의 기호 Ø를 치수 수치의 앞에 치수 숫자와 같은 크기로 기입하여 표시한다.

② 원형의 그림에 지름의 치수를 기입할 때는, 치수 수치의 앞에 지름의 기호 Ø는 기입하지 않는다. 다만, 원형의 일부를 그리지 않은 도형에서 치수선의 끝부분 기호가 한쪽인 경우는 반지름의 치수와 혼동되지 않도록 지름의 치수 수치 앞에 Ø를 기입한다.

③ 지름이 다른 원 등이 연속되어 있고, 그 치수 수치를 기입할 여지가 없을 때는 아래의 그림과 같이 한쪽에 써야 할 치수선의 연장선과 화살표를 그리고, 지름의 기호 Ø와 치수 수치를 기입한다.

그림2-21 지름의 표시 방법

(2) 반지름의 표시 방법

① 반지름의 치수는 반지름의 기호 R을 치수 수치 앞에 치수 숫자와 같은 크기로 기입하여 표시한다. 다만, 반지름을 나타내는 치수선을 원호의 중심까지 긋는 경우에는 이 기호를 생략하여도 좋다.

② 원호의 반지름을 표시하는 치수선에는 원호쪽에만 화살표를 붙이고 중심쪽에는 붙이지 않는다.

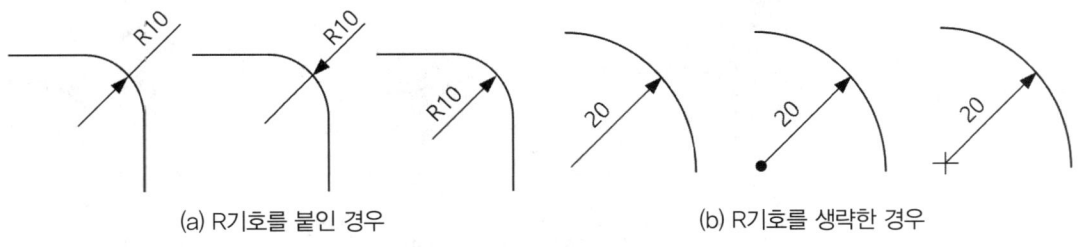

그림2-22 반지름의 표시 방법

③ 반지름 치수를 지시하기 위하여 원호의 중심 위치를 표시할 필요가 있을 경우에는 +자 또는 검은 둥근점으로 그 위치를 나타낸다.
④ 원호의 반지름이 커서 그 중심 위치를 나타낼 필요가 있을 경우, 지면 등의 제약이 있을 때는 그 반지름의 치수선을 구부려도 좋다. 이 경우, 치수선의 화살표가 붙은 부분은 정확한 중심 위치로 향하여야 한다.
⑤ 동일 중심을 가진 반지름은 길이 치수와 같이 누진 치수 기입법을 사용해서 표시할 수 있다.
⑥ 실형을 나타내지 않는 투상도형에 실제의 반지름 또는 전개한 상태의 반지름을 지시하는 경우에는 치수 수치의 앞에 "실R" 또는 "전개R"의 글자 기호를 기입한다.

(3) 구의 지름 또는 반지름 표시 방법
치수 수치의 앞에 치수 숫자와 같은 크기로 구의 기호 SØ 또는 SR을 기입하여 표시한다.

(4) 정사각형의 변의 표시 방법
대상으로 하는 부분의 단면이 정사각형 일 때, 그 모양을 그림에 표시하지 않고 정사각형인 것을 표시하는 경우에는 그 변의 길이를 표시하는 치수 수치 앞에 치수 숫자와 같은 크기로 정사각형의 일변이라는 것을 나타내는 기호 □을 기입한다.

(5) 두께의 표시 방법
판의 주 투상도에 그 두께의 치수를 표시하는 경우에는, 그 도면의 부근 또는 그림 중 보기 쉬운 위치에, 두께를 표시하는 치수 수치의 앞에 치수 숫자와 같은 크기로 두께를 나타내는 기호 t를 기입한다.

(6) 현, 원호의 길이 표시 방법
① 현의 길이 표시 방법 : 현의 길이는 원칙적으로 현에 직각으로 치수보조선을 긋고, 현에 평행한 치수선을 사용하여 표시한다.
② 원호의 길이의 표시 방법
㉮ 현의 경우와 같은 치수보조선을 긋고 그 원호와 중심의 원호를 치수선으로 하고, 치수 수치와 원호의 길이의 기호를 붙인다.
㉯ 원호를 구성하는 각도가 클 때나, 연속적으로 원호의 치수를 기입할 때는 원호의 중심으로부터 방사형으로 그린 치수보조선에 치수선을 맞추어도 좋다.

(a) 변의 길이 치수 (b) 현의 길이 치수 (c) 원호의 길이 치수 (d) 각도 치수

그림2-23 현, 원호의 길이 표시 방법

㉰ 이 경우 두 개 이상의 동심 원호 중 한 개의 원호를 길이를 명시할 필요가 있을 때에는 다음 어느 것인가에 따른다.
  ㉠ 원호의 치수 수치에 대하여 지시선을 긋고 끌어낸 원호쪽에 화살표를 그린다.
  ㉡ 원호의 길이의 치수 수치 뒤에 원호의 반지름을 괄호에 넣어서 나타낸다. 이 경우에는 원호의 길이의 기호를 붙이지 않는다.

(7) 곡선의 표시 방법
① 원호로 구성되는 곡선의 치수는 일반적으로는 이들 원호의 반지름과 그 중심 또는 원호와의 접선 위치까지를 기입한다.
② 원호로 구성되지 않은 곡선의 치수는 곡선상 임의의 점의 좌표 치수로 표시한다. 이 방법은 원호로 구성되는 곡선의 경우에도 필요하면 사용하여도 좋다.

(8) 모떼기의 표시 방법
① 일반적인 모떼기는 보통 치수 기입 방법에 따라 표시한다.
② 45° 모떼기의 경우에는 모떼기의 치수 수치 × 45° 또는 기호 C를 치수 수치 앞에 치수 숫자와 같은 크기로 기입하여 표시한다.

(9) 구멍의 표시 방법
① 드릴 구멍, 펀칭 구멍, 코어 구멍 등 구멍의 가공 방법에 의한 구별을 나타낼 필요가 있을 경우에는 원칙적으로 공구의 호칭 치수 또는 기준 치수를 나타내고, 그 뒤에 가공 방법의 구별을 표시한다.
② 1군의 동일 치수 볼트 구멍, 작은 나사 구멍, 핀 구멍, 리벳 구멍 등의 치수 표시는 구멍으로부터 지시선을 끌어내어 그 총수를 나타내는 숫자 다음에 짧은 선을 끼워서 구멍의 치수를 기

그림2-24 구멍의 표시 방법

입한다. 이 경우, 구멍의 총수는 같은 개소의 1군의 구멍 총수(보기를 들면 양쪽 플랜지를 가진 판이음이면 한쪽 플랜지에 대해서의 총수)를 기입한다.
③ 구멍의 깊이를 지시할 때는 구멍의 지름을 나타내는 치수 다음에 "깊이"라 쓰고 그 수치를 기입한다. 다만, 관통 구멍인 때는 구멍 깊이를 기입하지 않는다. 또한 구멍의 깊이란 드릴의 앞끝의 원추부, 리머의 앞끝의 모떼기부 등을 포함하지 않는 원통부의 깊이를 말한다.
④ 자리파기의 표시 방법은 자리파기의 지름을 나타내는 치수 다음에 "자리파기"라고 쓴다. 자리파기를 표시하는 도형은 그리지 않는다.
⑤ 볼트 머리를 잠기게 하는 경우에 사용하는 깊은 자리파기의 표시 방법은 깊은 자리파기의 지름을 나타내는 치수 다음에 "깊은 자리파기"라고 쓰고 그 수치를 기입한다. 다만, 깊은 자리파기의 아래 위치를 반대쪽면으로부터 치수를 지시할 필요가 있을 때는 치수선을 사용하여 표시한다.
⑥ 경사진 구멍의 깊이는 구멍 중심선상의 깊이로 표시하든가, 그것에 따를 수 없는 경우에는 치수선을 사용하여 표시한다.

(10) 키홈의 표시 방법
① 축의 키홈의 표시 방법
㉮ 축의 키홈의 치수는 키홈의 나비, 깊이, 길이, 위치 및 끝부를 표시하는 치수에 따른다.
㉯ 키홈의 깊이는 키홈과 반대쪽의 축지름면으로부터 키홈의 바닥까지의 치수를 표시한다. 다만, 특히 필요한 경우에는 키홈의 중심면 위에서의 축지름으로부터 키홈의 바닥까지의 치수(절삭 깊이)로 표시하여도 좋다.
② 구멍의 키홈 표시 방법
㉮ 구멍의 키홈의 치수는 키홈의 나비 및 깊이를 표시하는 치수에 따른다.
㉯ 키홈 깊이는 키홈과 반대쪽의 구멍 지름면으로부터 키홈의 바닥까지의 치수로 표시한다. 다만, 특히 필요한 경우에는 키홈의 중심면상에서의 구멍지름면으로부터 키홈의 바닥까지의 치수로 표시하여도 좋다.
㉰ 경사 키용의 보스의 키홈의 깊이는 키홈의 깊은 쪽에서 표시한다.

(11) 테이퍼, 기울기의 표시 방법
① 테이퍼는 원칙적으로 중심선에 연하여 기입하고, 기울기는 원칙적으로 변에 연하여 기입한다. 다만, 테이퍼 또는 기울기의 정도와 방향을 특별히 명확하게 나타낼 필요가 있을 경우에는 별도로 도시한다.
② 특별한 경우에는 경사면에서 지시선을 끌어내어 기입할 수 있다.

다. 기타 치수 표시 방법
① 얇은 두께 부분의 표시 방법 : 얇은 두께 부분의 단면을 아주 굵은 실선으로 그린 도형에 치수를 기입하는 경우에는 단면을 표시 한 굵은 선에 연하여 짧고 가는 실선을 긋고, 여기에 치수선의 끝부분 기호를 댄다. 이 경우 가는 실선을 그려준 쪽까지의 치수를 의미한다.

② 강 구조물 등의 치수 표시 : 강 구조물 등의 구조선도에서 절점[1] 사이의 치수를 표시하는 경우에는 그 치수를 부재를 나타내는 선에 연하여 직접 기입한다.
③ 부품 번호
  ㉮ 부품 번호는 원칙적으로 아라비아 숫자를 사용한다. 또, 조립도 속의 부품에 대하여 별도로 제작도가 있는 경우는 부품 번호 대신 그 도면 번호를 기입 하여도 좋다.
  ㉯ 부품 번호는 다음중 어느 한가지에 따른다.
    ㉠ 조립 순서에 따른다.
    ㉡ 구성 부품의 중요도에 따른다.(보기) : 부분 조립품, 주요 부품, 작은부품, 기타 부품의 순서
    ㉢ 기타 근거가 있는 순서에 따른다.
  ㉰ 부품 번호를 도면에 기입하는 방법은 다음에 따른다.
    ㉠ 부품 번호는 명확히 구별되는 글자를 쓰거나, 원 속에 글자를 쓴다.
    ㉡ 부품 번호는 대상으로 하는 도형에 지시선으로 연결하여 기입하면 좋다.
    ㉢ 도면을 보기 쉽게 하기 위하여 부품 번호를 세로 또는 가로로 나란히 기입하는 것이 좋다.
④ 도면의 변경 : 출도(出圖) 후에 도면의 내용을 변경하였을 때는, 변경한 곳에 적당한 기호를 부기하고, 변경 전의 도형 치수 등은 적당히 보존한다. 이 경우, 변경 년 월 일, 이유 등을 명기한다.

3 표면 거칠기

가. 표면 거칠기와 단면 곡선

(1) 표면 거칠기

대상물의 표면에서 임의대로 채취한 각 부분에서의 중심선 평균 거칠기(Ra), 최대 높이 거칠기(Rmax), 10점 평균 거칠기(Rz) 각각의 산술 평균값

(2) 단면 곡선

피측정면의 평균 표면에 수직으로 피측정면을 절단하였을 때, 그 단면에 나타나는 윤곽을 말한다. 방향성이 있는 피측정면에서는 그 방향에 직각으로 자른다.

(3) 거칠기 곡선과 컷오프값

단면 곡선에서 소정의 파장보다 긴 표면 기복 성분을 컷오프한 곡선을 거칠기 곡선이라고 하고 이 소정의 파장을 컷오프값이라 한다.

---

[1] 구조선도에 있어서 부재의 무게중심선의 교점을 말한다.

(4) 단면 곡선 및 단면 곡선의 평균선

단면 곡선 또는 거칠기 곡선의 채취 부분에서 피측정면의 기하학적 모양을 갖는 직선 또는 곡선으로서 또한 그 선에서 단곡면선 또는 거칠기 곡선까지의 편차의 제곱합이 최소가 되도록 설정한 선

(5) 거칠기 곡선의 중심선

거칠기 곡선의 평균선에 평행한 직선을 그었을 때, 이 직선과 거칠기 곡선으로 둘러 쌓인 면적이 이 직선의 양쪽에서 같게 되는 직선

나. 표면 거칠기의 종류(KS B 0161)

(1) 산술 평균 거칠기(Ra)

① 정의 : 거칠기 곡선에서 그 중심의 방향으로 측정길이 l을 취하고, 이 채취 부분의 중심선을 X축, 세로 방향을 Y축으로 하여 거칠기 곡선을 y = f(x)로 표시하였을 때, 다음식으로 구해지는 값을 μm 단위로 나타낸 것을 말하며, 중심선 평균 거칠기라고도 한다.

② 구하는 방법 : 중심선 아래 면적의 합 S_1과 위쪽 면적의 합 S_2를 더한 값을 S라 할 때 이 값을 측정길이 l로 나누어 Ra를 구한다.

Ra = $(S_1 + S_2)/l$ = S/l

③ 컷오프(Cutoff)값 : 0.08mm, 0.25mm, 0.8mm, 2.5mm, 8mm, 25mm
④ 측정 길이 : 컷오프(Cutoff)값의 3배 또는 그것보다 큰 값으로 취한다.
⑤ 호칭 방법: 중심선 평균 거칠기_μm, 컷오프값_mm, 측정길이_mm 또는 _μm Ra, λc_mm, l_m
⑥ 최대값 표시 : 표준 수열에서 선정한 수치 다음에 a를 붙여서 표시한다.
⑦ 표준 수열 : 0.013, 0.025, 0.05, 0.1, 0.2, 0.4, 0.8, 1.6, 3.2, 6.3, 12.5, 25, 50, 100.

(2) 최대 높이 거칠기(Ry)

① 정의 : 단면 곡선에서 기준 길이만큼 채취한 부분의 가장 높은 봉우리와 가장 깊은 골밑을 통과하는 평균선에서 평행한 두 직선의 간격을 단면 곡선의 세로 배율 방향으로 측정하여 이 값을 μm 단위로 표시한 것을 말한다.
② 기준 길이 : 기준 길이는 6종류가 있다.(0.08mm, 0.25mm, 0.8mm, 2.5mm, 8mm, 25mm)
③ 호칭 방법 : 최대높이_μm, 기준길이_mm 또는 Rmax, L_mm로 표시
④ 최대값 표시 : 표준 수열에서 선정한 수치 다음에 S를 붙여서 표시한다.
⑤ 표준 수열 : 0.05, 0.1, 0.2, 0.4, 0.8, 1.6, 3.2, 6.3, 12.5, 25, 50, 100, 200, 400

(3) 10점 평균 거칠기(Rz)

① 정의 : 단면 곡선에서 기준 길이만큼 채취한 부분에 있어서 평균선에 평행, 또는 단면 곡선을 가로지르지 않는 직선에서 서로 배율의 방향으로 측정한 가장 높은 곳으로부터 5번째까지 봉우리의 표고 평균값과 가장 낮은 곳으로부터 5번째까지 골 밑의 표고 평균값과의 차이를 μm 단위로 나타낸 것을 말한다.

② 기준 길이 : 0.08mm, 0.25mm, 0.8mm, 2.5mm, 8mm, 25mm(6종류)
③ 호칭 방법 : 10점 평균 거칠기_㎛, 기준길이_mm 또는 _㎛Rz L_mm로 표시
④ 최대값 표시 : 표준 수열에서 선정한 수치 다음에 Z를 붙여서 표시한다.
⑤ 표준 수열 : 0.05, 0.1, 0.2, 0.4, 0.8, 1.6, 3.2, 6.3, 12.5, 25, 50, 100, 200, 400

다. 표면 거칠기의 표시 방법

(1) 대상면을 지시하는 기호

① 절삭 등 제거 가공의 필요 여부를 문제삼지 않을 경우에는 면에 지시 기호를 붙여서 사용한다.(그림2-25, a)
② 제거 가공을 필요로 한다는 것을 지시할 때에는 면의 지시 기호의 짧은 쪽의 다리 끝에 가로선을 부가한다.(그림2-25, b)
③ 제거 가공을 해서는 안 된다는 것을 지시할 때는 면의 지시 기호에 내접하는 원을 부가한다. (그림2-25, c)

그림2-25 대상면의 지시 시호

(2) 면의 지시 기호의 구성

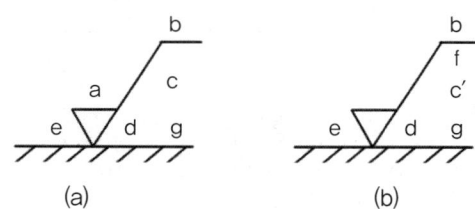

a : 중심선 평균 거칠기의 값
c : 컷오프값, 평가 길이
d : 줄무늬 방향의 기호
f : 중심선 평균 거칠기 이외의 표면 거칠기의 값

b : 가공 방법의 문자 또는 기호
c′ : 기준 길이, 평가 길이
e : 다듬질 여유 기법
g : 표면 파상도

그림2-26 표면 거칠기의 지시 기호의 기입 위치

(3) 가공 방법의 약호

[표2-3 가공 방법의 약호]

가공 방법	약호 I	약호 II	가공 방법	약호 I	약호 II
선반 가공	L	선반	혼 가공	GH	호닝
드릴 가공	D	드릴	액체호닝 다듬질	SPL	액체호닝
보링 머신 가공	B	보링	배럴연마 가공	SPBR	배럴
밀링 가공	M	밀링	버프 다듬질	FB	버프
플레이너 가공	P	평삭	블라스트 다듬질	SB	블라스트
셰이퍼 가공	SH	형삭	랩 다듬질	FL	래핑
브로치 가공	BR	브로칭	줄 다듬질	FF	줄
리머 가공	FR	리머	스크레이퍼 다듬질	FS	스크레이퍼
연삭 가공	G	연삭	페이퍼 다듬질	FCA	페이퍼
벨트 샌드 가공	GB	포연	주조	C	주조

(4) 가공 모양의 기호

[표2-4 가공 모양의 기호]

기호	기호의 뜻	설명 그림과 도면 기입 보기
=	가공에 의한 커터의 줄무늬 방향이 기호를 기입한 그림의 투상 면에 평행 (보기) 셰이핑 면	
⊥	가공에 의한 커터의 줄무늬 방향이 기호를 기입한 그림의 투상 면에 직각 (보기) 셰이핑 면(옆으로부터 보는 상태), 선삭, 원통 연삭 면	
X	가공에 의한 줄무늬 방향이 기호를 기입한 그림의 투상 면에 경사지고 두 방향으로 교차 (보기) 호닝 다듬질 면	

기호	기호의 뜻	설명 그림과 도면 기입 보기
M	가공에 의한 커터의 줄무늬 방향이 여러 방향으로 교차 또는 두 방향 (보기) 래핑 다듬질 면, 수퍼 피니싱 면, 가로 이송을 한 정면 밀링 또는 앤드 밀 절삭 면	
C	가공에 의한 커터의 줄무늬가 기호를 기입한 면의 중심에 대하여 대략 동심 원 모양 (보기) 끝 면 절삭 면	
R	가공에 의한 커터의 줄무늬가 기호를 기입한 면의 중심에 대하여 대략 레디얼 모양	

라. 표면 거칠기의 지시 방법

(1) 산술 표면 거칠기로써 지시하는 경우

① 표면 거칠기의 지시값
  ㉮ 중심선 평균 거칠기의 표준 수열 중에서 선택하여 지시
  ㉯ 기호 "a"는 기입하지 않음
  ㉰ 표준 수열에 따를 수 없는 경우 허용할 수 있는 최대치를 $Rmax \leq 10$ 또는 $Rz \leq 10$과 같이 지시

② 표면 거칠기의 지시값의 기입 위치
  ㉮ 허용할 수 있는 최대값만을 지시하는 경우 : 면의 지시 기호 위쪽 또는 아래쪽에 기입
  ㉯ 어느 구간으로 지시하는 경우 : 면의 지시 기호 위쪽 및 아래쪽에 상한을 위에 하한을 아래에 기입한다.
  ㉰ 컷오프값의 지시 방법 : 컷오프값을 지시할 필요가 있을 경우 면의 지시 기호의 긴쪽 다리에 붙인 가로선 아래에, 표면 거칠기의 지시값에 대응시켜서 가입한다.

(2) 최대 높이(Rmax) 또는 10점 평균 거칠기(Rz)로서 지시하는 경우

① 표면 거칠기의 지시값 : 최대 높이(Rmax) 또는 10점 평균 거칠기(Rz)의 표준 수열 중에서 선택하여 지시. 표준 수열에 따를 수 없는 경우 허용할 수 있는 최대치를 $Rmax \leq 10$ 또는 $Rz \leq 10$과 같이 지시

② 표면 거칠기의 지시값의 기입 위치 : 면의 지시 기호의 긴 쪽 다리에 가로선을 붙여, 그 아래쪽에 약호와 함께 기입한다.

③ 기준길이 지시 방법 : 표면 거칠기의 지시값의 아래쪽에 기입한다.

마. 특수한 요구 사항의 지시 방법

(1) 가공 방법
면의 지시 기호의 긴 쪽 다리에 가로선을 붙여, 그 위쪽에 문자 또는 가공 기호를 붙인다.

(2) 줄무늬 방향
줄무늬 방향을 지시하는 경우는 면의 지시 기호의 오른쪽에 부기하여 지시한다.

그림2-27 특수한 요구 사항(가공 방법) 지시

바. 도면 기입 방법

(1) 도면 기입 방법의 기본
① 기호는 그림의 아래쪽 또는 오른쪽부터 읽을 수 있도록 기입한다.
② 중심선 평균 거칠기의 값 a만을 지시하는 경우 그림과 같이 하여도 좋다.
③ 면의 지시 기호는 대상면을 나타내는 선, 그 연장선 또는 그로부터 치수보조선에 접하여, 실체의 바깥쪽에 기입한다.
④ 그림의 형편상 위의 ③항에 따를 수 없을 경우 대상면에서 끌어낸 지시선에 기입하여도 좋다.
⑤ 둥글기부 또는 모떼기부 면의 지시 기호를 기입하는 경우에는, 둥글기의 반지름 또는 모떼기 나타내는 치수선을 연장한 지시선에 기입한다.

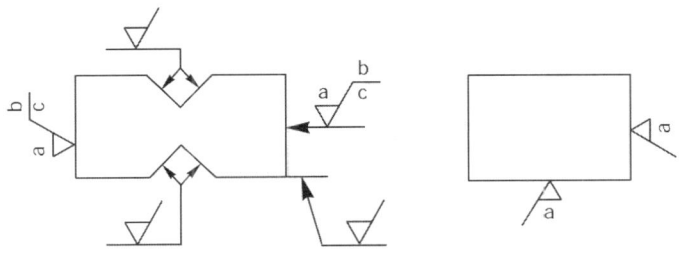

그림2-28 표면의 결 도시방법

⑥ 둥근 구멍의 지름 치수 또는 호칭을 지시선을 사용하여 표시하는 경우에는 이 지름 치수 다음에 기입한다.

⑦ 표면의 결 기호는 되도록 대상면을 표시하는 치수를 지시하는 투상도 위에 기입하고, 동일한 면에 대하여 두 곳 이상에는 기입하지 않는다.

(2) 도면 기입의 간략법

① 부품의 전체 면을 동일한 결로 지정하는 경우에는 결의 주 투상도 곁에, 부품 번호 곁에 또는 표제란 곁에 기입한다.

② 한개의 부품에 있어서, 대부분이 동일한 표면의 결이고, 일부분만이 다르게 되어 있는 경우에는 공통이 아닌 기호를 그림의 이에 해당하는 면 위에 기입함과 동시에, 공통인 표면의 결 기호 다음에 묶음표를 붙여서 면의 지시 기호만을 기입하든가, 또는 공통이 아닌 기호를 나란히 기입한다.

그림2-29 표면의 결 도시 간략법

③ 여러 곳에 반복해서 기입하는 경우 대상면에 면의 지시 기호와 알파벳의 소문자의 부호로 기입하고 그 뜻을 주 투상도 곁에, 부품 번호 곁에 또는 표제란에 기입한다.

④ 둥글기 또는 모떼기부의 면의 지시 기호를 기입하는 경우 이들 부분에 접속하는 두 개의 면 중에서 어느 것이든 한쪽의 거친 면과 같으면 된다는 경우에는 이 기호를 생략해도 좋다.

03 치수 공차와 끼워 맞춤

1. 치수 공차 | 2. IT 기본 공차(ISO Tolerance) | 3. 끼워 맞춤(Fitting)
4. 치수 공차 기입법 | 5. 끼워 맞춤 기입법

1 치수 공차

가. 공차의 정의
물품의 사용 목적에 따라 실용상 허용할 수 있는 오차의 범위를 미리 정해주는 데 이와같이 정해준 허용 범위의 차를 공차(Tolerance)라 한다.

나. 치수 공차의 용어
① 허용 한계의 치수 : 형체의 실 치수가 그 사이에 들어가도록 정한 허용할 수 있는 대소 2개의 극한의 치수 즉, 최대 허용 치수 및 최소 허용 치수
② 실치수 : 형체의 실측 치수
③ 최대 허용 치수 : 형체에 허용되는 최대 치수
④ 최소 허용 치수 : 형체에 허용되는 최소 치수
⑤ 기준 치수 : 위 치수 허용차 및 아래 치수 허용차를 적용하는데 따라 허용 한계 치수가 주어지는 기준이 되는 치수
⑥ 치수차 : 치수(실 치수, 허용 한계 치수 등)와 대응하는 기준 치수와의 대수차. 즉, 치수-기준 치수
⑦ 위치수 허용차 : 최대 허용 치수와 대응하는 기준 치수의 대수차. 즉, 최대 허용 치수-기준 치수
⑧ 아래치수 허용차 : 최소 허용 치수와 대응하는 기준 치수의 대수차. 즉, 최소 허용 치수-기준 치수
⑨ 치수 공차 : 최대 허용 치수와 최소 허용 치수와의 차, 즉 위치수 허용차 - 아래치수 허용차
⑩ 기준선 : 허용 한계 치수 또는 끼워 맞춤을 도시할 때는 기준 치수를 나타내고, 치수 허용차의 기준이 되는 직선
⑪ 기초가 되는 치수 허용차 : 기준선에 대한 공차역의 위치를 결정하는 치수 허용차. 위 치수 허용차와 아래 치수 허용차 중 기준선에 가까운 쪽의 치수 허용차

2 IT 기본 공차(ISO Tolerance)

가. IT 기본 공차의 개요
① IT 기본 공차는 ISO에 규정된 공차로, 기본 공차의 등급을 IT 01급, IT 0급, IT 1급, … IT 18급의 20등급으로 구분하여 규정하고 있다.
② IT 기본 공차의 적용은 제작의 난이도를 고려하여 축의 등급은 구멍의 등급보다 한등급 높게 적용한다. 축 : IT n-1급, 구멍 : IT n급(예 : 축h6, 구멍 H7)
③ 기본 공차의 적용

[표2-5 IT 기본 공차의 적용]

구분 \ 적용	게이지 제작 공차	끼워 맞춤 공차	끼워 맞춤 이외 공차
구멍	IT 01 ~ IT 5	IT 6 ~ IT 10	IT 11 ~ IT 18
축	IT 01 ~ IT 4	IT 5 ~ IT 9	IT 10 ~ IT 18

나. 기호에 의한 기입법
① 기준 치수 뒤에 구멍 기호, 축 기호 순으로 기입한다.
② 조립도의 경우는 Ø50H7/g6 , Ø50H7-g6 등으로 기입한다.

3 끼워 맞춤(Fitting)

가. 용어의 정의
① 끼워 맞춤(Fitting) : 구멍과 축이 조립되는 관계
② 틈새(Clearance) : 구멍의 치수가 축의 치수보다 클 때
③ 죔새(Interferance) : 구멍의 치수가 축의 치수보다 작을 때

나. 끼워 맞춤의 종류
① 헐거운 끼워 맞춤 : 조립하였을 때, 항상 틈새가 생기는 끼워 맞춤. 즉, 도시된 경우에 구멍의 공차역이 완전히 축의 공차역의 위쪽에 있는 끼워 맞춤
② 억지 끼워 맞춤 : 조립하였을 때, 항상 죔새가 생기는 끼워 맞춤. 즉, 도시된 경우에 구멍의 공차역이 완전히 축의 공차역의 아래쪽에 있는 끼워 맞춤
③ 중간 끼워 맞춤 : 조립하였을 때, 구멍 또는 축의 실 치수에 따라 틈새 또는 죔새의 어느 것이나 되는 끼워 맞춤. 즉, 도시된 경우에 구멍 또는 축의 공차역이 완전히 또는 부분적으로 겹치는 끼워 맞춤

다. 끼워 맞춤의 방식

① 구멍 기준식 끼워 맞춤 : 여러 개의 공차역 클래스의 축과 1개의 공차역 클래스의 구멍을 조립하는데에 따라 필요한 틈새 또는 죔새를 주는 끼워 맞춤 방식으로 이 규격에서는 구멍의 최소 허용 치수가 기준 치수와 같다. 즉, 구멍의 아래 치수 허용차가 "0"인 H기호의 구멍을 사용하여 H6~H10의 5가지 구멍을 기준으로 하는 끼워 맞춤 방식

② 축 기준 끼워 맞춤 : 여러 개의 공차역 클래스의 구멍과 1개의 공차역 클래스의 축을 조립하는데 따라 필요한 틈새 또는 죔새를 주는 끼워 맞춤 방식으로 이 규격에는 축의 최대 허용 치수과 기준 치수와 같다. 즉, 축의 위 치수 허용차가 "0"인 h기호의 축을 사용하여 h5~h9까지 축을 기준으로 하는 끼워 맞춤 방식

라. 끼워 맞춤용어

① 최소 틈새 : 구멍의 최소 허용 치수에서 축의 최대 허용 치수를 뺀 값
② 최대 틈새 : 구멍의 최대 허용 치수에서 축의 최소 허용 치수를 뺀 값
③ 최소 죔새 : 축의 최소 허용 치수에서 구멍의 최대 허용 치수를 뺀 값
④ 최대 죔새 : 축의 최대 허용 치수에서 구멍의 최소 허용 치수를 뺀 값

[표2-6 끼워 맞춤 종류의 보기]

끼워 맞춤	구멍 치수 / 축 치수	최대 허용 치수	최소 허용 치수	최대 틈새	최소 틈새	최대 죔새	최소 죔새
헐거운 끼워 맞춤	$\varnothing 30 ^{+0.008}_{+0.002}$	$\varnothing 30.008$	$\varnothing 30.002$	0.028	0.009	—	—
	$\varnothing 30 ^{-0.007}_{-0.020}$	$\varnothing 29.993$	$\varnothing 29.980$				
중간 끼워 맞춤	$\varnothing 30 ^{+0.025}_{0}$	$\varnothing 30.025$	$\varnothing 30.000$	0.030	—	0.020	—
	$\varnothing 30 ^{+0.020}_{-0.005}$	$\varnothing 30.020$	$\varnothing 29.995$				
억지 끼워 맞춤	$\varnothing 30 ^{+0.025}_{0}$	$\varnothing 30.025$	$\varnothing 30.000$	—	—	0.050	0.009
	$\varnothing 30 ^{+0.050}_{+0.034}$	$\varnothing 30.050$	$\varnothing 30.034$				

마. 공차역의 위치 표시 기호

① 구멍의 공차역 위치는 A부터 ZC까지 대문자 기호로 쓴다.
② 축의 공차역 위치는 a부터 zc까지 소문자로 표시한다.
③ 혼동을 피하기 위하여 다음 문자는 사용하지 않는다.
    I, L, O, Q, W, i, l, o, q, w

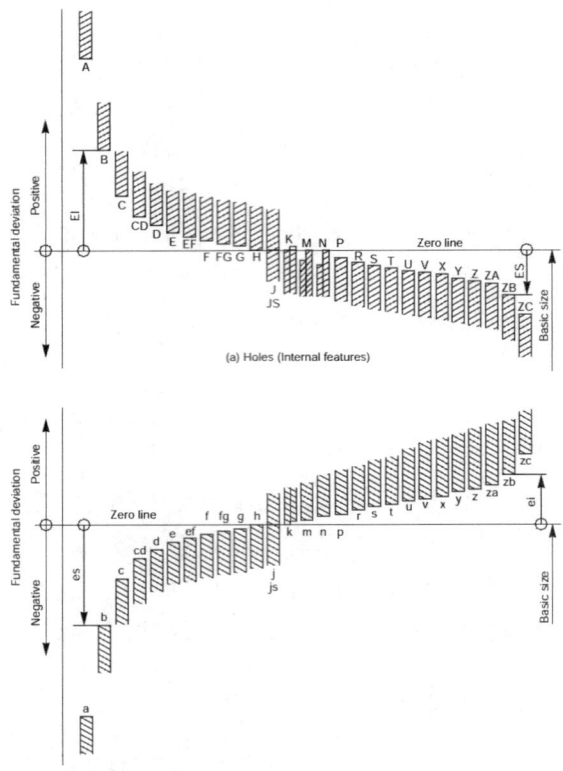

그림2-30 구멍 및 축의 공차역의 위치 표시 기호

4 치수 공차 기입법

가. 치수 허용 한계의 표시

① 치수 공차는 공차역 클래스의 기호(치수 공차 기호) 또는 공차값을 기준 치수에 계속하여 다음 보기와 같이 기입한다.

[보 기] 32H7   80js5   100g6

② 치수 공차를 허용 한계 치수로 나타낼 수 있으며, 최대 치수를 위에, 최소 치수를 아래에 겹쳐서 기입한다.

[보 기] 99.996
         99.998

나. 치수 공차 기입법

① 치수 공차는 허용 한계 치수를 기입한다.
② 허용차의 절대값이 같을 때는 ±기호로 같이 기입한다.
③ 허용차의 절대값이 큰 것은 위치수 허용차에, 절대값이 작은 것은 아래치수 허용차에 기입한다.
④ 0에는 +,-기호를 기입하지 않는다.
⑤ 같은 기준 치수에서 축과 구멍이 조립된 상태에서는 구멍을 치수선 위에, 축을 치수선 아래에 기입한다.

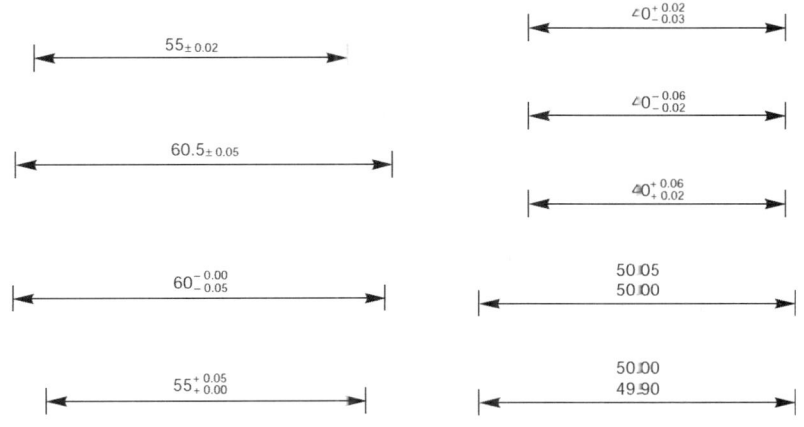

그림2-31 숫자에 의한 치수 공차 기입

5 끼워 맞춤 기입법

가. 공차 기호에 의한 기입법

① 끼워 맞춤은 구멍, 축의 공통 기준 치수에 구멍의 공차 기호와 축의 공차 기호를 계속하여 다음 보기와 같이 표시한다.

[보 기] 50H/g6   50H7-g6 또는 50

나. 공차값에 의한 기입

① 같은 기준 치수에 대하여 구멍 및 축에 대한 위아래의 치수 허용차를 명기할 필요가 있을 때에는 구멍의 기준 치수와 공차값은 기준선 위쪽에, 축의 기준 치수와 공차값을 기준선 아래쪽에 기입한다.
② 구멍과 축의 기준 앞에 "구멍", "축"이라 명기한다.

04 기하학적 치수 및 공차
(Geometric Dimension and Tolerance)

1. 일반 사항 | 2. 용어 | 3. 기하 공차의 종류와 그 기호 | 4. 공차의 표시 방법

1 일반 사항

① 도면에 지정하는 대상물의 모양, 자세, 위치의 편차 및 흔들림의 허용값에 대하여서는 원칙적으로 기하 공차에 의하여 도시한다.
② 형체에 지정한 치수의 허용 한계는 특별히 지시가 없는 한 기하 공차를 규제하지 않는다.
③ 기능상의 요구, 호환성 등에 의거하여 불가결한 곳에만 지정한다.
④ 기하 공차의 지시는 생산 방식, 측정 방법 또는 검사 방법을 특정한 것에 한정하지 않는다. 다만 특별한 경우에는 별도로 지시한다.

2 용어

① 기하학적 치수 및 공차 방식 : 제품을 가장 경제적으로 제작할 수 있도록 부품 총체의 실제적인 기능에 중점을 두고 도면의 치수 및 공차를 정하는 수단
② 기준 치수 : 도면상에 규정된 치수로 형체의 정확한 치수 형상 또는 위치를 기입하기 위하여 사용 되는 이론적 수치
③ 데이텀(Datum) : 치수를 얻거나 다른 형체의 기하학적 형상 및 위치를 결정하는 이론적으로 정확한 형태를 말하며 점, 선, 면, 원통, 축심 등을 말한다.
④ 모디파이어 기호 : 기하학적 공차 및 데이텀의 크기를 변경 적용하기 위한 기호
  ㉮ 최대 실체(재료) 조건(MMC : Maximun Material Condition) : 부품의 모양이 최대의 질량

을 갖는 상태를 말한다. 기호는 Ⓜ로 표시한다.
㉯ 최소 실체 조건(LMC : Least Material Condition) : 부품의 모양이 최소의 질량을 갖는 상태를 말한다. 기호는 Ⓛ로 표시한다.
㉰ 형체 무관 치수(RFS : Regardless of Feature Size) : 모양이 그 치수 공차 내에 있든지 없든지 관계없이, 물체의 모양 또는 위치의 공차가 엄수되어야 할 조건을 말한다. 기호는 Ⓢ로 표시한다.
㉱ 돌출 공차역(PTZ : Project Tolerance Zone) : 핀이나 볼트 등이 삽입되는 구멍에 적용되는 공차역으로서, 결합 부품의 틈새와 관계되는 구멍의 직각도를 규제하는 것을 말한다. 기호는 Ⓟ로 표시한다.

3 기하 공차의 종류와 그 기호

[표2-7 기하 공차의 종류]

적용하는 모양	공차의 종류		기호
단독 모양	모양 공차	진직도 공차	─
		평면도 공차	▱
		진원도 공차	○
		원통도 공차	⌭
단독 모양 또는 관련 모양		선의 윤곽도 공차	⌒
		면의 윤곽도 공차	⌓
관련 모양	자세 공차	평행도 공차	∥
		직각도 공차	⊥
		경사도 공차	∠

적용하는 모양	공차의 종류		기호
관련 모양	위치 공차	위치도 공차	⊕
		동축도 공차 또는 동심도 공차	◎
		대칭도 공차	=
	흔들림 공차	원주 흔들림 공차	↗
		온 흔들림 공차	↗↗

[표2-8 기하 공차의 부가 기호]

표시하는 내용		기호
공차붙이 형체	직접 표시하는 경우	↓
	문자 기호에 의하여 표시하는 경우	A
데이텀	직접 표시에 의한 경우	▲
	문자 기호에 의하여 표시하는 경우	A
데이텀 타깃(target) 기입틀		Ø2/A1
이론적으로 정확한 치수		50
돌출 공차역		Ⓟ
최대 실체 공차 방식		Ⓜ

4 공차의 표시 방법

그림2-32 공차 기입틀의 표시 사항

재료 표시

1. 재료 기호 | 2. 금속 재료의 기호 | 3. 비철금속 재료의 기호

1 재료 기호

가. 제1위 문자

재질을 표시하는 기호 문자로서 영어 또는 로마자의 머리 문자나 원소 기호를 사용한다.

[표2-9 제1위 문자 기호]

기호	재질	기호	재질
Al	알루미늄(aluminium)	MgA	마그네슘합금(magnesium alloy)
AlA	알루미늄합금(aluminium alloy)	NBs	네이벌황동(naval brass)
Br	청동(broinze)	Nis	양은(nickel silver)
Bs	황동(brass)	PB	인청동(phosphor bronze)
C	초경질합금(carbide alloy)	Pb	납(lead)
Cu	동(copper)	S	강철(steel)
F	철(ferrum)	SzB	실진청동(silzin bronze)
HBs	강력황동(high strength brass)	W	화이트메탈(white metal)
L	경합금(light alloy)	Zn	아연(zinc)
K	켈밋(kelmet)		

나. 제2위 문자

규격명 또는 제품명을 표시하는 기호 문자로서, 영어 또는 로마자의 머리 문자를 사용하며 판(板), 봉(棒), 관(管), 선(線), 주조품 등 제품의 형상별 종류 등과 용도를 표시한다.

[표2-10 제2위 문자 기호]

기호	규격명 또는 제품명	기호	규격명 또는 제품명
Au	자동차용재	KH	철과 강 고속도강
B	비철금속 봉재	L	궤도
B	철과 강보일러용 압연재	M	조선용 압연재
Br	단조용 봉재	MR	조선용 리벳
BM	비철금속 머시닝용 봉재	N	철과 강 니켈강
BR	철과 강 보일러용 리벳	NC	니켈크롬강
C	철과 비철 주조품	NS	스테인리스강
CM	철과 강 가단 주조품	P	비철금속 판재
DB	볼트, 너트용 냉간인발	S	철과 강 구조용 압연재
E	발동기	SC	철과 강 철근 콘크리트용 봉재
F	철과 강 단조품	T	철과 비철관
G	게이지 용재	TO	공구강
GP	철과 강 가스 파이프	UP	철과 강 스프링강
H	철과 강 표면 경화	V	철과 강 리벳
HB	최강 봉재	W	철과 강 와이어
K	철과 강 공구강	WP	철과 강 피아노선

다. 제3위 문자

재료의 종류를 나타내는 기호로서 최저 인장 강도 또는 종별 번호를 나타낸다. 인장 강도는 kg/mm² 의 수치로 표시한다.

[표2-11 금속 재료의 말미에 특히 첨가하는 제3위 기호와 의미]

구분	기호	기호의 의미	구분	기호	기호의 의미
종별에 의한 기호	A B C D F	갑 을 병 정 무	알루미늄 합금의 열처리 기호	A B	형강 봉강
가공법·용도·형상 등에 의한 기호	D CK F C P F	냉간인발, 절삭, 연삭 표면 경화용 평판 ─ 아연 철판 파판 강판 ─ 일반용 압연 강재덩 강	알루미늄 합금의 열처리 기호	F O H ½H W T2 T6	열처리를 하지 않는 재질 풀림 처리한 재질 가공 경화한 재질 반경질 담금질한 후 시효 경화 진행중의 재료 풀림 처리한 재질(주물용) 담금질한 후 뜨임 처리한 재료

[비고] (1) 인장 강도는 kg/mm²의 단위이다.
    (2) 숫자 다음에 부기하는 A는 연질, B는 반경질, C는 경질 등을 의미한다.
    (3) 단위 길이 당 중량의 표시는 ( ) 안에 기입한다.

라. 제4위 문자 : 제조법을 표시한다.

[표2-12 제4위 문자 기호]

기호	제조법	기호	제조법
Oh	평로강(open hearth steel)	Cc	도가니강(crucible steel)
Oa	산성(acidic) 평로강	R	압연(rolled)
Ob	염기성(basic) 평로강	F	단조(forged)
Bes	전로강(bessemer steel)	Ex	압출(extruded)
E	전기로강(electric steel)	D	인발(drawin)

마. 제5위 문자 : 제품 형상 기호를 기입한다.

[표2-13 제5위 문자 기호]

기호	제품	기호	제품	기호	제품
P • ◎	강 판 둥근강 파이프	□	각 제 6 각강 8 각강	▭ l ㄷ	평 강 l 형 강 채널(channel)

[보기1] 일반 구조용 압연 강재 2종

　　　S B 410
　　　　　　└── 3) 2종(최저 인장 강도 410N/mm²)
　　　　　└──── 2) 일반 구조용 압연재
　　　└─────── 1) 강

[보기2] 강력 황동 주물 1종

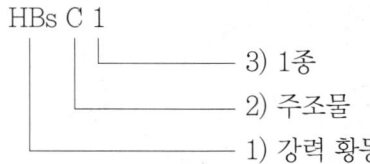

[보기3] 인성 구리 막대 1종 연질

[보기4] 탄소강 단강품

S F 34
- 1) 강
- 2) 단조품
- 3) 최저 인장 강도

[보기5] 열간 압연강판 1종

S H P 1
- 1) 강
- 2) 열간 가공품
- 3) 강판
- 4) 1종

2 금속 재료의 기호

[표2-14 금속 재료의 기호]

재질명	기호	재질명	기호	재질명	기호
일반 구조용 압연 강재	SS	용접 구조용 압연 강재	SWS	피아노 선	PW
크롬 강재	SCr	니켈 크롬강 강재	SNC	니켈 크롬 몰리브덴 강재	SNCM
기계 구조용 망간강 및 망간 크롬강 강재	SMn	기계 구조용 탄소강 강재	SM	알루미늄 크롬 몰리브덴 강재	SALCrMo
고속도 공구강 강재	SKH	고탄소 크롬 베어링강 강재	STB	스프링 강재	SPS
탄소 공구강 강재	STC	합금 공구강 강재	STC	합금 공구강 강재	STS, STD
탄소강 단강품	SF	크롬 몰리브덴 강 단강품	SFCM	니켈 크롬 몰리브덴 강 단강품	SFNCM
니켈 크롬 몰리브덴 강 단강품	SFNCM	탄소 주강품	SC	스테인리스 주강품	SSC
용접 구조용 주강품	SCW	회주철품	GC	구상 흑연 주철품	GCD
흑심 가단 주철품	BMC	펄라이트 가단 주철품	PMC	백심 가단 주철품	WMC

3 비철금속 재료의 기호

[표2-15 비철금속 재료의 기호]

자질명	기호	재질명	기호	재질명	기호
티탄선	TW	기계 구조 부품용 소결 재료	SMF	황동 주물	YBsC
청동 주물	BC	화이트 메탈	WM	아연합금 다이캐스팅	ZDC
알루미늄합금 다이캐스팅	ALDC	고강도 황동 주물	HBsC	알루미늄합금 주물	AC
인청동 주물	PBC	연입 황동 주물	LBC	실리콘 청동 주물	SzBC
알루미늄 청동 주물	ALBC	마그네슘합금 주물	MgC	동 주물	CuC
니켈 및 니켈합금 주물	NC				

06 스케치도

1. 스케치

1 스케치

가. 스케치의 필요성

스케치는 프리핸드(Free hand)로 하며, 먼저 스케치할 대상에 대하여 특징과 기능을 완전히 파악한 후 스케치를 하는 것이 중요하다.
① 신 제품을 만들 경우
② 도면이 없는 물품을 참고로 할 경우
③ 도면이 없는 물품과 같은 물품을 만들려고 할 때
④ 도면이 없는 물품이 마멸, 파손되어 새로 부품을 만들 때

나. 스케치 공구

① 분해, 조립 공구 : 해머, 펀치, 스패너, 드라이버, 플라이어 등
② 치수 측정 용구 : 각도기, 직각자, 캘리퍼스, 마이크로미터, 피치게이지 등
③ 작도 용구 : 연필, 지우개, 용지 등
④ 기타 용구 : 납선, 꼬리표, 광명단, 헝겊, 가솔린 등

다. 스케치 방법

① 직접 측정에 의한 방법 : 자나 컴퍼스를 쓰지 않고 용지에 직접 그리는 방법(프리핸드법)
② 형(모양) 뜨기법 : 불규칙한 곡선이 있는 물체를 직접 용지에 대고 탄성이 있는 납선이나 동선을 이용하여 물체의 윤곽 곡선과 같이 만들어 그리는 방법
③ 프린트법 : 물체의 표면에 광명단을 발라 용지에 대고 눌러서 실제 모양을 뜨는 방법
④ 사진 촬영법 : 복잡한 물체를 스케치만으로 그리기 어려운 경우 여러 각도에서 사진을 촬영하여 그리는 방법

라. 스케치 순서
① 물체의 기능과 구조를 조사한다.
② 물체를 분해하기 전 조립도를 그린다.
③ 조립도에서 각 부품을 분해하여 스케치한다.
④ 분해한 부품에는 꼬리표를 붙이고 분해 순서대로 부품 번호를 기입한다.
⑤ 끼워 맞춤 관계가 있는 부품은 공통 번호를 달아 놓는다.
⑥ 각 부품에 필요 사항을 기입한다(가공법, 재질, 개수, 다듬질 기호 등).
⑦ 완전한가를 검사한다.

07 측정기 사용

1. 손다듬질 작업 순서 | 2. 리머 작업 및 태핑 | 3. 직접 측정기 | 4. 비교 측정기 | 5. 블록 게이지(block gauge)
6. 한계 게이지 | 7. 각종 게이지(표준 게이지) | 8. 사인 바(sine bar) | 9. 나사의 유효 지름 측정

1 손다듬질 작업 순서

① 금긋기 작업
② 펀칭 및 드릴링
③ 쇠톱질 : 톱날의 크기는 양단 구멍 중심에서 중심까지의 길이로 표시
④ 정작업
⑤ 줄작업 : 탄소 공구강(STC)으로 만든다.
  종류 : 직진법(일반적, 정삭), 사진법(거친 절삭, 모따기), 횡진법(녕진법 : 좁은면)이 있다.
⑥ 스크레이퍼 작업 : 줄질 작업 후 더욱 정밀한 평면 또는 곡면으로 다듬질할 때 작업시 정반, 광명단, 스크레이퍼 등을 사용

2 리머 작업 및 태핑

① 리머 작업 : 드릴로 뚫은 구멍을 더욱 정밀하게 다듬는 공구이며, 떨림(채터링)을 방지하기 위해 날의 간격을 다르게 한다.

> 리머는 드릴보다 절삭 속도는 느리게, 이송은 빠르게 한다.(3~4배)

② 태핑(tapping) : 암나사를 만드는 공구이며, 핸드탭은 3개가 1조로 되어 있다.
- 가공물 - 1번탭 : 55%, 2번탭 : 25%, 3번탭 : 20%

> - **탭 구멍의 지름** : d = D - p
> - **다이스** : 수나사를 만드는 공구

3 직접 측정기

① 버니어 캘리퍼스(vernier calipers) : 길이(외경), 폭(내경), 깊이를 측정한다.
(최소 측정값 : 1/20, 1/50mm)
- 종류
  - M1형 : 최소 측정값은 0.02mm 또는 0.02mm이다.
  - CB형 : 내측 측정 가능, 조의 두께는 10 이하의 작은 내경을 측정할 수 없음
  - CM형 등이 있다.
- 버니어 캘리퍼스의 최소 측정값 = $\dfrac{\text{어미자의 눈금수}}{\text{아들자의 등분수}}$

② 마이크로미터(micrometer) : 보통 삼각 나사의 피치가 0.5mm에 딤블의 원주를 50등분하여 최소 측정값이 0.01mm이다.
- 종류
  - 나사 마이크로미터 : 수나사의 유효 지름을 측정하며, 고정식과 앤빌 교환식이 있다.
  - 버니어 마이크로미터 : 최소 눈금을 0.001mm로 하기 위해 표준 마이크로미터에 버니어 눈금을 붙인 것
  - 지시 마이크로미터 : 마이크로미터에 인디케이터(지시기) 장치를 붙여 0.002mm까지의 정밀 측정 가능
  - 기어 이 두께 마이크로미터 : 평 기어, 헬리컬 기어의 이 두께를 측정
  - 마이크로미터의 최소 측정값 = $\dfrac{\text{피치}}{\text{딤블의 눈금수}}$

③ 하이트 게이지(height gauge) : 높이 측정 및 금긋기 작업에 사용
- 종류 : HT형(0점 조정이 가능), HB형, HM형 등이 있다.

④ 측장기

> **아베의 원리**
> 표준자와 피측정물은 같은 축선상에 있어야 한다.
> • 적용 : 외측 마이크로미터
> • 위배 : 버니어 캘리퍼스

4 비교 측정기

① 다이얼 게이지(dial gauge) : 비교 측정기의 대표적이며, 평면도, 진원도, 축의 흔들림, 직각도 등의 측정에 사용

> **진원도 측정 방법**
> 직경법, 반경법, 삼점법

② 공기 마이크로미터(air micrometer) : 공기의 흐름을 확대 기구로 하여 길이를 측정하는 방법으로 동시에 다수의 구멍 측정
③ 전기 마이크로미터(electric micrometer)
④ 옵티미터(optimeter) : 광학적으로 미소 범위를 확대하여 측정
⑤ 미니미터(minimeter) : 레버 확대 기구를 이용하여 수백, 수천 배 확대시켜서 측정

5 블록 게이지(block gauge)

게이지 중 가장 정밀도가 높으며, 건식 래핑에서 얻어진다.(조합밀착하여 사용 가능)
– 분류 : 연구소용 또는 참조용(AA급), 표준용(A급), 검사용(B급), 일감용 또는 공작용(C급)

6 한계 게이지

① 구멍용 한계 게이지 : 플러그 게이지, 평 게이지, 봉 게이지 등이 있다.

② 축용 한계 게이지 : 스냅 게이지, 링 게이지 등이 있다.
③ 테일러의 원리 : "통과측에는 모든 치수 또는 결정량이 동시에 검사되고 정지측에는 각 치수를 개개로 검사하지 않으면 안 된다."

7 각종 게이지(표준 게이지)

① 센터 게이지(center gauge) : 선반 작업의 나사 절삭시 바이트 위치나 바이트의 각도를 검사하는데 사용
② 틈새 게이지(thickness gauge) : 미세한 간격이나 틈새를 측정하는 데 사용
③ 피치 게이지(pitch gauge) : 나사산의 피치를 측정
④ 와이어 게이지(wire gauge) : 철사의 지름 및 판의 두께 측정
⑤ 반지름 게이지(radius gauge)
⑥ 드릴 게이지(drill gauge)

8 사인 바(sine bar)

45° 이하의 각도 측정에 사용

$$\sin \alpha = \frac{H-h}{L}$$

9 나사의 유효 지름 측정

① 나사 마이크로미터
② 삼선법(삼침법) : 가장 정밀(미터 나사 : d_e(유효 지름)= M−3d+0.86603p)
③ 공구현미경 또는 투영기 : 나사산의 각, 높이, 피치 및 d(호칭경), d_e(유효 지름), d_1(골 지름)을 측정할 수 있다.

적중예상문제_ 기초 제도

01 다음 중 표면 거칠기 측정법이 아닌 것은?
① 중심선 평균 거칠기   ② 최대 높이
③ 10점 평균 거칠기   ④ 평균 면적 거칠기

02 그림과 같이 부품의 일부를 도시하는 것으로 충분한 경우, 그 필요 부분만을 표시할 수 있는 투상도는?

① 회전 투상도   ② 부분 투상도
③ 국부 투상도   ④ 요점 투상도

03 축, 구멍의 치수에 따라 틈새 또는 죔새가 생기는 끼워 맞춤은 무슨 끼워 맞춤인가?
① 억지 끼워 맞춤
② 헐거운 끼워 맞춤
③ 중간 끼워 맞춤
④ 공차 끼워 맞춤

04 끼워 맞춤에서 IT 기본 공차의 등급이 커질 때 공차값은?(단, 기타 조건은 일정함)
① 작아진다   ② 커진다
③ 일정하다   ④ 관계없다

해설

01 표면 거칠기 측정 방법
- 산술 평균 거칠기(Ra)
- 최대 높이 거칠기(Ry)
- 10점 평균 거칠기(Rz)

02 생략한 부분과 경계를 파단선(가는 실선)으로 표시

03 중간 끼워 맞춤 : 틈새와 죔새가 발생하는 끼워 맞춤

01 ④ 02 ② 03 ③ 04 ②

해설

06 치수 기입 요소
- 치수선
- 치수보조선
- 화살표
- 지시선
- 치수 수치

07
- 관용 투상도 : 물체의 형상을 그대로 그리면 복잡하고 이해하는 데 지장이 있는 경우에 간략하게 작도하는 방법
- 부분 투상도 : 부품의 일부를 도시하는 것으로 충분한 경우에는 그 필요 부분만을 표시할 수 있는 투상도
- 보조 투상도 : 대상물의 경사면을 실형으로 표시할 필요가 있는 경우 표시하는 투상도
- 회전 투상도 : 투상면이 각도로 인해 실형의 표시가 어려운 경우 그 부분을 회전하여 실형을 표시하는 투상도

08 단면은 일반적으로 기본 중심선으로 절단한 면을 표시

---

05 도면에 기입하는 재료 기호 중 "SM40C"를 정확히 설명한 것은?

① 기계 구조용 탄소강재로 인장 강도가 40kgf/mm²이다.
② 기계 구조용 탄소강재로 탄소함량이 0.40%이다.
③ 몰리브덴강으로 인장 강도가 40kgf/mm²이다.
④ 몰리브덴강으로 탄소함량이 0.40%이다.

06 다음 중 치수 기입 요소가 아닌 것은?

① 치수선
② 치수보조선
③ 화살표
④ 치수경계선

07 다음의 특수 투상법 중 물체의 형상을 그대로 그리면 복잡하고 이해하는 데 지장이 있는 경우에 간략하게 작도하는 방법은?

① 관용 투상도
② 부분 투상도
③ 보조 투상도
④ 회전 투상도

08 다음은 단면표시법이다. 틀린 것은?

① 단면은 원칙적으로 기본 중심선에서 절단한 면으로 표시한다. 이때 절단선은 반드시 기입하여 준다.
② 단면은 필요한 경우에는 기본 중심선이 아닌 곳에서 절단한 면으로 표시해도 좋다. 단, 이때에는 절단 위치를 표시해 놓아야 한다.
③ 숨은선은 단면에 되도록 기입하지 않는다.
④ 관련도는 단면을 그리기 위하여 제거했다고 가정한 부분도 그린다.

---

05 ② 06 ④ 07 ① 08 ①

09 단면도에서 해칭에 관한 설명 중 틀린 것은?

① 해칭은 주된 중심선에 대하여 45°로 가는 실선을 사용하여 등간격으로 표시한다.
② 2개 이상의 부품이 인접한 경우 단면의 해칭은 방향이나 간격을 다르게 한다.
③ 해칭을 하는 부분 안에 글자나 기호를 기입하기 위해서는 해칭을 중단할 수 있다.
④ 해칭은 굵은 실선으로 하는 것을 원칙으로 하되 혼동의 우려가 없을 경우는 생략한다.

10 면의 지시 기호에 대한 표시 위치 설명이 틀린 것은?

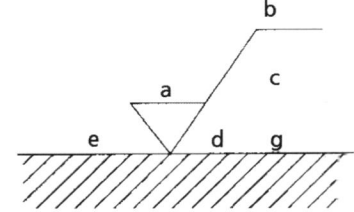

① a : 중심선 평균 거칠기의 값
② b : 가공 방법
③ c : 컷오프값
④ d : a 이외의 표면 거칠기의 값

11 그림과 같은 단면도를 무슨 단면도라 하는가?

① 회전 단면도　　② 부분 단면도
③ 한쪽 단면도　　④ 전 단면도

해설

07 해칭선 : 가는 실선
  • 주 중심선에 대하여 45° 등간격의 가는 실선으로 표시
  • 간단한 도면에서 단면을 쉽게 알 수 있는 것은 해칭을 생략할 수 있음

10 d : 줄무늬 방향 기호

11 한쪽 단면도는 물체를 1/4절단해서 도시하여 반은 단면, 반은 외형을 볼 수있게 도시한다.

09 ④　10 ④　11 ③

12 다음 그림에서 기하 공차의 해석으로 맞는 것은?

① 데이텀 A를 기준으로 0.05mm 이내로 평면이어야 한다.
② 데이텀 A를 기준으로 0.05mm 이내로 평행해야 한다.
③ 데이텀 A를 기준으로 0.05mm 이내로 직각이 되어야 한다.
④ 데이텀 A를 기준으로 0.05mm 이내로 대칭이어야 한다.

13 다음 보기의 도면과 같이 40 밑에 그은 선은 무엇을 나타내는가?

① 기준치수　　　　② 비례척이 아닌 치수
③ 다듬질치수　　　④ 가공치수

14 그림과 같이 제3각법에 의한 투상도의 평면도와 측면도가 있을 때 이 투상도에 맞는 겨냥도는?

해설

13 숫자에 밑줄이 들어가면 비례척이 아닌 치수이다.

12 ② 13 ② 14 ①

15 핸들의 암(arm), 주물품의 리브(rib)의 형상을 도시하기 위한 단면도시법으로 적합한 것은?

① 전 단면도
② 부분 단면도
③ 한쪽 단면도
④ 회전 도시 단면도

16 "Ø100 H7/g6"은 어떤 끼워 맞춤 상태인가?

① 구멍 기준식 중간 끼워 맞춤
② 구멍 기준식 헐거운 끼워 맞춤
③ 축 기준식 억지 끼워 맞춤
④ 축 기준식 중간 끼워 맞춤

17 구의 지름을 나타내는 치수 보조기호는?

① Ø
② C
③ SØ
④ R

18 다음 도면에서 전체 길이를 표시하고 있는 (A)의 치수는?

① 1020
② 1080
③ 1170
④ 1220

---

15 회전 도시 단면도
- 핸들이나 기어, 벨트 풀리 등의 암, 리브, 훅, 축 구조물의 쿠재 등의 절단면은 다음에 따라 90° 회전하여 나타낸다.
- 절단할 곳의 전후를 끊어서 그 사이에 그린다.
- 절단선의 연장선 위에 그린다.
- 도형 내의 절단한 곳에 겹쳐서 가는 실선을 사용하여 그린다.

17 구를 나타내는 기호는 S이다.

18 간격 12개(Ø20, 13개 구멍)
∴ (90×12)+(45+45)=1170

15 ④ **16** ② **17** ③ **18** ③

19 C는 동심원을 의미

20 한쪽 단면도
- 대칭 물체를 1/4로 절단하여 단면으로 나타낸 것이다.
- 한쪽은 단면도, 다른 한쪽은 외형도를 표시한다.
- 대칭형의 대상물을 외형 도시 절반과 온 단면도의 절반을 조합하여 표시할 수 있다.

21 자세 공차
- 평행도 공차 : //
- 직각도 공차 : ⊥
- 경사도 공차 : ∠
① 모양 공차
② 자세 공차
③ 위치 공차
④ 흔들림 공차

19 ④ 20 ② 21 ② 22 ②
23 ③

---

19 다음 표면 거칠기의 표시에서 C가 의미하는 것은?

① 주조 가공
② 밀링 가공
③ 가공으로 생긴 선이 무방향
④ 가공으로 생긴 선이 거의 동심원

20 상하 또는 좌우 대칭인 물체는 1/4을 떼어 낸 것으로 보고, 기본 중심선을 경계로 하여 1/2은 외형 1/2은 단면으로 동시에 나타내는 단면 도법은?

① 전 단면도 ② 한쪽 단면도
③ 부분 단면도 ④ 회전 단면도

21 다음 기하 공차 중에서 자세 공차에 해당하는 것은?

① ─ : 진직도 공차 ② ⊥ : 직각도 공차
③ ◎ : 동심도 공차 ④ ╱ : 원주 흔들림 공차

22 다음 중 치수 기입의 원칙으로 틀린 것은?

① 치수는 선에 겹치게 기입해서는 안 된다.
② 치수는 되도록 계산이 필요하게 기입한다.
③ 치수는 되도록 정면도에 집중하여 기입한다.
④ 치수는 중복 기입을 피한다.

23 절단면 및 파단면을 나타낼 목적으로 일정한 간격으로 가는 실선을 그어서 표시하는 것은?

① 3차원 그물망 ② 스머징
③ 해칭 ④ 빗줄

24 다음 겨냥도에서 화살표 방향을 정면도로 할 때 제3각법 투상의 우측면도로 알맞은 것은?

① ② ③ ④

25 물체의 표면에 기름이나 광명단을 칠하고 그 위에 종이를 대고 눌러서 실제의 모양을 뜨는 스케치 방법은?

① 모양뜨기 방법
② 프리핸드법
③ 사진법
④ 프린트법

26 그림과 같은 단면 도시법을 무엇이라고 하는가?

① 온 단면도
② 한쪽 단면도
③ 부분 단면도
④ 회전 도시 단면도

해설

24 제3각법 투상도

제3각법의 투상도 배치

25 스케치 방법
- 직접 측정에 의한 방법 : 자나 컴퍼스를 쓰지 않고 용지에 직접 그리는 방법(프리핸드법)
- 형(모양) 뜨기법 : 불규칙한 곡선이 있는 물체를 직접 용지에 대고 탄성이 있는 납선이나 동선을 이용하여 물체의 윤곽 곡선과 같이 만들어 그리는 방법
- 사진(촬영)법 : 복잡한 물체를 스케치만으로 그리기 어려운 경우 여러 각도에서 사진을 촬영하여 그리는 방법

26 부분 단면도
- 필요한 부분만을 절단하여 단면으로 나타내는 것이다.
- 절단부 경계는 파단선으로 나타낸다.

24 ② 25 ④ 26 ③

27 그림은 물체를 화살표 방향을 정면도로하여 제3각법에 의하여 정 투상도를 그린 것이다. 바르게 그린 것은?

①   ②

③ 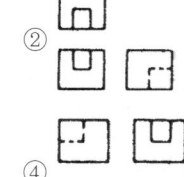   ④

28 다음 기호 중 숫자와 병기하여 사용할 수 없는 것은?

① SØ   ② SR
③ ⊠   ④ □

29 기계 재료 표시법 중 중간부분의 기호에서 단조품을 나타내는 기호는?

① F   ② C
③ B   ④ G

30 다음 끼워 맞춤을 표시한 것 중 옳지 못한 것은?

① 20H7 - g6   ② 20H7/g6
③ $20\dfrac{H7}{g6}$ ④ 20g6H7

31 기준 치수가 30, 최대 허용 치수가 29.98, 최소 허용 치수가 29.95일 때 아래 치수 허용차는 얼마인가?

① +0.03   ② +0.05
③ -0.02   ④ -0.05

해설

28 가는 실선을 대각선으로 도시하는 방법은 평면임을 나타낸다.

29 주조 : C, 단조 : F

30 공차 기호어 의한 기입법
끼워 맞춤은 구멍, 축의 공통 기준 치수에 구멍의 공차 기호와 축의 공차 기호를 계속하여 다음과 같이 표시한다.
예 50H/g6 50H7-g6 또는 50

31 아래 치수 허용차
= 최소 허용 치수 - 기준 치수
= 29.95 - 30.00 = -0.05

27 ③   28 ③   29 ①   30 ④
31 ④

32 기하 공차의 종류에서 위치 공차에 해당되지 않는 것은?

① 위치도 공차   ② 동축도 공차
③ 대칭도 공차   ④ 평면도 공차

33 투상 관계를 나타내기 위하여 그림과 같이 원칙적으로 주가되는 그림 위에 중심선 등으로 연결하여 그린 투상도는?

① 보조 투상도   ② 국부 투상도
③ 부분 투상도   ④ 회전 투상도

34 치수 기입의 원칙에 대한 설명으로 틀린 것은?

① 치수는 되도록 계산할 필요가 없도록 기입한다.
② 치수는 필요에 따라 기준으로 하는 점, 선 또는 면을 기초로 한다.
③ 치수는 되도록 정면도 외에 분산하여 기입하고 중복 기입을 피한다.
④ 치수는 선에 겹치게 기입해서는 안되나, 부득이한 경우 선을 중단시켜 기입할 수 있다.

35 다음 중 구멍용 게이지 제작 공차에 적용되는 IT 공차는?

① IT 6 ~ IT 10   ② IT 01 ~ IT 5
③ IT 11 ~ IT 18   ④ IT 05 ~ IT 9

36 IT 기본 공차의 등급 수는 몇 가지인가?

① 16   ② 18
③ 20   ④ 22

37 다음 중 치수 기입의 원칙 설명으로 틀린 것은?

① 대상물의 기능, 제작, 조립 등을 고려하여 필요한 치수를 명료하게 도면에 기입한다.
② 도면에 나타내는 치수는 특별히 명시하지 않는 한 도시한 대상물의 마무리 치수를 표시한다.
③ 치수는 되도록이면 정면도, 측면도, 평면도에 분산하여 기입한다.
④ 치수는 되도록이면 계산할 필요가 없도록 기입하고 중복되지 않게 기입한다.

38 평화면에 수직인 직선은 입화면에 어떻게 나타나는가?

① 축소되어 나타난다.
② 점으로 나타난다.
③ 수직으로 나타난다.
④ 실제 길이로 나타난다.

39 다음 중 대칭도 공차를 나타내는 기호는?

① ═
② ◎
③ ⌖
④ //

40 50H7 구멍과 50g6 축의 공통 기준 치수에 공차 기호의 기입 방법으로 올바르지 못한 것은?

① 50H7/g6
② 50H7−g6
③ 50g6H7
④ $50\dfrac{H7}{g6}$

해설

37 치수는 정면도를 중심으로 기입한다.

39 ② 동심도(동축도) 공차
③ 위치도 공차
④ 평행도 공차

40 공차 기호에 의한 기입법
끼워맞춤은 구멍, 축의 공통 기준 치수에 구멍의 공차 기호와 축의 공차 기호를 계속하여 다음과 같이 표시한다.
예) 50H/g6 50H7−g6 또는 50

| 37 ③ | 38 ④ | 39 ① | 40 ③ |

41 보기의 입체도를 한쪽 단면도로 나타낸 것은?

42 기하 공차의 종류에서 위치 공차와 관련이 있는 것은?

① 평면도　　② 원통도
③ 동심도　　④ 직각도

43 대상물의 구멍, 홈 등 한 부분만의 모양을 도시하는 것으로 만족하는 경우에 사용하는 투상도로 축에 가공된 키홈을 표현할 때 사용되는 투상도는?

① 보조 투상도
② 국부 투상도
③ 부분 투상도
④ 회전 투상도

44 다음 중 제3각법의 특징으로 틀린 것은?

① 도면과 물체의 관련도를 대조하는 데 편리하다.
② 투상도 간의 치수 비교에 편리하다.
③ 투상 순서는 눈 → 물체 → 투상면이다.
④ 보조 투상도를 이용하여 물체 모양을 정확히 표현할 수 있다.

---

41 한쪽 단면도
- 대칭 물체를 1/4로 절단하여 단면으로 나타낸 것이다.
- 한쪽은 단면도, 다른 한쪽은 외형도를 표시한다.
- 대칭형의 대상물을 외형 도시 절반과 온 단면도의 절반을 조합하여 표시할 수 있다.

42 • 평면도, 원통도 : 모양 공차
• 직각도 : 자세 공차

43 국부 투상도 : 구멍·홈 등, 대상물의 1국부를 나타낸 투상도

41 ③　42 ③　43 ②　44 ③

해설

45
- b : 가공 방법의 문자 또는 기호
- c : 컷오프값
- d : 줄무늬 방향의 기호

46 치수 기입에 사용되는 기호

기호 이름	기호 모양
지름	⌀
반지름	R
구의 지름	S⌀
구의 반지름	SR
정사각형의 변	□
판의 두께	t
원호의 길이	⌢
45° 모떼기(모따기)	C
이론적으로 정확한 치수	50
참고 치수	(50)
치수의 취소	~~50~~
비례 척도가 아닌 치수	50
치수의 기준	●

48 ③항은 위치도 공차로 위치 공차임

45 ① 46 ① 47 ③ 48 ③
49 ④

---

45 다음 면의 지시 기호에서 a에 기입할 항목은?

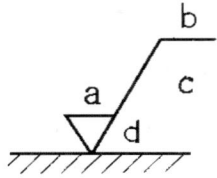

① 산술(중심선) 평균 거칠기값
② 가공 방법
③ 줄무늬 방향 기호
④ 다듬질 여유 기입

46 도면에서 구의 지름 100mm을 나타낼 때 표시하는 방법은?

① S⌀100
② C⌀100
③ SR100
④ 구면⌀100

47 다음 치수 중 원호의 길이를 나타내는 것은?

① □50
② ⌀50
③ ⌢50
④ t50

48 기하 공차의 종류 중 자세 공차가 아닌 것은?

① //
② ⊥
③ ⊕
④ ∠

49 다음 중 치수 기입 원칙에 어긋나는 방법은?

① 관련되는 치수는 되도록 한 곳에 모아서 기입한다.
② 치수는 되도록 공정마다 배열을 분리하여 기입한다.
③ 중복된 치수 기입을 피한다.
④ 치수는 각 투상도에 고르게 분포되도록 한다.

50 단면도의 해칭 방법에서 틀린 것은?

① 인접하는 절단 자리의 해칭은 선의 방향 또는 각도를 바꾸어 구별한다.
② 절단 자리의 면적이 넓을 경우에는 외형선을 따라 적절히 해칭을 한다.
③ 해칭을 하는 부분 속에 문자, 기호 등을 기입할 경우라도 해칭을 중단해서는 안 된다.
④ 단면도에 재료 등을 표시하기 위하여 특수한 해칭을 해도 좋다.

51 보기의 치수 중 □이 뜻하는 것은?

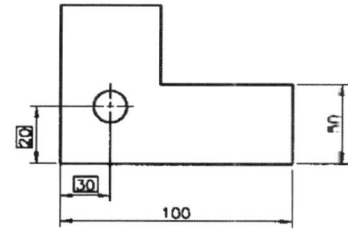

① 정사각형의 한변의 치수
② 참고치수
③ 판 두께의 치수
④ 이론적으로 정확한 치수

52 기준점, 선, 평면, 원통 등으로 관련 형체에 기하 공차를 지시할 때 그 공차 영역을 규제하기 위하여 설정된 기준을 무엇이라고 하는가?

① 돌출 공차역
② 데이텀
③ 최대 실체 공차 방식
④ 기준 치수

해설

53 보조 투상도 : 대상물의 경사면에 맞서는 위치에 그린 투상도

57 b는 가공 방법의 문자 또는 기호

53 ④ 54 ① 55 ② 56 ④
57 ②

---

53 "가"에 나타날 보조 투상도로 올바른 것은?

54 가장 기본적인 도면 요소는?

① 점, 직선
② 원, 원호
③ 점, 곡선
④ 직선, 원

55 허용 한계 치수에서 기준 치수를 뺀 값을 무엇이라 하는가?

① 실치수
② 치수 허용차
③ 치수 공차
④ 틈새

56 다음 중 억지 끼워 맞춤은?

① H7/h6
② F7/h6
③ G7/h6
④ H7/u6

57 면의 지시 기호에 있어서 각 지시 사항의 설명으로 틀린 것은?

① a – 중심선 평균 거칠기의 값
② b – 컷오프값
③ c – 다듬질 여유
④ d – 줄무늬 방향 기호

58 45° 모따기를 나타내는 기호로 올바른 것은?

① C ② R
③ □ ④ t

59 다음 도면이 나타내는 단면도의 표시 방법은?

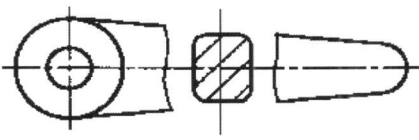

① 전 단면도
② 한쪽 단면도
③ 회전 도시 단면도
④ 부분 단면도

60 줄무늬 방향 기호 중에서 가공 방향이 무방향이거나 여러 방향으로 교차할 때 기입하는 기호는?

① = ② X
③ M ④ C

61 보스의 키홈 제도에 있어서 키홈의 가장 적당한 위치는?

① 도형의 아래쪽
② 도형의 위쪽
③ 도형의 좌우
④ 어떤 곳이라도 관계없다.

62 끼워 맞춤에서 IT 기본 공차 등급이 작아질 때의 공차값의 변화는?(단, 기타 조건은 일정하다.)

① 항상 같다.
② 관계없다.
③ 작아진다.
④ 커진다.

해설

58 치수 기입에 사용되는 기호
- R : 반지름
- □ : 정사각형의 변
- t : 판의 두께

59 회전 도시 단면도
- 핸들이나 기어, 벨트 풀리 등의 암, 리브, 훅, 축 구조물의 부재 등의 절단면은 다음에 따라 90° 회전하여 나타낸다.
- 절단할 곳의 전후를 끊어서 그 사이에 그린다.
- 절단선의 연장선 위에 그린다.
- 도형 내의 절단한 곳에 겹쳐서 가는 실선을 사용하여 그린다.

60 ① 투상면에 평행
② 투상면에 교차
③ 여러 방향으로 교차 또는 무방향
④ 중심에 대하여 동심원

58 ① 59 ③ 60 ③ 61 ②
62 ③

해설

63
- a : 평균 거칠기 값
- b : 가공 방법
- d : 줄무늬 방향의 기호
- g : 표면 파상도

65
- ↗ 원주 흔들림 공차 – 흔들림 공차
- ⌖ 위치도 공차 – 위치 공차
- ∥ 평행도 공차 – 자세 공차

66
- BR : 철과 강 보일러용 리벳
- C : 철과 비철 주조품
- W : 철과 강 와이어

63 ② 64 ③ 65 ④ 66 ①
67 ②

---

63 다음 표면 지시 기호 중 가공 방법을 지시하는 곳은?

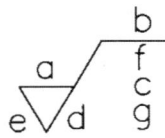

① a   ② b
③ d   ④ g

64 다음 중 단면 도시 방법에 대한 설명이 틀린 것은?

① 단면 부분을 확실하게 표시하기 위하여 보통 해칭을 한다.
② 해칭을 하지 않아도 단면이라는 것을 알 수 있을 때에는 해칭을 생략해도 된다.
③ 같은 절단면 위에 나타나는 같은 부품의 단면은 해칭선의 간격을 달리한다.
④ 단면은 필요로 하는 부분만을 판단하여 표시할 수 있다.

65 다음 기하 공차의 종류 중 모양 공차에 해당되는 것은?

① ↗   ② ⌖
③ ∥   ④ ○

66 다음은 재료 기호의 중간 부분의 기호이다. 공구강을 나타내는 기호는?

① TO   ② BR
③ C   ④ W

67 도면에서 표면 상태를 줄무늬 방향의 기호로 표시하였다. R은 무엇을 뜻하는가?

① 가공에 의한 커터의 줄무늬 방향이 투상면에 평행
② 가공에 의한 커터의 줄무늬 방향이 레이디얼 모양
③ 가공에 의한 커터의 줄무늬 방향이 동심원 모양
④ 가공에 의한 줄무늬 방향이 경사지고 두방향으로 교차

68 다음 중 표면 거칠기 표시 방법에 해당되지 않는 것은?

① 최소 높이
② 최대 높이
③ 산술 평균 거칠기
④ 10점 평균 거칠기

69 다음은 기계 요소 중에서 원칙적으로 길이 방향으로 절단하여 단면하지 않는 것이다. 틀린 것은?

① 축, 키
② 리벳, 핀
③ 볼트, 작은나사
④ 베어링, 너트

70 구멍의 치수가 축의 치수보다 클 때, 구멍과 축과의 치수의 차를 무엇이라고 하는가?

① 틈새   ② 죔새
③ 공차역   ④ 치수차

71 다음 중 기하 공차의 기호 설명이 잘못된 것은?

① 평면도 : ▱   ② 원통도 : ◯
③ 대칭도 : ⋹   ④ 위치도 : ◎

72 기계 제도에서 투상도의 선택 방법에 대한 설명으로 틀린 것은?

① 계획도, 조립도 등 주로 기능을 나타내는 도면에서는 대상물을 사용하는 상태로 놓고 그린다.
② 부품을 가공하기 위한 도면에서는 가공 공정에서 대상물이 놓인 상태로 그린다.
③ 정면도에서는 대상물의 모양이나 기능을 가장 뚜렷하게 나타내는 면을 그린다.
④ 정면도를 보충하는 다른 투상도는 도도록 크게 그리고 많이 그린다.

해설

68 표면 거칠기 측정 방법
• 산술 평균 거칠기(Ra)
• 최대 높이 거칠기(Ry)
• 10점 평균 거칠기(Rz)

69 절단하지 않는 부품
축, 핀, 볼트, 너트, 와셔, 캡, 스크루(screw), 멈춤 나사, 리빗, 키, 테이퍼, 핀, 리브, 바퀴의 암, 기어의 이

70 죔새 : 구멍의 치수가 축의 치수보다 작을 때

71 ⌖ 위치도, ◎ 동심도

68 ① **69** ④ **70** ① **71** ④
72 ④

해설

73
- Ra : 산술 평균 거칠기
- Ry : 최대 높이 거칠기
- Rz : 10점 평균 거칠기

74 한쪽 단면도
- 대칭 물체를 1/4로 절단하여 단면으로 나타낸 것이다.
- 한쪽은 단면도, 다른 한쪽은 외형도를 표시한다.
- 대칭형의 대상물을 외형 도시 절반과 온 단면도의 절반을 조합하여 표시할 수 있다.

75
- 최대 죔새
  = 축의 최대 − 구멍의 최소
  = 100.02 − 99.98 = 0.04
- 최소 죔새
  = 축의 최소 − 구멍의 최대
  = 100.01 − 99.99 = 0.02

76 모양 공차

공차의 종류		기호
모양 공차	진직도 공차	────
	평면도 공차	▱
	진원도 공차	○
	원통도 공차	⌭
	선의 윤곽도 공차	⌒
	면의 윤곽도 공차	⌓

73 ④ 74 ② 75 ② 76 ③
77 ③

---

73 표면 거칠기의 표시법에서 10점 평균 거칠기를 표시하는 기호는?

① Ry ② Rm
③ Ra ④ Rz

74 대칭형의 물체를 1/4 절단하여 내부와 외부의 모습을 동시에 보여주는 단면법은?

① 전 단면도
② 한쪽 단면도
③ 부분 단면도
④ 회전 도시 단면도

75 축의 치수 $\varnothing 100^{+0.02}_{+0.01}$와 구멍의 치수 $\varnothing 100^{-0.01}_{-0.02}$의 최대 죔새와 최소 죔새값은?

① 최대 죔새 : 0.05, 최소 죔새 : 0.02
② 최대 죔새 : 0.04, 최소 죔새 : 0.02
③ 최대 죔새 : 0.04, 최소 죔새 : 0.00
④ 최대 죔새 : 0.05, 최소 죔새 : 0.00

76 다음 기하 공차 기호 중 원통도 공차의 기호는?

① ▱   ② ○
③ ⌭   ④ ⊕

77 그림과 같은 정원뿔을 단면선을 따라 평면으로 교차시킨 경우 구성되는 단면 형태는?

① 쌍곡선   ② 포물선
③ 타원   ④ 원

78 길이 방향으로 절단해서 단면도를 그리지 않아야 하는 부품은?

① 축
② 보스
③ 베어링
④ 커버

79 다음 중 구멍용 게이지 제작 공차로 맞는 IT 공차 등급은?

① IT 01 – IT 5
② IT 6 – IT 10
③ IT 10 – IT 18
④ IT 11 – IT 18

80 표면 거칠기의 표시법에서 산술 평균 거칠기를 표시하는 기호는?

① Ry
② Ra
③ Rz
④ Sm

81 끼워 맞춤에서 최대 죔새를 구하는 방법은?

① 축의 최대 허용 치수 – 구멍의 최소 허용 치수
② 구멍의 최소 허용 치수 – 축의 최대 허용 치수
③ 구멍의 최대 허용 치수 – 축의 최소 허용 치수
④ 축의 최소 허용 치수 – 구멍의 최대 허용 치수

82 다음 중 치수 기입의 원칙으로 맞는 것은?

① 어느 정도의 중복 기입은 상관없다.
② 치수는 되도록 평면도에 집중하여 기입한다.
③ 치수는 치수선이 만나는 곳에 기입한다.
④ 치수는 선에 겹치게 기입해서는 안 된다.

83 구멍의 최소치수가 축의 최대치수보다 큰 경우는 무슨 끼워 맞춤인가?

① 헐거운 끼워 맞춤
② 중간 끼워 맞춤
③ 억지 끼워 맞춤
④ 강한 억지 끼워 맞춤

해설

78 절단하지 않는 부품
축, 핀, 볼트, 너트, 와셔, 캡, 스크루(screw), 멈춤 나사, 리벳, 키, 테이퍼, 핀, 리브, 바퀴의 암, 기어의 이

79 • 게이지 제작 공차 : IT01 ~ IT 4
• 끼워 맞춤 공차 : IT 5 ~ IT 9
• 끼워 맞춤 이외: IT10 ~ IT18

81 ② 최소 틈새
③ 최대 틈새
④ 최소 죔새

82 • 치수는 되도록 주 투상도에 집중한다.
• 치수는 중복 기입을 피한다.
• 치수는 필요에 따라 기준으로 하는 점, 선, 또는 면을 기준으로 하여 기입한다.

| 78 ① | 79 ① | 80 ② | 81 ① |
| 82 ④ | 83 ① | | |

해설

84
- 실치수 : 형체의 실측 치수
- 허용 한계 치수 : 형체의 실 치수가 그 사이에 들어가도록 정한 허용할 수 있는 대소 2개의 극한의 치수 즉, 최대 허용 치수 및 최소 허용 치수
- 기준 치수 : 위 치수 허용차 및 아래 치수 허용차를 적용하는 데 따라 허용 한계 치수가 주어지는 기준이 되는 치수

84 도면상에 구멍, 축 등의 호칭 치수를 의미하며 치수 허용 한계의 기준이 되는 치수는?

① IT치수
② 실치수
③ 허용 한계 치수
④ 기준 치수

85 삼각법으로 그린 3면도 투상도 중 잘못 그려진 투상이 있는 것은?

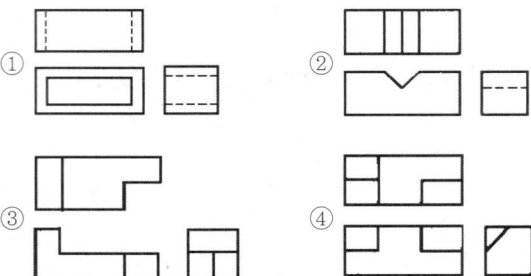

86 3각법에 의한 보기와 같은 정면도와 우측면도에 평면도로 가장 적합한 투상는?

84 ④   85 ④   86 ④

87 그림과 같은 Ø50H7-r6 끼워 맞춤에서 최소 죔새는 얼마인가?

① 0.009
② 0.025
③ 0.034
④ 0.05

88 치수 공차의 기입법 중 25E8 구멍의 공차역은?(단, IT8급 공차 0.033mm이고, 25에 대한 E구멍의 기초가 되는 치수 허용차는 0.040mm이다.)

① $25^{+0.073}_{+0.040}$
② $25^{+0.040}_{+0.033}$
③ $25^{+0.073}_{+0.033}$
④ $25^{+0.073}_{+0.007}$

89 그림과 같이 제3각법에 의한 투상도의 평면도와 측면도가 있을 때 이 투상도에 맞는 등각 투상도는?

①

②

③

④

해설

87 최소 죔새
 = 축의 최소 − 구멍의 최대
 = 0.034 − 0.025 = 0.009

87 ① 88 ① 89 ①

90 다음 기계 가공 중 일반적으로 표면을 가장 매끄럽게(표면 거칠기 값이 작게) 가공 할 수 있는 것은?

① 연삭기 ② 드릴링 머신
③ 선반   ④ 밀링

91 정 투상도에 있어서 누락된 투상도를 바르게 나타낸 것은?

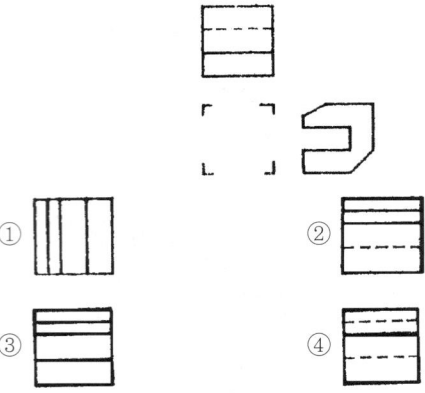

92 다음은 어느 단면도에 대한 설명인가?

> 상하 또는 좌우 대칭인 물체는 1/4을 떼어 낸 것으로 보고, 기본 중심선을 경계로 하여 1/2은 외형, 1/2은 단면으로 동시에 나타낸다. 이 때, 대칭 중심선의 오른쪽 또는 위쪽을 단면으로 하는 것이 좋다.

① 한쪽 단면도   ② 부분 단면도
③ 회전 도시 단면도 ④ 온 단면도

93 다음 중 치수 보조 기호의 설명으로 틀린 것은?

① ∅ – 지름 치수   ② R – 반지름 치수
③ S∅ – 구의 지름 ④ SR – 45° 모따기 치수

94 기하 공차의 구분에서 자세 공차에 해당되지 않는 것은?

① 평행도 공차   ② 직각도 공차
③ 경사도 공차   ④ 진직도 공차

---

92 한쪽 단면도
- 대칭 물체를 1/4로 절단하여 단면으로 나타낸 것이다.
- 한쪽은 단면도, 다른 한쪽은 외형도를 표시한다.
- 대칭형의 대상물을 외형 도시 절반과 온 단면도의 절반을 조합하여 표시할 수 있다.

93 • SR : 구의 반지름
• C : 45° 모따기

94 ④는 모양 공차

90 ① 91 ③ 92 ① 93 ④
94 ④

95 보기는 제3각법으로 정 투상한 도면이다. 일체도로 맞는 것은 어느 것인가?

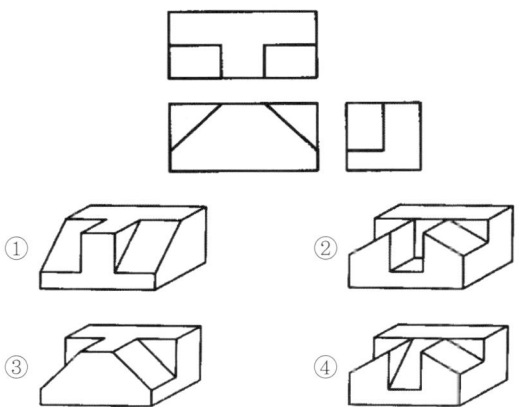

96 다음 중 최대 틈새를 나타내는 것은?

① 구멍의 최대 허용 치수 − 축의 최소 허용 치수
② 축의 최대 허용 치수 − 구멍의 최소 허용 치수
③ 구멍의 최소 허용 치수 − 축의 최대 허용 치수
④ 축의 최소 허용 치수 − 구멍의 최대 허용 치수

97 제3각법과 제1각법의 표준 배치어서 서로 반대 위치에 있는 투상도의 명칭은?

① 평면도와 저면도   ② 배면도와 평면도
③ 정면도와 저면도   ④ 정면도와 측면도

98 다음 그림은 면의 지시 기호이다. 그림에서 M은 무엇을 의미하는가?

① 밀링 가공   ② 가공 모양
③ 표면 거칠기   ④ 선반 가공

해설

96 ② 최대 죔새
③ 최소 틈새
④ 최소 죔새

98 • L : 가공 방법(선반 가공)
• M : 가공 모양

95 ③   96 ①   97 ①   98 ②

99 회전 도시 단면도
- 핸들이나 기어, 벨트 풀리 등의 암, 리브, 훅, 축 구조물의 부재 등의 절단면은 다음에 따라 90° 회전하여 나타낸다.
- 절단할 곳의 전후를 끊어서 그 사이에 그린다.
- 절단선의 연장선 위에 그린다.
- 도형 내의 절단한 곳에 겹쳐서 가는 실선을 사용하여 그린다.

99 그림과 같이 표현한 단면도를 무슨 단면도라 하는가?

① 온 단면도
② 한쪽 단면도
③ 부분 단면도
④ 회전 도시 단면도

100 다음 그림은 제3각법으로 나타낸 투상도이다. 평면도에 누락된 선을 완성한 것은?

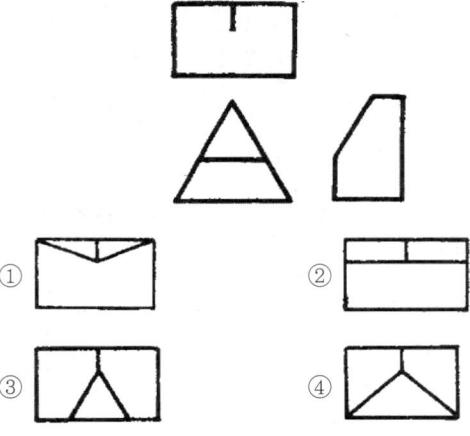

101 직진 운동이나 회전 운동이 필요한 기계부품 조립에 적용하는 끼워 맞춤으로 가장 좋은 것은?

① 헐거운 끼워 맞춤
② 억지 끼워 맞춤
③ 영구조립 끼워 맞춤
④ 중간 끼워 맞춤

99 ④ 100 ③ 101 ①

102 재료 기호는 원칙적으로 3부분으로 구성되어 있다. 그 중 중간 부분의 기호는 무엇을 나타내는가?

① 재질
② 제품명
③ 최저 인장 강도
④ 열처리 상황

103 산술(중심선) 평균 거칠기는 표면 거칠기의 표준값 다음에 어느 기호를 기입하는가?

① a
② s
③ z
④ u

104 IT 기본 공차는 몇 등급으로 구분되는가?

① 12
② 15
③ 18
④ 20

105 핸들의 암(arm), 주물품의 리브(rib)의 형상을 도시하기 위한 단면도시법으로 적합한 것은?

① 전 단면도
② 부분 단면도
③ 한쪽 단면도
④ 회전 도시 단면도

106 다음 중 기하 공차를 분류한 것으로 틀린 것은?

① 모양 공차
② 자세 공차
③ 위치 공차
④ 치수 공차

해설

102 재료 기호
- 제1위 문자 : 재질을 표시하는 기호 문자
- 제2위 문자 : 규격명 또는 제품명을 표시하는 기호 문자
- 제3위 문자 : 재료의 종류를 나타내는 기호 문자

103
- Ra : 산술 평균 거칠기
- Ry : 최대 높이 거칠기
- Rz : 10점 평균 거칠기

104 IT 기본 공차의 등급 : IT 01, IT 0급, IT 1급, …, IT 18급의 20등급

105 회전 도시 단면도
- 핸들이나 기어, 벨트 풀리 등의 암, 리브, 훅, 축 구조물의 부재 등의 절단면은 다음에 따라 90° 회전하여 나타낸다.
- 절단할 곳의 전후를 끊어서 그 사이에 그린다.
- 절단선의 연장선 위에 그린다.
- 도형 내의 절단한 곳에 겹쳐서 가는 실선을 사용하여 그린다.

106 기하 공차 : 모양, 자세, 위치, 흔들림 공차

102 ② · 103 ① 104 ④ 105 ④
106 ④

107 2개면의 교차 부분을 표시할 때 R1 < R2일 때 평면도의 모양으로 옳은 것은?

108 치수 기입의 원칙 중 적합하지 않은 것은?

① 치수는 선에 겹치게 기입해서는 안 된다.
② 치수는 되도록 계산하여 구할 필요가 없도록 기입한다.
③ 치수는 되도록 정면도, 평면도, 측면도에 분산하여 보기 쉽도록 기입한다.
④ 대상물의 기능, 제작, 조립 등을 고려하여 필요하다고 생각되는 치수를 명료하게 기입한다.

109 아래 그림은 무슨 치수 기입인가?

① 변
② 현
③ 호
④ 각도

해설

107 ① R1 = R2
    ② R1 < R2
    ③ R1 > R2

118 치수는 정면도를 중심으로 기입한다.

107 ② 108 ③ 109 ③

110 보기의 그림에서 화살표 방향이 정면도일 때 평면도를 올바르게 표시한 것은?

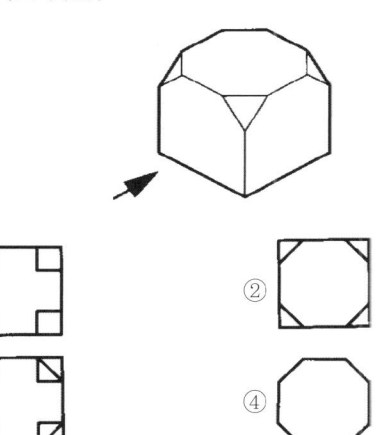

111 다음 표를 보고 최대 틈새는 얼마인가?

	구멍	축
최대 허용 치수	50.034	49.991
최소 허용 치수	50.009	49.966

① 0.018 ② 0.025
③ 0.043 ④ 0.068

112 지름이 일정한 원통을 전개하려고 한다. 어떤 전개 방법을 이용하는 것이 가장 적합한가?

① 삼각형을 이용한 전개도법
② 방사선을 이용한 전개도법
③ 평행선을 이용한 전개도법
④ 사각형을 이용한 전개도법

113 다음 치수 보조 기호에 관한 내용으로 틀린 것은?

① C : 45°의 모따기   ② SR : 구의 지름
③ □ : 정사각형의 변   ④ ∅ : 지름

---

111 최대 틈새
= 구멍의 최대 − 축의 최소
= 50.034 − 49.966 = 0.068

112 ① 편심원뿔, 다면체
② 사각뿔, 원뿔
③ 사각기둥, 원기둥

113 SR : 구의 반지름

110 ② **111** ④ **112** ③ **113** ②

해설

114 화살표
- 치수선 끝에 붙여 그 한계를 표시한다.
- 길이와 나비의 비율이 3 : 1 되게 한다.
- 화살표의 각도는 적당한 각도(90°를 포함)로 하나 30° 이하로 하는 것이 좋다.

115 치수 중 참고 치수에 대하여는 치수 수치에 괄호를 붙인다.

116
- STC : 탄소 공구강 강재
- SC : 탄소 주강품

117
- 삼각형법 : 편심원뿔, 다면체
- 방사선법 : 사각뿔, 원뿔
- 평행선법 : 사각기둥, 원기둥

114 ② 115 ③ 116 ④ 117 ②

---

114 치수선 끝에 붙는 화살표의 길이와 나비 비율은 어떻게 되는가?

① 2:1
② 3:1
③ 4:1
④ 5:1

115 치수 기입에 있어서 참고 치수를 나타내는 것은?

① 치수 밑에 줄을 긋는다.
② 치수 앞에 됩를 한다.
③ 치수에 ( )를 한다.
④ 치수 앞에 ※표를 한다.

116 다음 중 재료의 기호와 명칭이 맞는 것은?

① STC : 기계 구조용 탄소 강재
② STKM : 용접 구조용 압연 강재
③ SC : 탄소 공구 강재
④ SS : 일반 구조용 압연 강재

117 보기는 잘린 원뿔을 전개한 것이다. 다음 중 어떤 전개 방법을 사용하였는가?

① 삼각형법 전개
② 방사선법 전개
③ 평행선법 전개
④ 사각형법 전개

118 다음 치수 기입법 중 적당하지 않은 것은?

①   ②

③   ④

119 다음은 재료 기호 SM20C에서 20이 의미하는 것으로 맞는 것은?

① 탄소 함량을 나타낸다.
② 기계 구조용강을 의미한다.
③ 최저 인장 강도를 나타낸다.
④ 변형률을 의미한다.

120 기하 공차의 기호 연결이 옳은 것은?

① 진원도 : ◎
② 원통도 : ⌒
③ 위치도 : ⊕
④ 진직도 : ⊥

121 원호의 반지름을 기입하는 방법으로 틀린 것은?

①   ②

③   ④

122 IT 기본 공차에서 구멍용 끼워 맞춤에 적용되는 공차 등급의 범위는?

① IT 01 ~ IT 5   ② IT 5 ~ IT 9
③ IT 6 ~ IT 10   ④ IT 10 ~ IT 18

해설

118 문자와 치수선은 겹쳐서는 안 된다.

120 모양 공차

공차의 종류		기호
모양공차	진직도 공차	―
	평면도 공차	▱
	진원도 공차	○
	원통도 공차	⌀
	선의 윤곽도 공차	⌒
	면의 윤곽도 공차	⌓

122
• 축용 끼워 맞춤 등급 : IT 5 ~ IT 9
• 구멍용 끼워 맞춤 등급 : IT 6 ~ IT 10

118 ③ 119 ① 120 ③ 121 ④
122 ③

123 최대 틈새
  = 구멍의 최대 − 축의 최소
  = 50.025 − 49.975 = 0.05

123 구멍의 치수가 Ø50$^{+0.025}_{0}$, 축의 치수가 Ø50$^{-0.009}_{-0.025}$ 일 때 최대 틈새는 얼마인가?

① 0.025
② 0.05
③ 0.07
④ 0.009

124 화살표 방향에서 본 투상을 정면도로 나타낼 경우 가장 적합한 것은?

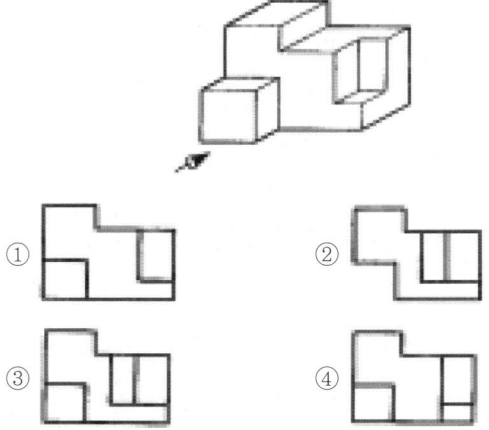

125 그림과 같이 여러 각도로 기울여진 면의 치수를 기입할 때 잘못 기입된 치수 방향은?

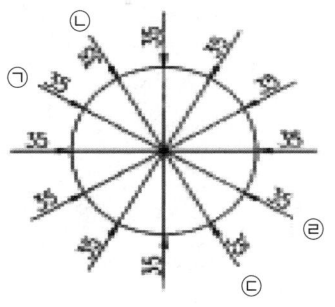

① ㉠
② ㉡
③ ㉢
④ ㉣

123 ② 124 ① 125 ②

126 단면도의 표시 방법에서 그림과 같은 단면도의 종류는?

① 전 단면도
② 한쪽 단면도
③ 부분 단면도
④ 회전 도시 단면도

127 다음 투상도의 표시 방법에 대한 설명 중 틀린 것은?

① 물체는 될 수 있는 대로 자연의 상태, 안정된 상태, 사용 시의 상태로 표시한다.
② 물체의 중요한 면은 될 수 있는 대로 투상면에 나란하거나 수평이 되도록 표시한다.
③ 물체의 모양이나 특징을 가장 뚜렷이 나타내는 면을 정면도로 선택한다.
④ 서로 관련되는 그림의 배치는 될 수 있는 대로 숨은선을 사용하지 않도록 한다.

128 아래 그림과 같은 투상도는 어떤 투상도인가?

① 보조 투상도
② 부분 투상도
③ 국부 투상도
④ 회전 투상도

129 축용 게이지 제작에 사용되는 IT 공차의 급수는?

① IT01 – IT4
② IT5 – IT8
③ IT8 – IT12
④ IT11 – IT18

해설

126 한쪽 단면도
- 대칭 물체를 1/4로 절단하여 단면으로 나타낸 것이다.
- 한쪽은 단면도, 다른 한쪽은 외형도를 표시한다.
- 대칭형의 대상물을 외형 도시 절반과 온 단면도의 절반을 조합하여 표시할 수 있다.

128 보조 투상도 : 대상물의 경사면에 맞서는 위치에 그린 투상도

129 구멍용 게이지 공차 : IT01 – IT5

126 ② 127 ② 128 ① 129 ①

130
- SØ : 구의 지름
- SR : 구의 반지름
- □ : 정사각형의 변

131 국부 투상도
구멍·홈 등, 대상물의 1국부를 나타낸 투상도

---

130 다음 기호 중 숫자와 병기하여 사용할 수 없는 것은?

① SØ
② SR
③ ⊠
④ □

131 다음 그림과 같은 투상도를 무슨 투상도라 하는가?

① 회전 투상도
② 국부 투상도
③ 부분 투상도
④ 보조 투상도

132 아래 기하 공차를 바르게 해석한 것은?

| ⊕ | Ø0.05 | A |

① 데이텀 A를 기준으로 원의 윤곽이 Ø0.05mm 이내에 있어야 한다.
② 데이텀 A를 기준으로 원의 대칭도가 Ø0.05mm 이내에 있어야 한다.
③ 데이텀 A를 기준으로 원의 진원도가 Ø0.05mm 이내에 있어야 한다.
④ 데이텀 A를 기준으로 원의 위치가 Ø0.05mm 이내에 있어야 한다.

130 ③ 131 ② 132 ④

133 다음 중 구멍 50에 대한 구멍 기준식 끼워 맞춤 공차 기호 기입방법으로 옳은 것은?

① Ø50H7 ② Ø50h7
③ S50h7 ④ s50H7

134 IT 기본 공차에 대한 설명으로 틀린 것은?

① IT 기본 공차는 치수 공차와 끼워 맞춤에 있어서 정해진 모든 치수 공차를 의미한다.
② IT 기본 공차의 등급은 IT01부터 IT18까지 20등급으로 구분되어 있다.
③ IT 공차 적용시 제작의 난이도를 고려하여 구멍에는 ITn-1, 축에는 ITn을 부여한다.
④ 끼워 맞춤 공차를 적용할 때 구멍일 경우 IT6~IT10 이고, 축일 때에는 IT5~IT9이다.

135 정면도의 정의로 가장 옳은 것은?

① 물체의 각면 중 가장 그리기 쉬운면을 그린 그림
② 물체의 뒷면을 그린 그림
③ 물체를 위에서 보고 그린 그림
④ 물체 형태의 특징을 가장 뚜렷하게 나타내는 그림

136 다음 용어의 뜻으로 맞지 않는 것은?

① 허용 한계 치수 : 최대 허용 치수와 최소 허용 치수로 나눈다.
② 기준 치수 : 치수 허용 한계의 기준이 되는 치수
③ 치수 허용차 : 허용 한계 치수와 기준 치수의 관계를 결정하는데 기초가 되는 치수의 차
④ 기준선 : 허용 한계 치수 또는 끼워 맞춤을 도시할 때 치수 허용차의 기준이 되는 선

해설

134 축에는 IT n-1급, 구멍에는 IT n급을 부여

135
- 정 투상도법 : 직교하는 3축이 이루는 투상 공간에 물체를 놓고 : 3각법과 1각법
- 정면도 : 앞에서 보고 그린 것, 입화면에 투상된 그림
- 평면도 : 위에서 보고 그린 것, 평화면에 투상된 그림
- 측면도 : 옆에서 보고 그린 것, 측화면에 투상된 그림
- 저면도 : 밑에서 보고 그린 것
- 배면도 : 뒤에서 보고 그린 것

136
- 위치수 허용차 : 최대 허용 치수와 대응하는 기준 치수의 대수차. 즉, 최대 허용 치수-기준 치수
- 아래치수 허용차 : 최소 허용 치수와 대응하는 기준 치수의 대수차. 즉, 최소 허용 치수-기준 치수
- 기초가 되는 치수 허용차 : 기준선에 대한 공차역의 위치를 결정하는 치수 허용차. 위치수 허용차와 아래치수 허용차 중 기준선에 가까운 쪽의 치수 허용차

133 ① **134** ③ **135** ④ **136** ③

137
- 치수는 되도록 계산해서 구할 필요가 없도록 기입한다.
- 치수는 되도록 주 투상도에 집중한다.
- 치수는 중복 기입을 피한다.

139 공차 기호 공차값/지정 길이 문자 기호

140 제1각법

137 ② 138 ② 139 ② 140 ③

137 다음 등각도를 제3각법으로 투상할 때 평면도로 맞는 것은?

 ①　　　 ②

 ③　　　 ④

138 다음 치수 기입에 관한 설명 중 옳은 것은?

① 도형의 외형선이나 중심선을 치수선으로 대용하여 사용할 수 있다.
② 치수는 되도록 정면도에 집중하여 기입한다.
③ 치수는 되도록 계산해서 구할 필요가 있도록 한다.
④ 치수 숫자의 자리수가 많은 경우에는 매 3자리마다 콤마를 붙인다.

139 다음과 같이 표시된 기하 공차 도면에서 0.01이 뜻하는 것은?

| // | 0.01/100 | A |

① 지정 길이　　　② 공차값
③ 참고 규격　　　④ 평행도 등급

140 아래 그림은 몇 각법인가?

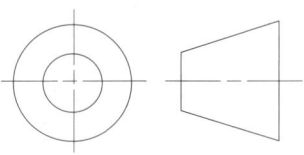

① 제1각법　　　② 제2각법
③ 제3각법　　　④ 제4각법

141 아래 투상도는 어떤 물체를 보고 제3각법으로 투상한 것이다. 이 물체의 등각 투상도로 적합한 것은?

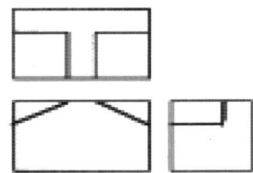

142 기하 공차에서 이론적으로 정확한 치수를 나타내는 것은?

① 30   ② ②
③ 30   ④ (30)

143 45° 모따기를 나타내는 기호로 올바른 것은?

① C   ② R
③ □   ④ t

144 다음 기하 공차 중에서 데이텀이 필요없이 단독으로 규제가 가능한 것은?

① 평행도
② 진원도
③ 동심도
④ 대칭도

145 다음 기하 공차 중 평행도 공차 기호는 어느 것인가?

① //   ② ⊥
③ ∠   ④ —

142 ③ 비례 척도가 아닌 치수
④ 참고 치수

143 • R : 반지름
• □ : 정사각형의 변
• t : 판의 두께

144 단독 모양 공차 : 진직도, 평면도, 진원도, 원통도

145 ② 직각도 공차
③ 경사도 공차
④ 진직도 공차

141 ③   142 ①   143 ①   144 ②
145 ①

146 다음 도형은 제3각법으로 정면도와 우측면도를 나타낸 것이다. ㉮에 들어갈 평면도로 맞는 것은?

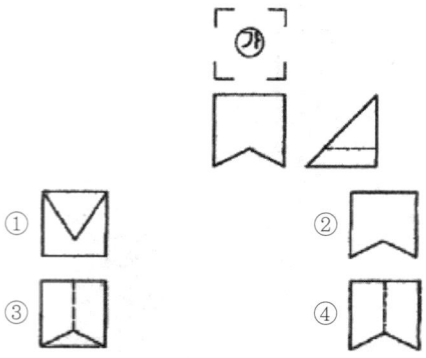

147 기계 제도에서 치수 기입의 원칙으로 틀린 것은?

① 치수는 되도록 정면도에 집중하여 기입한다.
② 치수는 되도록 중복 기입을 피한다.
③ 치수는 되도록 계산하여 구할 필요가 없도록 기입한다.
④ 치수는 되도록 치수선이 만나는 곳에 기입한다.

148 다음 보기의 도면과 같이 40 밑에 그은 선은 무엇을 나타내는가?

① 기준 치수
② 비례척이 아닌 치수
③ 다듬질 치수
④ 가공 치수

149 다음 그림의 단면도는?

① 부분 단면도
② 한쪽 단면도
③ 회전 도시 단면도
④ 조합 단면도

---

147 치수는 필요에 따라 기준으로 하는 점, 선, 또는 면을 기준으로 하여 기입한다.

148 비례 척도가 아닌 치수 : 치수 밑에 직선을 붙이며, 투상도의 크기와 치수값이 일치하지 않을 때 사용한다.

149 회전 도시 단면도
• 핸들이나 기어, 벨트 풀리 등의 암, 리브, 훅, 축 구조물의 부재 등의 절단면은 다음에 따라 90° 회전하여 나타낸다.
• 절단할 곳의 전후를 끊어서 그 사이에 그린다.
• 절단선의 연장선 위에 그린다.
• 도형 내의 절단한 곳에 겹쳐서 가는 실선을 사용하여 그린다.

146 ④ 147 ④ 148 ② 149 ③

150 SS330로 표시된 기계 재료에서 330은 무엇을 나타내는가?

① 최저 인장 강도 ② 최고 인장 강도
③ 탄소함유량 ④ 종류

151 회전 단면도를 설명한 것으로 가장 올바른 것은?

① 도형 내의 절단한 곳에 겹쳐서 90° 회전시켜 도시한다.
② 물체의 1/4을 절단하여 1/2은 단면, 1/2은 외형을 도시한다.
③ 물체의 반을 절단하여 투상면 전체를 단면으로 도시한다.
④ 외형도에서 필요한 일부분만 단면으로 도시한다.

152 원뿔을 경사지게 자른 경우의 전개 형태로 올바른 것은?

153 보기의 그림에서 ㉮와 ㉯에 두개의 베어링을 같은 축선에 조립하고자 한다. 이때 ㉮를 기준으로 ㉯에 기하 공차를 결정할 때 가장 올바른 것은?

① ▱ ② ∠
③ ⓒ ④ ⊕

151 ② 한쪽 단면도
③ 온 단면도
④ 부분 단면도

150 ① 151 ① 152 ③ 153 ③

해설

154
- 제1각법 : 눈→물체→투상면
- 제3각법 : 눈→투상면→물체

155 최대 높이 거칠기(Ry)
단면 곡선에서 기준 길이만큼 채취한 부분의 가장 높은 봉우리와 가장 깊은 골밑을 통과하는 평균선에서 평행한 두 직선의 간격을 단면곡선의 세로 배율 방향으로 측정하여 이 값을 μm 단위로 표시한 것

156 $C = (D - d)/L$
  $= (10 - 5)/20$
  $= 5/20$
  $= 0.25$

154 ① 155 ① 156 ① 157 ②

---

154 다음 중에서 제3각법의 투시 순서로 옳은 것은?

① 눈 → 투상면 → 물체
② 물체 → 투상면 → 눈
③ 물체 → 눈 → 투상면
④ 눈 → 물체 → 투상면

155 표면 거칠기를 나타내는 방법 중 단면 곡선에서 기준 길이를 잡고 가장 높은 곳과 낮은 곳의 차이를 측정하여 미크론(μm) 단위로 나타내는 것을 무엇이라고 하는가?

① 최대 높이
② 10점 평균 거칠기
③ 중심선 평균 거칠기
④ 단면 평균 거칠기

156 다음 그림의 테이퍼 부분의 테이퍼 값은 얼마인가?

① 0.25
② 2
③ 4
④ 8

157 다음 도형은 제3각법으로 정면도와 우측면도를 나타낸 것이다. 평면도로 옳은 것은?

158 표면 거칠기 측정 방법이 아닌 것은?

① 표면 거칠기 표준편에 의한 방법
② 영상식 측정기에 의한 방법
③ 촉침식 측정기에 의한 방법
④ 광 절단식 측정기에 의한 방법

159 −15μm의 오차가 있는 블록 게이지에 다이얼 게이지를 세팅한 후 제품을 측정하였더니 47.86mm로 나타났다면 참값은?

① 47.835mm
② 47.875mm
③ 47.845mm
④ 47.885mm

160 다음 중 직접 측정기에 속하는 것은?

① 옵티미터
② 다이얼 게이지
③ 미니미터
④ 마이크로미터

161 V블록 위에 측정물을 올려놓고 회전하였을 때, 다이얼 게이지의 눈금이 0.5mm의 차이가 있었다면 진원도는 몇 mm인가?

① 0.25
② 0.50
③ 0.75
④ 1.00

162 마이크로미터의 구조에서 구성부품에 속하지 않는 것은?

① 앤빌
② 스핀들
③ 스크라이버
④ 슬리브

해설

158 표면 거칠기 측정 방법 : 촉침법, 광파간섭법, 광절단법, 표준편과의 비교측정법

159 47.86 − 0.015 = 47.845

160
- 직접 측정기 : 버니어 캘리퍼스, 마이크로미터, 하이트 게이지, 측장기
- 비교 측정기 : 다이얼 게이지, 공기 마이크로미터, 전기 마이크로미터, 옵티미터, 미니미터

161 진원도 = $\dfrac{편심량}{2}$ = $\dfrac{0.5}{2}$ = 0.25

162 마이크로미터의 구성부품 : 앤빌, 스핀들, 슬리브, 프레임, 클램프 레버, 래치 스톱

---

158 ② 159 ③ 160 ④ 161 ①
162 ③

해설

163 $0.5 \times \dfrac{1}{100} = 0.005$

164 나사의 유효 지름 측정 : 나사 마이크로미터, 삼선법(삼침법), 공구현미경 또는 투영기

---

163 슬리브의 최소 눈금이 0.5mm인 마이크로미터에서 딤블(thimble)의 원주 눈금이 100등분 되었다면 최소한 읽을 수 있는 값은?

① 0.01mm
② 0.005mm
③ 0.002mm
④ 0.05mm

164 나사 마이크로미터는 다음의 어느 측정에 가장 널리 사용되는가?

① 나사의 골 지름
② 나사의 유효 지름
③ 나사의 호칭 지름
④ 나사의 바깥 지름

163 ② 164 ②

제3장
기계 요소의 제도

제 1절 결합용 기계 요소
제 2절 리벳과 용접 이음
제 3절 축용 기계 요소
제 4절 전동용 기계 요소
제 5절 관용 기계 요소
제 6절 그 밖의 기계 요소
적중예상문제

01 결합용 기계 요소

Craftsman Computer Aided Mechanical Drawing

1. 나사 | 2. 볼트와 너트 | 3. 볼트의 종류 | 4. 너트의 종류 | 5. 작은 나사 | 6. 키와 핀 | 7. 코터 이음

결합용 기계 요소에는 나사, 볼트와 너트, 키와 핀, 코터 이음 등이 있다.

1 나사

나사는 곡선(helix)의 모양에 따라 원통면에 골을 깎은 것을 말한다.

가. 나사의 종류

(1) **삼각 나사** : 나사산의 모양이 삼각형인 나사
  ㉮ 미터 나사 : 미터 보통 나사(M10)와 미터 가는 나사(M10×0.8)가 있다.
  ㉯ 유니파이 나사 : 유니파이 보통 나사(3/8-12 UNC)와 유니파이 가는 나사(3/8-20 UNF)가 있다.
  ㉰ 관용 나사 : 관용 평행 나사와 관용 테이퍼 나사가 있다.
(2) **사각 나사** : 나사산의 모양이 사각형인 나사로써 사각 볼트와 사각 너트가 있다.
(3) **사다리꼴 나사** : 사다리꼴 나사에는 29°와 30°사다리꼴 나사가 있다.
(4) **톱니 나사** : 바이스나 잭 등에 쓰인다.
(5) **둥근 나사** : 전구나 소켓 등에 쓰인다.
(6) **볼 나사** : 나사축과 너트가 강구(Steel Ball)를 매개로 작동, 수치 제어 공작 기계의 위치 결정 이동용으로 쓰인다.

나. 나사의 표시 방법

나사의 표시 방법은 나사의 호칭, 나사의 등급, 나사산의 감긴 방향 및 나사산의 줄의 수에 대하여 다음과 같이 나타낸다.

| 나사산의 감긴 방향 | 나사산의 줄 수 | 나사의 호칭 | ─ | 나사의 등급 |

(1) 나사산의 감긴 방향 및 나사산의 줄 수와 호칭법

① 나사의 감긴 방향 : 왼나사일 때는 "왼" 표시, 오른나사일 때는 생략한다.
② 나사산의 줄 수 : 한줄 나사일 때는 생략하고, 줄 수가 여러 줄일 때는 2줄, 3줄로 표시한다.
③ 나사의 호칭 : 나사의 호칭은 나사의 종류를 표시하는 기호, 지름을 표시하는 숫자 및 피치 또는 25.4mm에 대한 나사산의 수로 표시한다.

㉮ 피치를 mm로 나타내는 경우

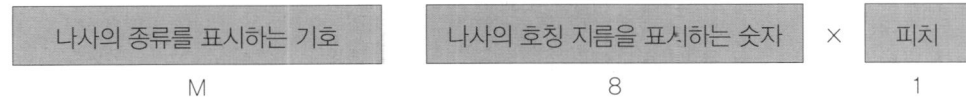

예 M 10 × 1.5 : 호칭 지름이 10이고 피치가 1.5인 미터 가는 나사
M 8 : 호칭 지름이 8인 미터 보통 나사(보통 나사는 원칙적으로 피치를 생략한다.)

㉯ 피치를 산의 수로 나타내는 경우(유니파이 나사 제외)

예 TM20 산 6 : 호칭 지름이 20이고 산의 수가 6산인 30° 사다리꼴 나사
PT7 : 호칭 지름이 7인 관용 테이퍼 나사(관용 나사에서는 산의 수를 생략한다.)

㉰ 유니파이 나사의 경우

예 3/8-16UNC : 호칭 지름이 3/8인치이고, 1인치에 대한 산의 수가 16산인 유니파이 보통 나사(오해할 염려가 없으면 "산의 수"를 생략할 수 있다.)

[표3-1 나사의 종류를 표시하는 기호 및 나사의 호칭에 대한 표시 방법]

(KS B 0200-1984)

구분		나사의 종류		나사의 종류 기호	나사의 호칭에 대한 표시법	관련 규격
일반용	ISO 규격에 있는 것	미터 보통 나사		M[1]	M8	KS B 0201
		미터 가는 나사			M8×1[2]	KS B 0204
		미니어처 나사		S	S 05	KS B 0228
		유니파이 보통 나사		UNC	3/8-16 UNC	KS B 0203
		유니파이 가는 나사		UNF	No. 8-36 UNF	KS B 0206
		미터 사다리꼴 나사		Tr	Tr10×2	KS B 0229
		관용 테이퍼 나사	테이퍼 수나사	R	R 3/4	KS B 0222
			테이퍼 암나사	Rc	Rc 3/4	
			평행 암나사	Rp[3]	Rp 3/4	
		관용 평행 나사		G	G 1/2	KS B 0221
	ISO 규격에 없는 것	30 사다리꼴 나사		TM	TM18	KS B 0227
		관용 테이퍼 나사	테이퍼 나사	PT	PT7	KS B 0222
			평행 암나사	PS[4]	PS7	
		관용 평행 나사		PF	PF7	KS B 0221

[주] 1) 미터 보통 나사 중 M1.7, M2.3 및 M2.6은 ISO 규격에 규정되어 있지 않다.
2) 가는 나사임을 특별히 명확하게 나타낼 필요가 있을 때에는 피치 다음에 가는 눈의 글자를 (   ) 안에 넣어서 기입할 수 있다. 예 M8 × 1(가는 눈)
3) 이 평행 암나사 Rp는 테이퍼 수나사 R에 대해서만 사용한다.
4) 이 평행 암나사 PS는 테이퍼 수나사 PT에 대해서만 사용한다.

(2) **나사의 등급** : 나사의 등급은 나사의 등급을 표시하는 숫자와 문자와의 조합 또는 문자로서 표 3-2와 같이 표시한다.

[표3-2 나사의 등급 표시 방법]

(KS B 0200-1984)

구분	나사의 종류		정밀도		
			낮은 정밀도 ↔ 높은 정밀도		
ISO 규격에 있는 등급	미터 나사[1]	수나사	8g	6g, 6h	4h
	미터 가는 나사[2]	암나사	7H	6H	5H, 4H

구분	나사의 종류		정밀도		
			낮은 정밀도 ↔ 높은 정밀도		
ISO 규즌에 없는 등급	유니 파이 나사[3]	수나사	1A	2A	3A
		암나사	1B	2B	3B

[주] 1) 이 조합에 대한 등급의 표시 방법은 KS B 0235에 따른다.
　　2) 이 조합에 대한 등급의 표시 방법은 KS B 0237에 따른다.
　　3) 이 조합에 대한 등급의 표시 방법은 KS B 0235에 의거 암나사 등급/수나사의 등급으로 한다.

(3) 미터 사다리꼴 나사의 표시 방법 보기
　① 1줄 미터 사다리꼴 나사의 표시 방법
　　예 호칭 지름 40mm, 피치가 7mm인 경우
　　　Tr40 × 7
　　예 호칭 지름 40mm, 피치 7mm, 암나사의 등급이 7H인 경우
　　　Tr40 × 7-7H
　② 여러 줄 미터 사다리꼴 나사의 표시 방법
　　예 호칭 지름 40mm, 리드 14mm, 피치 7mm인 경우
　　　Tr40 × 14(p7)
　　예 호칭 지름 40mm, 리드 14mm, 피치 7mm, 수나사의 등급이 7e인 경우
　　　Tr40 × 14(p7)-7e
　③ 미터 사다리꼴 왼나사의 표시 방법
　　미터 사다리꼴 왼나사일 때에는 호칭 다음에 LH의 기호를 붙여서 표시한다.
　　예 Tr40 × 7LH
　　　Tr40 × 7LH-7H
　　　Tr40 × 14(P7)LH
　　　Tr40 × 14(P7)LH-7e

다. 나사의 도시법

나사는 원칙적으로 그림3-1과 같이 약도로 표시하며 제도하는 방법은 다음과 같다.
① 수나사의 바깥지름, 암나사의 안지름을 나타내는 선은 굵은 실선으로 그린다.
② 나사의 골을 표시하는 선은 가는 실선으로 그린다.
③ 불완전 나사부를 표시하는 경계선은 굵은 실선으로 그린다.
④ 보이지 않는 부분의 나사는 외형선 약 1/2 정도 크기의 파선으로 그린다.
⑤ 수나사와 암나사의 결합된 부분은 수나사로 표시한다.
⑥ 나사부의 단면을 해칭하는 경우는 나사산까지 하여야 한다.

⑦ 불완전 나사부의 골을 나타내는 선은 축선에 대하는 30°의 가는 실선으로 그린다.
⑧ 수나사와 암나사를 측면에서 본 것은 수나사와 암나사의 골 지름은 3/4 만큼 그린다.
⑨ 암나사의 단면에서 드릴 구멍의 끝부분은 굵은 실선으로 120°되게 그린다.

수나사 　　　　　　　　　　　　암나사

그림3-1 나사의 도시법

2 볼트와 너트

볼트(bolt)와 너트(nut)는 결합 및 분해가 쉬워 기계 부품에 많이 사용된다.

가. 볼트와 너트의 호칭

(1) 볼트의 호칭

규격 번호[1]	종류	부품 등급	나사부의 호칭 × 길이	-	-	강도 구분	재료	-	지정 사항[2]
KS B 1002	육각 볼트	A	M12 × 80	-	-	8.8	SM25C	-	둥근 끝
KS B 1002	6각 볼트	A	M12 × 80	-		8.8	SM 20 C	-	C

[주] 1) 규격 번호는 특히 필요가 없으면 생략해도 좋다.
　　　2) 지정 사항으로는 나사 끝의 모양, 표면 처리의 종류 등을 필요에 따라 표시한다.

(2) 너트의 호칭

규격 번호[1]	종류	형식	부품 등급	나사부 호칭	- -	강도 구분	재료	-	지정 사항[2]
KS B 1012	육각 너트	스타일1	A	M12	- -	8	SM20C		
KS B 1012	6각 너트	스타일1	A	M12	-	8	SM 20 C	-	C

[주] 1) 규격 번호는 특히 필요가 없으면 생략도 좋다.
    2) 지정 사항으로는 6각 너트의 자리 붙이 표면 처리의 종류 등을 필요에 따라 표시한다.

나. 볼트와 너트의 도시법

볼트와 너트를 도시할 때에는 제작도는 그리지 않고 그림3-2와 같이 제작도용 약도로 그리거나 그림 3-3과 같이 간략도로 나타낸다.

그림3-2 볼트와 너트의 약도법

(a) 6각 볼트 및 너트   (b) 4각 볼트 및 너트   (c) 6각 구멍붙이 볼트 및 너트
그림3-3 여러 가지 볼트와 너트의 간략도

다. 사용 목적에 따른 볼트의 분류

볼트는 사용 목적에 따라 다음과 같이 분류한다.

① 관통 볼트(through bolt) : 부품에 구멍을 뚫고 죄는 것으로 가장 많이 사용되고 있다.
② 탭 볼트(tap bolt) : 구멍을 뚫을 수 없을 때 암나사를 만들어 끼워서 조여주는 볼트이다.
③ 스터드 볼트(stud bolt) : 부품을 자주 분해할 때 암나사 손상으로 볼트를 기계 몸체에 탭 볼트와 같이 나사를 박고 너트를 죌 때 사용된다.

[표3-3 사용 목적에 따른 볼트의 분류]

종류		설명·용도
관통 볼트		결합하고자 하는 두 물체에 구멍을 뚫고, 여기에 볼트를 관통시킨 다음, 반대편에서 너트로 죈다.
탭 볼트		물체의 한 쪽에 암나사를 깎은 다음 나사 박음을 하여 죄며, 너트는 사용하지 않는다. 결합하려고 하는 부분이 너무 두꺼워 관통 구멍을 뚫을 수 없을 경우에 사용된다.
스터드 볼트		양 끝에 나사를 깎은 머리 없는 볼트로서 한 쪽 끝은 본체에 박고, 다른 끝에는 너트를 끼워 죈다.

3 볼트의 종류

머리 모양과 용도에 따라 볼트는 매우 다양하지만 일반적으로 많이 사용되는 것은 다음과 같다.

[표3-4 일반적인 볼트의 종류]

종류		설명·용도
육각 볼트		일반적으로 각종 부품을 결합하는 데 널리 쓰이는 대표적인 볼트이다.
육각 구멍 붙이 볼트		둥근 머리에 육각 홈을 파 놓은 것으로 볼트의 머리가 밖으로 나오지 않아야 하는 곳에 사용된다.
나비 볼트		머리 부분을 나비의 날개 모양으로 만들어 손으로 쉽게 돌릴 수 있도록 한 볼트이다.
기초 볼트		여러 가지 모양의 원통부를 만들어 기계 구조물을 콘크리트 기초 위에 고정시키도록 하는 볼트이다.
접시 머리 볼트		볼트의 머리가 밖으로 나오지 않아야 하는 곳에 사용하며 홈 붙이 접시 머리 볼트, 키 붙이 접시 머리 볼트 등이 있다.
아이 볼트		나사 머리부를 고리 모양으로 만들어 체인 또는 훅 등을 걸 때 사용한다.

4 너트의 종류

그림3-4 너트의 종류

5 작은 나사

작은 나사는 지름이 1~8mm 정도로 작은 부품을 조립하는 데 사용된다.

6 키와 핀

가. 키(Key)

키는 축에 풀리(pulley), 커플링(coupling) 및 기어(gear) 등의 회전체를 고정시켜 축과 회전체가 미끄럼이 없이 회전을 전달시키는 데 사용한다.

(e) 접선 키   (f) 원뿔 키   (g) 스플라인   (h) 세레이션

그림3-5 키의 종류

규격 번호	종류 및 호칭 치수	×	길이	끝 모양의 특별 지정	재료
KS B 1311	평행 키 10×8		25	양 끝 둥금	SM 45 C
KS B 1313	미끄럼 키 10 × 8 × 25			양 끝 둥금	SM 45 C
	평행 키 25 × 14 × 80			양 끝 모짐	SM 25 C

그림3-6은 키홈의 도시법과 치수 기입법을 도시하고 있다.

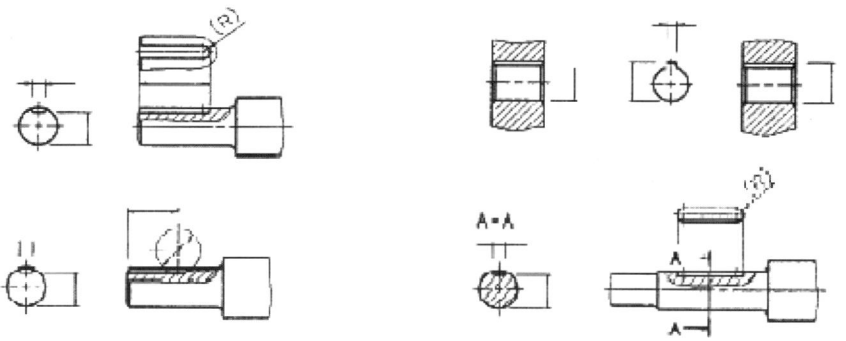

그림3-6 키 홈의 도시법과 치수 기입법

나. 핀(Pin)

핀은 기계 접촉면의 미끄럼 방지나 나사의 풀림 방지 및 위치 고정 등 비교적 작은 힘이 작용되는 곳에 사용된다.

(1) 핀의 종류

핀에는 그림3-7과 같이 여러 종류가 있다.

그림3-7 핀의 종류

(2) 핀의 호칭

표3-5는 핀의 호칭법과 보기를 나타낸다.

[표3-5 핀의 호칭법]

(KS B 1320, 1321, 1323)

명칭	호칭 방법	보기
평행 핀[1](KS B 1320)	규격 번호 또는 명칭, 종류, 형식, 호칭 지름 공차×호칭 길이, 재료	KSB 1320 6m6×30-S1 KSB 1320 6m6×30-A1
스플릿 테이퍼 핀(KS B 1323)	규격 번호 또는 규격 명칭, 호칭 지름×호칭 길이, 재료, 지정 사항	스플릿 테이퍼 핀 6×70-S1 갈라짐의 깊이 10
분할 핀(KS B 1321)	규격 번호 또는 규격 명칭, 호칭 지름×길이, 재료	분할 핀 5×50-S1

주 : 1) 종류는 끼워 맞춤 기호에 따른 m6, h8의 두 종류이다. 형식은 끝면의 모양이 납작한 것이 A, 둥근 것이 B이다.

7 코터 이음

코터는 키의 일종으로 축 방향으로 인장력이나 압축력이 작용하는 두 축을 연결하거나 풀 필요가 있을 때에 주로 쓰인다. 코터의 기울기는 보통 1/20이 많이 사용된다.

그림3-8 코터

02 리벳과 용접 이음

1. 리벳 이음 | 2. 용접 이음

리벳 이음(rivet joint)과 용접 이음(welding joint)은 영구적으로 접합하는 데 널리 이용된다.

1 리벳 이음

가. 리벳의 호칭 방법

규격 번호(생략할 수 있음)	종류	호칭 지름 × 길이	재료
KS B 1102	둥근머리 리벳	16×40	SV 330

나. 리벳의 종류

[표3-6 리벳의 종류]

종류·형상		종별	재료	종류·형상		종별	재료
둥근머리		열간	SV330 SV440	둥근접시머리		열간	SV330 SV400
		보일러용	SV400			보일러용	SV400
		냉간	MSWR 12, 15, 17			냉간	SV330
		소형열간	B, W				
납작머리		열간	SV330 SV400	접시머리		열간	SV330
						냉간	SV400

제3장 | 기계 요소의 제도

다. 리벳 이음 방법

리벳 이음에는 겹치기 이음(lap joint)과 맞대기 이음(butt joint)이 있고 리벳열은 1-3열이 있다. 2열 이상일 때의 배열은 평행형과 지그재그 형이 있다.

라. 리벳 이음의 도시법

① 리벳을 크게 도시할 필요가 없을 때에는 리벳 구멍을 약도로 표시한다.(그림 3-9, a)
② 리벳의 위치만 도시할 때에는 중심선만으로 도시한다.(그림 3-9, a)
③ 얇은 판이나 형강 등의 단면은 굵은 실선으로 도시한다.(그림 3-9, b)
④ 리벳은 길이 방향으로 절단하여 도시하지 않는다.(그림 3-9, c)
⑤ 같은 피치로 연속되고 같은 종류의 구멍의 표시법은 피치의 수 x 피치의 간격(=합계 치수)과 같이 간단히 기입한다.
⑥ 여러 겹의 판이 겹쳐 있을 때, 각 판의 파단선은 서로 어긋나게 외형선을 긋는다.
⑦ 구조물에 사용하는 리벳은 표3-7과 같이 표시한다.

(a) 리벳의 위치 도시법   (b) 얇은 판의 단면 도시   (c) 리벳의 도시법

그림3-9 리벳 이음의 도시

[표3-7 구조물에 사용하는 리벳]

2 용접 이음

가. 용접 이음의 종류

(1) 모재 배치에 따라
맞대기 이음, 양면 덮개판 이음, 겹치기 이음, T이음, 모서리 이음, 끝단 이음 등이 있다.(그림 3-10)

(2) 용접 자세에 따라
아래보기 자세, 수평 자세, 수직 자세, 위코기 자세 등이 있다.(그림3-11)

그림3-10 용접이음의 종류   그림3-11 용접의 자세

나. 용접 기호
용접의 종류와 형식 등을 도면에 표시할 때에는 용접 기호를 사용한다.

[표3-8 용접부의 기본 기호]

번호	명칭	도시	기호
1	양견 플랜지형 맞대기 이음 용접		八
2	평면형 평행 맞대기 이음 용접		‖

번호	명칭	도시	기호
3	한쪽면 V형 홈 맞대기 이음 용접		∨
4	한쪽면 K형 맞대기 이음 용접		∨
5	부분 용입 한쪽면 V형 맞대기 이음 용접		Y
6	부분 용입 한쪽면 K형 맞대기 이음 용접		Y
7	한쪽면 U형 홈 맞대기 이음 용접 (평행면 또는 경사면)		∪
8	한쪽면 J형 홈 맞대기 이음 용접		⌡
9	뒷면 용접		⌣
10	필렛 용접		◿
11	플러그 용접 : 플러그 또는 슬롯 용접		⊓
12	스폿 용접		○
13	심 용접		⊖

번호	명칭	도시	기호
14	급경사면(스팁 플랭크) 한쪽면 V형 홈 맞대기 이음 용접		\/
15	급경사면 한쪽면 K형 맞대기 이음 용접		|
16	ㄱ·장자리 용접		|||
17	서페이싱		∩∩
18	ㅅ·페이싱 이음		=
19	경사 이음		//
20	겹침 이음		⌐

기본 기호는 외부 표면의 형상 및 용접 혈상의 특징을 나타내는 기호에 따른다. 추천하는 브조 기호는 표3-9와 같이 나타낸다.

[표3-9 보조 기호]

용접부 및 용접부 표면의 형상	기호
a) 평면(동일 평면으로 다듬질)	—
b) 凸형	⌒
c) 凹형	⌣

용접부 및 용접부 표면의 형상	기호
d) 끝단부를 매끄럽게 함	⌣
e) 영구적인 덮개 판을 사용	M
f) 제거 가능한 덮개 판을 사용	MR

다. 용접부의 기호 도시법

① 용접 기호는 기준선 위나 아래에 기입한다.
② 용접부(용접면)가 이음의 화살표 쪽에 있을 때에는 기호는 실선 쪽의 기준선에 기입한다.
③ 용접부(용접면)가 이음의 반대쪽에 있을 때에는 기호는 파선 쪽에 기입한다.
④ 용접 기호가 기선 중앙에 표시되어 있는 것은 양쪽을 나타낸다.
⑤ 부재의 전부를 일주하여 용접, 현장 용접, 온둘레 현장 용접의 보조 기호는 기선과 지시선과의 교점에 기입한다.
⑥ 용접 방법의 표시가 필요한 경우에는 기준선 끝에 꼬리를 붙여서 기입한다.

(a) 양면 대칭 용접   (b) 화살표쪽 용접   (c) 화살표 반대쪽 용접
(d) 일주 용접과 현장 용접 표시   (e) 용접 방법 및 참고 정보 표시법
그림3-12 용접 시공 내용의 기재 방법

03 축용 기계 요소

1. 축(shaft) | 2. 축 이음 | 3. 베어링

회전 부분에 쓰이는 기계 요소를 축용 기계 요소라 하며, 축과 축 이음, 베어링 등이 있다.

1 축(shaft)

가. 모양에 따른 축의 종류

(1) 직선 축 : 보통 사용되는 곧은 축
  ① 전동 축(transmission shaft) : 전동 축은 회전에 의해 동력을 전달하는 축으로, 주로 비틀림과 굽힘 모멘트를 동시에 받는다.(주 축, 선 축, 중간 축으로 구성)
    ㉮ 주 축 : 원동기에서 직접 동력를 받는 축이다.
    ㉯ 선 축 : 주축에서 동력을 받아 각 동장에 분배하는 축이다.
    ㉰ 중간 축 : 선축에서 동력을 전달 받아 각각의 기계에 동력을 전달하는 축이다.
  ② 차축 : 차축은 주로 굽힘 모멘트를 받는다.
  ③ 스핀들 : 스핀들은 주로 비틀림 모멘트를 받으며 직접 일을 하는 회전축으로 치수가 정밀하며 변형량이 적다.

(2) 곡선 축 : 크랭크 축과 같이 굽은 축

(3) 플렉시블 축(flexible shaft) : 축의 굽힘이 비교적 자유로운 축으로 철사를 코일 모양으로 이중, 삼중으로 감아 만든 축

나. 축의 도시법

① 축은 길이 방향으로 단면 도시하지 않는다.
② 긴 축은 중간을 파단하여 짧게 그리되, 치수는 실제 길이로 나타내야 한다.

③ 모따기 및 평면 표시는 치수 기입법에 따른다.
④ 축의 널링(knurling)을 도시할 때, 빗줄은 축선에 대해 30°로 엇갈리게 나타낸다.
⑤ 축을 가공하기 위한 센터의 도시를 한다. (예 KS B 0410 60°A형2, 양끝)

2 축 이음

몇 개의 축과 연결하는 기계 요소를 축 이음이라 하고 축 이음에는 이음 방식에 따라 커플링(coupling)과 클러치(clutch)로 크게 나눈다.

가. 커플링(coupling)

커플링에는 원통 커플링, 올덤 커플링, 플랜지 커플링, 플렉시블 커플링, 자재 이음(universal joint) 등이 있다.(참고 : 자재 이음의 α ≤ 30°가 되어야 한다.)

나. 클러치(clutch)

축의 회전을 중지하지 않으면서 회전 토크(torque)를 단속하고자 할 때 사용한다. 클러치의 종류에는 맞물림 클러치(claw clutch), 마찰 클러치(friction clutch), 유체 클러치(fluid clutch), 마그네틱 클러치(magnetic clutch) 등이 있고, 맞물림 클러치에는 맞물림 형태에 따라 직사각형, 사다리꼴형, 톱날형, 덩굴형 등이 있다.

3 베어링

회전축을 지지하는 축용 기계 요소를 베어링(bearing)이라 하며, 베어링과 접촉하고 있는 축 부분을 저널(journal)이라 한다. 저널과 베어링의 상대 운동에 따라 미끄럼 베어링(sliding bearing)과 구름 베어링(Rolling bearing)으로 나누고, 축에 받는 하중의 방향에 따라 레이디얼 베어링과 스러스트 베어링으로 구분한다.

가. 롤링 베어링의 기호와 치수

① 치수는 mm계와 inch계열을 사용하며 mm치수는 ISO에 의해 구체적으로 표준화 되어 있다.

② 롤러 베어링은 KS B 2012 호칭 번호로 정해져 있다.

| 형식 번호 | 치수 기호(나비와 지름 기호) | 안지름 번호 | 등급 기호 |

㉮ 형식 번호(첫 번째 숫자)
    1 : 복렬 자동 조심형   2,3 : 복렬 자동 조심형(큰 폭)   5 : 스러스트형(축하중)
    6 : 단열 홈형   7 : 단열 앵귤러 콘텍트형   N : 원통 롤러형

㉯ 치수 번호(두 번째 숫자)
    0,1 : 특별 경하중형   2 : 경하중형   3 : 보통하중형   4 : 중하중형

㉰ 안지름 번호(세 번째, 네 번째 숫자)
    00 : 안지름 10mm   01 : 안지름 12mm   02 : 안지름 15mm
    03 : 안지름 17mm   04 : 안지름 20mm(04 이상은 '번호 × 5'가 안지름이다.)

㉱ 등급 기호(다섯 번째 이후의 기호)
    무기호 : 보통급   H : 상급   P : 정밀급   SP : 초정밀급

나. 호칭 번호의 구성 및 배열

[표3-10 베어링 호칭 번호의 배열]

기본 번호			보조 기호					
베어링 계열 기호	안지름 번호	접촉각 기호	내부치수	밀봉 기호 또는 실드 기호	궤도륜 모양 기호	조합 기호	내부 틈새 기호	정밀도 등급 기호

[보기] 6308 Z NR
    63 : 베어링 계열 기호 - 단열 깊은 홈 볼베어링 6, 지름 계열 3
    08 : 안지름 번호(호칭 베어링 안지름 8×5 = 40mm)
    Z : 실드 기호(한쪽 실드)
    NR : 궤도륜 모양 기호(멈춤링 붙이)

[표3-11 접촉각 기호]

베어링 형식	호칭 접촉각	접촉각 기호
단열 앵귤러 볼 베어링	10° 초과 22° 이하	C
	22° 초과 32° 이하(보통 30°)	A(*)
	32° 초과 45° 이하(보통 40°)	B
테이퍼 롤러 베어링	17° 초과 24° 이하	C
	24° 초과 32° 이하	D

주 : (*)는 생략할 수 있다.

[표3-12 보조 기호]

내부 기호		실·실드		궤도륜 모양		베어링의 조합		레이디얼 내부 틈새		정밀도 등급	
내용	기호	내용	기호	내용	기호*	종류	기호	구분	기호	등급	기호
내부 설계가 표준과 다른 베어링	A	양쪽 실붙이	UU	내륜 원통구멍	없음	뒷면 조합	DB	보통의 레이디얼 내부 틈새보다 작다.	C2	0급	없음
		한쪽 실붙이	U	플랜지 붙이	F	정면 조합	DF	보통의 레이디얼 내부 틈새	CN	6X급	P6X
				내륜 테이퍼 구멍 (기준 테이퍼 1/12)	K					6급	P6
ISO 규정에 따라 제작된 테이퍼 로울러 베어링	J	양쪽 실드 붙이	ZZ	링 홈붙이	N	병렬 조합	DT	보통의 레이디얼 내부 틈새보다 크다.	C3	5급	P5
		한쪽 실드 붙이	Z	멈충링 붙이	NR			C3보다 크다.	C4	4급	P4
								C4보다 크다.	C5	2급	P2

주 : *다른 기호로 사용할 수 있다.

04 전동용 기계 요소

1. 기어 | 2. 벨트·로프·체인 전동 장치

외부로부터 동력을 받아들여 이 동력을 전달하는 데 사용되는 기계 요소를 전동용 기계 요소라 하며 기어, 벨트·로프·체인 전동 장치 등이 있다.

1 기어

한 쌍의 마찰차 접촉면에 이(tooth)를 깎아 미끄러지지 않고 서로 물고 돌아가는 기계요소로서, 축간 거리가 가까우며 큰 동력을 일정 속도비로 정확하게 전달할 때 사용된다.

가. 기어의 종류

기어는 사용 목적, 두 축의 상대 위치 및 이의 접촉에 따라 표3-13과 같다.

[표3-13 기어의 종류에 따른 두 축의 상대 위치 및 접촉]

기어의 종류	두 축의 상대 위치	이의 접촉	비고
스퍼 기어(spur gear)	평행	직선	원통형, 잇줄이 축에 평행
내접 기어(internal gear)			이는 스퍼 기어와 같음
헬리컬 기어(helical gear)			잇줄이 비틀린 원통형
더블 헬리컬 기어(double helical gear)			좌우의 헬리컬 기어를 조합
래크(rack)			회전 운동을 직선 운동으로 바꿈
직선 베벨 기어(straight bevel gear)	교차	직선	잇줄이 원뿔의 모선과 일치
스파이럴 베벨 기어(spiral bevel gear)		곡선	잇줄이 비틀린 베벨 기어
하이포이드 기어(hypoid gear)	평행하지도, 교차하지도 않음	곡선	엇뿔형
스크류 기어(screw gear)		점	2개의 헬리컬 기어
웜 기어(worm gear)		점	감속 비율이 큼

나. 기어의 도시법

기어를 도시할 때 보통 축에 직각인 방향에서 본 그림을 정면도로 축방향에서 본 것을 측면도로 하여 도시한다.

(1) 스퍼 기어

① 이끝원은 굵은 실선으로 그린다.
② 피치원과 피치선은 가는 1점 쇄선으로 그린다.
③ 이뿌리원은 가는 실선으로 그리지만, 측면도는 생략해도 좋다. 단, 정면도를 단면으로 도시할 때 이를 절단하지 않고 이뿌리선은 굵은 실선으로 나타낸다.
④ 스퍼 기어의 표준 압력각 α = 20°로 규정하고 있다.
⑤ 서로 맞물리는 한 쌍의 스퍼 기어를 도시할 때 측면도의 이끝원은 굵은 실선, 정면도의 단면에서 한쪽의 이끝원은 은선으로 그린다.
⑥ 기어의 제작상 중요한 치형, 모듈, 압력각, 피치원지름 등 기타 필요한 사항은 표3-14와 같이 요목표를 만들어 기입한다.

[표3-14 스퍼 기어의 요목표 기입 보기]

스퍼 기어					
기어치형		전위	다듬질 방법		호브 절삭
기준 래크	치형	보통이	정밀도		KS B 1405 5급
	모듈	6			
	압력각	20°		상대 기어 전위량	0
잇 수(개)		18		상대 기어 잇수	50
기준 피치원 지름		108	비고	중심거리	207
전위량		+3.16		백래시	0.2~0.89
전체 이 높이		13.34		재료*	
				열처리*	
이 두께	벌림 이 두께	$47.96^{-0.08}_{-0.38}$ (벌림 잇수 = 3)		경도*	

주 : *표를 붙인 사항은 필요에 따라 기입한다.

(2) 헬리컬 기어와 더블 헬리컬 기어

① 잇줄 방향은 3개의 가는 실선으로 나타낸다. 단, 경사각은 실제 외의 각도와 관계없이 그린다.
② 정면도를 단면도로 할 때, 지면보다 앞쪽에 있을 때는 잇줄 방향은 3개의 가는 2점 쇄선(가상선)으로 표시한다.
③ 간략도의 잇줄은 가는 3줄의 실선으로 나타낸다.
④ 기어의 제작상 중요한 치형, 모듈, 압력각, 피치원지름 등 기타 필요한 사항은 표3-15와 같이 요목표를 만들어 기입한다.

[표3-15 헬리컬 기어의 요목표 기입 보기]

헬리컬 기어					
	기어치형	표준	전체 이높이		9.40
기준 랙	치형	보통이	이 두께	오버핀(볼) 치수	$95.19^{-0.17}_{-0.29}$ (볼지름 = 7.144)
	모듈	4	다듬질 방법		연삭 다듬질
	압력각	20°	정밀도		KS B 1405 1급
잇 수(개)		19	비고	상대 기어 전위량	24
비틀림각		26.7°(26° ∠2')		중심 거리	96.265
				기초원 지름	78.783
비틀림 방향		왼쪽		재료*	SNCM 415
				열처리*	침탄 퀜칭
*리드		531.385		경도(표면)*	HRC 55~61
				유효 경화층 깊이*	0.8~1.2
기준 피치원 지름		85.071		백래시	0.15~0.31
				치형수정 및 크라우닝을 할 것	

주 : *표를 붙인 사항은 필요에 따라 기입한다.

(3) 베벨 기어
　① 축 방향에서 본 베벨 기어의 측면도상 이끝원은 굵은 실선, 피치 원은 가는 1점 쇄선으로 그리지만, 이뿌리원은 생략한다.
　② 스파이어럴 베벨 기어의 약도에서 잇줄을 나타내는 선은 한 줄의 굵은 실선으로 나타낸다.
　③ 한 쌍의 맞물리는 기어의 맞물리는 부분의 이끝원을 숨은선으로 그린다.
　④ 이끝 및 이뿌리를 나타내는 원뿔각의 선은 꼭지점에 이르기 전에 그친다.

(4) 웜 기어
　① 웜 기어의 잇줄 방향은 헬리컬 기어에 준하여 3줄의 가는 실선으로 그린다.
　② 웜 휠의 측면도는 기어의 바깥지름을 굵은 실선으로 그리고, 피치원은 가는 1점 쇄선으로 그리며, 이뿌리원과 목 부분의 웜은 그리지 않는다. 또한 피치원은 상대 웜 축을 포함하여 단면 모양으로 그린다.
　③ 요목표에는 이 직각방식인지 또는 축 직각방상인지를 기입한다.

(5) 맞물리는 기어의 간략 도시법
　① 조립도 등에 기어를 도시할 때는 제도의 능률을 위해 간략한 그림을 사용하며 요목표에 상세한 사항들을 기입한다.
　② 맞물림부와 이끝원은 모두 굵은 실선으로 표시한다.
　③ 주 투영도를 단면도로 표시할 때, 맞물림부의 한쪽 이끝원을 표시하는 원은 가는 파선 또는 굵은 파선을 사용하여 표시한다.

④ 그림3-13은 기어의 간략 도시법이다.

그림3-13 기어의 간략 도시법

2 벨트·로프·체인 전동 장치

벨트, 로프 및 체인 등을 사용하여 원동차에서 종동차에 동력을 전달하는 장치를 전동 장치(transmission)라 하며 축간 거리와 속도비 등에 따라 표3-16에서와 같이 적당한 것을 선택하여야 한다.

[표3-16 전동 장치 적용 범위]

종류		축간 거리(㎝)	속도비	속도(m/s)
벨트	평 벨트	10 이하	1 : 1~6, 최대 1 : 15	10~30 최대 50
	V 벨트	5 이하	1 : 1~7, 최대 1 : 10	10~18 최대 25
로프	섬유	10~30	1 : 1~2, 최대 1 : 5	15~0
	강철	50~100, 최대 150	보통 1 : 1	최대 25
체인	사일런트	4 이하	1 : 1~5, 최대 1 : 8	5 이하 최대 10
	롤러			7 이하 최대 10

가. 평 벨트 전동

벨트에 사용하는 재료는 가죽, 직물, 고무, 강철이 있으며, 평 벨트 풀리는 구조에 따라서 일체형과 분할형이 있다.

(1) 평 벨트 호칭법

| 명칭 | 등급 또는 종류 | 치수(폭×층수) |

〈보기〉 평 가죽 벨트 1급 114×2
 평 고무 벨트 1종 50×3

(2) 평 벨트 풀리의 구조
① 림(rim) : 풀리의 둘레를 구성하는 얇은 살을 가진 원통형의 바퀴둘레를 말한다.
② 보스(boss) : 전동 축을 끼울 수 있는 축 구멍을 구성하는 가운데 부분을 말한다.
③ 아암(arm) : 림과 보스 부분을 방사선의 형상으로 연결하는 몇 개의 막대 부분을 말한다. 암 대신 평판을 사용한 것도 있다.
재료는 일반적으로 주철로 된 것이 사용되며, 고속(원주 속도 30m/s 이상)일 때에는 주강으로 만든 것이 쓰인다.

(3) 평 벨트 풀리의 도시법
① 벨트 풀리는 축 직각 방향의 투상을 정면도로 한다.
② 벨트 풀리와 같이 대칭형인 것은 그 일부분만을 도시한다.

③ 암과 같은 방사형의 것은 수직 중심선 또는 수평 중심선까지 회전하여 투상한다.
④ 암의 길이 방향으로 절단하여 단면의 도시를 하지 않는다.
⑤ 암의 단면형은 도형의 안이나 밖에 도시할 때에는 실선으로 그린다. 또, 단면형은 대개 타원이다.
⑥ 암의 테이퍼 부분 치수를 기입할 때 치수보조선은 경사선(수평과 60°또는 30°)으로 긋는다.

나. V 벨트 전동

V 벨트는 사다리꼴의 단면을 가진 벨트로서, V형의 홈이 파져있는 V 풀리(V-pulley)를 밀착시켜 구동하는 방법이다. 평 벨트에 비해 미끄럼과 진동이 적고, 운전이 조용하며 공작 기계나 내연 기관 등의 동력전달에 널리 사용된다. 풀리는 주로 주철제이고, 고속인 경우에는 주강이나 알루미늄 합금제를 사용한다.

(1) V 벨트 홈부의 모양과 치수

표3-17은 V 벨트 홈부의 모양과 치수를 나타낸 것이다.

[표3-17 V 벨트 홈부의 모양과 치수(KS B 1400)]

종류	호칭 지름	α(°)	l_a	k	k_o	e	f	r_1	r_2	r_3	V 벨트의 두께 (참고)
M	50 이상 71 이하	34	8.0	2.7	6.3	—(1)	9.2	0.2~0.5	0.5~1.0	1~2	5.5
	71 초과 90 이하	36									
	90을 초과	38									
A	71 이상 100 이하	34	9.2	4.5	8.0	15.0	10.0	0.2~0.5	0.5~1.0	1~2	9
	100 초과 125 이하	36									
	125를 초과	38									
B	125 이상 160 이하	34	12.5	5.5	9.5	19.0	12.5	0.2~0.5	0.5~1.0	1~2	11
	160 초과 200 이하	36									
	200를 초과	38									
C	200 이상 250 이하	34	16.9	7.0	12.0	25.5	17.0	0.2~0.5	1.0~1.6	2~3	14
	250 초과 315 이하	36									
	315를 초과	38									
D	355 이상 450 이하	36	24.6	9.5	15.5	37.0	24.0	0.2~0.5	1.6~2.0	3~4	19
	450를 초과	38									
E	500 이상 630 이하	36	28.7	12.7	19.3	44.5	29.0	0.2~0.5	1.6~2.0	4~5	24
	630를 초과	38									

주 : (1) M형은 원칙으로 한 줄만 걸친다.

(2) V 벨트의 치수

V 벨트의 치수는 단면의 치수로 표시하며, 단면의 크기에 따라 M, A, B, C, D, E형으로 나눈다. 단면은 좌우 대칭이며 단면의 치수는 규격화되어 있으며 경사각은 40°±1.0이다.

(3) V 벨트 제품의 호칭

```
일반용 V 벨트    A    80    또는    A    2032
     └─명칭       └─호칭(inch)           └─V 벨트의 길이(mm)
                └─종류(형별)
```

다. 체인 전동

체인 전동은 체인을 스프로킷 휠(sprocket wheel)에 걸어 감아서 체인과 휠의 이가 서로 물리는 힘으로 동력을 전달시키며, 축간 거리가 4m 이하이고, 회전비를 일정하게 할 필요가 있을 때나, 전달 동력이 크고 속도가 5m/s 이하일 때 사용한다.

(1) 체인의 종류

① 롤러 체인 : 롤러 링크(roller link)와 핀 링크(pin link)로 연결
② 링크 체인 : 강판을 펀칭(punching)하여 링크를 연결

(2) 스프로킷

롤러 체인용 스프로킷은 주강 또는 고급 주철 등으로 만든다. 치형은 S형과 U형이 있으나 S형이 주로 많이 사용된다.

(3) 스프로킷의 도시법

① 바깥지름은 굵은 실선, 피치원은 가는 1점 쇄선, 이뿌리원은 가는 실선 또는 굵은 파선으로 그린다.
② 축의 직각 방향에서 본 그림을 단면으로 도시할 때에는 이뿌리의 위치에서 절단하고 이뿌리선은 굵은 실선으로 그린다.
③ 요목표에는 톱니의 특성을 기입한다.

05 관용 기계 요소

Craftsman Computer Aided Mechanical Drawing

1. 파이프 | 2. 밸브 | 3. 배관

1 파이프

가. 파이프의 종류

파이프는 재질에 따라 주철 파이프, 강 파이프, 구리 파이프, 황동 파이프, 납 파이프 등이 있다.

(1) **주철관(cast iron pipe)** : 이음매가 없으며, 압력 $7 \sim 10 kg/cm^2$ 미만에 사용한다.

(2) **강관(steel pipe)** : 이음매 없는 강관(seamless steel pipe)은 보통 압력 $300 kg/cm^2$ 미만에 사용하며, 이어 만든 강관(seamed steel pipe)은 단접, 용접, 리벳으로 이어서 만든다.

(3) **가스관(gas pipe)** : 가스, 물, 증기, 석유 등의 수송에 사용하며, 양끝은 관용 나사로 되어 있다.

(4) **구리관 및 황동관** : 이음매 없는 관으로 휨성이 좋고 내식성이 우수하다.

(5) **납관(lead pipe)** : 내산성, 휨성이 풍부하여 상수도, 가스, 산 알칼리의 수송 및 폐수용에 사용된다.

(6) **플렉시블관(flexible pipe)** : 강철, 구리, 알루미늄 등의 얇은 판으로 만든 것으로 구부리기가 쉬워 물, 기름 등의 수송 및 전선 보호, 신축 이음용으로 이용된다.

(7) **합성수지관(synthetic resin pipe)** : 염화비닐 등의 합성수지로 만든 관으로 휨성,내식성은 풍부하나 내열성이 나쁘다.

나. 파이프의 도시 기호 및 방법

(1) **파이프(pipe)** : 하나의 실선으로 표시하고 같은 도면 내에는 같은 굵기로 나타낸다.

(2) **유체의 종류 기호**
유체의 종류 기호를 나타낼 때는 표3-18와 같이 나타내고 유체와 관을 표시할 때는 그림3-14와 같다.

[표3-18 유체의 종류 기호]

유체의 종류	글자 기호
공기	A(air)
가스	G(gas)
유류	O(oil)
수증기	S(steam)
물	W(water)
증기	V(vapor)

(a) 유체 표시 (b) 관의 굵기 및 재질 표시

그림3-14 유체와 관의 표시

(3) 관의 굵기 표시

관의 굵기 표시는 관 도시선 위에 나타내는 것이 원칙이며 관의 굵기 표시 문자, 관의 종류, 재질 등을 표시한다. 굵기 표시는 강관은 내경으로 표시하며, 스테인레스 강관과 동관은 외경으로 나타낸다.

(4) 계기(gauge)

계기의 종류를 나타낼 때에는 기호 안에 글자 기호(압력계는 P, 온도계는 T, 유량계 F)를 기입한다.

(5) 파이프 이음의 도시

표3-19은 파이프 이음의 도시 기호를 나타내고 있다.

[표3-19 파이프 이음의 도시 기호]

이음의 종류	도시 기호	이음의 종류	도시 기호
일반	─┼─	엘보 또는 밴드	
플랜지형	─╫─	T	
턱걸이형	─⊂─	크로스	
유니언형	─╢╟─	신축 이음	
막힘 플랜지형	─╢│		

2 밸브

파이프 속을 흐르는 유체의 유량, 압력, 온도를 제어하기 위하여 사용된다.

가. 밸브의 종류

(1) **스톱 밸브(stop valve)** : 파이프의 입구와 출구가 일직선상에 있는 글로브 밸브(globe valve)와 직각으로 되어 있는 앵글 밸브(angle valve)가 있으며, 밸브는 밸브 시이트에 대하여 수직 방향으로 움직인다.

(2) **게이트 밸브(gate valve)** : 밸브가 파이프 축에 대하여 직각 방향으로 개폐되는 밸브로써 대형 밸브로 사용한다. 슬루스 밸브라고도 한다.

(3) **콕(cock)** : 콕은 파이프의 구멍에 직각으로 박힌 원뿔 모양의 마개를 돌려서 유체의 통로를 개폐하는 장치이다.

(4) **체크 밸브(check valve)** : 유체를 한 방향으로만 흐르게 하여 역류를 방지하는 데 사용한다.

(5) **안전 밸브(safety valve)** : 압력 용기의 압력이 규정 압력보다 높아지면 밸브가 열려 사용 압력을 조절하는 데 사용된다.

나. 밸브의 도시 기호

밸브를 도면상에 도시하고자 할 때는 표3-20을 사용한다.

[표3-20 밸브 및 계기의 도시 기호]

밸브·콕의 종류	그림 기호	밸브·콕의 종류	그림 기호
밸브 일반	⋈	앵글 밸브	△
게이트 밸브	⋈	3방향 밸브	⋈
글로브 밸브	⋈	안전 밸브	⋈
체크 밸브	◀ 또는 ⋈	콕 일반	⋈
볼 밸브	⋈	동력 조작	⋈
버터플라이 밸브	⋈ 또는 ●	수동 조작	⋈

3 배관

배관도는 파이프의 배치를 표시하는 것이 목적이므로 될 수 있는 대로 간단하게 그 외형을 가상선으로 표시하는 것이 보통이다.

가. 배관도

(1) **복선 도시법** : 각종 부품을 약도로 상세히 나타낸 도시법
(2) **단선 도시법** : 굵은 실선을 사용하여 나타낸 도시법
  ① 스케치 배관도 : 간단한 수리 작업이나 설명용에 쓰인다.
  ② 투상 배관도 : 축척으로 평면도와 정면도를 그려서 표시하며 제작도로 쓰인다.
  ③ 등각 배관도 : 설명용으로 쓰인다.

나. 배관도의 치수 기입법

① 치수는 목입구의 중심에서 중심까지의 길이로 표시하고 호칭 지름을 파이프 라인 밖으로 지시선을 끌어내서 표시한다.
② 파이프의 끝 부분에 나사가 없거나 왼나사를 필요로 할 때에는 지시선으로 나타내어 표시한다.
③ 파이프의 자리는 기계의 중심이나 또는 기준이 되는 면으로부터 정확하게 표시한다.

그림3-15 파이프 이음매 도시

06 그 밖의 기계 요소

1. 스프링 | 2. 브레이크 | 3. 캠

1 스프링

일반적으로 탄성체는 하중을 받으면 그 만큼 변위를 하게 되고, 그 변위를 탄성 에너지로 흡수하여 재료 내부에 축적하는 특성을 가진다. 이러한 특성과 기능을 이용한 기계 요소를 스프링(spring)이라 한다. 스프링은 각종 계기류 및 기계에 많이 사용된다.

가. 코일 스프링의 제도

① 스프링 제도는 KS B 0005에 의해 일반적으로 간략도로 도시하고, 필요한 사항은 요목표에 기입한다.
② 스프링은 원칙적으로 무하중인 상태로 그린다. 단, 하중이 걸릴 때에는 치수와 하중을 기입한다.
③ 하중과 높이, 처짐과의 관계를 표시할 필요가 있을 때에는 선도나 표로서 표시한다. 이때 그 굵기는 스프링을 표시하는 선과 같게 한다.
④ 단서가 없는 한 모두 오른쪽 감기로 도시하고, 왼쪽 감기일 경우 "감기 방향 왼쪽"이라고 표시한다.
⑤ 코일 부분의 투상은 나선으로 시트에 조립한 끝부분을 직선으로 도시한다.
⑥ 중간 부분을 생략할 때에는 생략한 부분을 가는 1점 쇄선 또는 가는 2점 쇄선으로 도시해도 좋다.
⑦ 스프링의 종류와 모양만을 도시할 때에는 재료의 중심선만을 굵은 실선으로 도시한다.
⑧ 조립도, 설명도 등에서는 그 단면만 표시하여도 된다.

[표3-21 코일 스프링의 요목표 기입 보기]

재료		HSW 3
재료의 지름(mm)		4
코일의 평균 지름(mm)		26
코일의 안지름(mm)		22±0.1
유효 감김수		9.5
총 감김수		11.5
감김 방향		오른쪽
자유 높이(mm)		90
부하	하중(Kgf)	15.6±10%
	높이(mm)	70
최대 부하	하중(Kgf)	39
	높이(mm)	55
스프링 정수(Kg/mm)		1.56
표면처리	성형 후 표면 처리	쇼트 피닝
	녹방지 처리	ZPC 2

그림3-16 코일 스프링의 제도

(a) 코일 스프링

(b) 인장 코일 스프링 (c) 비틀링 인장 코일 스프링

그림3-17 코일의 중앙부를 생략한 그림 보기

나. 겹판 스프링의 제도

① 겹판 스프링은 원칙적으로 스프링 판이 상용 하중 상태에서 그린다. 단, 하중시의 상태에서 그리고 치수를 기입하는 경우에는 하중을 명기한다.

② 무하중인 상태로 그릴 때에는 가상선(가는 1점 쇄선)으로 표시한다.

③ 하중과 처짐의 관계는 요목표에 나타낸다.
④ 종류 및 모양만을 도시할 때에는 스프링의 외형을 굵은 실선으로 도시한다.

다. 벌류트, 스파이럴, 접시 스프링의 제도
① 벌류트 스프링의 치수는 스프링의 전체 높이, 최대 지름, 최소 지름 등으로 표시한다.
② 스파이럴 스프링은 바깥 부분과 안쪽 부분만 굵은 실선으로 표시하고 전개도를 그려 주는 것이 좋다.
③ 접시 스프링은 요목표와 함께 도시한다.

2 브레이크

브레이크는 기계 운동 부분의 에너지를 흡수하여 이 운동을 감소시키거나 정지시키는 장치로, 구성하는 각부의 치수, 즉 블록의 크기, 밴드의 폭, 두께 등은 작용하는 힘에 의하여 결정된다.

3 캠

가. 캠의 개요
다양한 형태를 가진 면 또는 홈에 의하여 회전 운동 또는 왕복 운동을 함으로써 주기적인 운동을 발생하는 기구를 캠 기구라 한다. 캠 기구를 이용한 캠 장치는 내연 기관의 밸브 개폐 장치, 인쇄기, 직조기, 자동 선반 등에 널리 사용되며, 다양한 형태의 운동과 속도를 제어할 수 있도록 자동화 공정에도 적용되고 있다.

나. 캠의 종류
캠은 궤적 곡선과 종동절리 평면 운동을 하는 평면 캠과 공간 운동을 하는 입체 캠이 있다.
평면 캠에는 판 캠, 직동 캠, 직선 운동 캠, 삼각 캠 등이 있으며, 입체 캠에는 원통 캠, 원뿔 캠, 구형 캠, 빗판 캠, 사판 캠, 반대 캠(인버스 캠) 등이 있다.

적중예상문제_ 기계 요소의 제도

01 다음 기호 중 안전 밸브를 나타낸 것은?

① 　　②

③ 　　④

02 기어의 도시 방법에 관한 내용 중 적합하지 않은 것은?

① 이끝원은 굵은 실선으로 그린다.
② 피치원은 가는 1점 쇄선으로 그린다.
③ 이뿌리원은 파선으로 그린다.
④ 맞물리는 한쌍의 기어의 이끝원은 굵은 실선으로 그린다.

03 다음은 볼트를 제도한 것이다. 바르게 나타낸 것은?

① 　　②

③ 　　④

04 다음은 육각 볼트의 호칭이다. ③이 의미하는 것은?

KS B 1002	6각 볼트	A	M12×80	-8.8	MFZn2
①	②	③	④	⑤	⑥

① 강도　　② 부품 등급
③ 종류　　④ 규격 번호

해설

01 • ① 게이트 밸브
• ③ 체크 밸브
• ④ 앵글 밸브

02 • 이끝원 지름 : 굵은 실선
• 피치원 지름 : 가는 1점 쇄선
• 이뿌리원 지름 : 가는 실선(단면하면 굵은 실선)

04 ① 규격 번호, ② 종류, ③ 부품 등급, ④ 나사부 호칭×길이, ⑤ 강도, ⑥ 재료

01 ②　**02** ③　**03** ③　**04** ②

해설

05 축은 길이 방향으로 단면하지 않음

06 플러그 용접 :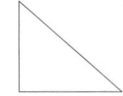

07 $D_o = m(Z + 2) = 2(30 + 2) = 64$

08 스플라인 : 축 둘레에 4~20개의 턱을 만들어 큰 회전력을 전달. 키 종류 중 두 번째로 큰 동력을 전달

05 ① 06 ① 07 ③ 08 ④

---

05 축의 도시법에 대한 설명 중 틀린 것은?

① 속이 찬 축은 길이 방향으로 단면 도시한다.
② 긴 축은 중간을 파단하여 짧게 그리고 치수는 실제 치수를 기입한다.
③ 축에 빗줄 널링은 축선에 대하여 30°로 엇갈리게 그린다.
④ 축에 키 홈은 부분 단면하여 나타낼 수 있다.

06 다음 용접 기호의 설명으로 옳은 것은?

① 필렛 용접
② 점 용접
③ 플러그 용접
④ 현장 용접

07 모듈이 2, 잇수가 30인 표준 기어의 이끝원의 지름은 얼마인가?

① 56   ② 60
③ 64   ④ 68

08 아래 그림과 같은 키의 종류는?

① 세레이션
② 묻힘 키
③ 안장 키
④ 스플라인

09 배관도의 치수 기입 방법에 대한 설명이다. 틀린 것은?

① 파이프나 밸브 등의 호칭 지름은 파이프라인 밖으로 지시선을 끌어내어 표시한다.
② 치수는 파이프, 파이프 이음. 밸브의 목 입구의 중심에서 중심까지의 길이로 표시한다.
③ 여러 가지 크기의 많은 파이프가 근접에서 설치된 장치에서는 단선 도시 방법으로 그린다.
④ 파이프의 끝부분에 나사가 없거나 왼나사를 필요로 할 때에는 지시선으로 나타내어 표시한다.

10 축의 도시법에 대한 설명 중 잘못된 것은?

① 축은 주로 길이 방향으로 단견 도시를 한다.
② 긴축은 중간을 파단하여 짧게 그린다.
③ 모따기는 각도와 폭을 기입한다.
④ 45° 모따기의 경우 C로 표시할 수 있다.

11 외접 헬리컬 기어의 주 투상도(정면도)를 단면으로 도시할 때 잇줄 방향은 어떻게 도시하는가?

① 2개의 가는 2점 쇄선
② 3개의 가는 2점 쇄선
③ 2개의 가는 실선
④ 3개의 가는 실선

12 V 벨트 풀리의 호칭이 도면에 다음과 같이 기입되어 있다. 잘못 설명된 것은?

> KS B 1403 250 A1 ‖ 40H-8

① 250 : 호칭 지름
② A1 : 풀리의 종류
③ ‖ : 등급
④ 40H8 : 보스의 구멍 가공 치수

해설

10 축은 길이 방향으로 단면도시 할 수 없다.

11 외접 헬리컬 기어의 잇줄 방향은 3개의 가는 실선, 단면일 경우 3개의 가는 2점 쇄선. 스파이럴 베벨 기어의 잇줄은 한줄의 굵은 실선

12 ‖는 등급이 아니고 보스의 위치를 구별하는 기호임

09 ③ 10 ① 11 ② 12 ③

해설

13 • 미터 나사 : 미터 보통 나사(M10)와 미터 가는 나사(M10×0.8)가 있다.
• 사다리꼴 나사 : 사다리꼴 나사에는 29°와 30° 사다리꼴 나사가 있다.
• 둥근 나사 : 전구나 소켓 등에 쓰인다.

13 동력 전달이 가장 원활한 나사로 공작 기계의 수치 제어용으로 많이 쓰이는 나사는?

① 미터 나사
② 사다리꼴 나사
③ 둥근 나사
④ 볼 나사

14 리벳의 도시법으로 옳은 것은?

①   ②

③   ④

15 호칭 지름이 50mm, 피치 2mm인 미터 가는 나사가 2줄 왼나사로 암나사 등급이 6일 때 KS나사 표시 방법으로 올바른 것은?

① 좌 2줄 M50×2 6H
② 좌 2줄 M50×2 6g
③ 왼 2N M50×2 6H
④ 왼 2N M50×2 6g

16 다음 기어의 쌍 중 회전 가능한 쌍은?

① 잇수 = 100, 피치원의 지름 = 400과 잇수 = 80, 피치원의 지름 = 320
② 잇수 = 80, 피치원의 지름 = 320과 잇수 = 70, 피치원의 지름 = 210
③ 잇수 = 60, 피치원의 지름 = 320과 잇수 = 80, 피치원의 지름 = 320
④ 잇수 = 100, 피치원의 지름 = 400과 잇수 = 50, 피치원의 지름 = 300

13 ④ 14 ④ 15 ① 16 ①

17 다음은 리벳에 대한 설명 중 틀린 것은?

① 리벳은 길이 방향으로 단면하여 도시한다.
② 리벳을 크게 도시할 필요가 없을 때에는 리벳 구멍을 약도로 도시한다.
③ 리벳의 체결 위치만 표시할 경우에는 중심선만을 그린다.
④ 같은 위치로 연속되는 같은 종류의 리벳 구멍을 표시할 때는 피치의 수 × 피치의 간격 = (합계 치수)로 기입할 수 있다.

18 다음 평 벨트 풀리의 도시 방법으로 맞는 것은?

① 암은 길이 방향으로 절단하여 도시한다.
② 벨트 풀리는 축 직각 방향의 투상을 정면도로 한다.
③ 암의 단면 모양은 도형의 안이나 밖에 회전 단면을 하여 도시하지 않는다.
④ 암의 테이퍼 부분 치수를 기입할 때 치수보조선은 경사선으로 그어서는 안 된다.

19 호칭 지름 40mm, 피치가 7mm인 미터 사다리꼴 왼나사의 표시 방법은?

① TM40×7LH ② Tr40×7LH
③ TM40×7H   ④ Tr40×7H

20 모듈 m인 한쌍의 기어가 맞물려 있을 때, 각각의 잇수를 Z_1, Z_2라면 두 기어의 중심 거리를 구하는 식은?

① $\dfrac{(Z_1+Z_2)m}{2}$ ② $m(Z_1+Z_2)$
③ $\dfrac{m}{2(Z_1+Z_2)}$ ④ $2m(Z_1+Z_2)$

21 스퍼 기어의 잇수가 32, 피치원 지름이 96이면 원주 피치는 얼마인가?

① 9.42   ② 10.28
③ 12.38 ④ 16.26

---

17 리벳은 단면 도시할 수 없다.

18 평 벨트 풀리의 도시법
- 벨트 풀리는 축 직각 방향의 투상을 정면도로 한다.
- 벨트 풀리와 같이 대칭형인 것은 그 일부만을 도시한다.
- 암과 같은 방사형의 것은 수직 중심선 또는 수평 중심선까지 회전하여 투상한다.
- 암의 길이 방향으로 절단하여 단면의 도시를 하지 않는다.
- 암의 단면형은 도형의 안이나 밖에 도시할 때에는 실선으로 그린다. 또, 단면형은 대개 타원이다.
- 암의 테이퍼 부분 치수를 기입할 때 치수보조선은 경사선(수평과 60°또는 30°)으로 긋는다.

21 $P = \dfrac{\pi D_p}{z} = \dfrac{3.14 \times 96}{32}$
$= 9.42$

17 ① **18** ② **19** ② **20** ①
21 ①

해설

22 암나사의 골을 표시하는 선은 가는 실선으로 그린다.

24 키 호칭 방법
규격 번호, 종류, 호칭 치수(폭×높이)×길이, 끝부분의 특별 지정, 재료

22 ①   23 ③   24 ③   25 ③

---

22 다음은 나사의 제도법에 대한 설명이다. 틀린 것은?

① 암나사의 골을 표시하는 선은 굵은 실선으로 그린다.
② 수나사의 바깥지름은 굵은 실선으로 그린다.
③ 암나사 탭 구멍의 드릴 자리는 120°의 굵은 실선으로 그린다.
④ 완전 나사부와 불완전 나사부의 경계선은 굵은 실선으로 그린다.

23 평벨트 풀리의 호칭 지름은 어느 것을 말하는가?

① 축 지름
② 피치원 지름
③ 바깥지름
④ 보스 지름

24 키의 호칭 방법에 포함되지 않는 것은?

① 종류 및 호칭 치수
② 길이
③ 인장 강도
④ 재료

25 다음은 센터드릴의 치수를 나타낸 것이다. 치수에서 "2"가 뜻하는 것은?

① 센터드릴 구멍이 2개 있다.
② 센터드릴 구멍이 양쪽에 있다.
③ 센터드릴의 호칭 지름이 Ø2이다.
④ 센터드릴의 형태가 2형이다.

26 보기의 그림은 어떤 키(key)를 나타낸 것인가?

① 묻힘 키 ② 접선 키
③ 세레이션 ④ 스플라인

27 베어링 6202의 베어링의 안지름은?

① 5mm ② 10mm
③ 12mm ④ 15mm

28 보스에서 어느 각도만큼 암이 나와 있는 물체 등을 정 투상도에 의하여 나타내면 제도하기가 어렵고 이해하기가 곤란해진다. 이럴 경우, 그 부분을 투상면에 평행한 위치까지 회전시켜 실제 길이가 나타날 수 있도록 그린 투상도는?

① 회전 투상도 ② 국부 투상도
③ 보조 투상도 ④ 부분 투상도

29 용접부의 기호 도시 방법에 대한 설명 중 잘못된 것은?

① 설명선은 기선, 화살표, 꼬리로 구성된다.
② 꼬리는 반드시 그리고 기본 기호를 기입한다.
③ 화살표는 필요하면 기선의 한 끝에 2개 이상 붙일 수 있다.
④ 기선은 보통 수평선으로 하고 기선의 한쪽 끝에는 화살표를 붙인다.

30 M22인 수나사의 표시 중 22는 무엇을 나타내는가?

① 나사부의 길이가 22mm이다.
② 완전 나사부와 불완전 나사부를 합한 길이가 22mm이다.
③ 나사의 유효 지름이 22mm이다.
④ 나사의 바깥지름이 22mm이다.

해설

27
- 00 : 10mm
- 01 : 12mm
- 02 : 15mm

29 용접부의 기호 도시법
- 용접 기호는 기준선 위나 아래에 기입한다.
- 용접부(용접면)가 이음의 화살표 쪽에 있을 때에는 기호는 실선 쪽의 기준선에 기입한다.
- 용접부(용접면)가 이음의 반대 쪽에 있을 때에는 기호는 다선 쪽에 기입한다.
- 용접 기호가 기선 중앙에 표시되어 있는 것은 양쪽을 나타낸다.
- 부재의 전부를 일주하여 용접, 현장 용접, 온둘레 현장 용접의 보조 기호는 기선과 지시선과의 교점에 기입한다.
- 용접 방법의 표시가 필요한 경우에는 기준선 끝에 꼬리를 붙여서 기입한다.

26 ④ 27 ④ 28 ① 29 ②
30 ④

31
피치원 지름이 같은 경우 모듈의 값이 커지면 기어의 이 크기는 어떻게 되는가?

① 작아진다 ② 커진다
③ 같다   ④ 관계없다

32
맞물린 기어의 도시법에서 측면도(원형으로 보이는 쪽)의 이끝원은 무슨 선으로 도시하는가?

① 한쪽은 실선 다른 쪽은 파선으로 도시한다.
② 모두 파선으로 도시한다.
③ 모두 굵은 실선으로 도시한다.
④ 한쪽은 실선 다른 쪽은 가상선으로 도시한다.

33
다음 중 체크 밸브를 도시한 것은?

①   ②

③   ④

34
기어 도시에서 단면을 하지 않을 경우 이뿌리원을 그리는 선은?

① 가는 실선
② 가는 은선
③ 굵은 실선
④ 1점 쇄선

35
다음 설명 중 나사의 도시 방법으로 틀린 것은?

① 암나사의 안지름은 굵은 실선으로 그린다.
② 측면도시에서 골지름은 약 3/4의 원을 가는 실선으로 그린다.
③ 나사면의 표면 거칠기는 나사 표시의 마지막에 기입한다.
④ 여러 줄 나사의 리드는 나사의 호칭 앞에 괄호로 기입한다.

36 구름 베어링의 호칭 번호 "608C2P6"에서 C2가 나타내는 것은?

① 베어링 계열 번호 ② 안지름 번호
③ 접촉각 기호 ④ 내부 틈새 기호

37 다음 설명 중 코일 스프링의 도시 법으로 틀린 것은?

① 스프링은 원칙적으로 무하중인 상태로 그린다.
② 하중이 걸린 상태에서 그릴 때에는 그때의 치수와 하중을 기입한다.
③ 오른쪽 감기로 도시할 때에는 "감김 방향 오른쪽"이라고 표시한다.
④ 그림 안에 기입하기 힘든 사항은 일괄하여 항목표에 표시한다.

38 나사의 표시 방법 중 Tr40 × 14(P7) – 7e에 대한 설명 중 틀린 것은?

① Tr은 미터사다리꼴 나사를 뜻한다.
② 줄수는 7줄이다.
③ 40은 호칭 지름 40mm를 뜻한다.
④ 리드는 14mm이다.

39 평 벨트 풀리의 제도법을 설명한 것 중 틀린 것은?

① 벨트 풀리는 축방향의 투상도를 정면도로 한다.
② 모양이 대칭형인 벨트 풀리는 그 일부분만을 도시한다.
③ 암은 길이 방향으로 절단하여 단면을 도시하지 않는다
④ 암의 단면 모양은 도형의 안이나 밖에 회전 단면을 도시한다.

40 6208 ZZ으로 표시된 베어링에 결합되는 축의 지름은?

① 10mm ② 20mm
③ 30mm ④ 40mm

---

37 보통 오른쪽 감기이고 왼쪽 감기인 경우 "감김 방향 왼쪽"이라고 표시한다.

38 피치는 나사의 축 방향으로 산과 산 사이의 거리를 나타내며 P7은 피치 7mm, 7e는 등급을 의미한다.

39 벨트 풀리는 축 직각 방향의 투상을 정면도로 한다.

40 08 × 5 = 40mm

36 ④ 37 ③ 38 ② 39 ①
40 ④

41 축의 도시법
- 축은 길이 방향으로 단면 도시 하지 않는다.
- 긴 축은 중간을 파단하여 짧게 그리되, 치수는 실제 길이로 나타내야 한다.
- 모따기 및 평면 표시는 치수 기입법에 따른다.
- 축의 널링(knurling)을 도시할 때 빗줄은 경우는 축선에 대해 30°로 엇갈리게 나타낸다.
- 축을 가공하기 위한 센터의 도시를 한다.(예 KS B 0410 60°A형2. 양끝)

42 스프로킷의 도시법
축의 직각 방향에서 본 그림을 단면으로 도시할 때에는 이뿌리의 위치에서 절단하고 이뿌리선은 굵은 실선으로 그린다.

43 공기 : A, 기름 : O, 수증기 : S

44
- S : 용접 크기
- L : 용접 간격
- R : 루트 간격
- A : 개선(홈) 각
- T : 특별 지시 사항

45
- 테이퍼 핀 : 명칭, 등급, d×l, 재료
- 슬롯테이퍼 핀 : 명칭, d×l, 재료, 지정 사항
- 평행핀 : 명칭, 조류, 형식, d×l, 재료

41 ② 42 ④ 43 ② 44 ①
45 ①

---

41 다음 설명 중 축의 도시 방법으로 옳은 것은?

① 축 끝에는 모따기를 하지 않는다.
② 축은 길이 방향으로 단면 도시를 하지 않는다.
③ 긴 축이라도 중간을 파단하여 짧게 그릴 수 없다.
④ 축에 빗줄의 널링(knurling) 도시는 축선에 대하여 45°로 엇갈리게 그린다.

42 스프로킷 휠의 도시 방법 중 틀린 것은?

① 바깥지름은 굵은 실선으로 그린다.
② 피치원은 가는 1점 쇄선으로 그린다.
③ 요목표에는 톱니의 특성을 기입한다.
④ 축에 직각에서 본 그림을 단면으로 도시할 때는 이뿌리선은 가는 실선이다.

43 파이프의 도시 기호에서 글자 기호 "G"가 나타내는 유체의 종류는?

① 공기 ② 가스
③ 기름 ④ 수증기

44 그림과 같은 용접 기호 기재 방법 설명으로 바르게 된 것은?

① A : 홈 각도 ② R : 표면 보조 기호
③ L : 특별 지시사항 ④ S : 다듬질 방법 기호

45 테이퍼 핀의 호칭법을 바르게 열거한 것은?

① 명칭, 등급, 호칭 지름 × 길이, 재질
② 명칭, 호칭 지름 × 길이, 등급, 재질
③ 명칭, 길이 × 호칭 지름, 재질, 등급
④ 명칭, 재질, 호칭 지름 × 길이, 등급

46 다음 중 키의 크기를 나타내는 표시법은 어느 것인가?

① 나비×길이×높이
② 나비×높이×길이
③ 높이×길이×나비
④ 길이×높이×나비

47 유체의 종류와 기호를 연결한 것으로 틀린 것은?

① 공기 – A
② 가스 – G
③ 유류 – O
④ 수증기 – W

48 기어에서 이의 크기를 나타내는 방법이 아닌 것은?

① 원주피치
② 지름피치
③ 이의 폭
④ 모듈

49 다음 보기는 무엇에 대한 설명인가?

> • 재료는 스프링강, 피아노선, 인청동 등이 사용된다.
> • 무하중 상태로 작도하며 하중이 걸린 상태이면 치수와 하중을 기입한다.
> • 종류와 모양만을 나타낼 때는 재료의 중심선만을 굵은 실선으로 나타낸다.

① 브레이크
② 평 벨트 풀리
③ 등가속 캠
④ 스프링

50 잇수 18, 피치원 지름 108인 스퍼기어의 모듈은?

① 2
② 4
③ 6
④ 8

51 완전 나사부와 불완전 나사부의 경계를 표시하는 선은?

① 가는 1점 쇄선
② 가는 2점 쇄선
③ 굵은 실선
④ 숨은선

---

47 수증기 : S

50 $m = \dfrac{D_p}{z} = \dfrac{108}{18} = 6$

모듈(m) = 피치원 지름(Dp)/잇 수(z) = 108/18 = 6

51 불완전 나사부를 표시하는 경계선은 굵은 실선으로 그린다.

| 46 ② | 47 ④ | 48 ③ | 49 ④ |
| 50 ③ | 51 ③ | | |

해설

52 ② 수나사, ④ 암나사

53 P6 : 정밀도 등급 기호

54 스프로킷의 도시법
- 바깥지름은 굵은 실선, 피치원은 가는 1점 쇄선, 이뿌리원은 가는 실선 또는 굵은 파선으로 그린다.
- 축의 직각 방향에서 본 그림을 단면으로 도시할 때에는 이뿌리의 위치에서 절단하고 이뿌리 선은 굵은 실선으로 그린다.
- 요목표에는 톱니의 특성을 기입한다.

52 ④ 53 ④ 54 ③ 55 ①
56 ③

---

52 그림에서 암나사의 구멍을 도시한 것으로 맞는 것은?

①   ②

③   ④

53 구름 베어링의 호칭 번호에서 "6203 ZZ P6"의 설명 중 틀린 것은?

① 62: 베어링 계열 번호
② 03: 안지름 번호
③ ZZ: 실드 기호
④ P6: 내부 틈새 기호

54 스프로킷 휠의 도시법에 대한 설명으로 옳은 것은?

① 바깥지름은 굵은 실선, 피치원은 가는 실선으로 그린다.
② 이뿌리원은 굵은 실선 또는 가는 파선으로 그린다.
③ 축에 직각 방향으로 본 그림을 단면으로 도시할 때는 이뿌리선은 굵은 실선으로 그린다.
④ 항목표에는 톱니의 가공 방법만 기입한다.

55 호칭 지름이 40mm, 피치가 7mm인 1줄 미터 사다리꼴 나사의 올바른 표시 방법은?

① Tr40 × 7   ② Tr40 × 7H
③ M40 × 7   ④ M40 × 7H

56 전체 둘레 현장 용접을 나타내는 보조 기호는?

①   ②

③   ④

57 나사를 도시할 때 나사 중심선과 불완전 나사부가 이루는 각도는 얼마인가?

① 15° ② 30°
③ 45° ④ 70°

58 기어 제도법에 대한 설명 중 옳지 않은 것은?

① 스퍼 기어의 이끝원은 굵은 실선으로 그린다.
② 맞물리는 한 쌍 기어의 도시에서 맞물림부의 이끝원은 모두 굵은 실선으로 그린다.
③ 헬리컬 기어의 잇줄 방향은 3개의 가는 실선으로 그린다.
④ 스퍼 기어의 피치원은 가는 2점 쇄선으로 그린다.

59 구름 베어링의 호칭 번호가 "6203ZZ"일 때 베어링의 안지름은?

① 10
② 13
③ 15
④ 17

60 나사의 각부를 그릴 때 선의 종류로 맞는 것은?

① 수나사 바깥지름, 암나사 안지름 : 가는 실선
② 수나사와 암나사의 골 : 굵은 실선
③ 완전 나사부와 불완전 나사부의 경계선 : 굵은 실선
④ 가려서 보이지 않는 나사부 : 가는 실선

61 수나사 막대의 양 끝에 나사를 깎은 머리없는 볼트로서, 한끝은 본체에 박고 다른 끝은 너트로 죌때 쓰이는 것은?

① 관통 볼트
② 미니추어 볼트
③ 스터드 볼트
④ 탭 볼트

 해설

58 스퍼 기어의 피치원과 피치선은 가는 1점 쇄선으로 그린다.

59
- 00 : 10mm
- 01 : 12mm
- 02 : 15mm
- 03 : 17mm

60
- 수나사 바깥지름, 암나사 안지름 : 굵은 실선
- 수나사와 암나사의 골 : 가는 실선
- 가려서 보이지 않는 나사부 : 1/2 파선

61
- 관통 볼트 : 결합하고자 하는 두 물체에 구멍을 뚫고, 여기에 볼트를 관통시킨 다음, 반대편에서 너트로 죈다.
- 탭 볼트 : 물체의 한 쪽에 암나사를 깎은 다음 나사 박음을 하여 죄며, 너트는 사용하지 않는다. 결합하려고 하는 부분이 너무 두꺼워 관통 구멍을 뚫을 수 없을 경우에 사용된다.

57 ② 58 ④ 59 ④ 60 ③
61 ③

62
- 복선 도시 : 각종 부품을 약도로 상세히 나타낸 도시법
- 단선 도시 : 굵은 실선을 사용하여 나타낸 도시

63 접시머리 리벳의 경우 전체 길이로 도시

64 V 벨트의 단면은 40°

---

62 배관도의 제도에 대한 설명 중 잘못된 것은?

① 치수는 밸브의 목 입구의 중심에서 중심까지의 길이로 표시한다.
② 파이프의 호칭 지름은 복선이나 단선으로 표시된 파이프라인 밖으로 지시선을 끌어내어 표시한다.
③ 배관도에는 단선 도시 방법과 복선 도시 방법이 있다.
④ 파이프 이음 기호를 사용하지 않고 파이프와 파이프 이음을 실물 모양과 같게 나타내는 방법을 단선 도시라 한다.

63 다음 리벳 중 호칭 길이의 표시 방법이 다른 것은?

64 보기의 그림은 V 벨트의 단면이다. 벨트의 각 α는 몇 도인가?

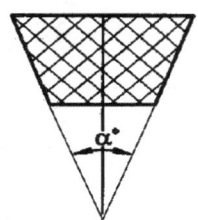

① 30° ② 35°
③ 40° ④ 45°

65 다음 보기의 그림은 체인의 종류 중 어느 것을 나타낸 것인가?

① 롤러 체인 ② 사일런트 체인
③ 링크 체인 ④ 인벌류트 체인

62 ④ 63 ② 64 ③ 65 ①

66 나사의 종류 중 미터 사다리꼴 나사를 나타내는 것은?

① M ② Rc
③ Tr ④ PF

67 ISO 규격에 있는 관용 테이퍼 나사로 테이퍼 수나사를 표시하는 기호는?

① R ② Rc
③ PS ④ Tr

68 스프로킷 휠의 도시법으로 적절한 것은?

① 바깥지름 – 굵은 실선
② 피치원 – 가는 실선
③ 이뿌리원 – 가는 1점 쇄선
④ 축직각 단면으로 도시할 때 이뿌리선 – 굵은 파선

69 축과 보스의 키홈에 KS 규격으로 치수를 기입하려고 할 때 적용 기준이 되는 것은?

① 보스 구멍의 지름 ② 축의 지름
③ 키의 두께 ④ 키의 폭

70 다음 스프링에 관한 제도 설명 중 틀린 것은?

① 코일 스프링에서 코일 부분의 중간 부분을 생략하는 경우에는 생략하는 부분의 선지름의 중심선을 가는 1점 쇄선으로 나타낸다.
② 하중 또는 처짐 등을 표시할 필요가 있을 때에는 선도 또는 항목표로 나타낸다.
③ 도면에서 특별한 지시가 없는 한 모두 오른쪽 감기로 도시한다.
④ 벌류트 스프링은 원칙적으로 하중이 가해진 상태에서 그리는 것을 원칙으로 한다.

해설

67 • 관용 테이퍼 수나사 : R
• 관용 테이퍼 암나사 : Rc
• 관용 테이퍼 평행 암나사 : Rp
• 관용 평행 나사 : G

68 스프로킷의 도시법
• 바깥지름은 굵은 실선, 피치원은 가는 1점 쇄선, 이뿌리원은 가는 실선 또는 굵은 파선으로 그린다.
• 축의 직각 방향에서 본 그림을 단면으로 도시할 때에는 이뿌리의 위치에서 절단하고 이뿌리 선은 굵은 실선으로 그린다.
• 요목표에는 톱니의 특성을 기입한다.

70 벌류트 스프링은 원칙적으로 무하중 상태에서 그리는 것을 원칙으로 한다.

66 ③ 67 ① 68 ① 69 ②
70 ④

73 내경 번호 00-10, 01-12, 02-15, 03-17, 04×5=20 /22=22

76 호칭 지름 : V 벨트를 걸었을 때 V 벨트 단면의 중앙을 지나는 가상원의 지름

71 ③ 72 ③ 73 ① 74 ②
75 ① 76 ④

---

71 한 쌍의 기어가 맞물려 있을 때 모듈을 m이라 하고 각각의 잇수를 Z_1, Z_2라 할 때, 두 기어의 중심 거리(C)를 구하는 식은?

① $C = (Z_1+Z_2) \cdot m$
② $C = \dfrac{Z_1+Z_2}{m}$
③ $C = \dfrac{(Z_1+Z_2) \cdot m}{2}$
④ $C = \dfrac{Z_1+Z_2}{2 \cdot m}$

72 다음 베어링 중 축과 직각 방향으로 하중이 작용하는 베어링은?

① 칼라 베어링
② 드러스트 베어링
③ 레이디얼 베어링
④ 원뿔 베어링

73 볼베어링의 호칭 번호가 62/22이면 안지름은 몇 mm 인가?

① 22
② 110
③ 55
④ 100

74 평행 키의 크기를 나타낸 것 중 옳은 것은?

① 나비 × 길이 × 높이, 재료
② 나비 × 높이 × 길이, 재료
③ 재료, 나비 × 높이 × 길이
④ 나비 × 높이 × 재료 × 길이

75 스퍼 기어 제도 시 축 방향에서 본 도면의 이뿌리원은 어느 선으로 나타내는가?

① 가는 실선
② 굵은 1점 쇄선
③ 가는 1점 쇄선
④ 가는 2점 쇄선

76 V 벨트 풀리의 도시 방법 중 호칭 지름(D)의 설명으로 맞는 것은?

① V 벨트를 걸지 않은 상태에서 풀리의 바깥지름
② V 벨트를 걸었을 때 풀리의 바깥지름
③ V 벨트를 걸지 않은 상태에서 풀리의 피치원 지름
④ V 벨트를 걸었을 때 V 벨트 단면의 중앙을 지나는 가상원의 지름

77 다음 중 삼각 나사의 종류에 해당되지 않는 것은?

① 미터 나사
② 유니파이 나사
③ 관용 나사
④ 톱니 나사

78 다음 중 치수 기입의 원칙을 설명한 내용으로 옳지 않은 것은?

① 특별히 명시하지 않는 한 도시한 대상물의 마무리 치수를 기입한다.
② 서로 관련되는 치수는 되도록 한 곳이 모아서 기입한다.
③ 길이의 치수는 원칙적으로 mm 단위르 기입하고, 단위 기호를 반드시 붙여야 한다.
④ 참고치수에 대해서는 수치에 괄호를 붙여 기입한다.

79 스프링 제도에서 스프링 종류와 모양만을 도시하는 경우 스프링 재료의 중심선은 어느 선으로 나타내야 하는가?

① 굵은 실선
② 가는 1점 쇄선
③ 굵은 파선
④ 가는 실선

80 축의 제도에 대한 설명으로 틀린 것은?

① 축은 보통 길이 방향으로 절단하여 도시하지 않는다. 단, 부분단면은 가능하다.
② 긴 축은 중간을 파단하여 그릴 수 있다. 단, 치수는 실제 길이 치수를 기입하여야 한다.
③ 축 끝의 모따기는 각도와 폭을 모두 기입하지 않아도 된다.
④ 축에 있는 널링을 도시할 때 빗줄인 경우에는 축선에 대하여 30°로 엇갈리게 그린다.

---

77 삼각 나사 : 나사산의 모양이 삼각형인 나사로 미터 나사, 유니파이 나사, 관용 나사가 있다.

78 길이의 치수는 원칙적으로 mm 단위로 기입하고, 단위 기호는 붙이지 않는다. 각도의 치수 수치는 일반적으로 도(°)의 단위로 기입하고, 필요한 경우에는 분(′)·초(″)도 병용할 수 있다.

79 코일 스프링 제도
• 코일 부분의 투상은 나선으로 시트에 조립한 끝부분을 직선으로 도기한다.
• 중간 부분을 생략할 때에는 생략한 부분을 가는 1점 쇄선 또는 가는 2점 쇄선으로 도시해도 좋다.
• 스프링의 종류와 모양만을 도시할 때에는 재료의 중심선만을 굵은 실선으로 도시한다.

80 축의 도시법
• 축은 길이 방향으로 단면 도시하지 않는다.
• 긴 축은 중간을 파단하여 짧게 그리되, 치수는 실제 길이로 나타내야 한다.
• 모따기 및 평면 표시는 치수 기입법에 따른다.
• 축의 널링(knurling)을 도시할 때 빗줄인 경우는 축선에 대해 30°로 엇갈리게 나타낸다.
• 축을 가공하기 위한 센터의 도시를 한다.(예 KS B 0410 60°A형2, 양끝)

77 ④　**78** ③　**79** ①　**80** ③

해설

81 요목표 기재 사항 : 치형, 공구 치형, 모듈, 압력각, 이 높이, 가공법, 정밀도

82 $m = \dfrac{D_p}{z}$
∴ $D_p = m \times z$
    $= 2 \times 30 = 60$

83 ① 암나사, ③ 수나사

85 여러 가지 크기의 많은 파이프가 근접해서 설치된 장치에서는 복선 도시 방법으로 그린다.

81 ④   82 ③   83 ③   84 ④
85 ③

---

81 기어 요목표 작성 시 불필요한 항목은?

① 모듈
② 기어 치형
③ 전체 이 높이
④ 이끝 높이

82 스퍼 기어의 모듈이 2이고 기어의 잇수가 30인 경우 피치원의 지름은?

① 15mm
② 32mm
③ 60mm
④ 120mm

83 수나사의 측면도를 도시한 것으로 옳은 것은?

①
②
③
④

84 암나사의 호칭 지름은 무엇으로 나타내는가?

① 암나사의 안지름
② 암나사의 유효 지름
③ 암나사에 맞는 수나사의 유효 지름
④ 암나사에 맞는 수나사의 바깥지름

85 배관도의 치수 기입 방법에 대한 설명 중 틀린 것은?

① 파이프나 밸브 등의 호칭 지름은 파이프라인 밖으로 지시선을 끌어내어 표시한다.
② 치수는 파이프, 파이프 이음, 밸브의 목 입구의 중심에서 중심까지의 길이로 표시한다.
③ 여러 가지 크기의 많은 파이프가 근접해서 설치된 장치에서는 단선 도시 방법으로 그린다.
④ 파이프의 끝부분에 나사가 없거나 왼나사를 필요로 할 때에는 지시선으로 나타내어 표시한다.

86 외접 헬리컬 기어의 주 투상도를 단면으로 도시할 때에는 잇줄 방향을 어떻게 도시하는가?

① 3개의 가는 실선으로 도시
② 3개의 굵은 실선으로 도시
③ 1개의 굵은 실선으로 도시
④ 3개의 가는 2점 쇄선으로 도시

87 기어의 도시 방법으로 맞는 것은?

① 이끝원은 굵은 실선으로 그린다.
② 이뿌리원은 가는 1점 쇄선으로 그린다.
③ 피치원은 가는 2점 쇄선으로 그린다.
④ 잇줄 방향은 보통 3개의 굵은 실선으로 그린다.

88 다음 나사 제도법에 대한 설명 중 옳지 않은 것은?

① 암나사의 안지름은 굵은 실선으로 그린다.
② 불완전 나사부의 골을 나타내는 선은 축선에 대하여 30° 되게 그린다.
③ 암나사의 탭 구멍의 드릴 자리는 118°가 되게 가는 실선으로 그린다.
④ 암나사의 골지름은 가는 실선으로 그린다.

89 다음 중 ISO 규격에 있는 관용 테이퍼 나사 중 테이퍼 암나사의 표시 기호는 어느 것인가?

① R
② Rc
③ PT
④ PS

90 기어의 도시 방법에 대한 설명으로 옳지 않은 것은?

① 이끝원은 굵은 실선으로 그린다.
② 피치원은 가는 1점 쇄선으로 그린다.
③ 축에 직각인 방향으로 본 그림의 단면으로 표시할 때 이뿌리원은 가는 실선으로 그린다.
④ 잇줄 방향은 보통 3개의 가는 실선으로 그린다.

---

86 헬리컬 기어
- 잇줄 방향은 3개의 가는 실선으로 나타낸다. 단, 경사각은 실제 외의 각도와 관계없이 그린다.
- 정면도를 단면도로 할 때, 지면보다 앞쪽에 있을 때는 잇줄 방향은 3개의 가는 2점 쇄선(가상선)으로 표시한다.
- 간략도의 잇줄은 가는 3줄의 실선으로 나타낸다.
- 기어의 제작상 중요한 치형, 모듈, 압력각, 피치원 지름 등 기타 필요한 사항은 요목표를 만들어 기입한다.

87 기어의 도시법
- 이끝원 : 굵은 실선
- 피치원 : 가는 1점 쇄선
- 이뿌리원 : 가는 실선(단, 단면 도시할때는 굵은 실선)

88 암나사의 탭 구멍의 드릴 자리는 120°가 되게 굵은 실선으로 그린다.

89
- 관용 테이퍼 수나사 : R
- 관용 테이퍼 암나사 : Rc
- 관용 테이퍼 평행 암나사 : Rp
- 관용 평행 나사 : G

86 ④　87 ①　88 ③　89 ②
90 ③

해설

92
- 6 : 베어링 계열 번호
- 08 : 안지름 번호
- C2 : 내부 틈새 기호

95 ① 접속 상태, ② 분기, ③ 접속하지 않고 교차

91 ④   92 ①   93 ④   94 ②
95 ①

91 다음 기어의 생략도에서 스파이럴 베벨 기어를 나타내는 것은?

①   ②

③   ④

92 베어링 호칭 번호 608C2P6에서 P6이 뜻하는 것은?

① 등급 기호
② 안지름 번호
③ 베어링 계열 번호
④ 베어링의 폭

93 스퍼 기어에서 이끝원 지름(D)을 구하는 공식은?(단, m = 모듈, Z = 잇수)

① $D = mZ$
② $D = \pi mZ$
③ $D = m/Z$
④ $D = m(Z+2)$

94 기계 요소 중에서 원칙적으로 길이 방향으로 절단하여 단면을 표시할 수 있는 것은?

① 기어의 이, 바퀴의 암
② 베어링, 부시
③ 볼트, 작은 나사
④ 리벳, 키

95 파이프의 접속 표시를 나타낸 것이다. 관이 접속할 때의 상태를 도시한 것은?

①   ②

③   ④

96 표준 스퍼 기어에서 이의 높이(h)를 구하는 식은?(단, 모듈은 m 이다.)

① h ≦ m
② h ≧ 0.25m
③ h ≧ 1.25m
④ h ≧ 2.25m

97 구름 베어링의 호칭 번호가 6203일 때 베어링의 안지름은?

① 15mm
② 16mm
③ 17mm
④ 18mm

98 베어링 NU318C3P6에 대한 설명 중 틀린 것은?

① 원통 롤러 베어링이다.
② 베어링 안지름이 318mm이다.
③ 틈새는 C3이다.
④ 등급은 6등급이다.

99 보기의 그림은 어떤 키(key)를 나타낸 것인가?

① 묻힘 키
② 안장 키
③ 접선 키
④ 원뿔 키

100 다음 중 나사의 표시 방법으로 틀린 것은?

① 나사산의 감긴 방향은 오른 나사인 경우에는 표시하지 않는다.
② 나사산의 줄 수는 1줄 나사인 경우에는 표시하지 않는다.
③ 나사의 호칭이 다른 암나사와 수나사의 조합을 표시하는 경우에는 나사의 호칭을 같이 쓰고, 그 사이에 사선 '/'을 넣어서 표시한다.
④ 나사의 등급은 생략하면 안 된다.

---

97 • 베어링 안지름 번호 : 03
• 00 : 10mm, 01 : 12mm, 02 : 15mm, 03 : 17mm

96 ④   97 ③   98 ②   99 ①
100 ④

해설

102
- 00 : 10mm
- 01 : 12mm
- 02 : 15mm
- 03 : 17mm
- 04 : 20mm
- 05 : 25mm

103 코일 스프링의 일부를 생략하여 도시하는 경우 가는 2점 쇄선 또는 가는 1점 쇄선을 사용한다.

104
- 게이트(슬루스) 밸브 : ▷◁
- 글로브 밸브 : ▷●◁

105 평행 핀 호칭 방법
규격 번호 또는 명칭, 종류, 형식, 호칭 지름 공차×호칭 길이, 재료

106
- 연마 다듬질 : G
- 치핑 : C
- 지정 없음 : F

101 ① 102 ④ 103 ② 104 ①
105 ③ 106 ③

---

101 베벨 기어에서 피치원은 무슨 선으로 표시하는가?

① 가는 1점 쇄선 ② 굵은 1점 쇄선
③ 가는 실선 ④ 굵은 실선

102 베어링의 호칭 번호가 6000P6일 때 베어링 안지름은 몇 mm인가?

① 60 ② 100
③ 600 ④ 10

103 코일 스프링의 중간 부분을 생략도로 그릴 경우 생략 부분은 어느 선으로 표시하는가?

① 가는 실선 ② 가는 1점 쇄선
③ 굵은 실선 ④ 은선

104 다음과 같은 기호는 어떤 밸브를 나타낸 것인가?

① 체크 밸브 ② 게이트 밸브
③ 글로브 밸브 ④ 슬루스 밸브

105 핀의 호칭으로 "평행 핀 h7B-5×32 SM 45 C"라고 되어 있다. 핀의 길이는 얼마인가?

① 7 ② 5
③ 32 ④ 45

106 다음 중 용접부의 다듬질 방법에 사용되는 보조 기호로 맞는 것은?

① 치핑 : G ② 연삭 : C
③ 절삭 : M ④ 지정없음 : N

107 용접부의 기본 기호 중에서 필릿 용접을 나타내는 것은?

①   ②
③ ◯   ④ ⌒

108 ISO 규격에 있는 관용 테이퍼 수나사의 기호로 맞는 것은?

① G
② PF
③ R
④ E

109 다음 스프링 제도에 대한 설명 중 잘못 설명한 것은?

① 코일 스프링은 원칙적으로 하중이 걸린 상태에서 그린다.
② 겹판 스프링은 원칙적으로 스프링 판이 수평한 상태에서 그린다.
③ 그림에 단서가 없는 코일 스프링은 오른쪽으로 감긴 것을 표시한다.
④ 코일 스프링이 왼쪽으로 감긴 경우는 "감긴 방향 왼쪽"이라고 표시한다.

110 구름 베어링 제도 시 계통을 표시하는 경우의 도시 방법 중 다음 그림이 뜻하는 것은?

① 앵귤러 볼 베어링
② 원통 롤러 베어링
③ 자동조심 볼 베어링
④ 니들 롤러 베어링

해설

107 ② 플러그 용접, ③ 스폿 용접
④ 뒷면 용접

108 • 관용 테이퍼 수나사 : R
• 관용 테이퍼 암나사 : Rc
• 관용 테이퍼 평행 암나사 : Rp
• 관용 평행 나사 : G

109 코일 스프링은 원칙적으로 무하중 상태에서 그린다.

107 ① 108 ③ 109 ① 110 ③

해설

111 암은 길이 방향으로 절단하여 도시하지 않는다.

112 세 번째, 네 번째 숫자가 안지름 번호이며 00=10mm, 01=12mm, 02=15mm, 03=17mm, 04부터는 곱하기 5를 한다. 따라서, 6304인 경우 안지름 치수는 20mm이다.

113
- ① 베어링 계열 번호 : 60
- ③ 틈새 기호 : C2
- ④ 등급 기호 : P6

115
- 피치원과 피치선 : 가는 1점 쇄선
- 이뿌리원 : 가는 실선

111 ③ 112 ④ 113 ② 114 ①
115 ③

---

111 다음 중 벨트 풀리의 도시 방법으로 틀린 것은?

① 벨트 풀리는 축 직각 방향의 투상을 주 투상도로 할 수 있다.
② 벨트 풀리는 대칭형이므로 그 일부분만을 나타낼 수 있다.
③ 암은 길이 방향으로 절단하여 도시한다.
④ 암의 단면형은 회전 단면으로 나타낸다.

112 주어진 베어링 호칭에 대한 안지름 치수가 틀린 것은?

① 6301 → 안지름 치수 12mm
② 6302 → 안지름 치수 15mm
③ 6303 → 안지름 치수 17mm
④ 6304 → 안지름 치수 19mm

113 "6008C2P6"는 베어링 호칭 번호의 보기이다. 08의 의미는 무엇인가?

① 베어링 계열번호
② 안지름 번호
③ 틈새 기호
④ 등급 기호

114 다음 중 부품의 위치를 고정하기 위하여 축에 홈을 파고 사용하는 부품은?

① 멈춤링
② 오일시일
③ 패킹
④ 플러머블록

115 기어 제도 시 이끝원에 사용하는 선의 종류는?

① 가는 2점 쇄선   ② 가는 1점 쇄선
③ 굵은 실선   ④ 가는 실선

116 다음 스퍼 기어 요목표에서 피치 원 지름은?

스퍼 기어 요목표			
공구	기어치형		표준
	치형		보통이
	모듈		2
	압력각		20°
공잇수			20
피치원 지름			
전체 이 높이			4.5
다듬질 방법			호브 절삭
정밀도			KS B 1405 , 3급

① 10mm ② 20mm
③ 3Cmm ④ 40mm

117 다음 기호 중 안전 밸브를 나타낸 것은?

① ② ③ ④

118 리벳에 대한 호칭법 및 도시법에 대한 설명 중 틀린 것은?

① 리벳의 호칭 방법은 규격 번호, 종류, 호칭 지름 x 길이, 재료 순으로 표시한다.
② 둥근머리 리벳의 길이는 머리 부분을 제외한다.
③ 리벳의 지름과 구멍의 지름은 같아야 한다.
④ 리벳은 길이 방향으로 단면하여 도시하지 않는다.

119 스프로킷 휠의 도시법에서 피치원은 무슨 선으로 표시하는가?

① 가는 1점 쇄선 ② 굵은 실선
③ 가는 실선 ④ 굵은 1점 쇄선

해설

116 $D_p = m \times z = 2 \times 20 = 40$

117 ① 게이트 밸브, ③ 체크 밸브, ④ 앵글 밸브

119
- 바깥지름 : 굵은 실선
- 이뿌리원 : 가는 실선 또는 굵은 파선
- 이뿌리선 : 굵은 실선

116 ④ 117 ② 118 ③ 119 ①

해설

120 M60(미터 나사 호칭 지름) × 2(피치)

121
- 미터 나사 : 미터 보통 나사(M10)와 미터 가는 나사(M10×0.8)가 있다.
- 유니파이 나사 : 유니파이 보통 나사(3/8-12 UNC)와 유니파이 가는 나사(3/8-20 UNF)가 있다.
- 관용 나사 : 관용 평행 나사와 관용 테이퍼 나사가 있다.
- 둥근 나사 : 전구나 소켓 등에 쓰인다.

122 피치원은 가는 1점 쇄선으로 그린다.

123 1 : 모양 구별, A : 부품 등급, M12 : 호칭, 8 : 등급, C : 지정 사항

124 관용 테이퍼 수나사 : R

120 ① 121 ③ 122 ② 123 ②
124 ②

---

120 미터 보통 나사 M60 × 2의 설명으로 맞는 것은?

① 호칭 지름이 60mm이며, 나사 피치가 2mm이다.
② 호칭 지름이 60mm이며, 나사 등급이 2급이다.
③ 유효 지름이 60mm이며, 나사 등급이 2급이다.
④ 유효 지름이 60mm이며, 나사 피치가 2mm이다.

121 프레스 등의 동력 전달용으로 사용되며, 축 방향의 큰 하중을 받는 곳에 주로 쓰이는 나사는?

① 미터 나사
② 관용 평행 나사
③ 사각 나사
④ 둥근 나사

122 기어의 제도에 대한 설명 중 틀린 것은?

① 이끝원은 굵은 실선으로 그린다.
② 피치원은 가는 2점 쇄선으로 그린다.
③ 이뿌리원은 가는 실선으로 그린다.
④ 헬리컬 기어는 잇줄 방향으로 보통 3개의 가는 실선으로 그린다.

123 6각너트 스타일1 A M12-8 SM20C - C로 표시된 6각 너트에서 A는 무엇을 의미하는가?

① 볼트 종류
② 부품 등급
③ 강도 구분
④ 지정 사항

124 관용 평행 나사를 표시하는 기호는?

① R ② G
③ PT ④ Tr

125 기어의 잇수는 16개, 피치원 지름은 128mm인 표준 스퍼 기어의 모듈은 얼마인가?

① 4　　　　　　② 6
③ 8　　　　　　④ 10

126 코일 스프링의 제도에 대한 설명 중 틀린 것은?

① 스프링은 원칙적으로 하중이 걸린 상태에서 도시한다.
② 스프링의 종류와 모양만을 도시할 때에는 재료의 중심을 굵은 실선으로 그린다.
③ 특별한 단서가 없는 한 모두 오른쪽 감기로 도시하고 왼쪽 감기일 경우 "감긴 방향 왼쪽"이라고 표시한다.
④ 코일 부분의 중간 부분을 생략할 때에는 생략한 부분을 가는 1점 쇄선 또는 가는 2점 쇄선으로 표시해도 좋다.

127 유체의 종류와 기호를 연결한 것으로 올바른 것은?

① 수증기 – W
② 가스 – O
③ 유류 – G
④ 공기 – A

128 스퍼 기어의 제도에서 피치원 지름은 어느 선으로 나타내는가?

① 가는 1점 쇄선　　② 가는 2점 쇄선
③ 가는 실선　　　　④ 굵은 실선

129 다음 나사의 표시 방법에 대한 설명 중 올바르지 않은 것은?

① 수나사와 암나사의 결합 부분은 수나사로 표시한다.
② 수나사나 암나사의 골지름은 가는 실선으로 그린다.
③ 수나사의 바깥지름과 암나사의 안지름은 굵은 실선으로 그린다.
④ 완전 나사부와 불완전 나사부의 경계선은 가는 실선으로 그린다.

해설

125 $m = \dfrac{D_p}{z} = \dfrac{128}{16} = 8$

126 스프링은 원칙적으로 무하중인 상태로 그린다. 단, 하중이 걸릴 때에는 치수와 하중을 기입한다.

127
- 수증기 – S
- 가스 – G
- 유류 – O
- 물 – W

128
- 이끝원 : 굵은 실선
- 피치선 : 가는 1점 쇄선
- 이뿌리원 : 가는 실선

129 불완전 나사부를 표시하는 경계선은 굵은 실선으로 그린다.

125 ③　126 ①　127 ④　128 ①
129 ④

130 홈의 각도는 34, 36, 38 세 가지임

130 V 벨트 풀리는 호칭 지름에 따라 홈의 각도를 달리하는 데, 다음 중 V 벨트 풀리의 홈의 각도로 사용되지 않는 것은?

① 34°
② 36°
③ 38°
④ 40°

130 ④

제4장
CAD/CAM

제 1절 컴퓨터 기초
제 2절 CAD/CAM 시스템의 입출력 장치
제 3절 CAD/CAM 시스템의 도형 처리와 형상 모델링
적중예상문제

01 컴퓨터 기초

1. 컴퓨터의 개요 | 2. 컴퓨터의 구성과 원리 | 3. 논리 회로 | 4. 중앙 처리 장치 | 5. 기억 장치

1 컴퓨터의 개요

가. 컴퓨터의 이해
CAD/CAM 시스템은 컴퓨터의 하드웨어와 소프트웨어가 서로 어울려서 활용되는 2차적인 산업 분야로 생각할 수 있으며 여기에서 컴퓨터는 핵심적인 도구로 사용되고 있다. 그러므로 CAD/CAM 시스템에서는 컴퓨터가 중요한 요소이므로 컴퓨터의 개요와 구성 그리고 원리에 대해서 이해해야 한다.

나. 컴퓨터와 다른 계산기와의 차이점
① 계산기의 방법이나 순서를 사람이 일일이 지시하지 않고 프로그램에 의해 처리한다.
② 수치 데이터 뿐아니라 문자, 도형, 음성, 화상 등의 다양한 형태의 데이터를 취합할 수 있다.
③ 단순한 계산기는 산술 연산만을 수행하지만 컴퓨터는 산술 연산 뿐만 아니라 비교, 판단, 분류, 추출, 의사 결정 등의 논리 연산을 수행할 수 있다.

다. 컴퓨터의 기능
컴퓨터의 기능은 다음과 같이 크게 세 가지로 구분할 수 있다.
① 계산 기능
② 정보 처리 기능
③ 판단 능력에 따른 정보 관리 기능

2 컴퓨터의 구성과 원리

가. 컴퓨터의 기본 개념

컴퓨터는 크게 하드웨어와 소프트웨어로 나눌 수 있으며 이에 따른 각각의 구성 요소는 다음과 같다.

(1) 하드웨어의 기본 구성

컴퓨터의 하드웨어 구성은 다음과 같이 5가지로 기본적인 기능을 갖고 있다.

① 입력 장치 : 컴퓨터가 외부로부터 필요한 정보를 받아들이는 장치를 말한다.

② 기억 장치 : 입력 장치에서 읽어들인 숫자, 문자, 기호 등의 자료와 중앙 처리 장치 내에서 처리되어 출력될 결과 또는 중간 결과 등, 처리에 필요한 데이터를 기억하는 장치를 말한다.

③ 제어 장치 : 주기억 장치에서 저장된 프로그램의 명령들을 차례로 읽어서 그 의미를 해독한 후 연산 장치나 입출력 장치가 해야 할 동작들을 제어하는 장치, 즉, 컴퓨터의 시스템을 제어하는 장치를 말한다.

④ 연산 장치 : 기억된 정보를 토대로 계산, 비교, 판단, 조합 등을 하는 산술 연산과 논리 연산 등을 수행하는 장치를 말한다.

⑤ 출력 장치 : 연산 처리한 결과와 기억된 데이터 및 프로그램을 숫자나 문자, 도형 등으로 변환시켜 사람이 취급할 수 있는 형태로 외부에 송출되는 장치를 말한다.

그림4-1 하드웨어의 구성

(2) 소프트웨어

소프트웨어는 흔히 프로그램이라고도 하며 이는 컴퓨터가 인식하는 명령어를 논리적으로 순서에 맞게 나열한 것을 말하며 용도와 구성, 사용 목적에 따라 다음과 같이 나눌 수 있다.

① 시스템 소프트웨어(system software) : 컴퓨터 사용자가 손쉽게 컴퓨터를 사용할 수 있도록 도와주고 컴퓨터를 효율적으로 운영해 주는 기능을 갖는 프로그램의 집단으로 되어 있으며 통상 운영체제(operating system : OS)라고 한다.

② 응용 소프트웨어(application software) : 사용자가 문서 작성, 통계표 작성, 자료 관리, 도면작성, 모델링 등과 같은 표준화된 업무를 처리하고자 할 때 간편하고 효율적으로 사용할 수 있는 프로그램을 말한다.

나. 자료의 표현

(1) 컴퓨터가 취급하는 정보의 단위

① 비트(bit : binary digit) : 정보의 최소 단위를 말한다. 즉, 비트는 0, 1이다.
② 바이트(byte) : 8비트로 구성되며 문자 등을 표현하기 위한 단위를 말한다. 1바이트는 8비트이다.
③ 필드(field : 항목) : 여러 행(여러 문자)의 의미를 가진 정보를 말한다.
④ 레코드(record) : 사용자가 취급하는 하나의 완성된 정보를 말한다. 즉, 프로그램의 입출력 단위이며 논리 레코드라고 한다.
⑤ 블록(block) : 하나 이상의 레코드로 구성되며, 한 번의 입출력 동작으로 읽기와 쓰기를 하는 단위를 말한다.
⑥ 파일(file) : 동일한 목적에 따라 모인 레코드의 집합을 말한다. 컴퓨터는 이 파일 단위로 데이터를 관리한다.
⑦ 볼륨(volume) : 기록매체의 물리적인 단위로 디스크 1매, 자기테이프 1권 등을 말한다. 즉, 데이터베이스라고도 한다.

다. 문자의 표현

정보를 표현하기 위한 기호 체계를 코드(부호)라고 한다. 코드는 컴퓨터가 내부에서의 정보 표현인 2진수로 "1"과 "0"을 여러 개 조합한 것으로 우리가 일상적으로 취급하는 정보와 대응된다. 우리가 사용하는 부호는 영문자(대문자, 소문자), 숫자, 한글, 한자, 특수문자 등이 있다.

일반적으로 n비트로 표현할 수 있는 문자의 종류는 2^n이며 다음과 같다.

$$
\begin{aligned}
1비트\ 2^1 &= 2 : 2종류 \\
8비트\ 2^8 &= 256 : 256종류 \\
16비트\ 2^{16} &= 65,536 : 65,536종류 \\
32비트\ 2^{32} &= 4,294,967,296
\end{aligned}
$$

라. 수치의 표현

일반적으로 일상생활에서 사용하고 있는 수의 체계는 10진법이며 0에서 9까지 20개의 숫자를 사용하여 모든 수를 표시하고 있다. 이외에 "0"과 "1"의 숫자를 사용하는 2진법과 "0"에서 "7"까지의 8개의 숫자를 사용하는 8진법, "0"에서 "9"까지 그리고 A, B, C, D, E, F의 숫자와 영문자를 사용하는 16진법이 있다.

다음은 10진법의 예를 보인 것이다.

예 $426_{(10)} = 4 \times 10^2 + 2 \times 10^1 + 6 \times 10^0$
$= 4 \times 100 + 2 \times 10 + 6 \times 1$

(1) 각 진수의 변환

① 2진수를 10진수로 변환 : 2진수의 각 자리에 2^n(n:자리수)을 하여, 각 자리의 값을 합하여 변환한다.

예 $11101_{(2)} = 1 \times 2^4 + 1 \times 2^3 + 1 \times 2^2 + 0 \times 2^1 + 1 \times 2^0$
$= 16 + 8 + 4 + 0 + 1 = 29_{(10)}$
$\therefore 11101_{(2)} = 29_{(10)}$

예 $0.21_{(2)} = 0 \times 2^0 + 2 \times 2^{-1} + 1 \times 2^{-2}$
$= 0 + 1.25_{(10)}$
$\therefore 0.21_{(2)} = 1.25_{(10)}$

② 10진수를 2진수로 변환 : 10진수를 2로 계속 나누어 몫이 2보다 작을 때까지 계산하고 그 최후의 몫과 나머지를 아래의 예와 같이 역으로 표기하면 된다.

예 10진수 29를 2진수로 변환

```
2 )  29   ----- 1
2 )  14   ----- 0
2 )   7   ----- 1
2 )   3   ----- 1
      1   ----- (표기 순서)
```

$\therefore 29_{(10)} = 11101_{(2)}$

(2) 수치 데이터의 종류

수치 데이터의 표현 방법을 분류하면 다음과 같다.

① 10진수 형식 : 수치를 표현하는 코드 또는 BCD(Binary Coded Decimal) 코드가 있다. 이 코드는 4비트의 2진수를 이용하여 10진수 1자리(0~9)를 표현한 코드이다.
  ㉮ 존(ZONED) 10진수 : 사무 계산에 이용되며 10진수의 1자리를 1바이트로 표현한다.
  ㉯ 팩드(PACKED) 10진수 : 10진수의 1자리를 4비트로 표현한다.
② 2진수 형식 : 10진수를 2진수로 변환하는 형식이다.
  ㉮ 고정 소수점(정수) : 소수점의 위치가 고정되어 있는 수치이다.
  ㉯ 부동 소수점(실수) : 소수점의 위치를 고정하는 않는 수치이다. 그러므로 수치를 가수부와 지수부로 나누어 표현한다.

마. 코드

(1) BCD(Binary Coded Decimal) 코드

하나의 문자를 데이터 비트 6개와 패리티(Parity) 비트 1개로 구성한다. 최대 2^6, 즉 64가지의 문자를 표현할 수 있도록 만든 기본 코드이다.

(2) EBCDIC(Extended Binary Coded Decimal Interchange Code) 코드

확장된 BCD 코드로써 하나의 문자를 데이터 비트 8개와 패리티(Parity) 비트 1개로 구성한다. 최대 2^8, 즉 256가지의 문자 표현이 가능한 범용 코드이다.

(3) ASCII(American Standard Coded for Information Interchange) 코드

미국표준협회에서 제정한 코드로써 하나의 문자를 데이터 비트 7개와 패리티(Parity) 1개로 구성한다. 최대 2^7, 즉 128가지의 문자 표현이 가능한 코드이며 데이터 통신용과 퍼스널 컴퓨터 코드에 널리 이용된다.

3 논리 회로

[표4-1 기본 논리 회로의 종류]

논리 회로(게이트)명	논리 기호(도형)	논리식(논리 대수)
AND		$C = A \cdot B$
OR		$C = A + B$
NOT		$C = \overline{A}$
NAND		$C = \overline{A \cdot B}$
NOR		$C = \overline{A + B}$
EOR		$C = A \oplus B$
ENOR		$C = \overline{A \oplus B}$

4 중앙 처리 장치

중앙 처리 장치(CPU : Central Processing Unit)는 컴퓨터 조직 전체의 제어와 모든 주변 장치의 작동을 통제하고 자료의 연산을 실행하는 가장 핵심적인 장치이며 제어 장치와 연산 장치로 구성된다.

가. 제어 장치(Control Unit)

(1) 제어 장치의 구성

컴퓨터 시스템을 제어하는 장치로서 사람의 중추 신경에 비유될 수 있으며 명령 계수, 명령 레지스터, 주소 레지스터, 명령 해독기로 구성되어 있다.

(2) 제어 장치의 기능

① 입출력 장치를 제어한다.

② 명령어를 해독한다.
③ 명령어 처리 순서를 제어한다.
④ 연산 장치를 제어한다.

그림4-2 제어 장치

나. 연산 장치(AUL : Arithmetic Logical Unit)

(1) 연산 장치의 개요

제어 장치의 제어 신호에 따라 자료의 산술연산이나 논리연산을 수행하는 장치이며 가산기, 누산기, 데이터 레지스터, 상태 레지스터로 구성되어 있다.

그림4-3 연산 장치

(2) 산술 연산 장치의 구성

중앙 처리 장치 내의 연산 장치(AUL)에 의해 여러 가지 레지스터로 산술 및 논리 연산, 시프트(Shift), 이동(Move) 등을 수행한다.

① 산술 연산(Arithmetic Operation) : 더하기, 빼기, 곱하기, 나누기 등을 하는 것을 말한다.
② 논리 연산(Logical Operation) : AND, OR, NOT 등을 이용한 참과 거짓을 판별하는 것을 말하며 1비트로 표현이 가능하다.

③ 관계 연산(Relational Operation) : 크다, 크거나 같다, 같다, 같지 않다, 작다, 작거나 같다 등을 판별하는 것을 말한다.

5 기억 장치

기억 장치는 프로그램과 데이터를 기억하기 위한 장치로 주기억 장치와 보조 기억 장치로 구분한다.

가. 주기억 장치

(1) 기억 용량

일반적으로 고성능의 컴퓨터는 기억 용량이 커야한다.
용량을 표시하는 단위는 다음과 같다.

B(Byte) 1Byte → (= 8bit)
KB(Kilo Byte) → 1,024Byte(= 2^{10}bit)
MB(Maga Byte) → 1,024Kilo Byte(= 2^{20}bit)
GB(Giga Byte) → 1,024Maga Byte(= 2^{30}bit)

(2) 동작 속도

컴퓨터의 동작 속도 빠르기의 시간 단위는 다음과 같다.

S(Second) 1Byte → 1s
ms(milli second) → 1/1000s(10^{-3}초)
μs(micro second) → 1/1000ms(10^{-6}초)
ns(nano second) → 1/1000ms(10^{-9}초)
ps(pico second) → 1/1000ms(10^{-12}초)

나. 기억 소자의 성질

기억 소자의 성질은 ROM(Read Only Memory)과 RAM(Random Access Memory), 파괴 읽기와 비파괴 읽기 또는 휘발성과 비휘발성으로 나눌 수 있다.

(1) 롬(ROM : Read Only Memory)

읽기 전용의 기억 소자로 전원을 꺼도 정보는 지워지지 않는 기억 소자로서 고정적으로 필요한 프로그램이나 데이터의 기억에 사용된다.

(2) 램(RAM : Random Access Memory)

정보의 읽기, 쓰기를 자유롭게 실행할 수 있는 기억 소자로서 전원을 차단하면 정보가 지워지며, 주기억 장치로 많이 사용된다.

다. 보조 기억 장치

중앙 처리 장치와 직접 자료를 교환할 수 없고 주기억 장치를 통해서만 자료 교환이 가능한 기억 장치로, 주기억 장치에 비해 자료를 읽기나 기록하는 속도가 느린 반면에 사용하기 편리할 뿐아니라 방대한 기억 용량을 가지며 기억된 내용을 반 영구적으로 보존할 수 있다는 장점이 있다. 보조 기억 장치에는 자기테이프(magneitc tape), 자기디스크(magneitc disk), 자기드럼(magneitc drum), 플로피디스크(floppy disk, diskette), 시디롬(CD-ROM : Compact Disk Read Only Memory) 등이 있다.

(1) 자기테이프(magneitc tape)

자기테이프의 특징은 다음과 같다.
① 컴퓨터에서 가장 많이 사용되는 입출력 매체이다.
② 원장 파일이나 처리의 중간 결과 등을 기록해 놓을 수 있다.
③ 산화철의 미세 분자를 엷게 도포한 것이다.
④ 데이터는 7트랙이나 9트랙이 사용된다.
⑤ 처리 속도는 4m/sec 정도이다.
⑥ 처리 방법은 SAM(Sequential access method : 순차처리법)이다.
⑦ 고속 입출력이 가능하다.
⑧ 반복 사용이 가능하다.
⑨ 기록 용량이 크다.
⑩ 값이 저렴하다.
⑪ 수정 시 파일 전체를 갱신하여야 한다.
⑫ 자기디스크보다 입출력이 느리다.

(2) 자기디스크(magneitc disk)

자기디스크의 특징은 다음과 같다.
① 필요한 위치를 직접 찾을 수 있다.
② 수천 개의 트랙을 이용하여 데이터가 입출력된다.
③ 회전 속도는 3600rpm 정도이다.
④ 디스크 팩(6~11개의 디스크 묶음)이 한 개의 기억 단위로 취급된다.
⑤ 처리 속도가 빠르다.
⑥ 기록 용량이 크다.
⑦ 반복 사용이 가능하다.

⑧ 다양한 처리 방법으로의 사용이 가능하다.
⑨ 값이 비싸다.
⑩ 취급에 주의를 요한다.

(3) 자기드럼(magneitc drum)
자기드럼의 특징은 다음과 같다.
① 알루미늄 합금제의 원통 표면에 자성 재료를 도포한 것이다.
② 종류에는 비트 병렬식, 비트 직렬식, 직·병렬식 등이 있다.
③ 기억 장치의 구성에는 I/O 정보를 증폭하는 회로, 제어 회로, 선택 회로, 계수 회로, 일체 회로 등이 있다.

02 CAD/CAM 시스템의 입출력 장치

1. CAD/CAM의 정의 | 2. CAD에 의한 설계 과정 | 3. CAD 시스템의 효과 | 4. CAD 시스템의 변화
5. CAD 시스템의 문제 | 6. CAD 시스템의 입출력 장치

1 CAD/CAM의 정의

가. CAD/CAM 시스템이란?

(1) CAD

Computer Aided Design의 약어로 컴퓨터의 고속 연산 능력을 이용하여 작업의 효율성을 극대화 시키고 또한 생산의 질적 능력을 향상시키고자 하는 컴퓨터 활용 기법의 하나로써 컴퓨터를 이용한 설계를 말한다.

(2) CAM

Computer Aided Manufacturing의 약어로 제품을 제작하는 절삭 과정에서 컴퓨터를 이용하여 생산성, 정밀도 등을 향상 시키는 것을 말한다.

(3) CAD/CAM

Computer Aided Design/Computer Aided Manufacturing의 약어로 컴퓨터의 도움을 받아 제조 과정의 생산성을 크게 증가시키는 시스템을 말한다.

나. CAD/CAM 시스템의 관련 용어

(1) CAE

Computer Aided Engineering의 약어로, 컴퓨터를 이용하여 상세 설계에 대한 해석 또는 시뮬레이션 등을 하는 것

(2) CAP

Computer Aided Planning의 약어로, NC가공에 필요한 정보, 생산 및 검사를 위한 계획 등의 리스트를 작성하는 것

(3) CIM

Computer Integrated Manufacturing의 약어로, 설계에서 제조 공정, 공급에 이르기까지 모든 기능을 컴퓨터로 통합하는 시스템

(4) CAT

Computer Aided Testing의 약어로 CAM의 일부분인 검사 공정의 자동화에 대한 것

(5) FMS

Flexible Manufacturing System의 약어로, 유연성 있는 생산 시스템이라 하며, 다품종 소량 생산을 실현하는 컴퓨터를 이용한 자동 생산 시스템

(6) FA

Factory Automation의 약어로, 생산 시스템과 로봇, 반송 기기, 자동 창고 등을 컴퓨터 의해서 집중 관리하는 생산 방식. 공장 전체 시스템을 무인화하여 생산 관리의 효율을 최대로 한 시스템

다. CAD/CAM 시스템의 역사

① 1963년 미국 MIR의 Sutherland, IEP 최초로 SKETCH PAD SYSTEM을 발표한다.
② 1964년 GM사와 IBM사에 의해 자동차 설계용의 DAC-1 시스템이 공동개발 되어 디자인 분야에서 실용화가 이룩된다.
③ 1967년 록히드사가 항공기 제조용으로 CADAM을 개발하였으며 이는 실용화한 CAD 시스템의 효시라 할 수 있다.
④ 1973년에는 NC자동프로그래밍용, 치공구설계용 등 특수 목적에 적합하도록 하드웨어와 소프트웨어가 구성되는 턴키(Turn Key) 시스템의 원조라 부르는 ADAM 시스템을 개발하여 발표한다.
⑤ 1980년대에는 DB(DateBase)를 이용하여 설계에서 가공까지 3차원 제도가 가능한 CAD/CAM 시스템이 주를 이룬다.

라. CAD/CAM 시스템의 적용 범위

(1) 개념 설계 : 스케치도, 초기설계 계산
(2) 기본 설계 : 기기나 부품의 형상 정의, 해석 설계, 구조 설계
(3) 상세 설계 : 조립 설계, 해석, 상세도, 배치도
(4) 생산 설계 : 계획 설계, 치공구 설계, NC 프로그램 설계
(5) 품질 관리 : 자료 집계, 설계 표준화, 성능, 특성, 강도 해석
(6) 생산 보조 : 부품 관리, 기술 데이터 변경

2 CAD에 의한 설계 과정

가. 기하학적 모델링(Geometric modelling)
기하학적인 대상물을 컴퓨터가 인식할 수 있는 수학적인 표현을 사용한 것

나. 공학적 해석(Engineering analysis)
컴퓨터를 이용하여 소프트웨어를 개발 또는 사용에 적합한 소프트웨어 패키지를 구입하여 응력, 열전달 등을 계산하는 것

다. 설계 검사와 평가(Desisn review and evaluation)
Graphic Termiand을 이용하여 쉽게 설계의 정확도와 절단된 부위와 상세도면을 확대하여 비교 검토할 수 있으며 시뮬레이션이나 기구 운동을 화면에 나타내는 방법으로 직접 작동중 각 부분들의 궤적을 확인함으로서 오류를 찾아낼 수 있다.

라. 자동 제도(Automated drafting)
컴퓨터 내에 입력하여 저장시켜 놓은 기계나 부품 등에 대한 도면을 컴퓨터와 연결된 출력 장치를 이용하여 자동적으로 그려내는 작업

3 CAD 시스템의 효과

CAD 시스템의 효과는 상당히 많으나 일반적은 공통 효과를 요약하면 다음과 같다.
① 설계의 생산성 향상
② 시간 단축
③ 설계 오류 감소
④ 설계 계산에서의 정확성
⑤ 설계의 표준화
⑥ 도면의 이해도 증가
⑦ 수정 작업의 향상

4 CAD 시스템의 변화

가. 시장 환경의 변화
① 소비 계층의 다변화로 소비자 요구의 다양화
② 가격 경쟁의 심화
③ 국제 경쟁력의 심화
④ 소비자의 욕구 변화로 제품 생명 싸이클의 단축

나. 설계 환경의 변화
① 고품질 저가격화 시대에 따른 설계의 틀요성 증대
② 설계 납기의 단축
③ 제품 시안의 다양화에 따른 설계 작업량의 증가

다. 제도 환경의 변화
① 다품종 소량 생산 체제
② 공장 자동화율의 상승으로 인해 생산 자동화의 비율 증대
③ 설비기계의 가동률 증대

라. 인적 환경의 변화
① 고학력화로 인한 인건비 지출의 증가
② 생활의 풍요화로 인한 규정 근무시간 유지
③ 단순 작업을 기피하는 숙련 기능 인력의 부족

5 CAD 시스템의 문제

① CAD/CAM 시스템 조작자의 선택 및 시스템 운영의 제한
② 기본적인 컴퓨터 지식을 요구함
③ 컴퓨터의 비효율적인 운동
④ 시스템의 고가격화
⑤ Interface의 문제화

6 CAD 시스템의 입출력 장치

컴퓨터의 입출력 장치는 컴퓨터와 사용자 사이에 정보를 교환할 수 있는 장치의 집합을 말하며 사용 목적에 따라 여러 가지의 장치가 실용화 되어 왔다.

가. 입력 장치(Input Devices)

입력 장치는 외부의 데이터를 컴퓨터 내부로 보내주는 역할을 하는 장치로 데이터의 입력, 커서의 제어, 기능의 선택을 수행하게 된다.

(1) 키보드(Keyborad)
　문자나 숫자·기호 등을 입력하는 데 적합한 입력 장치이다.

(2) 마우스(Mouse)
　생쥐 모양을 하고 있다고하여 마우스라 하며 두 축 방향으로 움직이는 Ball의 움직임에 의하여 커서의 움직임을 제어하는 장치

(3) 태블릿(Tablet)
　주로 좌표 입력·메뉴의 선택·커서의 제어 등에 사용되며 보통 50cm³ 이하의 소형의 것을 말한다. 대형의 것은 디지타이저(Digitizer)라고 부르며 기능은 동일하다.

(4) 라이트 펜(Light Pen)
　펜의 움직임을 추적하면서 화면을 통해 컴퓨터에 자료를 입력시키는 펜 모양의 장치이다.

그림4-4 라이트 펜

(5) 섬 휠(Thumb Wheel)
　X축과 Y축 방향으로 각기 두 개의 가변 저항기를 설치하여 이것을 회전함으로써 각 축 방향으로 커서를 이동시키는 장치이다.

(6) 조이스틱(Joystick)
수직이나 수평으로 이동하는 유일한 막대로서 이 막대의 이동에 따라 커서를 이동시키는 장치이다.

(7) 트랙 볼
모든 방향으로 자유롭게 회전할 수 있는 볼을 원하는 방향으로 회전하여 커서를 이동시키는 장치이다.

(8) 푸시 버튼(Push Button)
4개 또는 5개의 버튼을 상하좌우 방향으로 배치하여 커서를 이동시키는 장치이다.

(9) 스캐너(Scanner)
사진이나 그림, 문서, 도표 등을 컴퓨터 메모리에 디지털화하여 저장하는 장치이다.

나. 출력 장치(Output Devices)
컴퓨터 내의 CAD 시스템에 저장된 데이터를 사람이 일상적으로 사용하는 문자, 기호, 소리 등으로 나타내는 장치이다. 출력 장치의 분류는 다음과 같다.

(1) 그래픽 디스플레이(Graphic Display)
도형에는 Text 등을 사용자가 볼 수 있도록 고속으로 표시하는 기기이다. 디스플레이 장치에는 CRT(음극선관 : Cathode Ray Tube) 방식과 특수형이 있다. 통상 CAD/CAM 시스템 방식을 많이 사용하고 있다.

[표4-2 CRT 디스플레이 모드의 종류와 장단점]

종류	장점	단점
랜덤 스캔형	• 선의 표현이 뚜렷하다.(화질이 좋다.) • 도형의 동적 표현이 가능하다. • 부분 편집이 가능하다. • 라이트 펜(Light-Pen)을 사용할 수 있다.	• 도형의 표시량에 한계가 있다. • 컬러화에 제한이 있다. • 가격이 비싸다. • 플리커링(Flickering)이 발생하여 리프레시(Refresh)가 필요하다.
스토리지형	• 도형의 표시량에 제한이 없다. • 플리커링이 발생하지 않는다. • 고정밀도이다.(선의 질이 선명하다.)	• 도형의 동적 표현이 불가능하다. • 컬러화가 불가능하다.(흑백이다.) • 부분 편집이 곤란하다.
래스터 스캔형	• 컬러화가 가능하다. • 도형의 표시량에 제한이 없다. • 플리커링이 발생하지 않는다. • 부분 편집이 가능하다. • 가격이 저렴하다.	• 정밀도가 낮다.(선의 질이 불량하다.) • 도형의 동적 표현이 곤란하다.

(2) 플로터(Plotter)

그래프와 설계 도면 등을 아주 정밀하게 인쇄하는 출력 장치이다.

① 플랫 베드형(Falt Bad Type) : 평평한 테이블 위에 막대가 있고 그 막대에 펜 헤드가 설치되어 있어 막대가 좌우로 움직이고 펜 헤드가 상하로 움직이면서 테이블 위에 설치된 용지 위에 도형을 그리는 장치이다.

② 드럼형(Drum Type) : 인쇄 용지를 드럼에 감아 놓고 용지와 펜을 움직여 도형을 그리는 장치이다.
③ 벨트 베드형(Belt Bad Type) : 플랫 베드와 드럼형의 융합형으로 설치 면적이 작고 긴 용지나 규격용지도 사용 할 수 있다.
④ 퍼스널 플로터(Personal Flotter) : 어디서든지 손쉽게 사용할 수 있는 개인 전용 플로터이다.
⑤ 잉크 젯트(Ink-Jet) : 잉크를 뿜어내는 노즐(Nozzle)이 있는 헤드가 좌우로 움직이면서 잉크를 불어내어 도형을 그리는 방식이다.
⑥ 정전(Electrostatic)식 : 핀 대신 전극이 8본/mm의 간격으로 1열로 나란하게 구성되어 있는 종이에 음전하를 발생시키고 양전하를 띤 검정색의 토너를 흘려서 도형을 그리는 방식이다.
⑦ 열전사식 : 필름에 도포한 잉크를 찰열 저항체로 배열한 서멀 헤드로 녹여 기록지에 전사하면서 도형을 그리는 방식이다.
⑧ 광전식 : 프린터 기판용 파턴 필름을 작성할 때 사용한다.
⑨ 레이저 빔(Laser beam)식 : 레이저 광을 회전경으로 주사하고 감광 드럼에 비추면 레이저 광의 전원 스위치에 의하여 감광 드럼상에 정전기의 잠상이 만들어 지는데 여기에 토너를 흡착시켜 현상시키는 방식이다.

(3) 프린터(Printer)
컴퓨터에 기록된 내용을 종이에 인쇄된 형태로 출력시키는 장치이다.

(4) 하드 복사 장치(hard copy unit)
CRT(음극선관:Cathode Ray Tube) 화면에 나타난 영상을 그대로 복사하는 기기이다.

(5) 컴퓨터 출력 마이크로필름(Computer Output Microflim)
플로터가 종이 위에 영상을 표현하는 대신 마이크로필름으로 출력하는 장치이다.
특성으로는
① 크기가 작아 보관이 용이하다.
② 언제든지 확대해서 볼 수 있다.
③ 다른 출력 장치에 비해서 처리 속도가 빠르다.
④ 종이처럼 필름에 수정이 불가능하다.
⑤ 해상도가 낮다.

03 CAD/CAM 시스템의 도형 처리와 형상 모델링

1. 도형 처리의 용어와 기능 선택 | 2. 기본 도형 요소의 정의 | 3. 도형의 변환 기능
4. 유틸리티(UTILITY) 기능 | 5. 응용 도형 처리 | 6. 형상 모델링

1 도형 처리의 용어와 기능 선택

가. 요소(element)
점, 선, 원, 타원, 연속선, 자유곡선, 치수선, 곡면, 텍스트 등 CAD 시스템에서 형상을 구상하는 최소단위를 말한다.

나. 요소 편집 기능
작성한 요소를 부분적으로 삭제 및 수정하는 기능

다. 요소 변환 기능
작성한 요소를 이동, 회전, 대칭, 복사, 유사, 상사, 변형 등 요소의 변환에 관한 기능

라. 도면화 기능
치수 기입, 마무리 기호 기입, 용접 기호 기입 등 만들어진 모델을 도면이 될 수 있도록 하는 기능

마. 디스플레이 제어 기능
디스플레이 되는 도형을 전체 또는 부분만 확대, 축소하거나 그리드, 은선 처리, 표시 부분의 이동 등을 하는 기능

바. 데이터 관리 기능
작성한 모델의 등록, 삭제, 복사, 검색, 이름 등을 변경하는 기능

사. 플로팅 기능
척도 설정, 선의 굵기 지정, 색의 지정, 자동 배치 등 도면화된 데이터를 플로터로 출력하는 기능

아. 물리적 특성 해석 기능
작성된 모델의 면적, 길이, 체적, 관성 모멘트, 도심 등을 계산하는 기능

2 기본 도형 요소의 정의

하나의 도면은 보통 점, 선, 원, 원호, 숫자 및 문자 등으로 구성된다. 이들 도면의 기본 구성 요소들 중에서 컴퓨터가 일반적으로 처리하는 숫자와 문자를 제외한 나머지를 기본 도형 요소라 한다.

가. 점의 정의
점이 그 자체로서 도형을 구성하는 경우는 드물며, 보통 기준 위치나 도형 작업의 기준점으로 사용된다.
① 좌표값의 직접 입력
② 커서 제어에 의해 만들어진 점
③ 기준점에서 상대 위치 지정
④ 곡선과 곡선, 선분과 선분, 곡선과 선분의 교점

나. 직선의 정의
도형을 구성하는 가장 기본적인 도형 요소이며, 소프트웨어에 의해, 선의 종류, 굵기, 색 등을 지정 할 수도 있다.
① 두 점의 지정
② 한 점을 지나고 임의의 선분에 평행
③ 한 점을 지나고 임의의 선분에 수직
④ 두 곡선의 최단 거리를 잇는 선분
⑤ 두 곡선의 접선

다. 원과 원호의 정의
곡선을 구성하는 도형 요소이다.
① 중심점과 반경의 지정

② 중심점과 원주상의 점 지정
③ 접하는 두 선분과 반경 지정
④ 세 개의 직선에 접하는 지정
⑤ 세 점에 의한 지정
⑥ 시작점, 끝점, 반지름에 의한 지정

3 도형의 변환 기능

이동, 회전, 확대 및 축소, 대칭, 3차원에서 2차원으로의 변환 등을 말하며 이동, 회전, 대칭 등에는 원래의 요소를 복사하지 않고 변환하는 기능과 원래의 요소를 복사하여 변환시키는 기능이 있다.

가. 이동
저장하는 도형을 지정량만큼 지정 방향으로 움직이는 기능이다. 이는 X방향 또는 Y방향으로 이동시키는 것으로 각각의 점을 이동시키는 방법이 있다. X방향과 Y방향을 동시에 이동하면서 경사 방향으로의 이동을 할 수 있다.

나. 회전
도형에 대해서 원점을 중심으로 회전 이동을 부여하는 기능이다.

다. 확대 및 축소
각각의 점을 원점에 대해서 지정된 비율로 변환시키는 기능이다.

라. 대칭(밀러)
X축 또는 Y축을 중심으로 도형을 대칭 위치로 이동시키는 기능이다. 이때 좌표 축에 거울을 놓은 것과 같이 동일한 도형이 되기 때문에 밀러라고 명칭이 붙었다.

4 유틸리티(UTILITY) 기능

도형에 대해서 치수선의 작도, 좌표축의 작도, 해칭, 채색, 클리핑(Clipping) 등의 보조적인 기능이다.

가. 치수 기입
물체의 크기나 위치 등을 표시하는 것으로 치수선, 치수보조선, 지시선, 화살표, 치수 숫자 등으로 구성된다. 치수의 기입 방법은 한국 공업 규격(KS)의 제도 통칙(KS A 0005)에 따른다.

나. 해칭
단면은 어떠한 모형으로 표시하며 다른 부분과 구별하기 쉽게 하는 기능으로 기본 중심선 또는 기선에 대하여 45°의 가는 실선으로 등간격이 되게하여 동일 부품의 해칭은 동일하게 한다.

다. 채색
지정된 단면의 영역마다 지정한 색으로 표시를 하는 기능이다.

라. 클리핑(Clipping)
도형 전체를 일부분만 표시하고 다른 부분을 잘라내는 기능이다.

5 응용 도형 처리

입체 도형의 생성, 입체 도형의 은선 소거, 음영 표시, 줌(Zoom), 입체 도형의 회전 등이다.

가. 입체 도형의 은선 소거
입체 형상의 보이지 않는 부분의 선을 지우는 방법이다.

나. 음영표시
3차원의 물체를 보다 더 입체적으로 표현하기 위하여 빛을 투사하여 그늘을 만드는 방법이다.

다. 줌(Zoom)
한정된 스크린 안에서 처리를 하기 위해서는 불가결한 것으로 도형의 일부를 확대하는 기능이다.

라. 입체 도형의 회전 기능
3차원의 입체 형상을 임의의 축을 중심으로 회전시켜 전체 형상의 이해를 용이하게 하는 기능이다.

6 형상 모델링(Geometic Modelling)

응용 도형 처리의 시스템을 체계화한 것으로써 우리들이 실제로 인식하는 물질의 형상을 컴퓨터에서 취급하기 위하여 컴퓨터의 내부 모델(Model)로 표현하는 방식이다.

형상 모델링은 기하 모델링 또는 기하학적 도형의 모델링이라고도 하며 다음과 같이 분류할 수 있다.

가. 2차원 모델링

통상적으로 손으로 그리는 도면에서의 투영도와 동일하다. 즉, 정면도, 평면도, 우측면도, 단면도 등의 평면 형상을 취급하며 입체감은 없지만 도면을 읽을 수 있으면 충분히 이해할 수 있다.

나. 2½차원 모델링

평면 형상의 평행 또는 회전에 의하여 3차원 형상으로 모델화한다. 이는 완전한 3차원의 데이터베이스 형식은 갖지 않으면서도 2차원에서 얻지 못하는 3차원의 도형 정보를 갖고 있다.

다. 3차원 모델링

(1) 3차원 모델링의 표현 방법
① 공간 격자에 의한 방법
② 프리미티브(Primitive)에 의한 방법
③ 메쉬(Mesh) 분할에 의한 방법
④ 빈 공간에 의한 방법
⑤ 시브(sheave)에 의한 방법
⑥ 경계 표현에 의한 방법

(2) 3차원 모델링의 종류

3차원 형상의 모델링은 와이어 프레임 모델링, 서피스 모델링, 솔리드 모델링으로 구분된다.
① 와이어 프레임 모델링(Wire-Frame Modelling) : 3차원 형상의 장점과 능선을 기본으로 한

3차원 모델링인데 선만의 표현이며 일체감이 부족하다. 속이 없이 철사로 만든 것과 같이 보이므로 와이어 프레임이라 호칭된다.

와이어 프레임 모델링의 특징은 다음과 같다.
㉮ 데이터 구성이 간단하다.
㉯ 모델 작업을 쉽게 할 수 있다.
㉰ 처리 속도가 빠르다.
㉱ 3면 투시도의 작성이 용이하다.
㉲ 은선 제거가 불가능하다.
㉳ 단면도 작성이 불가능하다.
㉴ 물리적 성질(체적, 관성 모멘트 등)의 계산이 불가능하다.

② 서피스 모델링(Surface Modelling) : 와이어 프레임 모델링에서 모서리로 둘러 싸인 면에 대한 정보를 추가로 입력하여 정의하는 모델링이다. 즉, 면을 구성하기 위해 연결하는 선과 그곳으로 둘러싸인 면의 종류를 입력함으로서 정의될 수 있다.

서피스 모델링 특징은 다음과 같다.
㉮ 은선 제거가 가능하다.
㉯ 단면도를 작성할 수 있다.
㉰ 복잡한 형상 표현이 가능하다.
㉱ 두 개 면의 교선을 구할 수 있다.
㉲ NC가공 정보를 얻을 수 있다.
㉳ 물리적 성질(체적, 관성 모멘트 등)의 계산이 곤란하다.
㉴ 유한 요소법(FEM)의 적용을 위한 요소 분할이 어렵다.

③ 솔리드 모델링(Solid Modelling) : 구, 원주, 삼각추 같은 기본 프리미티브(Primitive)를 조합하여 모델을 구성하는 방식으로 실물과 가장 근접하는 컴퓨터 모델링의 구축이 가능하다.

솔리드 모델링의 특징은 다음과 같다.
㉮ 은선 제거가 가능하다.
㉯ 물리적 성질(체적, 관성 모멘트 등)의 계산이 가능하다.
㉰ 복잡한 형상 표현도 가능하다.
㉱ 단면도의 작성이 용이하다.
㉲ 데이터의 처리량이 과다하다.
㉳ 이동, 회전 등을 통하여 정확한 형상 파악을 할 수 있다.
㉴ 유한 요소법(FEM)을 위한 메쉬(Mesh) 자동 분할이 가능하다.

④ 솔리드 모델링의 구분 : 솔리드 모델은 컴퓨터 내부 정의 방식에 따라 CSG(Constructive Solid Geometry : 기본 입체의 집합 연산 표현) 방식과 B-Rep(Boundart Representation : 경계 표현) 방식, 그리고 집합 연산 표현과 경계 표현을 혼용한 Hybrid 방식으로 구분할 수 있다.

㉮ CSG 방식 : 기본 입체인 실린더, 직육면체 등의 집합 연산 관계만을 데이터로 기억하고 실제 처리 결과인 꼭지점, 변, 면에 대한 데이터 처리는 필요에 따라 하는 방식이다.
㉯ B-Rrp 방식 : 하나의 입체를 둘러싸고 있는(Surface) 조합으로 모델을 표현하는 방식이다.

[표4-3 CSG 방식과 B-Rrp 방식의 특성 비교]

구분		CSG 방식	B-Rrp 방식
데이터 특성	데이터의 작성	용이(프리미티브 직접 입력)	곤란
	데이터의 구성	단순	복잡
	필요메모리 영역	용량이 적음	용량이 많음
	데이터 수정	용이	약간 곤란
사용자의 적용 기능	3면도, 투시도 작성	곤란	비교적 용이
	전개도 작성	곤란	용이
	면화의 작성	용이	비교적 용이
	중량 계산	용이	약간 곤란(적분 계산)
	표면적 계산	곤란	용이
	유한요소법의적용 솔리드	용이	곤란
	유한요소법의적용 표면	곤란	용이
	패턴의 인식을 수반하는 응용	비교적 용이	곤란
	NC테이프의 작성	용이	비교적 용이

[표4-4 모델에 따른 처리 내용 비교]

구분	와이어 프레임 모델	서피스 모델	솔리드 모델
은선 처리	불가능	조건부 가능	가능
면적을 갖는 선	불가능	가능	불가능
절단	불가능	가능	불가능
명암	불가능	조건부 가능	가능
변환	조건부 가능	조건부 가능	가능

[표4-5 3D 모델(Model)에서의 요소수 비교]

구분	도형모형	컴퓨터 내부의 모델 요소수
와이어 프레임 (Wire-Frame) 모델		윤곽 요소(contour element) : 22개 점(points) : 18개
서피스(Surface) 모델		윤곽 요소(contour element) : 19개 표면 요소(surface element) : 9개 점(points) : 14개
솔리드(Solid) 모델		윤곽 요소(contour element) : 19개 표면 요소(surface element) : 9개 고체 요소(solid element) : 3개 점(points) : 14개

적중예상문제_ CAD/CAM

해설

01 $c^2 = a^2 + b^2 = 6^2 + 5^2$
$\therefore c = \sqrt{61}$

02 일반적인 공통 효과
설계(제품)의 생산성 향상, 시간 단축, 설계(제품) 오류 감소, 설계(제품) 계산에서의 정확성, 설계(제품)의 표준화, 도면의 이해도 증가, 수정 작업의 향상

03 • BPS : 플로터 전송 속도
• CPS : 프린터 인자 속도
• BPI : 자기테이프 기록 밀도

04 데이터의 처리량이 과다하다.

01 ① 02 ④ 03 ③ 04 ①

---

01 x, y 좌표계(절대 좌표)에서 (6,5)의 위치를 극 좌표계로 표현한 것은?

① $\left(\sqrt{61}, \tan^{-1}\left(\frac{5}{6}\right)\right)$ ② $\left(\sqrt{61}, \sin^{-1}\left(\frac{6}{\sqrt{61}}\right)\right)$
③ $\left(\sqrt{52}, \cos^{-1}\left(\frac{6}{\sqrt{61}}\right)\right)$ ④ $\left(\sqrt{52}, \tan^{-1}\left(\frac{6}{5}\right)\right)$

02 CAD 시스템의 도입으로 나타나는 일반적인 공통 효과라고 볼 수 없는 것은?

① 제품의 생산성 향상
② 제품의 표준화
③ 제품의 품질 향상
④ 제품 원가의 증가

03 플로터(plotter)의 출력속도를 나타내는 단위는?

① BPS(bit per second)
② CPS(character per second)
③ IPS(inch per second)
④ BPI(byte per inch)

04 CAD 시스템에서 3차원 모델링 중 솔리드(solid) 모델링의 특징으로 틀린 것은?

① 데이터의 구성이 간단하다.
② 데이터의 메모리량이 많다.
③ 정확한 형상을 파악할 수 있다.
④ 물리적 성질의 계산이 가능하다.

05 CAD 제도에 사용하는 선의 종류를 나열하였다. 모양에 따른 선의 종류에 속하지 않는 것은?

① 실선
② 파선
③ 1점 쇄선
④ 절단선

06 다음 명령어 중 드로잉(drawing) 명령과 관련이 가장 적은 명령어는?

① line
② arc
③ break
④ point

07 퍼스널 컴퓨터를 이용한 CAD 시스템에 필수적으로 장착되는 것으로 계산에 관한 작업만을 실행함으로써 데이터의 정확성과 자료의 처리 범위 및 자료의 처리 속도를 빨리할 수 있는 것은?

① RAM
② cache memory
③ ROM
④ Coprocessor

08 CAD 시스템의 입력 장치가 아닌 것은?

① 키보드
② 라이트 핀
③ 플로터
④ 마우스

09 3차원 모델링에서 물체의 외부 형상 뿐만 아니라 내부 구조까지도 표현이 가능하고 모형의 체적, 무게 중심, 관성 모멘트 등의 물리적 성질까지 제공할 수 있는 모델링은?

① 와이어 프레임 모델링
② 서피스 모델링
③ 솔리드 모델링
④ 아이소메트릭 모델링

해설

06 Break는 선을 끊을 때 쓰는 편집 명령

07
- 롬(ROM : Read Only Memory) : 읽기 전용의 기억소자로 전원을 꺼도 정보는 지워지지 않는 기억소자
- 캐시 메모리(cache memory) : 컴퓨터의 중앙 처리 장치와 주 기억 장치 사이의 속도 차이를 극복하기 위해 사용되는 명령이나 데이터를 일시적으로 저장하는 보조 기억 장치
- 램(RAM : Random Access Memory) : 정보의 읽기, 쓰기를 자유롭게 실행할 수 있는 기억소자. 전원을 차단하면 정보가 지워지게 되며, 주기억 장치로 많이 사용된다.

08 플로터는 출력 장치

09
- 와이어 프레임 모델링(Wire-Frame Modelling) : 3차원 형상의 장점과 능선을 기본으로 한 3차원 모델링. 선만의 표현이며 입체감이 부족하다.
- 서피스 모델링(Surface Modelling) : 와이어 프레임 모델링에서 모서리로 둘러싸인 면에 대한 정보를 추가로 입력하여 정의하는 모델링

05 ④ 06 ③ 07 ④ 08 ③
09 ③

해설

10 고도의 설계 기능 기술이 필요하지 않고, 설계 기술의 표준화의 장점이 있다.

11 ①, ②, ④항은 입력 장치에 해당된다.

---

10 CAD의 장점으로 볼 수 없는 것은?

① 설계자의 생산성을 높일 수 있다.
② 고도의 설계 기능 기술이 필요하다.
③ 의사 전달을 용이하게 할 수 있다.
④ 제품 제조의 데이터베이스를 구축할 수 있다.

11 다음 CAD 시스템의 입출력의 장치 중 출력 장치에 해당하는 것은?

① 마우스(mouse)
② 스캐너(scanner)
③ 하드 카피(hard copy)
④ 태블릿(tablet)

12 다음 중 3차원의 기하학적 형상 모델링의 종류가 아닌 것은?

① 와이어 프레임 모델링(wire-frame modelling)
② 서피스 모델링(surface modelling)
③ 솔리드 모델링(solid modelling)
④ 시스템 모델링(system modelling)

13 다음은 CAD System의 구성과 그들의 상관관계를 나타낸 것이다. ( ) 안에 들어갈 것으로 옳은 것은?

① CPU
② RAM
③ Register
④ Accumulator

10 ②   11 ③   12 ④   13 ①

14 컴퓨터 시스템에서 정보를 기억하는 최소 단위인 정보 단위는 어느 것인가?

① 비트(bit)
② 바이트(byte)
③ 워드(word)
④ 블럭(block)

15 공학적인 해석을 할 때 사용되는 여러 가지 물리적 성질(무게 중심, 관성 모멘트 등)을 제공할 수 있는 모델링은?

① 솔리드 모델링
② 서피스 모델링
③ 와이어 프레임 모델링
④ 시스템 모델링

16 CAD 시스템을 이용한 설계에서 얻을 수 있는 좋은 점이 아닌 것은?

① 설계의 표준화
② 설계 오류 증가
③ 설계 시간 단축
④ 도면 품질 향상

17 컴퓨터의 처리 속도 단위 중 가장 빠른 시간 단위는?

① ms
② μs
③ ns
④ ps

18 CAD 시스템의 3차원 모델링 중 서피스 모델링의 특징으로 틀린 것은?

① 은선 처리가 가능하다.
② 물리적 성질을 계산할 수 있다.
③ 단면도 작성을 할 수 있다.
④ NC가공 데이터 생성에 사용된다.

해설

14 Bit – Byte – Word – Field – Record – File – DataBase – DataBank

16 설계 오류 감소

17 ATTO(as) : 10^{-18} 〉 FEMTO(fs) : 10^{-15} 〉 PICO(ps) : 10^{-12} 〉 NANO(ns) : 10^{-9} 〉 MICRO(μs) : 10^{-6} 〉 Milli(ms) : 10^{-3}

18 ②항은 솔리드 모델링의 특징이다.

14 ①   15 ①   16 ②   17 ④
18 ②

해설

19 • BPI : 기록 밀도
   • DPI : 해상도

20 단면도를 작성할 수 있다.

22

23 도면 요소 : 점, 선, 원, 타원, 연속선, 자유곡선, 치수선, 곡면, 텍스트 등

19 ② 20 ② 21 ③ 22 ④
23 ②

---

19 컴퓨터에서 통신 속도의 단위는?

① DIP   ② BPS
③ BPI   ④ DPI

20 다음 서피스 모델링(surface modeling)의 특징을 설명한 것 중 옳지 않은 것은?

① 복잡한 형상의 표현이 가능하다.
② 단면도를 작성할 수 없다.
③ 물리적 성질을 계산하기가 곤란하다.
④ NC가공 정보를 얻을 수 있다.

21 캐시 메모리(cache memory)에 대한 설명으로 맞는 것은?

① 연산 장치로서 주로 나눗셈에 이용된다.
② 제어 장치로 명령을 해독하는 데 주로 사용된다.
③ 중앙 처리 장치와 주기억 장치 사이의 속도 차이를 극복하기 위해 사용한다.
④ 보조 기억 장치로서 휴대가 가능하다.

22 그림과 같이 두 원에 서로 접하는 직선을 그리려고 한다. 2차원에서 접하는 접선의 갯수는?

① 무수히 많다.   ② 2개
③ 3개   ④ 4개

23 다음은 CAD 시스템에서 형상을 구성하는 도면 요소로 틀린 것은?

① 점   ② 축
③ 원호   ④ 선

24 CAD 작업에서 제공되는 객체(object)를 정확하게 선정할 수 있도록 하는 방법이 아닌 것은?

① 원이나 원호의 중심
② 직선, 원호, 원의 교차점
③ 직선, 원호의 끝점
④ 점, 선, 원 등에서 가장 먼 점

25 CAD 시스템에서 위치점을 지정하는 방법으로 바르지 못한 것은?

① 키보드에 의한 좌표값 입력
② 커서(십자선)를 통한 화면상 위치 지정
③ 커서를 통한 전체 오브젝트 인식에 의한 위치 지정
④ 선(line)상의 등분된 값으로 위치 지정

26 다음과 같은 2차원의 동차 좌표에서 이동(translation)에 관계되는 것은?

① s
② m, n
③ p, q
④ a, b, c, d

27 CAD 시스템의 기본적인 하드웨어 구성이 아닌 것은?

① 입력 장치
② 중앙 처리 장치
③ 출력 장치
④ LAN

28 설계에서 제조, 출하에 이르는 모든 기능과 공정을 컴퓨터를 통하여 통합 관리하는 시스템의 용어는?

① CAE
② CIM
③ FMS
④ CAD/CAM

해설

26 a, b, c, d는 스케일링, 회전 및 전단
• m, n은 이동
• p, q는 투사
• s는 전체적인 스케일링

28 • CAE : Computer Aided Engineering의 약어로, 컴퓨터를 이용하여 상세 설계에 대한 해석 또는 시뮬레이션 등을 하는 것
• FMS : Flexible Manufacturing System의 약어로, 유연성 있는 생산 시스템

24 ④ 25 ③ 26 ② 27 ④
28 ②

해설

29 라이트 펜(Light Pen)
- 펜의 움직임을 추적하면서 화면을 통해 컴퓨터에 자료를 입력시키는 펜 모양의 장치
- 스타일러스 펜이나 라이트 펜을 일반적으로 펜이라고 부른다.

31 이동, 회전 등을 통하여 정확한 형상 파악을 할 수 있다.

32 2(byte) × 8(bit) = 16bit

29 ②　30 ①　31 ④　32 ③
33 ②

---

29 화면의 위치 제어용 입력 장치로서 평탄한 판에 펜으로 그림을 그리고 글씨를 쓰는 역할과 같은 일을 하는 장비는?

① 콘트롤 다이얼
② 스타일러스 펜
③ 마우스
④ 트랙볼

30 인터럽트(interrupt)에 대한 설명으로 옳은 것은?

① CPU가 프로그램을 실행하는 도중에 어떤 이유 때문에 그 실행을 일시 중단하고 다른 프로그램을 실행하도록 제어하는 것
② CPU가 고장난 상태
③ CPU가 입력을 대기하고 있는 상태
④ 보조 기억 장치에 문제가 발생한 경우

31 다음 솔리드 모델(solid model)의 특징 중 틀린 것은?

① 형상을 절단한 단면도 작성이 용이하다.
② 물리적 성질 등의 계산이 가능하다.
③ 컴퓨터의 메모리량이 많고 데이터 처리가 많아진다.
④ 이동, 회전 등을 통한 정확한 형상 파악이 곤란하다.

32 정수를 나타내는 Data 형식으로는 2byte와 4byte 정수형 등이 있는데 2바이트(byte)는 몇 개의 bit가 모여서 형성 되는가?

① 4　② 8
③ 16　④ 32

33 다음은 CAD 시스템에서 수행되는 설계와 관련된 업무이다. 관련이 가장 적은 것은?

① 기하학적 도형 표현　② 설계의 필요성 인식
③ 공학적인 해석　④ 설계 검사와 평가

34 다음 CAD 용어 중 대화에 관한 용어가 아닌 것은?

① 오프셋(offset)
② 커서(cursor)
③ 그리드(grid)
④ 모델(model)

35 CAD 시스템에서 점을 정의하기 위해 사용하는 좌표계가 아닌 것은?

① 직교 좌표계
② 타원 좌표계
③ 극 좌표계
④ 구면 좌표계

36 평면 위의 임의 두 점 (0, −1), (4, 2) 사이의 직선 거리는?

① 3　　② 4
③ 5　　④ 6

37 중앙 처리 장치(CPU)와 주기억 장치 사이에서 원활한 정보의 교환을 위하여 주기억 장치의 정보를 일시적으로 저장하는 고속 기억 장치는?

① floppy disk
② CD-ROM
③ cache Memory
④ coprocessor

38 CAD 시스템으로 도형의 해칭(cross hatching) 작업을 하려고 할 때 기본적인 입력 요소가 아닌 것은?

① 해칭선의 각도
② 해칭선 사이의 간격
③ 해칭 영역의 지정
④ 해칭선의 시작점

해설

35 캐드에서 사용되는 좌표계
직교 좌표계, 극 좌표계, 원통 좌표계, 구면 좌표계

36
$$\overline{AB} = \sqrt{(x_2 - x_1)^2 + (y_2 - y_1)^2}$$
$$= \sqrt{(4-0)^2 + (2+1)^2}$$
$$= \sqrt{25} = 5$$

34 ④　35 ②　36 ③　37 ③
38 ④

해설

39 RS-232-C는 동일 실내의 통신에 사용됨

40 회전 시반 시계 방향에 대한 점의 좌표는 다음과 같다.
$[x', y', 1] = [x\ y\ 1]\begin{bmatrix} \cos\theta & \sin\theta & 0 \\ -\sin\theta & \cos\theta & 0 \\ 0 & 0 & 1 \end{bmatrix}$
∴ $(x, y) \rightarrow (-y, x)$

41 MIPS : 전자 계산기의 계산 속도. 초당 100만 개의 명령어를 연산을 처리하는 프로세서의 속도

42 태블릿은 입력 장치이다.

43 동차 좌표계 : n차원의 벡터를 (n+1) 차원의 벡터 행렬로 표현한 것. 그러므로 차원 동차 좌표는 3×3이다.

---

39 컴퓨터에서 사용하는 RS-232-C의 용도는 무엇인가?
① 데이터 전송 속도 측정
② 디지털 신호를 아날로그 신호로 변환시키는 장치
③ 아날로그 신호를 디지털 신호로 변환시키는 장치
④ 입출력 데이터를 전송

40 점 P(3,2)를 원점을 중심으로 90° 회전시킬 때 회전한 점의 좌표는?(반시계 방향으로 회전)
① (-1, 4)   ② (2, -3)
③ (-3, -2)   ④ (-2, 3)

41 다음 중 CAD 시스템의 설명 중 그 단위가 틀리게 연결된 것은?
① 통신속도 - baud, bps
② 컴퓨터 기억 용량 - byte, bit
③ 디스플레이 성능 - dot pitch, pixel
④ 플로터 성능 - dpi, MIPS

42 CAD 시스템 중에서 데이터 저장 장치가 아닌 것은?
① 플로피 디스크   ② 하드 디스크
③ CD   ④ 태블릿

43 동차 좌표계(homogeneous coordinate system)를 이용하는 경우 2차원 CAD에서 최대 좌표 변환 행렬은?
① 2 × 2   ② 4 × 4
③ 3 × 3   ④ 3 × 4

44 CAD의 편집 기능에 해당하는 것과 거리가 먼 것은?
① 이동   ② 소거
③ 복사   ④ 호출

---

39 ④   40 ④   41 ④   42 ④
43 ③   44 ④

45 컴퓨터에서 중앙 처리 장치의 구성이라 볼 수 없는 것은?

① 제어 장치
② 주기억 장치
③ 연산 장치
④ 입출력 장치

46 위치를 지정하는 방법으로 CAD 시스템에서 가장 부정확한 입력 방법은?

① 요소의 중간점 인식에 의한 점
② 요소의 끝점 인식에 의한 점
③ 교차점 입력에 의한 점
④ 화면의 커서 인식에 의한 점

47 컴퓨터의 기억 용량 표시가 틀린 것은?

① $1Gigabyte = 2^{30}byte$
② $1Megabyte = 2^{20}byte$
③ $1Kilobyte = 2^{10}byte$
④ $1byte = 16bit$

48 다음 그래픽 디스플레이 장치 중 음극선관(CRT)을 사용한 것이 아닌 것은?

① 랜덤 스캔형
② 래스터 스캔형
③ 스토리지형
④ 플라즈마형

49 화면 표시장치에 나타난 모양을 확대, 축소 등의 다른 조작 없이 그대로 종이 등의 물리적 요소에 출력시키는 장치를 무엇이라 하는가?

① 스캐너
② 라이트 펜
③ 모니터
④ 화면 복사 장치

해설

45 중앙 처리 장치 : 연산 장치, 제어 장치, 주기억 장치

46 화면의 커서를 이용하는 입력은 부정확한 좌표 입력 방식이다.

47 1byte = 8bit

48 플라즈마형은 특수형을 사용한 디스플레이 장치이다.

49 • 스캐너, 라이트 펜 : 입력 장치
• 모니터 : 화면 출력 장치

45 ④ 46 ④ 47 ④ 48 ④
49 ④

50 CAD 시스템에서 해칭의 기능 중 굵기를 설정하는 기능은 없다.

53 특수형 : 액정형, 플라즈마형, 발광 다이오드형, 레이저 스크린형

50 ② 51 ② 52 ③ 53 ③
54 ④

50 일반적인 CAD 시스템에서 해칭(hatching)할 도형을 지정한 후에 수정해야 할 파라미터가 아닌 것은?

① 해칭선의 종류
② 해칭선의 굵기
③ 해칭선의 각도
④ 해칭선의 간격

51 다음 중 CAD 시스템 사용 시 장점이 아닌 것은?

① 설계 시간의 단축
② 설계 비용의 증가
③ 설계의 정확도 향상
④ 도면 수정 용이

52 화면 표시 장치 각각의 영역에서 판독 위치, 입력 가능 위치 및 입력 상태 등을 표현하여 주는 표식은?

① 좌표 원점(origin point)
② 도면 요소(entity)
③ 커서(커서)
④ 대화 상자(dialogue box)

53 그래픽 디스플레이 장치 중에서 음극선관 디스플레이에 해당하는 것은?

① 액정형(LCD)
② 플라즈마 가스 방출형(plasma-gas discharge)
③ 랜덤 스캔형(random scan)
④ 전자 발광판형(EL)

54 일반적인 CAD 시스템에서 직선의 작성 방법이 아닌 것은?

① 임의의 두 점을 지정하는 방법
② 두 요소의 끝점을 연결하는 방법
③ 절대 좌표값의 입력에 의한 방법
④ 두 평면의 교차에 의한 방법

55 화상이나 모양을 부호화하여 디지털 데이터로 변환시키는 입력 장치는?

① 디지타이저(digitizer)
② 라이트 펜(light pen)
③ 음극선관(CRT)
④ 플로터(plotter)

56 CAD 시스템의 H/W 중 DPI 단위를 사용하는 것은?

① 기억 장치　　② CPU
③ 출력 장치　　④ 입력 장치

56 DPI : Dot Per Inch

57 칼라 디스플레이(color display)에 의해서 표현할 수 있는 색들은 어느 3색의 혼합에 의해서인가?

① 빨강, 파랑, 초록
② 빨강, 하얀, 노랑
③ 파랑, 검정, 하얀
④ 하얀, 검정, 노랑

57 3색 혼합 : R, G, B

58 다음은 일반적인 CAD 시스템에서 도형의 작성 방법이다. 잘못 연결된 것은?

① 직선 : 임의의 2점을 지정하는 방법
② 원 : 2개의 점(지름)의 지정에 의한 방법
③ 원호 : 중심점, 끝점, 시작점이 주어질 때
④ 원호 : 중심점과 반지름이 주어질 때

59 다음 중 CAD 시스템의 입력 장치가 아닌 것은?

① 디지타이저(digitizer)
② 마우스(mouse)
③ 플로터(plotter)
④ 라이트 펜(light pen)

59 플로터 : 출력 장치

55 ①　56 ③　57 ①　58 ④
59 ③

63 라이트 펜 : 입력 장치

64 중앙 처리 장치 : 연산장 치, 제어 장치, 주기억 장치

60 ①　61 ④　62 ①　63 ④
64 ④　65 ①

---

60 서피스 모델을 임의의 평면으로 절단했을 때 어떤 도형으로 나타나는가?

① 선(line)　② 점(point)
③ 면(face)　④ 표면(surface)

61 CAD 화면에서 도면의 원하는 부분을 확대할 수 있는 기능은?

① Pan　② View
③ Previous　④ Zoom

62 CAD 시스템을 구성하는 하드웨어로 볼 수 없는 것은?

① CAD 프로그램　② 중앙 처리 장치
③ 입력 장치　④ 출력 장치

63 다음 중 CAD 시스템의 출력 장치가 아닌 것은?

① 플로터(plotter)
② 프린터(printer)
③ 디스플레이(display)
④ 라이트 펜(light pen)

64 컴퓨터에서 중앙 처리 장치의 기능 구성으로만 짝지워진 것은?

① 출력 장치-입력 장치
② 제어 장치-입력 장치
③ 보조 기억 장치-출력 장치
④ 제어 장치-연산 장치

65 기존의 오브젝트(object)를 어느 한 기점을 기준으로 비율에 따라 축소 또는 확대할 수 있는 도형 변환 요소는?

① 스케일(scale)　② 시프팅(shifting)
③ 카피(copy)　④ 서피스(surface)

66 다음 중 시리얼 데이터(serial data) 전송의 구성 비트가 아닌 것은?

① stop bit ② data bit
③ low bit ④ parity bit

67 컬러 디스플레이(Color display)에서 표현할 수 있는 색은 3가지 색의 혼합비에 의해 정해지는 데, 그 3가지 색은 무엇인가?

① 빨강, 노랑, 파랑 ② 빨강, 파랑, 초록
③ 검정, 파랑, 노랑 ④ 빨강, 노랑, 초록

68 CAD 프로그램의 좌표에서 사용되지 않는 좌표계는?

① 직교 좌표 ② 상대 좌표
③ 극 좌표 ④ 원형 좌표

69 단면도 작성이 용이하며 물리적 성질(체적 등)의 계산이 가능한 3차원 모델링은?

① 솔리드 모델링
② 서피스 모델링
③ 와이어 프레임 모델링
④ 공간 모델링

70 3차원 CAD에서 최대 변환 매트릭스는?

① 2×2 ② 3×3
③ 4×4 ④ n×n

71 한정된 공간에서 여러 대의 컴퓨터, 단말기, 프린터 등을 서로 연결하여 데이터의 공유, 부하의 분산 및 신뢰성을 향상시킬 목적으로 설치하는 것을 무엇이라고 하는가?

① BPS ② PSTN
③ MODEM ④ LAN

해설

66 serial data : start bit, stop bit, data bit, parity bit

68 캐드에서 사용되는 좌표
직교 좌표, 극 좌표, 원통 좌표, 구면 좌표

70 n차원의 벡터를 (n+1) 차원의 벡터 행렬로 표현한다.

66 ③ 67 ② 68 ④ 69 ①
70 ③ 71 ④

해설

72
- 플로터, 프린터 : 물리적 요소 출력 장치
- 모니터 : 화면 출력 장치

73 3차원 형상 모델링 : 와이어 프레임 모델링, 서피스 모델링, 솔리드 모델링

75
- 태블릿(Tablet) : 주로 좌표 입력·메뉴의 선택·커서의 제어 등에 사용되며 보통 50cm³ 이하의 소형의 것을 말한다. 대형의 것은 디지타이저(Digitizer)라고 부르며 기능은 동일하다.
- 라이트 펜(Light Pen) : 펜의 움직임을 추적하면서 화면을 통해 컴퓨터에 자료를 입력시키는 펜 모양의 장치
- 조이스틱(Joystick) : 수직이나 수평으로 이동하는 유일한 막대로서 이 막대의 이동에 따라 커서를 이동시키는 장치

72 ①　73 ①　74 ④　75 ③
76 ④

---

72 다음 중 CAD 시스템의 입력 장치에 해당되는 것은?

① 조이스틱　　② 플로터
③ 프린터　　　④ 모니터

73 다음 중 3차원의 기하학적 형상 모델링과 관계가 먼 것은?

① 데이터 모델링
② 서피스 모델링
③ 와이어 프레임 모델링
④ 솔리드 모델링

74 일반적으로 CAD 시스템을 이용하여 할 수 있는 작업과 거리가 먼 것은?

① 기하학적 모델링
② 강도 및 열전달 계산 등의 공학적 분석
③ 설계의 정확도를 검사하는 설계의 평가
④ NC(numerical control) 코드의 작성

75 그래픽 스크린상의 특정 물체를 지정하거나 데이터를 입력할 때 사용하며 광선 감지기를 사용하는 입력 장치는?

① digitizer(디지타이저)
② joystick(조이스틱)
③ light pen(라이트 펜)
④ stylus/tablet(스타일러스/태블릿)

76 다음 중에서 위치를 지정할 때(CAD 작업의 경우) 가장 부정확한 값을 갖게 되는 것은?

① 선 요소의 끝점 입력
② 키보드를 이용 숫자적으로 입력
③ 두 요소의 교차점을 이용하여 입력
④ 화면상에서 커서로 입력

77 하나의 점을 정의할 수 없는 경우는?

① 평행하지 않은 두 직선의 교점을 점으로 지정한다.
② 원의 중심점에 점을 지정한다.
③ 직선과 원간의 교점을 점으로 지정한다.
④ 두 원의 접점을 점으로 지정한다.

78 다음은 2차원에서의 변환 행렬이다. 틀린 것은?

$$T_H = \begin{bmatrix} a & b & p \\ c & d & q \\ m & n & s \end{bmatrix}$$

① a, b, c, d는 회전(rotation), 스케일링(scaling)에 관계된다.
② p, q는 대칭 변환에 관계된다.
③ m, n은 이동(translation)에 관계된다.
④ s는 전체적인 스케일링(overall scaling)에 관계된다.

79 다음 입출력 장치의 연결이 잘못된 것은?

① 입력 장치 – 키보드, 라이트펜
② 출력 장치 – CRT, 프린터, COM
③ 입력 장치 – 트랙볼, Tablet
④ 출력 장치 – Digitizer, 플로터

80 일반적인 CAD 시스템으로 해칭(hatching)을 하고자 한다. 해칭영역을 지정한 후에 설정할 수 있는 항목이 아닌 것은?

① 해칭의 패턴
② 해칭선의 굵기
③ 해칭선의 각도
④ 해칭선의 간격

81 CAD 시스템의 도입 효과로 볼 수 없는 것은?

① 품질 향상
② 원가 상승
③ 표준화
④ 경쟁력 강화

해설

78 a, b, c, d는 스케일링, 회전 및 전단
• m, n은 이동
• p, q는 투사
• s는 전체적인 스케일링

80 해칭선의 굵기는 설정할 수 있는 항목이 아니다.

77 ③ 78 ② 79 ④ 80 ②
81 ②

82 아래 그림과 같은 3차원 모델링 중 은선 처리가 가능하고 면의 구분이 가능하므로 일반적인 NC 가공에 가장 적합한 모델링은?

① 와이어 프레임 모델링
② 이미지 모델링
③ 솔리드 모델링
④ 서피스 모델링

83 다음 CAD 시스템의 입력 장치 중 십자마크(커서)를 이동시켜 좌표를 지정하는 역할을 하는 장치가 아닌 것은?

① 마우스(mouse)
② 라이트 펜(light pen)
③ 조이스틱(joy stick)
④ 트랙 볼(track ball)

84 컴퓨터 입력 장치의 한 종류로 직사각형의 판에 사용자가 손에 잡고 움직일 수 있는 펜 모양의 스타일러스 혹은 버튼이 달린 라인 커서 장치의 2가지 부분으로 구성되며 펜이나 커서의 움직임에 대한 좌표 정보를 읽어서 컴퓨터에 나타내는 장치는?

① 디지타이저(digitizer)
② 광학 마크 판독기(OMR)
③ 음극선관(CRT)
④ 플로터(plotter)

85 작성된 도면을 화면상에서 어떤 변위만큼 움직일 때의 명령은?

① ZOOM   ② PAN
③ TRIM   ④ CHPROP

해설

83
- 라이트 펜(Light Pen) : 펜의 움직임을 추적하면서 화면을 통해 컴퓨터에 자료를 입력시키는 펜 모양의 장치
- 조이스틱(Joystick) : 수직이나 수평으로 이동하는 유일한 막대로서 이 막대의 이동에 따라 커서를 이동시키는 장치
- 트랙 볼 : 모든 방향으로 자유롭게 회전할 수 있는 볼을 원하는 방향으로 회전하여 커서를 이동시키는 장치

85 ① 확대, ③ 잘라내기, ④ 전체 선택

| 82 ④ | 83 ② | 84 ① | 85 ② |

86 다음 중 3차원의 기하학적 형상 모델링의 종류가 아닌 것은?

① 와이어 프레임 모델링(wire-frame modelling)
② 서피스 모델링(surface modelling)
③ 솔리드 모델링(solid modelling)
④ 시스템 모델링(system modelling)

87 그래픽 스크린 상에서 특정의 위치나 물체를 지정하는 데 사용되는 입력 장치는?

① 라이트 펜(light pen)
② 마우스(mouse)
③ 컨트롤 다이얼(control dial)
④ 조이스틱(joystick)

88 CAD 시스템으로 도면을 작성하여 출력하는 출력 장치가 아닌 것은?

① 플로터
② 하드 카피어
③ 라이트 펜
④ 레이저 프린터

89 CAD 시스템 사용 시의 효과라고 할 수 없는 것은?

① 고도의 설계 기능, 기술이 불필요
② 제품의 표준화
③ 제품 제도의 데이터베이스 구축 용이
④ 설계 생산성 증가

90 CAD 시스템에서 마지막 점에서 다음 점까지의 각도와 거리를 입력하여 선긋기를 하는 입력 방법은?

① 절대 좌표 입력 방법
② 상대 좌표 입력 방법
③ 원통 좌표 입력 방법
④ 상대 극좌표 입력 방법

해설

36 3차원 형상 모델링 : 와이어 프레임 모델링, 서피스 모델링, 솔리드 모델링

88 라이트 펜은 입력 장치이다.

86 ④ 87 ① 88 ③ 89 ①
90 ④

제5장
기계 재료

제 1절 기계 재료의 총론과 성질
제 2절 철강 재료의 이론
제 3절 비철금속 재료의 종류
제 4절 비금속 재료 및 신소재의 특성과 용도
적중예상문제

01 기계 재료의 총론과 성질

1. 금속의 성질 | 2. 기계적 시험 및 비파괴검사 | 3. 금속의 결정 | 4. 금속 가공

1 금속의 성질

가. 금속의 공통적 성질
① 실온에서 고체이며, 결정체(Hg 제외)이다.
② 가공이 용이하고 연성 전성이 크다.
③ 고유의 색상이 있으며 빛을 반사한다.
④ 열 및 전기의 양도체이다.
⑤ 비중이 크고 경도 및 용융점이 높다.

> **금속의 분류**
> 비중 4.5 이하를 경금속, 4.6 이상을 중금속이라 한다.
> ① 경금속 : Al(2.7), Mg(1.74), Na(0.97), Si(2.33), Li(0.53)
> ② 중금속 : Fe(7.87), Cu(8.96), Ni(8.85), Au(19.32), Ag(10.5), Sn(7.3), Pb(11.34), Ir(22.5)

나. 금속 재료의 성질

(1) 물리적 성질
① 비중
② 용융점
③ 비열
④ 선팽창 계수
⑤ 열 전도율 및 전기 전도율 : Ag-Cu-Au(Pt)-Al-Mg-Zn-Ni-Fe-Pb-Sb

⑥ 금속의 탈색
⑦ 자성
⑧ 성분, 조직, 전기 저항

(2) 기계적 성질
① 연성, 전성, 인성, 취성(메짐)
② 강도 및 경도
③ 피로 한계, Creep, 연신율, 단면 수축률, 충격값

2 기계적 시험 및 비파괴검사

가. 인장 시험(tensile test) : 암슬러 시험기를 이용한다.

① 인장 강도(σ_t)　　$a_t = \dfrac{P_{max}}{A_0}[kgf/mm^2]$

② 연신율(e)　　$e = \dfrac{l - l_0}{l_0} \times 100\%$

③ 단면 수축율(∅)　　$\phi = \dfrac{A_0 - A}{A_0} \times 100\%$

나. 경도 시험(hardness test)

(1) 압입자 하중에 의한 경도 시험
① 브리넬 경도(H_B) : 고탄소강 강구
② 비커스 경도(H_V): 대면각 136°
③ 로크웰 경도(H_RC, H_RB)
㉮ B스케일 : 1/6" 강구
㉯ C스케일 : 120° 다이아몬드 원추

(2) 반발 높이에 의한 방법(탄성 변형에 대한 저항으로 강도를 표시) : 완성 제품 검사
－ 쇼어경도 : $H_s = \dfrac{10,000}{65} \times \dfrac{h}{h_o}$

다. 충격 시험(impact test) : 인성과 메짐을 알아보는 시험
① 방법 : 샤르피식(단순보), 아이조드식(내다지보)

② 충격값

U$[kgf \cdot m/cm^2]$

$$U = \frac{E}{A} = \frac{WR(\cos\beta - \cos\alpha)}{A}[kgf \cdot m/cm^2]$$

- E : 시험편을 절단하는 데 흡수된 에너지
- A : 노치부의 단면적

라. **피로 시험(fatigue test)** : 반복되어 작용하는 하중 상태의 성질을 알아낸다.
  ① 강의 피로 반복 회수 : $10^6 \cdots 10^7$ 정도
  ② 피로파괴 : 재료의 인장 강도 및 항복점으로부터 계산한 안전 하중 상태에서도 작은 힘이 계속적으로 반복하면 재료가 파괴를 일으키는 경우

마. **비파괴검사** : 시간 단축, 재료 절약 및 완성 제품의 검사
  ① 타진법
  ② 자분 탐상법
  ③ 침투 탐상법, 형광 검사법
  ④ 초음파 탐상법 : 반사식, 투과식, 공진식
  ⑤ 방사선 투과법(X-선, γ-선)

3 금속의 결정

가. 금속 원자 결정

  (1) 체심 입방 격자(BCC)
      ① 융점 높고 강도 크다.[소속원자수 : 2개, 배위수(인접 원자수) : 8개]
      ② Cr, W, Mo, V, Li, Na, Ta, K, α-Fe, δ-Fe

  (2) 면심 입방 격자(FCC)
      ① 전연성, 전기 전도율이 크다. 가공성 우수(소속 원자수 : 4개, 배위수 : 12개)
      ② Al, Ag, Au, Cu, Ni, Pb, Ca, Co, γ-Fe

  (3) 조밀 육방 격자(HCP)
      ① 전연성, 접착성, 가공성 불량(소속 원자수 : 2개, 배위수: 12개)

② Mg, Zn, Cd, Ti, Be Zr, Ce

> **금속 재료의 자유도**
> $F = C - P + 1$
> 여기서 C : 성분의 수, P : 상의 수

4 금속 가공

가. 가공 경화
재료에 외력을 가하여 변형시키면 굳어지는 현상(결정결함수의 증가)

나. 냉간 가공 시 기계적 성질

(1) 냉간 가공의 장점
제품의 치수 정확, 가공면이 아름답다. 기계적 성질 개선 강도 및 경도 증가 연신율 감소

(2) 냉간 가공의 단점
가공 방향으로 섬유조직이 되어 방향에 따라 강도가 다르다.
① 시효 경화(age hardening) : 냉간 가공 시 시간 경과로 경화
② 재결정 : 가공 경화된 재료를 가열 시 결정핵이 성장하여 전체가 새로운 결정으로 변화
  ㉮ 재결정 온도, 열간(고온) 가공과 냉간(상온) 가공이 구분되는 온도(구결정→신결정)
  ㉯ 가공도가 크면 재결정 온도는 낮아진다.

02 철강 재료의 이론

1. 철강 재료의 개요 | 2. 순철(pure iron) | 3. 탄소강(carbon steel)
4. 특수강(special steel) | 5. 주철(cast iron)

1 철강 재료의 개요

가. 철강의 분류

(1) 순철 : 0.03%C 이하(전기 재료, 단접성이 좋다.)

(2) 강(steel)
   ① 탄소강 : 0.03~2.1%C(기계구조용)
   ② 합금강 : 탄소강~다른금속

(3) 주철 : 2.1~6.6%C(주물재료 : 보통2.0~4.5%C 사용)

나. 철강 재료의 5대 원소 : 탄소, 황, 인, 규소, 망간
C(강에 가장 큰 영향), S < 0.05%, P < 0.04%, Si < 0.1~0.4%, Mn < 0.2~0.8%

다. 강괴(steel ingot)

(1) 림드강(remmed steel) : Fe-Mn으로 약하게 탈산시킨 것(가공 및 내부에 편석 발생)

(2) 킬드강(killed steel) : Fe-Si, Al로 충분히 탈산시킨 것(상부에 수축관 생김)

(3) 세미킬드강(semi-killed steel) : 약탈산강, 용접 구조물에 사용

2 순철(pure iron)

가. 순철의 성질
① 비중 : 7.86, 용융점 : 1538℃
② 항자력이 낮고 투자율이 높아 전기 재료(변압기, 발전기용 박판)로 사용
③ 단접성, 용접성이 양호하며 유동성 및 열처리성 불량
④ 상온에서 전연성 풍부, 항복점, 인장 강도 낮고 연신율, 단면 수축률, 충격값, 인성은 높다.
⑤ 순철의 종류로는 암코철, 전해철, 카보닐철 등이 있다.
⑥ 인장 강도 : $18\sim25\text{kg/mm}^2$, H_B : $60\sim70\text{kg/mm}^2$

나. 순철의 변태

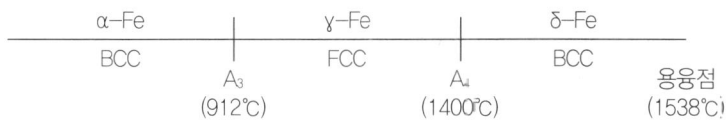

(1) 동소 변태 : A_3(912℃), A_4(1400℃)

(2) 자기 변태 : A_2(768℃) → Fe, Ni, CO

3 탄소강(carbon steel)

가. 탄소 함량에 따른 분류
(1) 공석강 : 0.77%C(펄라이트)
(2) 아공석강 : 0.025~0.77%C(페라이트+펄라이트)
(3) 과공석강 : 0.77~2.0%C(펄라이트+시멘타이트)
(4) 공정 주철 : 4.3%C(레데뷰라이트)
(5) 아공정 주철 : 2.0~4.3%C(오스테나이트+레데뷰라이트)
(6) 과공정 주철 : 4.3~66.7%C(레데뷰라이트+시멘타이트)
 ① 포정점 : 0.18%C, 1492
 ② 공석점 : 0.77%C, 723
 ③ 공정점 : 4.3%C, 1147
 *상온 표준 조직 : 펄라이트

나. 탄소강에 함유된 성분

  (1) Si(0.1~0.35%) : 강도·경도·탄성 한계 증가, 연신율·충격값 낮고, 단접성 불량, 유동성 우수

  (2) Mn(0.2~0.8%) : 고온 가공이 용이, 강도·경도·인성이 크며, 담금질 효과가 크다. 황과 화합하여 적열취성방지(MnS)

  (3) P(0.06% 이하) : 강도·경도 증가, 연신율 감소, 상온취성(편석 및 균열) 원인(Fe_3P)

  (4) S(0.08~0.35%) : 강도·연신율·충격값 저하, 용접성 및 유동성을 해친다. 적열메짐 원인 MnS강 : 절삭성 향상

  (5) Cu : 내식성 증가, 압연시 균열 원인

다. 탄소강의 기계적 성질

  (1) 탄소량이 증가할 때(아공석강일 때)
    ① 기계적 성질 : 인장 강도 및 경도 증가, 열처리성 양호, 연성및 인성 감소, 용접성 불량
    ② 물리적 성질 : 결정입자 조밀, 비중·용융점 및 열 전도율·전기 전도도 감소, 전기 저항 증가

  (2) 공석강 부근에서 인장 강도와 경도가 최대

라. 탄소강의 용도

  (1) 연강(0.13~0.20%) : 관, 교량, 강철봉, 철골, 철교, 볼트, 리벳(SM15C)

  (2) 경강(0.40~0.50%) : 차축, 크랭크 축, 기어, 캠, 레일(SM45C)

마. 취성(메짐)의 종류

  (1) **적열취성** : 900℃ 이상에서의 S에 의한 상의 메짐

  (2) **상온취성** : P이 많은 강에서 발생

  (3) **청열취성** : 200~300℃의 강에서 강도는 크지만, 연신율이 대단히 작아져 취성이 발생

  (4) H_2 : Hair crack 또는 백점(白點)의 원인(철을 여리게 하고 산이나 알칼리에 약함)

4 특수강(special steel)

탄소강에 다른 원소를 첨가하여 강의 기계적 성질을 개선한 강
*종류 : 구조용 특수강, 공구용 특수강, 특수 목적용 특수강

가. 구조용 특수강

(1) 강인강

① Ni강 : 강도가 큼

② Cr강 : 경도가 큼

③ Ni-Cr강(SNC) : 550~580℃에서 뜨임메짐 발생(방지제 : Mo 첨가)

④ Ni-Cr-Mo강 : 뜨임메짐 방지하고 내열성, 열처리 효과가 큼

⑤ Cr-Mo강 : 열간 가공이 쉽고, 다듬질 표면이 깨끗하고, 용접성 우수, 고온강도 큼

⑥ Cr-Mn-Si강

⑦ Mn강

㉮ 저Mn강(1~2%) : 펄라이트 Mn강, 듀콜강, 고력강도강 구조용으로 사용

㉯ 고Mn강(10~14%) : 오스테나이트 Mn강, Hard field강, 수인강
용도로는 각종 광산 기계, 기차 레일의 교차점 등의 내마멸성이 요구되는 곳에 사용

(2) 표면 경화강

① 침탄용강 : Ni, Cr, Mo 함유강

② 질화용강 : Al, Cr, Mo 함유강(Al은 질화층의 경도 향상)

(3) 스프링강 : 탄성한계, 항복점, 충격값, 피로한도가 높다.

① Si-Mn강, Mn-Cr강

② Cr-V강

③ Cr-Mo강(대형 겹판·코일 스프링용 : SPS 9)

(4) 쾌삭강 : 강의 피삭성을 증가시켜 절삭가공을 쉽게 하기 위하여 S, Pb 등을 첨가한 강

나. 공구용 특수강 및 공구 재료

(1) 공구용 특수강의 구비 조건

① 상온 및 고온에서 경도를 유지할 것

② 내마멸성 및 강인성이 클 것

③ 열처리가 쉬울 것

④ 제조와 취급이 쉽고, 가격이 저렴할 것

(2) 공구강의 종류

① 탄소 공구강 : 0.6~1.5%C, 300℃ 이상에서 사용할 수 없음, 주로 줄, 정, 펀치, 쇠톱날, 끌 등의 재료에 사용

② 합금 공강 : 0.6~1.5%C+Cr, W, Mn, Ni, V 등을 첨가하여 성질을 개선. 종류로는 절삭용(절삭공구), 내충격용(정, 펀치, 끌), 열간 금형용(단조용 공구, 다이스)

③ 고속도강 : Taylor가 발명(일명 "하이스")

> **W계 고속도강**
> 0.8%C, W(18)-Cr(4)-V(1%) : 표준형
> 600℃까지 경도 저하 안 됨
> 예열 : 800~900℃
> 담금질 : 1250~1300℃
> 뜨임 : 550~580℃(목적 : 경도 증가)

④ 주조경질합금(Stellite) : Co-Cr-W-C, 열처리를 하지 않고 주조한 후 연삭하여 사용
⑤ 초경합금 : 금속 탄화물(WC, TiC, TaC)에 Co 분말과 함께 금형에 넣어 압축 성형하여 800~900℃로 예비 소결하고, 1400~1500℃의 H_2 기류 중에 소결한 합금
⑥ 세라믹(ceramic) : Al_2O_3을 1600℃ 이상에서 소결 성형. 고온 경도가 가장 크며 내열성이 크다. 인성이 적어 충격에 약하며 고온 절삭시 절삭제를 사용하지 않는다.

다. 특수 목적용 특수강

(1) 스테인리스강(STS : stainless steel)
  ① 13Cr : 페라이트계 스테인리스강으로 열처리하면 마텐자이트계 스테인리스강이 된다.
  ② 18Cr-8Ni : 오스테나이트계(18-8형 : 표준형), 담금질 안 됨, 용접성이 우수, 비자성체, 내식성 및 내충격성이 크다. 600~800℃에서 입계부식 발생(방지제 : Ti)

(2) 규소강 : 변압기 철심이나 교류 기계의 철심 등에 사용

(3) 베어링강 : 주성분은 고탄소 크롬강(C : 1%, Cr ; 1.2%)이며, 높은 강도, 경도, 내구성 및 탄성 한계, 피로 한도가 높아야 한다. 담금질 후 반드시 뜨임 필요

(4) 불변강(고 Ni강)
  ① 인바(invar) : Fe-Ni36%, 길이 불변이며, 미터기준봉, 표준자, 지진계, 바이메탈, 정밀 기계부품으로 사용
  ② 엘린바(elinvar) : Fe-Ni 36%-Cr12%, 탄성 불변이며, 저울의 스프링, 시계 부품, 정밀 계측기 부품으로 사용
  ③ 퍼멀로이(permalloy) : Ni75~80%, 해저전선의 장하코일용
  ④ 플래티나이트(platinite) : Fe-Ni 42~46%, 전구나 진공관의 도입선(봉입선) 열팽창 계수가 유리나 백금과 같다.

라. 강의 열처리

(1) 일반 열처리

① 담금질(quenching or hardening : 소입)
  ㉮ 목적 : 강의 강도 및 경도 증대(단단하게 하기 위함)
  ㉯ 담금질액(냉각제) : 기름, 비눗물, 보통물(담금질 효과 큼), 소금물(NaCl :1.96, 냉각효과 큼)
    * 냉각 효과 가장 큰 냉각제 : NaOH(2.06)
  ㉰ 담금질 조직(냉각 속도에 따라서)

냉각 방법	조직	냉각 방법	조직
노중 냉각(공냉)	펄라이트	유중 냉각(유냉)	트루스타이트
공기 중 냉각(공냉)	소르바이트	수중 냉각(수냉)	마텐자이트

> **심랭(sub-zero) 처리**
> 담금질 직후 잔류 오스테나이트를 마텐자이트화 하기 위하여 0℃ 이하로 처리하는 것
>
> **각 조직의 경도 순서**
> C(HB800) 〉 M(600) 〉 T(400) 〉 S(230) 〉 P(200) 〉 A(150) 〉 F(100)

② 뜨임(tempering : 소려)
  ㉮ 목적 : 내부 응력 제거, 인성 개선
  ㉯ 열처리 조직 변화 순서 : 오스테나이트(200℃) → 마텐자이트(400℃) → 트루스타이트(600℃) → 소르바이트(700℃) → 입상 펄라이트

③ 풀림(annealing : 소둔) : 내부 응력 제거, 재질 연화, 노냉

④ 불림(normalizing : 소준) : A_3점 보다 30~50℃ 높게 가열 후 공기 중에서 냉각하면 미세하고 균일한 조직을 얻는 방법

(2) 항온 열처리

항온 변태 곡선(TTT 곡선, S곡선, C곡선)을 이용하여 열처리 하는 것, 균열 방지 및 변형 감소의 효과(담금질+뜨임을 동시에)

> **TTT 곡선(time temperature transformation diagram)**
> 시간, 온도, 변태 곡선

① 오스템퍼(austemper) : 하부 베이나이트(B), 뜨임할 필요가 없고 강인성이 크며, 담금질 변형 및 균열 방지
② 마템퍼(martemper) : 베이나이트(B)와 마텐자이트(M)의 혼합 조직
③ 마퀜칭(marquenching) : 마텐자이트(M), 복잡한 물건의 담금질.(고속도강, 베어링, 게이지) 마퀜칭 후 뜨임하여 사용한다.

(3) 표면 경화법
① 침탄법 : 고체(목탄, 코크스), 가스(CO, CO_2, 메탄, 에탄, 프로판), 침탄깊이 0.5~2mm
② 시안화법 : KCN, NaCN(청화법)
③ 질화법 : NH_3, 50~100HR, 자동차의 크랭크축, 캠, 펌프축 등에 사용, 질화층 0.4~0.8mm
④ 화염 경화법 : 대형 가공물에 사용(선반의 베드, 공작기계의 스핀들)
⑤ 고주파 경화법 : 경화시간이 짧다.(수초에 가능)

5 주철(cast iron)

주철은 탄소 함유량이 2.0~6.68%C(보통 2.5~4.5%C 함유)

주철의 장점
- 용융점(1110~1250℃) 및 비중(7.1~7.3)이 낮고, 유동성(주조성)이 우수하다.
- 단위 무게당 값이 싸고 복잡한 형상도 쉽게 제작할 수 있다.
- 녹이 잘 생기지 않으며 전·연성이 작고, 소성가공이 안 된다.
- 마찰 저항 및 절삭성이 우수하다.
- 인장 강도, 휨강도 및 충격값이 작으나 압축 강도는 크다.
- 열처리의 경우 담금질, 뜨임이 안되나 주조 응력 제거의 목적으로 풀림 처리를 한다.(500~600℃, 6~10시간)
- 자연 시효(시즈닝) : 주조 후 장시간(1년 이상) 외기에 방치하여 주조 응력이 없어지는 현상이다.

가. 마우러 조직도
탄소와 규소 및 냉각속도에 따른 주철의 조직도

나. 주철의 성장
주물을 600℃ 이상의 온도에서 가열과 냉각을 반복하면 주철의 부피가 팽창하여 변형 및 균열이 발생하는 현상

(1) 성장 원인
① Fe_3C의 흑연화에 의한 팽창, A_1변태점 이상에서 체적의 변화
② 퍼라이트 주의 Si의 산화에 의한 팽창
③ 불균일한 가열로 생기는 균열에 의한 팽창
④ 흡수된 가스에 의한 팽창

(2) 방지법
① 흑연화 방지제 : Mo, S, Cr, V, Mn
② 흑연화 촉진제 : Al, Si, Ni, Ti(알규니티)

다. 보통 주철(회주철 : GC 1~3종)→ GC10~GC20
① 인장 강도 : 10~20kg/mm²
② 조직 : 페라이트+흑연(편상)

라. 고급 주철(회주철 : GC 4~6종)→ GC25~ GC35
내마멸성이 요구되는 주철로 펄라이트 주철이라고 한다.
① 인장 강도 : 25kg/mm² 이상
② 조직 : 펄라이트 + 흑연

마. 특수 합금 주철
(1) 합금 주철
① 내열 주철 : 고크롬 주철(Cr34~40%) : 내산화성(1000℃)
② 내산 주철 : 고규소 주철(Si14~18%)이라고도 하며, 절삭 가공이 곤란

(2) 특수 용도 주철
① 구상 흑연 주철(GCD) : 용융 상태에서 Mg, Ce, Ca 등을 첨가 처리하여 흑연을 구상화로 석출시킨 것, 소형 자동차의 크랭크 축, 캠축, 브레이크 드럼 등의 자동차 주물, 잉곳 상자 및 특수 기계부품용 재료로 사용
② 칠드(냉경) 주철: 용융 상태에서 금형에 주입하여 접촉면을 백주철(Fe_3C)로 만든 것
③ 가단 주철 : 백주철을 장시간 열처리하여 탄소의 상태를 분해 또는 소실시켜 인성 또는 연성을 증가시킨 주철, 자동차 부품, 관이음쇠 등의 대량 생산에 많이 이용되는 주철이다.

03 비철금속 재료의 종류

1. 구리와 그 합금 | 2. 알루미늄과 그 합금 | 3. 그 밖의 비철금속

1 구리와 그 합금

가. 구리의 성질

① 비중은 8.96, 용융점 1083℃이며 변태점이 없다.
② 비자성체이며, 전기 및 열의 양도체이다(전기 전도율을 해치는 원소 : Al, Mn, P, Ti, Fe, Si, As).
③ 전연성이 풍부하며, 가공 경화로 경도가 크다(600~700℃에서 30분간 풀림하여 연화).
④ 황산, 질산, 염산에 용해, 습기, 탄산가스, 해수에 녹 발생, 공기 중에서 산화 피막 형성

나. 황동(Cu-Zn)

✓ Cu+Zn 30% : 7·3황동(α고용체)은 연신율 최대, 가공성을 목적
✓ Cu+Zn 40% : 6·4황동(α + β고용체)은 인장 강도 최대, 강도 목적(일명 문쯔메탈)

(1) **톰백(tombac)** : 8~20% Zn 함유, 색상이 황금빛이며, 연성이 크다. 금대용품 장식품(불상, 악기, 금박)에 사용

(2) **주석 황동** : 내식성 및 내해수성 개량(Zn의 산화, 탈아연 방지)
    ① 애드미럴티 황동(admiralty brass) : 7·3황동 + Sn 1% 첨가
    ② 네이벌 황동(naval brass) : 6·4 황동에 Sn 1% 첨가

(3) **강력 황동** : 6·4황동에 Mn, Al, Fe, Ni, Sn을 첨가

(4) **양은(nikel silver)** : 7·3황동에 Ni 15~20% 첨가, 전기 저항선, 스프링 재료, 바이메탈용에 사용(백동, 양백)

다. 청동(Cu-Sn)

✓ Cu + Sn 4% : 연신율 최대

✓ Cu + Sn 15~17(20)% : 강도, 경도 급격히 증가

(1) 인청동 : Cu + Sn 9% + P 0.35%(탈산제), 내마멸성, 인장 강도, 탄성 한계 높으며 용도로는 스프링재(경년변화가 없다), 베어링, 밸브시트 등에 쓰인다.

(2) 베어링용 청동 : Cu + Sn 13~15%

(3) 켈밋(kelmet) : Cu + Pb 30~40%, 고속 고하중용 베어링에 사용

(4) 오일레스 베어링 : Cu + Sn + 흑연 분말을 소결시킨 것, 기름 급유가 곤란한 곳의 베어링용으로 사용. 주로 큰하중 및 고속 회전부에는 부적당하고 가전제품, 시품기계, 인쇄기 등에 사용

(5) 베릴륨 청동(Be-bronze) : Cu + Be 2~3%, 베어링 고급 스프링 등에 이용

2 알루미늄과 그 합금

가. 알루미늄합금

(1) 주조용 Al합금

① 실루민 : Al-Si계, 개량처리(Na : 가장 널리 사용, NaOH, F)
② 라우탈 : Al-Cu-Si계, 피스톤, 기계부품, 시효 경화성이 있다.
③ Y합금(내열합금) : Al-Cu 4%-Ni 2%-Mg 1.5%, 내연기관의 실린더, 피스톤에 사용(알구니마)
④ 로우엑스 : Al-Si-Mg계, 열팽창 계수가 적고 내열성, 내마멸성이 우수
⑤ 하이드로나륨 : Al-Mg계, 내식성이 가장 우수하다.

(2) 단련용(가공용) Al합금

두랄루민 : Al-Cu-Mg-Mn계, 항공기 재료, 시효 경화 합금(알구마망)

(3) 내식용 Al합금

① 하이드로날륨(hydronalium) : Al-Mg계, 내식성이 가장 우수
② 알민(Almin) : Al-Mn계
③ 알드레(Aldrey) ; Al-Mn-Si계
④ 알클래드(Alclad) : 내식 알루미늄 합금을 피복한 것

3 그 밖의 비철금속

가. 마그네슘과 그 합금

(1) Mg-Al계 합금(Al 4~6% 첨가) : 도우메탈(dow metal)이 대표적이다. Al 6%(인장 강도 최대), Al 4%(연신율 최대)

(2) Mg-Al-Zn계 합금(Mg, Al 3~7%, Zn 2~4%) : 엘렉트론(electron)이 대표, 주로 주물용 재료

나. 니켈과 그 합금 티탄

(1) Ni-Cu계 합금
   ① 콘스탄탄(constantan) : Cu-Ni 40~45%, 열전대용 재료
   ② 어드벤스(advance) : Cu-Ni 44%, Mn 1%
   ③ 모넬메탈(monel metal) : Cu-Ni 65~70%, Cu, Fe 1~3%(화학공업용)

(2) 티탄(Ti)
   ① 성질 : 비중 4.5 인장 강도 $50kgf/mm^2$, 강도가 크다. 고온강도·내식성·내열성·절삭성이 우수하다.
   ② 용도 : 초음속 항공기외판, 송풍기의 프로펠러

다. 베어링 합금

(1) 화이트 메탈(white metal) : Sn +Cu +Sb +Zn의 합금, 저속기관의 베어링

(2) 주석계 화이트 메탈 : 배빗 메탈(babbit metal)이라고 하며, 우수한 베어링 합금

(3) 납계 화이트 메탈 : Pb-Sn-Sb계

(4) 아연계 합금 : Zn - Cu - Sn계

04 비금속 재료 및 신소재의 특성과 용도

1. 신소재의 종류 및 특성과 용도 | 2. 그 밖의 공업 재료(비금속 재료)

1 신소재의 종류 및 특성과 용도

가. 금속 복합 재료

(1) 섬유 강화 금속 복합 재료(FRM : fiber reinforced metal)

휘스커(whisker) 등의 섬유를 Al, Ti, Mg 등의 연성과 인성이 높은 금속이나 합금 중에 균일하게 배열시켜 복합화한 재료를 섬유 강화 복합 재료(FRM : fiber reinforced metal)라고 한다.

① 강화 섬유의 종류
   ㉮ 비금속계 : C, B, SiC, Al_2O_3, AlN, ZrO_2 등
   ㉯ 금속계 : Be, W, Mo, Fe, Ti 및 그 합금

② 특징
   ㉮ 경량이고 기계적 성질이 매우 우수하다.
   ㉯ 고내열성, 고인성, 고강도를 지닌다.
   ㉰ 주로 항공우주 산업이나 레저 산업 등에 사용된다.

(2) 분산 강화 금속 복합 재료

기지 금속 중에 0.01~0.1㎛ 정도의 산화물 등 미세한 입자를 균일하게 분포시킨 재료로 기지 금속으로는 Al, Ni, Ni-Cr, Ni-Mo, Fe-Cr 등이 이용된다.

① 특징
   ㉮ 고온에서 크리프 특성이 으수하다.
   ㉯ 분산된 미립자는 기지 중에서 화학적으로 안정하고 용융점이 높다.
   ㉰ 복합 재료의 성질은 분산 입자의 크기, 형상 양에 따라 변한다.

② 제조 방법 : 혼합법, 열분해법, 내부 산화법 등이 있다.

③ 실용 재료의 종류

㉮ SAP(sintered aluminium powder product) : 저온 내열 재료
  ㉠ Al 기지 중에 산화알루미늄(Al_2O_3)의 미세입자를 분산시킨 복합 재료로 다른 Al 합금에 비하여 350~550℃에서도 안정한 강도를 나타낸다.
  ㉡ 주로 디젤 엔진의 피스톤 밴드나 제트 엔진의 부품으로 사용된다.
㉯ TD Ni(thoria dispersion strengthened nickel) : 고온 내열 재료
  ㉠ Ni 기지 중에서 ThO_2 입자를 분산시킨 내연 재료로 고온 안정성이 크다.
  ㉡ 주로 제트 엔진의 터빈 블레이드(tuebine blade) 등에 응용된다.

(3) 입자 강화 금속 복합 재료
1~5㎛ 정도의 비금속 입자가 금속이나 합금의 기지 중에 분산되어 있는 것으로 서멧(cermet)이라고 한다.

(4) 클래드 재료
① 2종류 이상의 금속 특성을 복합적으로 얻을 수 있는 재료로 얇은 특수한 금속을 두껍고 가격이 저렴한 모재에 야금학적으로 접합시킨 것이 많다.
② 제조법으로는 폭발 압착법, 압연법, 확산 결합법, 단접법, 압출법 등이 있다.

(5) 다공질 재료
다공질 금속으로는 소결체의 다공성을 이용한 베어링이나 다공질 금속 필터가 있다. 소결 다공성 금속 제품으로는 방직기용 소결 링크, 열교환기, 전극 촉매, 발포성 금속 등이 있다.

나. 형상 기억 합금

형상 기억 합금이란, 문자 그대로 어떠한 모양을 기억할 수 있는 합금을 말한다. 즉, 고온 상태에서 기억한 형상을 언제까지라도 기억하고 있는 것으로, 저온에서 작은 가열만으로도 다른 형상으로 변화 시켜 곧 원래의 형상으로 되돌아가는 현상을 형상 기억 효과라 하며, 이 효과를 나타내는 합금을 형상 기억 합금(shape memory alloy)이라고 한다.
현재 실용화된 대표적인 형상 기억 합금은 Ni-Ti합금이며, 회복력은 $30kgf/cm^2$이고 반복 동작을 많이 하여도 회복 성능이 거의 저하되지 않는다.
이 합금은 주로 우주선의 안테나, 치열 교정기, 여성의 브래지어 와이어, 전투기의 파이프 이음 등에 사용된다.

다. 제진 재료

제진 재료란, "두드려도 소리가 나지 않는 재료"라는 뜻으로, 기계 장치나 차량 등에 도장하여 진동과 소음을 제어하기 위한 재료를 말한다.

라. 초전도 재료

금속은 전기 저항이 있기 때문에 전류를 흐르면 전류가 소모된다. 보통 금속은 온도가 내려 갈수록 전기 저항이 감소하지만, 절대온도 근방으로 냉각하여도 금속 고유의 전기 저항은 남는다. 그러나 초전도 재료는 일정 온도에서 전기 저항이 0이 되는 현상이 나타나는 재료를 말한다.

초전도 재료의 응용 분야는 전기 저항이 0으로 에너지 손실이 전혀 없으므로 전자석용 선재의 개발 및 초고속 스위칭 시간을 이용한 논리 회로 및 미세한 전자기장 변화도 감지할 수 있는 감지기 및 기억 소자 등에 응용할 수 있다.

또한, 전력 시스템의 초전도화, 핵융합, MHD(magnetic hydrodynamic generator), 자기 부상 열차, 핵자기 공명 단층 영상 장치, 컴퓨터 및 계측기 등의 여러 분야에 응용할 수 있다.

마. 자성 재료

자성 재료는 자기적 성질을 가지는 재료를 달하며 공업적으로 자기의 성질이 필요한 기계, 장치, 부품 등에 활용할 수 있는 재료를 말한다.

(1) **경질 자성 재료(영구 자석 재료)** : 주로 음향 기기, 전동기, 통신 계측 기기 등에 이용된다.

(2) **연질 자성 재료** : 주로 전동기나 변압기의 자심, 자기 헤드 마이크로파(microwave) 재료 등에 이용 된다.

바. 그 밖의 새로운 금속 재료

(1) **수소 저장 합금**

금속 수소 화합물의 형태로 수소를 흡수 방출하는 합금이 수소 저장 합금이다.

종류는 $LaNi_5$, $TiFe$, Mg_2Ni 등이 있다.

(2) **금속 초미립자**

초미립자의 크기는 미크론(μm) 이하 또는 100nm의 콜로이드(colloid) 입자의 크기와 같은 정도의 분체라 할 수 있다.

현재 초미립자는 자기테이프, 비디오 테이프, 태양열 이용 장치의 적외선 흡수 재료 및 새로운 합금 재료, 로켓 연료의 연소 효율 향상을 위해 이용되고 있다.

(3) **초소성 합금**

초소성 재료는 수백% 이상의 연신율을 나타내는 재료를 말한다.

초소성 현상은 소성 가공이 어려운 내열 합금 또는 분산 강화 합금으로 분말 야금법으로 제조하여 소성 가공 및 확산 접합할 때 응용할 수 있으며, 서멧과 세라믹에도 응용이 가능한다.

(4) **반도체 재료**

반도체는 도체와 절연체의 중간인 약 $10^{-7}[\Omega m]$에서 $10^{-7}[\Omega m]$ 범위의 저항률을 가지고 있다. 현재, 반도체 중에서 Si 반도체가 가장 큰 비중을 차지하고 있다.

2 그 밖의 공업 재료(비금속 재료)

가. 무기 공업 재료
무기 공업 재료로는 세라믹, 단열재, 연마재 등이 있다.

나. 유기 공업 재료
유기 공업 재료에는 플라스틱과 고무가 있다.

(1) 플라스틱
① 플라스틱은 열가소성 수지와 열경화성 수지가 있으며, 주로 전선, 스위치, 커넥터, 전기 기계 기구 부품 및 장난감, 생활용품 등에 많이 사용되고 있다.

② 플라스틱의 특징
- ㉮ 원하는 복잡한 형상으로 가공이 가능하다.
- ㉯ 가볍고 단단하다.
- ㉰ 녹이 슬지 않고 대량 생산으로 가격도 저렴하다.
- ㉱ 우수하여 전기 재료로 사용된다.
- ㉲ 열에 약하고 금속에 비해 내마모성이 적다.

(2) 열가소성 수지와 열경화성 수지
① 열가소성 수지
- ㉮ 열가소성 수지는 가열하여 성형한 후에 냉각하면 경화하며, 재가열하여 새로운 모양으로 다시 성형할 수 있다.
- ㉯ 종류로는 폴리에틸렌 수지, 폴리프로필렌 수지, 폴리스티렌 수지, 염화 비닐 수지, 폴리아미드 수지, 폴리카보네이트 수지, 아크릴니트릴 브타디엔 스티렌 수지 등이 있다.

② 열경화성 수지
- ㉮ 열경화성 수지는 가열하면 경화하고 재용융하여도 다른 모양으로 다시 성형할 수 없다.
- ㉯ 종류로는 페놀 수지, 멜라민 수지, 에폭시 수지, 요소 수지 등이 있다.

적중예상문제_ 기계 재료

01 다음 중 항온 변태를 통해서만 얻어지는 조직은?

① 트루스타이트(troostite)
② 솔바이트(sorbite)
③ 레데브라이트(ledbrite)
④ 베이나이트(bainite)

02 편상 흑연 주철 중에서 인장 강도가 몇 kgf/mm² 이상인 주철을 고급 주철이라 하는가?

① 5
② 10
③ 25
④ 50

03 절삭 공구강의 일종인 고속도강(18-4-1)의 표준 성분은?

① Cr18%, W4%, V1%
② V18%, Cr4%, W1%
③ W18%, Cr4%, V1%
④ W18%, V4%, Cr1%

04 다음 중 니켈합금과 관계가 없는 것은?

① 문쯔메탈
② 백동
③ 콘스탄탄
④ 모넬메탈

해설

01 트루스타이트 : 기름에서 서냉
솔바이트 : 공기중에 서냉

02 인장 강도가 25kgf/mm² 이상의 주철, 펄라이트 조직을 갖고 있으며 강도를 요하는 기계 부품에 사용

03 표준형 고속도강 : 18-4-1형

04 문쯔메탈 : 6·4황동(Zn 40%)

01 ④   02 ③   03 ③   04 ①

해설

06 톰백 : 8~20% Zn 금대용품

07 체심 입방 격자 금속 : Fe, Cr, W, Mo, V, Li, Na, Ta, K

08 화학적인 방법 : 침탄법, 질화법, 청화법, 금속 침투법

09 • 7·3황동은 구리 70, 아연 30
 • 6·4황동은 구리 60, 아연 40

10 물리적 성질 : 비중1.74, 용융점 650℃, 조밀육방격자, 산화연소가 잘됨

05 ③ 06 ④ 07 ③ 08 ③
09 ② 10 ③

---

05 비중 1.74로 실용 금속 중에서 가장 가볍고 비강도가 알루미늄보다 우수하여 항공기, 자동차, 선박, 전기 기기, 광학 기계 등에 이용되며 구상 흑연 주철의 첨가제로 사용되는 것은?

① Ag ② Cu
③ Mg ④ Sn

06 황동에 Pb 1.5~3.0%를 첨가한 합금을 무엇이라고 하는가?

① 톰백 ② 강력 황동
③ 문쯔메탈 ④ 쾌삭 황동

07 다음 중 체심 입방 격자에 해당하는 금속으로만 이루어진 항은?

① Al, Pb ② Mg, Cd
③ Cr, Mo ④ Cu, Zn

08 다음 강의 표면 경화법 중 물리적인 방법에 해당하는 것은?

① 침탄법 ② 금속 침투법
③ 화염 경화법 ④ 질화법

09 7·3 황동이란?

① 구리 70%, 주석 30%
② 구리 70%, 아연 30%
③ 구리 70%, 니켈 30%
④ 구리 70%, 규소 30%

10 마그네슘의 성질에 대한 설명으로 틀린 것은?

① 비중이 1.74로서 실용금속 중 가벼운 금속이다.
② 표면의 산화마그네슘은 내부의 부식을 방지한다.
③ 산, 알칼리에 대해 거의 부식되지 않는다.
④ 망간의 첨가로 철의 용해 작용을 어느 정도 막을 수 있다.

11 탄소 공구강이 구비해야 할 조건이 아닌 것은?

① 열처리성이 양호할 것
② 내마모성이 클 것
③ 고온 경도가 클 것
④ 내충격성이 작을 것

12 합금강에서 0.28~0.48%의 탄소강에 약 1~2%의 Cr을 첨가하여 Cr에 의한 양호한 담금질성과 뜨임 효과로 기계적 성질을 개선한 구조용 합금강은?

① Ni-Cr강
② Cr강
③ Ni-Cr-Mo강
④ Cr-Mo강

13 푸아송의 비(poisson's ratio)에 관한 설명으로 틀린 것은?

① 탄성 한도 이내에서는 일정한 값을 가진다.
② 주철의 푸아송의 비가 납보다 크다.
③ 푸아송의 수와 역수 관계에 있다.
④ 가로 변형률과 세로 변형률과의 비이다.

14 금속 재료의 성질 중 기계적 성질이 아닌 것은?

① 인장 강도
② 연신율
③ 비중
④ 경도

15 탄소강에서 헤어 크랙의 발생에 가장 큰 영향을 주는 원소는?

① 산소
② 수소
③ 질소
④ 탄소

해설

13 • 주철의 푸아송의 비 : 0.27
• 납의 푸아송의 비 : 0.43

14 비중은 물리적 성질에 해당된다.

15 헤어 크랙 : H₂ 가스에 의해 머리칼 모양으로 미세하게 갈라진 균열

11 ④ 12 ② 13 ② 14 ③
15 ②

해설

16 Mg : 비중 1.74

17 변태점이 없고 비자성체이며 전기와 열의 양도체

19 $U[kgf \cdot m/cm^2] = \dfrac{E}{A}$
$= \dfrac{WR(\cos\beta - \cos\alpha)}{A}$
$= \dfrac{1000 \times 1(\cos 30 - \cos 90)}{10}$
$= 86.6$

16 ④ 17 ④ 18 ③ 19 ③
20 ①

---

16 다음 비철금속 합금 중 비중이 가장 가벼운 합금은?

① Cu합금
② Ni합금
③ Al합금
④ Mg합금

17 구리가 다른 금속에 비해 우수한 성질이 아닌 것은?

① 전연성이 좋아 가공이 용이하다.
② 전기 및 열의 전도성이 우수하다.
③ 화학적 저항력이 커서 부식이 잘되지 않는다.
④ 비중이 크므로 경금속에 속하며 금속적 광택을 갖는다.

18 탄소강에 Ni, Cr, W, Si, Mn 등 원소를 합금하면 일반적으로 개선되는 성질이 아닌 것은?

① 기계적 성질
② 내식, 내마멸성
③ 결정입자의 성장 증가
④ 고온에서 기계적 성질 저하 방지

19 샤르피 충격 시험에서 해머의 무게가 1000N, 해머의 암(arm) 거리 1m, 시험편 노치의 단면적 10cm², 초기해머 올려진 각도 90°, 시험편 파괴 후 올라간 각도 30° 일 때 충격 강도 값(J/cm²)은?

① 66.6
② 76.6
③ 86.6
④ 96.6

20 재료의 내외부에 열처리 효과의 차이가 생기는 현상을 무엇이라 하는가?

① 질량 효과
② 담금질성
③ 시효 경화
④ 열량 효과

21 내열강의 구비 조건으로 틀린 것은?

① 기계적 성질이 우수할 것
② 화학적으로 안정할 것
③ 열팽창 계수가 클 것
④ 조직이 안정할 것

22 주조성이 우수한 백선 주물을 만들고, 열처리하여 강인한 조직으로 단조를 가능하게 한 주철은?

① 가단 주철
② 칠드 주철
③ 구상 흑연 주철
④ 보통 주철

23 구리계 베어링 합금이 아닌 것은?

① 문쯔메탈(muntz metal)
② 켈밋(kelmet)
③ 연청동(lead bronze)
④ 알루미늄 청동

24 다음 Ni 합금 중 80% Ni에 20% Cr이 함유된 합금으로 열전대 재료로 사용되는 것은?

① 인코넬
② 크로멜
③ 알루멜
④ 엘린바

25 기계 재료의 단단한 정도를 측정하는 시험법으로 옳은 것은?

① 경도 시험
② 수축 시험
③ 파괴 시험
④ 굽힘 시험

---

21 내열강 : 고온에서 기계적, 화학적으로 안정적, 내연 기관의 밸브 사용

22 • 구상 흑연 주철(GCD) : 용융 상태에서 Mg, Ce, Ca 등을 첨가 처리하여 흑연을 구상화로 석출시킨 것. 소형 자동차의 크랭크 축, 캠축, 브레이크 드럼 등의 자동차 주물, 잉곳 상자및 특수 기계부품용 재료로 사용
• 칠드(냉경) 주철 : 용융 상태에서 금형에 주입하여 접촉면을 백주철(Fe_3C)로 만든 것

21 ③ 22 ① 23 ① 24 ②
25 ①

해설

28 탄소강의 기계적 성질 : 200~300℃에서 가열되면 강도는 최대. 연신율·단면 수축율은 줄어 메짐.

29 표준형 고속도강 : W18%-Cr4%-V1%

31 청동 : Cu+Sn

26 ④   27 ①   28 ③   29 ①
30 ②   31 ②

---

26 탄소강에 어떤 원소가 함유하면 강도, 연신율, 충격치를 감소시키며 적열취성의 원인이 되는가?

① Mn   ② Si
③ P   ④ S

27 구리의 원자 기호와 비중으로 가장 적합한 것은?

① Cu - 8.9   ② Ag - 8.9
③ Cu - 9.8   ④ Ag - 9.8

28 탄소강(0.25%C)의 고온 기계적 성질을 설명한 사항 중 올바르지 않은 것은?

① 200~300℃에서 청열 메짐 현상이 발생한다.
② 280~300℃ 부근에서 인장 강도와 경도가 최대로 된다.
③ 200~300℃ 부근에서 연신율 및 단면 수축률은 최대가 된다.
④ 400℃ 부근에서 충격치는 최소가 된다.

29 다음 원소 중 고속도강의 주요 성분이 아닌 것은?

① 니켈   ② 텅스텐
③ 바나듐   ④ 크롬

30 납에 대한 설명으로 틀린 것은?

① 수도관으로도 사용된다.
② 모든 산에 약하며 부식된다.
③ 방사선의 방어에도 이용된다.
④ 4-8% 안티몬을 함유하는 것을 경납이라 한다.

31 황동의 합금 원소는 무엇인가?

① Cu - Sn   ② Cu - Zn
③ Cu - Al   ④ Cu - Ni

32 비틀림 시험의 목적과 관계없는 것은?

① 비틀림 강도 측정
② 강성 계수 측정
③ 연신률 측정
④ 비틀림 각 측정

33 다음 중 강의 표준 조직이 아닌 것은?

① 페라이트
② 마텐자이트
③ 시멘타이트
④ 펄라이트

34 온도 변화에 따라 선팽창계수나 탄성률 등의 특성이 변화하지 않는 합금강은?

① 내열강
② 쾌삭강(Free cutting steel)
③ 불변강(invariable steel)
④ 내마멸강

35 금속의 조직 검사로서 측정이 불가능한 것은?

① 기공
② 결정 입도
③ 내부 응력
④ 결함

36 탄소강에서 탄소량이 증가할 때 기계적 성질 변화에 알맞는 것은?

① 경도 증가, 연성 감소
② 경도 증가, 연성 증가
③ 경도 감소, 연성 감소
④ 경도 감소, 연성 증가

해설

32 연신율 : 변형율을 백분율로 표현

33 강의 기본 조직
- 페라이트 : 순철에 가까운 조직
- 펄라이트 : 페라이트보다 강도나 경도가 큼
- 시멘타이트 : C6.88%, 매우 단단, 잘부서짐

34
- 내열강 : 고온에서 기계적, 화학적으로 안정적, 내연기관의 밸브 사용
- 불변강 : 고Ni강, 주위 온도에 변하지 않는 강

35
- 매크로(육안) 조직 검사
- 마이크로(현미경) 조직 검사

32 ③ 33 ② 34 ③ 35 ③
36 ①

해설

37
- 고급 주철 : 인장 강도 25kg/mm² 이상
- 가단 주철 : 백주철에 인성과 연성을 증가시킨 주철
- 합금 주철 : Ni, Cr, Mo, Ti emd 첨가 내열, 내마멸 목적으로 사용

40
- 인바 : Ni(36%), 정밀 기계 부품, 시계 등 사용
- 엘린바 : Ni(35%), Cr(12%)
- 퍼멀로이 : C(10.5%), Ni(80%), Co(0.5%) 큰 투자율

37 ③ 38 ② 39 ② 40 ①
41 ②

---

37 주조 시 주형에 냉금을 삽입하여 표면을 급냉시켜 경도를 증가시킨 내마모성 주철은?

① 가단 주철 ② 고급 주철
③ 칠드 주철 ④ 합금 주철

38 Fe-C 상태도에서 온도가 낮은 것부터 일어나는 순서가 맞는 것은?

① 포정점 < 자기변태점 < 공석점 < 공정점
② 공석점 < 자기변태점 < 공정점 < 포정점
③ 공석점 < 공정점 < 자기변태점 < 포정점
④ 공정점 < 공석점 < 자기변태점 < 포정점

39 청동의 한 종류로 8~12% Sn에 1~2% Zn을 넣어 만든 합금으로 내해수성이 좋고 수압, 증기압에도 잘 견디므로 선박용 재료로 널리 사용되는 것은?

① 특수 청동
② 포금
③ 인청동
④ 연청동

40 다음 중 불변강의 종류에 속하지 않는 것은?

① 인코넬 ② 엘린바
③ 플라티나이트 ④ 인바

41 공작 기계, 자동차, 선박 및 항공기에 사용되는 소결 마찰 재료로서의 구비 조건 중 틀린 것은?

① 내마모성, 내열성이 클 것
② 마찰 계수가 적고 안정적일 것
③ 열 전도성, 내유성이 좋을 것
④ 가격이 저렴할 것

42 18-4-1형의 고속도강에서 18-4-1에 해당하는 원소로 맞는 것은?

① W-Cr-Co   ② W-Ni-V
③ W-Cr-V   ④ W-Si-Co

43 다음 경도 시험 중 압입자를 이용한 방법이 아닌 것은?

① 브리넬 경도
② 로크웰 경도
③ 비커스 경도
④ 쇼어 경도

44 탄소강에서 탄소량이 증가할 경우 경도와 연성에 미치는 영향을 가장 잘 설명한 것은?

① 경도 증가, 연성 감소
② 경도 감소, 연성 감소
③ 경도 감소, 연성 증가
④ 경도 증가, 연성 증가

45 합금강에서 소량의 Cr이나 Ni를 첨가하는 이유로 가장 중요한 것은?

① 경화능을 증가시키기 위해
② 내식성을 증가시키기 위해
③ 가공성을 증가시키기 위해
④ 담금질 후 마텐자이트 조직의 경도를 증가시키기 위해

46 다이캐스팅용 알루미늄(Al) 합금이 갖추어야 할 성질로 틀린 것은?

① 유동성이 좋을 것
② 응고수축에 대한 용탕 보급성이 좋을 것
③ 금형에 대한 점착성이 좋을 것
④ 열간취성이 적을 것

해설

42 표준형 고속도강 : W18%-Cr4%-V1%

43 쇼어 경도 : 추를 일정한 높이에서 낙하시켜 측정

45 • Ni : 강인성, 내식·내마멸 증가
 • Cr : 경도, 인장 강도, 내열성 내식, 내마멸성 증가

42 ③   43 ④   44 ①   45 ②
46 ③

해설

47 구리의 성질
- 비중은 8.96, 용융점 1,083℃이며 변태점이 없다.
- 비자성체이며, 전기 및 열의 양도체이다.(전기 전도율을 해치는 원소 : Al, Mn, P, Ti, Fe, Si, As)
- 전연성이 풍부하며, 가공 경화로 경도 크다(600~700℃에서 30분간 풀림하여 연화).
- 황산, 질산, 염산에 용해, 습기, 탄산가스, 해수에 녹 발생, 공기 중에서 산화 피막 형성

50 초경합금 : WC, TiC, TaC 등의 분말에 Co 분말을 조제 혼합하여 금형에 넣어 성형 소결

47 ④ 48 ② 49 ③ 50 ②
51 ②

---

47 금속 재료에 비해 구리의 일반적 성질을 설명한 것 중 다른 것은?

① 전기 및 열의 전도성이 우수하다.
② 비자성체이다.
③ 화학적 저항력이 커서 부식되지 않는다.
④ Zn, Sn, Ni, Ag 등과는 합금이 안 된다.

48 온도가 변화될 때 재료의 길이 변화에 영향을 주는 인자가 아닌 것은?

① 선팽창 계수
② 단면적
③ 재료 길이
④ 온도차

49 특수강을 제조하는 목적으로 적합하지 않는 것은?

① 기계적 성질을 증대시키기 위하여
② 내마멸성을 증대시키기 위하여
③ 경도를 저하시키기 위하여
④ 내식성을 증대시키기 위하여

50 분말형 금속 탄화물의 원소를 프레스로 성형한 다음 이것을 소결하여 만든 합금이며, 절삭 공구 및 내열, 내마멸성이 요구되는 부품에 많이 사용되는 금속명은?

① 모넬메탈
② 초경 합금
③ 화이트 메탈
④ 주조 경질 합금

51 지름 15mm, 표점거리 100mm인 인장 시험편을 인장시켰더니 110mm가 되었다면 길이 방향의 변형률은?

① 2.5%   ② 10%
③ 5.5%   ④ 15%

52 재료의 물리적 성질로 볼 수 있는 것은?

① 연성
② 취성
③ 자성
④ 내마모성

53 톱날과 면도날 같은 얇은 물건을 담금질하는 방법은?

① 시간 담금질
② 분사 담금질
③ 프레스 담금질
④ 슬랙 담금질

54 초경합금의 특성 중 틀린 것은?

① 경도가 높다.
② 강에 비하여 인장 강도가 높다.
③ 고온에서 변형이 적다.
④ 내마모성이 크다.

55 비중이 1.74로서 실용 금속 중 가장 가벼운 금속은?

① 아연
② 니켈
③ 마그네슘
④ 알루미늄

56 같은 재질이라 할지라도 재료의 크기에 따라 열처리 효과가 다른데 이것을 무엇이라 하는가?

① 담금질 효과
② 질량 효과
③ 시효 경화
④ 뜨임 효과

57 절삭 공구강의 일종인 고속도강(18-4-1)의 드준 성분은?

① Cr18%, W4%, V1%
② V18%, Cr4%, W1%
③ W18%, Cr4%, V1%
④ W18%, V4%, Cr1%

---

52 • 연성 : 길게 늘어나는 성질
• 전성 : 얇은 판을 넓게 만들 수 있는 성질, 퍼지는 성질
• 인성 : 굽힘이나 비틀림 작용을 반복하여 가할 때 이 외력에 저항하는 성질

53 슬랙 담금질 : 담금질 온도로 가열 유지 후 절삭유, 연삭유 등의 수용액에 담금질하여 미세 펄라이트를 얻는 방법

55 • 아연(Zn) : 7.1
• 니켈(Ni) : 8.85
• 알루미늄(Al) : 2.69

---

52 ③   53 ③   54 ②   55 ③
56 ②   57 ③

해설

58 흑연화 촉진제 : Al, Si, Ni, Ti

59 황동(Cu-Zn)
- Cu+Zn 30% : 7·3황동(α고용체)은 연신율 최대, 가공성을 목적
- Cu+Zn 40% : 6·4황동(α + β 고용체)은 인장 강도 최대, 강도 목적(일명 문쯔메탈)

62
- 침입형 고용체 : Fe-C
- 치환형 고용체 : Ag-Cu, Cu-Zn
- 규칙격자형 고용체 : Ni_3-Fe, Cu_3-Au, Fe_3-Al

63
- 황동의 성질 : 구리와 아연의 합금. 주조성, 내식성, 기계성 우수.
- 7·3황동 : 연신율 최대
- 6·4황동 : 인장 강도 최대
- 50% 이상 : 취성이 크므로 사용불가

| 58 ④ | 59 ④ | 60 ③ | 61 ④ |
| 62 ④ | 63 ④ | | |

---

58 다음 중 주철에 흑연화를 촉진시키는 원소가 아닌 것은?

① Si ② Al
③ Ni ④ Mn

59 가공용 황동의 대표적인 것으로 판, 봉, 관, 선 등을 만드는 데 널리 사용되는 것은?

① 주석 황동 ② 니켈 황동
③ 6·4황동   ④ 7·3황동

60 구리의 설명 중 올바른 것은?

① 비중은 8.96, 용융점은 1083℃, 체심 입방 격자이다.
② 변태점이 있고, 비자성체이며, 전기 및 열의 양도체이다.
③ 황산, 염산에 쉽게 용해된다.
④ 탄산가스(CO_2), 습기, 해수에 강하다.

61 다음 절삭 공구 중 비금속 재료에 해당하는 것은?

① 고속도강   ② 탄소 공구강
③ 합금 공구강 ④ 세라믹 공구

62 다음 중 고용체의 종류가 아닌 것은?

① 침입형   ② 치환형
③ 규칙 격자형 ④ 면심 입방 격자형

63 황동에 대한 기계적 성질과 물리적 성질을 설명한 것 중에서 잘못된 것은?

① 30% Zn 부근에서 최대의 연신율을 나타낸다.
② 45% Zn에서 인장 강도가 최대로 된다.
③ 50% Zn 이상의 황동은 취약하여 구조용재에는 부적합하다.
④ 전도도는 50% Zn에서 최소가 된다.

64 다음 중 형상 기억 효과를 나타내는 합금은?

① Ti-Ni ② Fe-Al
③ Ni-Cr ④ Pb-Sb

65 고온의 오스테나이트 영역에서 탄소강을 냉각하면 냉각 속도의 차이에 따라 여러 조직으로 변태되는데 이들 조직의 강도와 경도를 큰 순서대로 바르게 나열한 것은?

① 마텐자이트 > 펄라이트 > 소르바이트 > 트루스타이트
② 마텐자이트 > 트루스타이트 > 펄라이트 > 소르바이트
③ 트루스타이트 > 마텐자이트 > 소르바이트 > 펄라이트
④ 마텐자이트 > 트루스타이트 > 소르바이트 > 펄라이트

66 금속의 상 변태 중 동소변태에 대한 설명으로 맞는 것은?

① 한 결정 구조에서 일어나는 상의 변화가 아닌 단순한 에너지적인 변화이다.
② 동일 원소의 두 고체로서 원자 배열의 변화에 따라 서로 다른 상태로 존재한다.
③ 금속을 가열하면 일정한 온도 이상에서 자성을 잃지 않고 상자성체로 자성이 변한다.
④ 철(Fe), 코발트(Co), 니켈(Ni) 같은 금속에서 잘 일어난다.

67 다음 중 강의 표면 경화법이 아닌 것은?

① 담금질
② 침탄법
③ 질화법
④ 화염 경화법

68 다음 중 청동에 Sn 8~12%, Zn 1~2%을 함유한 내식성이 우수한 합금은?

① 포금 ② 인청동
③ 연청동 ④ 켈밋

64 형상 기억 합금(Shape Memory Alloy)의 종류
Ti-Ni, Cu-Zn-Si, Cu-Zn-Al

65 열처리 조직 변화 순서
오스테나이트(200℃) → 마텐자이트(400℃) → 트루스타이트(600℃) → 소르바이트(700℃) → 입상 펄라이트

67 • 표면 경화법의 종류 : 침탄법, 질화법, 청화법, 화염 경화법
• 열처리의 종류 : 담금질, 뜨임, 불림, 풀림.

68 • 인청동 : Cu+Sn9%+P0.35%
• 켈밋 : Cu+Pb30~40% 열전도
• 압축강도가 큼. 고속고하중 베어링 사용

64 ① 65 ④ 66 ② 67 ①
68 ①

해설

70 FRM : 금속 안에 매우 강한 섬유를 넣은 것으로 금속과 같은 기계적 강도를 가지면서도 가벼운 재료이다. 우주, 항공쪽 부품에 사용

71 비중
- Mg : 1.74, Al : 2.7
- Fe : 7.87, Ag : 10.497

72 담금질 : 강의 강도와 경도를 증가시킬 목적으로 가열 후 급냉

73 델타메탈(철황동) : 강도 내식성 우수
- 애드미럴티 : 7·3 + Sn1%
- 네이벌 : 6·4 + Sn1%

69 ④   70 ④   71 ②   72 ①
73 ①

---

69 주철의 특성이 아닌 것은?

① 주조성이 우수하다.
② 복잡한 형상을 생산할 수 있다.
③ 주물 제품을 값싸게 생산할 수 있다.
④ 강에 비해 강도가 비교적 높다.

70 다음 중 섬유 강화 금속(FRM)의 용도로 가장 알맞은 것은?

① 파이프 이음쇠   ② 절삭 공구
③ 원자로 자기 장치 ④ 피스톤 헤드

71 비중이 2.70이며 가볍고 내식성과 가공성이 좋으며 전기 및 열전도도가 높은 금속 재료는?

① 금(Au)
② 알루미늄(Al)
③ 철(Fe)
④ 은(Ag)

72 다음 열처리의 방법 중 강을 경화시킬 목적으로 실시하는 열처리는?

① 담금질
② 뜨임
③ 불림
④ 풀림

73 6·4 황동에 Fe 1~2% 정도를 첨가한 합금을 무엇이라고 하는가?

① 델타메탈(delta metal)
② 애드미럴티 황동(admiralty brass)
③ 네이벌 황동(naval brass)
④ 주석 황동(tin brass)

74 철-탄소계 상태도에서 주철의 공정점은?

① 4.3%C − 1,145℃
② 2.1%C − 1,145℃
③ 0.86%C − 738℃
④ 4.3%C − 738℃

75 다음 중 선박의 복수 기관에 많이 사용되며, 용접용으로도 쓰이는 것으로서, 1% 내외의 주석을 함유한 황동은?

① 켈밋 합금
② 쾌삭 황동
③ 델타메탈
④ 애드미럴티 황동

76 고속도강의 담금질 온도는 몇 ℃인가?

① 750 ~ 900℃
② 800 ~ 900℃
③ 1200 ~ 1350℃
④ 1500 ~ 1300℃

77 재료의 하중 변형 시험선도 중 항복점이 나타나는 것은?

① 구리
② 주철
③ 특수강
④ 연강

78 다음 중 델타메탈(delta metal)의 성분이 올바른 것은?

① 6:4 황동에 철을 1~2% 첨가
② 7:3 황동에 주석을 3% 내외 첨가
③ 6:4 황동에 망간을 1~2% 첨가
④ 7:3 황동에 니켈을 3% 내외 첨가

79 고강도 알루미늄 합금강으로 항공기용 재료 등에 사용되는 것은?

① 두랄루민
② 인바
③ 콘스탄탄
④ 서멧

해설

74 • 공정 주철 : 4.3%C−1145℃
• 아공정 주철 : 0.86%C−738℃
• 과공정 주철 : 4.3%C−738℃

76 W계 고속도강
• 0.8%C, W(18)−Cr(4)−V(1%) : 표준형
• 600℃까지 경도 저하 안 됨
• 예열 : 800~900℃
• 담금질 : 1250~1300℃
• 뜨임 : 550~580℃(목적 : 경도 증가)

79 • 인바 : 불변강, 줄자, 정밀기계 부품
• 콘스탄탄 : Cu+Ni45%합금, 열전대용, 전기저항선

74 ① 75 ④ 76 ③ 77 ④
78 ① 79 ①

해설

81
- 림드강 : Fe-Mn으로 불완전 탈강
- 킬드강 : Fe-Si, Si등으로 완전 탈산시킨 강
- 세미킬드강 : Al으로 림드와 킬드의 중간탈산

83 클래드 재료
- 2종류 이상의 금속 특성을 복합적으로 얻을 수 있는 재료로 얇은 특수한 금속을 두껍고 가격이 저렴한 모재에 야금학적으로 접합시킨 것이 많다.
- 제조법 : 폭발 압착법, 압연법, 확산 결합법, 단접법, 압출법 등

---

80 표준 성분이 4% Cu, 2% Ni, 1.5% Mg인 알루미늄 합금으로 시효 경화성이 있어서 모래형 및 금형 주물로 사용되고, 열간 단조 및 압출 가공이 쉬워 단조품 및 피스톤에 이용되는 금속은?

① Y합금
② 하이드로날륨
③ 두랄루민
④ 알클래드

81 전로에서 정련된 용강을 페로망간(Fe-Mn)으로 불완전 탈산시켜 주형에 주입한 것은?

① 탄소강
② 킬드강
③ 림드강
④ 세미킬드강

82 TTT 곡선도에서 TTT가 의미하는 것이 아닌 것은?

① 시간(Time)
② 뜨임(Tempering)
③ 온도(Temperature)
④ 변태(Transformation)

83 스테인레스강과 인바(invar) 등을 조합시켜 가정용 전기기구 등의 온도 조절용 바이메탈(bimetal)에 사용되는 신소재는?

① 제진 재료
② 클래드 재료
③ 비정질 재료
④ 초전도 재료

84 다음 중 철강 재료에 관한 올바른 설명은?

① 탄소강은 탄소를 2.0%~4.3% 함유한다.
② 용광로에서 생산된 철은 강이라 하고 불순물과 탄소가 적다.
③ 탄소강의 기계적 성질에 가장 큰 영향을 끼치는 것은 규소(Si)의 함유량이다.
④ 합금강은 탄소강이 지니지 못한 특수한 성질을 부여하기 위하여 합금 원소를 첨가하여 만든 것이다.

80 ① 81 ③ 82 ② 83 ②
84 ④

제6장
기계 요소

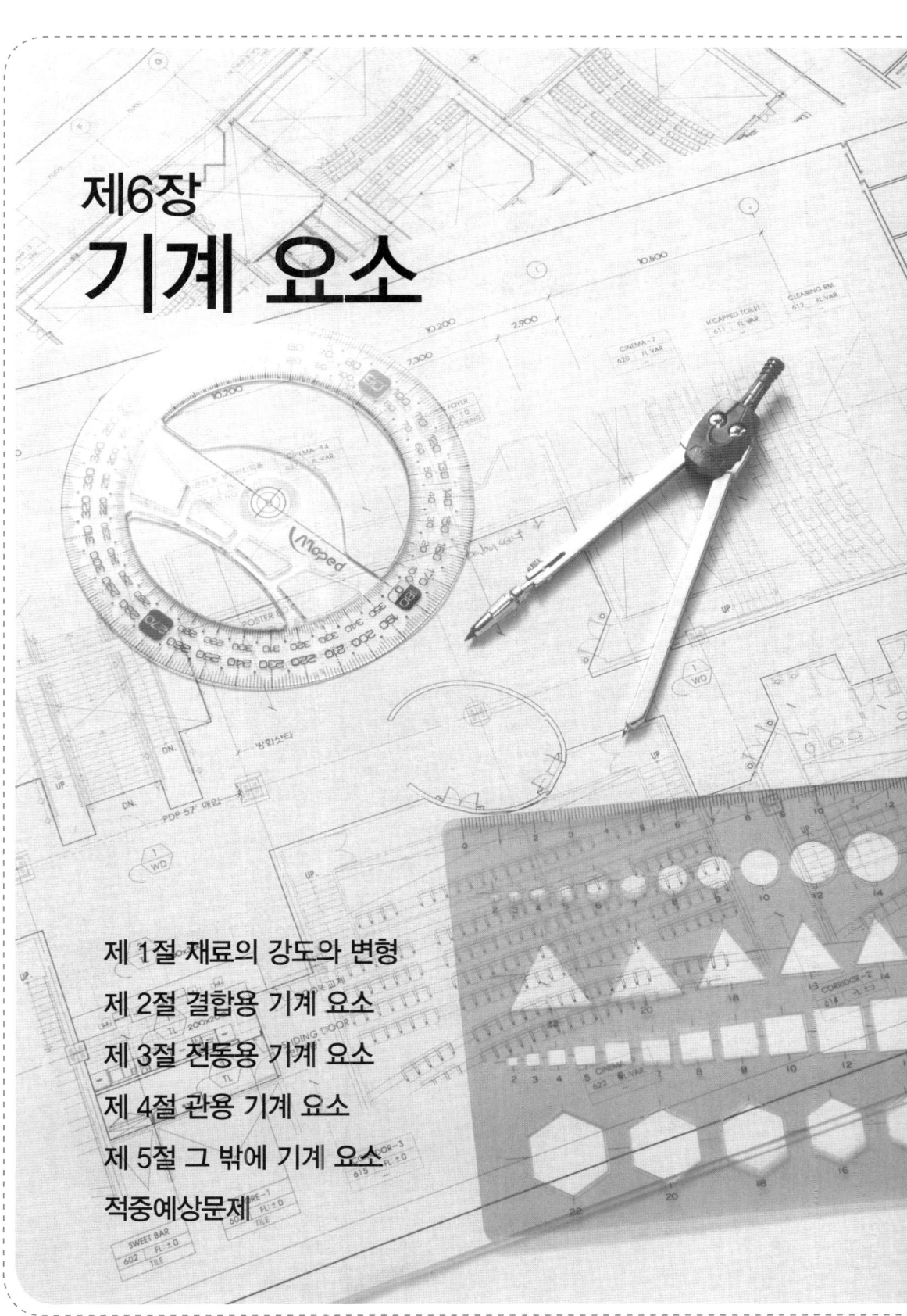

제 1절 재료의 강도와 변형
제 2절 결합용 기계 요소
제 3절 전동용 기계 요소
제 4절 관용 기계 요소
제 5절 그 밖에 기계 요소
적중예상문제

01 재료의 강도와 변형

1. 응력과 변형율 | 2. 재료의 강도

1 응력과 변형율

가. 하중(load)

기계가 작동하여 에너지의 입력과 전달과 변환을 행하려면 기계의 각 부분에 여러 가지 힘이 작용한다. 이와 같은 힘을 재료역학에서는 하중(load)이라 한다.

(1) 하중의 작용 상태에 따른 종류

① 인장 하중 : 늘어나는 하중
② 압축 하중 : 누르려는 하중
③ 비틀림 하중 : 재료를 비틀려고 하는 하중
④ 휨 하중 : 재료를 구부리려는 하중
⑤ 전단 하중 : 재료를 가위로 자르려는 것 같은 하중

(2) 하중의 시간적인 작용에 따른 종류

① 정하중 : 항상 일정한 크기를 유지하면서 작용하는 하중이며, 외력이 매우 서서히 작용하고, 물체 자신의 무게도 이에 속한다. 정하중은 사하중(dead load)이라 한다.
② 동하중 : 하중이 가해지는 속도가 빠르고 시간에 따라 크기와 방향이 변하거나 작용점이 변하는 하중
  ㉮ 반복 하중 : 하중의 방향은 변하지 않고 연속하여 반복적으로 작용하는 하중
    예 차축을 지지하는 압축 스프링
  ㉯ 교번 하중 : 하중의 크기와 방향이 동시에 주기적으로 변하는 하중
    예 피스톤로드와 같이 인장과 압축이 교대로 반복되는 상태
  ㉰ 충격 하중 : 순간적으로 짧은 시간에 작용하는 하중

㉑ 못을 박을 때와 같은 상태
㉓ 이동 하중 : 이동하면서 작용하는 하중
㉑ 철교 또는 레일 등에 작용하는 것과 같은 상태

(3) 하중의 분포 상태에 따른 분류
① 집중 하중 : 재료의 한 점에 집중하는 하중
② 분포 하중 : 재료의 어느 범위 내에 분포되어 작용하는 하중
하중의 분포 상태에 따라 균일 분포 하중과 불균일 분포 하중이 있다.

나. 응력(Stress)

물체에 하중을 작용시키면 물체 내부에 저항력이 생긴다. 이때 생긴 단위 단면적에 대한 저항력을 응력이라 한다. 응력의 단위 : kg/mm^2

인장력(전단력) : W[kg], 단면적 : A[mm²], 인장 응력 : σ_t, 압축 응력 : σ_c, 전단 응력 : τ

① 인장 응력 : $\sigma_t = \dfrac{W}{A}[kg/mm^2]$

② 압축 응력 : $\sigma_c = \dfrac{W}{A}[kg/mm^2]$

③ 전단 응력 : $\tau = \dfrac{W}{A}[kg/mm^2]$ 또는 $[kg_f/mm^2]$

다. 변형률(strain)

변형률이란, 단위 길이에 대한 변형량을 말한다.

(1) 변형률의 종류

작용하는 하중에 따라서 인장, 압축, 전단 변형률이 있다.

① 인장 변형률 : 인장 하중 W가 작용하면 늘어나서 변형이 생긴다.

l : 최초의 재료의 길이(mm), l' : 변형 후 재료의 길이(mm), λ : 변형량(늘어난 양)이라고 하면,

세로 변형률 : $e = \dfrac{\lambda}{l} = \dfrac{l'-l}{l}$

변형률을 백분율로 표시한 것을 연신율이라 하며, $\dfrac{\lambda}{l} \times 100(\%)$

② 압축 변형률 : 막대의 지름 d(mm), 지름의 수축율을 δ(mm)라고 하면 직각 방향의 변형률 $e' = \dfrac{\delta}{d}$ 가 된다. 여기서 직각 방향의 변형률을 가로 변형률이라고 한다.

③ 전단 변형률 : 전단력 W에 대하여 재료가 A'B'CD로 변형되었을 때, 즉 λs만큼 밀려났을 때, 평행면의 거리 l의 단위 높이 당의 밀려남을 전단 변형률이라고 한다.

전단 변형률 $\gamma = \dfrac{\lambda_s}{l} = \tan\varnothing = \varnothing(rad)$

(2) 응력 변형률 선도

연강의 시험편을 인장 시험기에 걸어 하중을 작용시키면 재료는 변형한다. 이와 같이 하중에 따른 변형량을 나타낸 것을 하중 변형 선도이다.

① (A) 비례 한도 : 하중의 증가와 함께 변형이 비례적으로 증가
② (B) 탄성 한도 : 응력을 제거했을 때 변형이 없어지는 한도 이상 응력을 가하면 응력을 제거해도 변형은 완전히 없어지지 않는다.(=소성 변형)
③ (C, D) 항복점 : 응력이 증가하지 않아도 변형이 계속 증가
④ (E) 인장 강도 : 최대 응력 점으로 응력을 변화하기 전의 단면적으로 나눈 값을 인장 강도로 한다.
⑤ 기타 재료의 응력 변형 곡선 : 연강 이외의 재료를 인장 시험한 응력 변형 곡선으로 항복점이 없는 것이 특징이다(그림6-2).

그림6-1 응력 변형률 선도 그림6-2 재료의 응력 변형 곡선

라. 후크의 법칙

비례 한도 범위 내에서 응력과 변형률은 비례한다.

(1) 세로 탄성률

축 하중을 받는 재료에 생기는 수직 응력을 $\sigma[kg/mm^2]$, 그 방향의 세로 변형률을 ε이라 하면, 후크의 법칙에 의하여 다음 식이 성립된다.

$$\frac{응력(\sigma)}{변형률(e)} = E \text{ 또는 } \sigma = E \cdot e$$

여기서 비례 상수 E를 세로 탄성 계수 또는 영률이라고 한다.

$$E = \frac{\sigma}{e} = \frac{W/A}{\lambda/l} = \frac{Wl}{A\lambda}[kg/cm^2] \text{ 또는 } \lambda = \frac{Wl}{AE}$$

(2) 가로 탄성률

전단 하중을 받는 경우의 재료에서도 한도 이내에서는 후크의 법칙이 성립한다.

즉, $\dfrac{\text{전단 응력}(\tau)}{\text{전단 변형률}(\gamma)} = G$, 따라서 $\tau = G\gamma$

여기서 비례 상수 G를 가로 탄성 계수 또는 전단 탄성률이라고 한다.

$$\gamma = \dfrac{\tau}{G} = \dfrac{W/A}{G} = \dfrac{W}{AG}$$

마. 푸아송의 비

탄성한도 이내에서의 가로와 세로 변형률의 비는 재료에 관계없이 일정한 값이 된다.

푸아송의 비$(\mu) = \dfrac{\text{가로 변형률}(e')}{\text{세로 변형률}(e)} = \dfrac{1}{m}$ 또는 $\dfrac{1}{m} = \dfrac{e'}{e} = \dfrac{\dfrac{\delta}{d}}{\dfrac{\lambda}{l}} = \dfrac{\delta l}{\lambda d}$

여기서 1/m은 푸아송의 비로 항상 1보다 작으며, m을 푸아송 수라고 한다. m은 보통 2~4 정도의 값이며, 연강은 10/3이다.

[표6-1 푸아송의 비]

재료	$\dfrac{1}{m}$	재료	$\dfrac{1}{m}$
주철	0.20~0.29	금	0.42
강	0.28~0.30	아연	0.33
구리	0.33	납	0.45
황동	0.33	유리	0.244
알루미늄	0.34	고무	0.50

2 재료의 강도

가. 응력 집중

단면 형상이 균일한 재료가 인장 하중을 받으면 그림 6-3(b)에서 보는 것처럼 단면 XX'에는 평균 응력 σ_n이 고르게 분포한다. 그러나 (a)에서 보는 것처럼 노치(notch)가 있으면 홈 단면 XX'에는 응력이 균일하게 분포하지 않고, 이 부분에 최대의 응력 σ_{max}가 발생하며, 중심부의 응력은 평균 응력 σ_n보다 작아진다.

그림 6-3(c)에서 보면 재료 단면 모양이 갑자기 변화하면 그 곳에 국부적으로 아주 큰 응력이 발생한다. 이러한 현상을 응력 집중이라 한다.

$$\alpha_k = \frac{\sigma_{max}}{\sigma_n}$$

$$\alpha_k = \frac{\tau_{max}}{\tau_n}$$

α_k = 형상계수 또는 응력 집중 계수

그림6-3 응력 집중 상태

나. 열응력(thermal stress)

모든 물체는 온도 변화에 따라 팽창하고 수축한다. 만일, 온도가 올라가서 늘어나려고 하는 경우, 이것이 방해가 된다면 재료는 마치 압축을 받는 것과 같은 상태로 되어 압축 응력이 생긴다. 이와 같이 온도의 변화에 따라 재료 내부에 생기는 응력을 열응력이라 한다.

봉의 길이 : l, 선팽창계수 : α, 온도 변화 : $(t_2 - t_1)$, 세로탄성계수 : E

온도 변화에 의한 자연 팽창 및 수축량은 $\lambda = l \times \alpha (t_2 - t_1)$

따라서 변형률은 $e = \alpha(t_2 - t_1)$, 열응력은 $\sigma = E \chi e(t_2 - t_1)$

다. 피로 한도

재료가 정하중보다 작은 반복 하중이나 교번 하중에 파단되는 현상을 피로라고 한다.

(1) 피로 한도

재료가 어느 한도까지는 아무리 반복해도 피로 파괴 현상이 생기지 않는다. 이 응력의 한도를 피로 한도라고 한다. 보통 강 또는 주철은 반복 횟수 10^7 정도에서 피로 한도가 나타난다.

(2) 피로 현상에 영향을 미치는 요소

재료의 피로는 하중의 종류, 반복 속도, 재료의 치수, 노치의 상태, 표면 거칠기, 부식 온도와 관계가 있다.

라. 크리프

기계를 구성하고 있는 재료가 고온하에서 일정 하중을 받으면서 장시간 동안 머무르게 되면 재료 내의 응력은 일정함에도 불구하고 그 변형률은 시간의 경과와 더불어 증대하여 간다. 이 현상을 크리프라 한다.

일정한 시간이 지나면 크리프가 정지하는 것과 같이 일정한 온도에서 응력의 최대값을 크리프 한도라 한다.

마. 허용 응력과 안전율

(1) 사용 응력과 허용 응력

기계나 구조물에 실제로 사용하는 응력을 사용 응력(working stress)이라고 하며, 재료를 사용할 때 허용할 수 있는 최대 응력을 허용 응력이라고 한다.

인장 응력(σ_U) > 허용 응력(σ_A) > 사용 응력(σ_W)

(2) 안전율

재료의 허용 응력은 재료에 대한 신뢰도, 응력 중점과 변형 중점, 하중의 종류, 응력의 종류, 가공 방법, 사용 온도 등 여러 가지 조건을 생각하여 결정한다.

재료의 파괴 강도 σ_B와 허용 응력 σ_A와의 비를 안전율(S)이라고 한다.

$$S = \frac{\sigma_B}{\sigma_A}$$

02 결합용 기계 요소

1. 나사 | 2. 키와 핀 | 3. 리벳

결합용 기계 요소에는 나사, 볼트와 너트, 키와 핀, 리벳 등이 있다.

1 나사

가. 나사

(1) 나사 곡선

원통 면에 직각삼각형을 감을 때 원통면에 나타나는 삼각형의 빗면이 만드는 선을 나사 곡선(helix)이라 하며, 이때의 나사 곡선의 각 α는 다음 식에 의한다.

$\tan\alpha = \dfrac{l}{\pi d}$ 여기서 α = 나사 곡선의 각, d = 원통의 지름, l = 리드

그림6-4 나사 각부의 명칭

(2) 나사 각부의 명칭

① 피치 : 인접하는 나사 산과 나사 산의 거리를 피치라 한다. (p)
② 리드 : 나사를 1회전 시켰을 때 진행한 거리를 말한다. (l) $l = n \cdot p$

③ 유효 지름 : 수나사와 암나사가 접촉하고 있는 부분의 평균 지름, 즉 나사 산의 두께와 골의 틈새가 같은 가상 원통의 지름을 말한다.

④ 호칭 지름 : 수나사는 바깥지름으로 나타내고, 암나사는 상대 수나사의 바깥지름으로 나타낸다.

⑤ 비틀림 각 : 직각에서 리드를 뺀 나머지 값을 비틀림 각이라 한다.

⑥ 플랭크 각과 나사산 각 : 나사의 골을 잇는 면을 플랭크라 하고, 나사의 축선과 플랭크가 이루는 각을 플랭크 각이라 하며, 플랭크 각 2개의 값이 나사 산의 각도이다.

나. 나사의 종류

(1) **삼각 나사** : 나사산의 모양이 삼각형인 나사
  ① 미터 나사 : 미터 보통 나사(M10)와 미터 가는 나사(M10×0.8)가 있다.
  ② 유니파이 나사 : 유니파이 보통 나사(3/8-12 UNC)와 유니파이 가는 나사(3/8-20 UNF)가 있다.
  ③ 관용 나사 : 관용 평행 나사와 관용 테이퍼 나사가 있다.

(2) **사각 나사** : 나사 산의 모양이 사각형인 나사로써 사각 볼트와 사각 너트가 있다.

(3) **사다리꼴 나사** : 사다리꼴 나사에는 29°와 30° 사다리꼴 나사가 있다.

(4) **톱니 나사** : 바이스나 잭 등에 쓰인다.

(5) **둥근 나사** : 전구나 소켓 등에 쓰인다.

(6) **볼 나사** : 나사축과 너트가 강구(Steel Ball)를 매개로 작동, 수치제어공작기계의 위치 결정 이동용으로 쓰인다.

다. 볼트와 너트

볼트(bolt)와 너트(nut)는 결합 및 분해가 쉬워 기계 부품에 많이 사용된다.

(1) **사용 목적에 따른 볼트의 분류**
  ① 관통 볼트(through bolt) : 부품에 구멍을 뚫고 죄는 것으로 가장 많이 사용되고 있다.
  ② 탭 볼트(tap bolt) : 구멍을 뚫을 수 없을 때 암나사를 만들어 끼워서 조여주는 볼트이다.
  ③ 스터드 볼트(stud bolt) : 부품을 자주 분해할 때 암나사 손상으로 볼트를 기계 몸체에 캡 볼트와 같이 나사를 박고 너트를 죌 때 사용된다.

[표6-2 사용 목적에 따른 볼트의 분류]

종류		설명·용도
관통 볼트		결합하고자 하는 두 물체에 구멍을 뚫고, 여기에 볼트를 관통시킨 다음, 반대편에서 너트로 죈다.
탭 볼트		물체의 한 쪽에 암나사를 깎은 다음 나사 박음을 하여 죄며, 너트는 사용하지 않는다. 결합하려고 하는 부분이 너무 두꺼워 관통 구멍을 뚫을 수 없을 경우에 사용된다.
스터드 볼트		양 끝에 나사를 깎은 머리 없는 볼트로서, 한 쪽 끝은 본체에 박고, 다른 끝에는 너트를 끼워 죈다.

(2) 볼트의 종류

머리 모양과 용도에 따라 볼트는 매우 다양하지만 일반적으로 많이 사용되는 것은 다음과 같다.

[표6-3 볼트의 종류]

종류		설명·용도
육각 볼트		일반적으로 각종 부품을 결합하는 데 널리 쓰이는 대표적인 볼트이다.
육각 구멍 붙이 볼트		둥근 머리에 육각 홈을 파 놓은 것으로 볼트의 머리가 밖으로 나오지 않아야 하는 곳에 사용된다.

종류		설명·용도
나비 볼트		머리 부분을 나비의 날개 모양으로 만들어 손으로 쉽게 돌릴 수 있도록 한 볼트이다.
기초 볼트		여러 가지 모양의 원통부를 만들어 기계 구조물을 콘크리트 기초 위에 고정시키도록 하는 볼트이다.
접시 머리 볼트		볼트의 머리가 밖으로 나오지 않아야 하는 곳에 사용하며 홈 붙이 접시 머리 볼트, 키 붙이 접시 머리 볼트 등이 있다.
아이 볼트		나사 머리부를 고리 모양으로 만들어 체인 또는 훅 등을 걸 때 사용한다.

(3) 너트의 종류

① 보통 너트 : 머리 모양에 따라 4각, 6각, 8각이 있으며, 6각이 가장 많이 쓰인다.

② 특수 너트의 종류

㉮ 사각 너트 : 외형이 4각으로서 주로 목재에 쓰이며, 기계에서는 간단한 용도로만 쓰인다.

㉯ 둥근 너트 : 자리가 좁아서 육각 너트를 사용하지 못하는 경우나 너트의 높이를 작게 했을 때 쓴다.

㉰ 플랜지 너트 : 볼트 구멍이 클 때, 접촉면이 거칠거나 큰 면압을 피하려 할 때 쓴다.

㉱ 홈 붙이 너트 : 너트의 풀림을 막기 위하여 분할 핀을 꽂을 수 있게 홈이 6개 또는 10개 정도 있는 것이다.

㉲ 캡 너트 : 유체의 누설을 막기 위한 것이다.

㉳ 아이 너트 : 물건을 들어 올리는 고리가 달려 있다.

㉴ 나비 너트 : 손으로 돌릴 수 있는 손잡이가 있다.

㉵ T너트 : 공작 기계 테이블의 T홈에 끼워지도록 모양이 T형이며, 공작물 고정에 쓰인다.

㉶ 슬리브 너트 : 머리 밑에 슬리브가 달린 너트로서 수나사의 편심을 방지하는 데 쓰인다.

㉣ 플레이트 너트 : 암나사를 깎을 수 없는 얇은 판에 리벳으로 설치하여 사용한다.
㉤ 턴 버클 : 오른나사와 왼나사가 양 끝에 달려 있어서 막대나 로프를 당겨서 조이는 데 쓰인다.

(4) 작은 나사와 세트 스크루
① 작은 나사 : 호칭 지름 8mm 이하에서 사용된다.
② 세트 스크루 : 축에 바퀴를 고정시키거나 위치를 조정할 때 쓰이는 작은 나사
키(key)의 대용으로도 사용되며, 홈형, 6각 구멍형, 머리형 등이 있다.
③ 태핑 나사 : 암나사 부분에 미리 구멍을 뚫고 수나사를 그 구멍에 돌려 끼우면 암나사가 만들어지며 고정되는 수나사를 말한다.

(5) 와셔
스프링 와셔, 이붙이 와셔, 갈퀴붙이 와셔, 혀붙이 와셔 등이 있다.
와셔의 재료로서는 연강이 많이 사용되지만 경강, 황동, 인청동도 쓰인다.
와셔가 사용되는 경우는 다음과 같다.
① 볼트 지름보다 구멍이 클 때
② 너트의 풀림 방지를 위할 때
③ 자리가 다듬어지지 않았을 때
④ 접촉면이 바르지 못하고 경사졌을 때
⑤ 너트가 재료를 파고 들어갈 염려가 있을 때

(6) 너트의 풀림 방지법
① 탄성 와셔에 의한 법
② 핀 또는 작은 나사를 쓰는 법
③ 로크 너트에 의한 법
④ 너트의 회전 방향에 의한 법
⑤ 철사에 의한 법
⑥ 자동 죔 너트에 의한 법
⑦ 세트 스크루에 의한 법

라. 나사의 설계

(1) 볼트의 설계
① 정하중을 받는 경우
볼트의 외경 : d_0, 볼트 허용 인장 응력 : σ_a, 골 지름 : d_1, 축방향 인장 하중 : W

$$\sigma_a = \frac{W}{A} = \frac{W}{\frac{\pi d_1^2}{4}} = \frac{4W}{\pi d_1^2} \text{이므로} \therefore d_1 = \sqrt{\frac{4W}{\pi \sigma_a}} (mm)$$

② 정 하중과 비틀림 하중을 받는 경우

축 방향의 하중과 비틀림 하중이 동시에 작용할 경우, 비틀림에 의한 응력은 인장 응력이나 압축 응력의 1/3을 넘는 일이 없으므로, 수직 하중의 4/3 배의 하중이 작용하는 것으로 하여 지름을 구한다.

$$\frac{4}{3}W = \frac{1}{2}d_0^2 \sigma_a \qquad \therefore d_0 = \sqrt{\frac{8W}{3\sigma_a}} \, (mm)$$

③ 전단 하중을 받는 경우

축의 직각 방향에 하중이 작용하는 경우, 볼트에 생기는 전단 응력을 τ_a라 하면

$$W_s = \frac{\pi d_0^2}{4} \cdot \tau_a \qquad \therefore d_0 = \sqrt{\frac{4W_s}{\pi \tau_a}} \, (mm)$$

(2) 너트의 높이

일반적으로 너트의 높이는 (0.8~ 1.0)d로 결정된다.

2 키와 핀

가. 키(Key)

키는 축에 풀리(pulley), 커플링(coupling) 및 기어(gear) 등의 회전체를 고정시켜 축과 회전체가 미끄럼이 없이 회전을 전달시키는 데 사용한다.

(a) 묻힘 키   (b) 안장 키   (c) 평행 키   (d) 반달 키

(e) 접선 키   (f) 원뿔 키   (g) 스플라인   (h) 세레이션

그림6-5 키의 종류

(1) 키의 종류
　① 묻힘 키(sunk key)
　　㉮ 드라이빙 키 : 축과 보스에 다 같이 홈을 파서 사용하며, 기울기가 1/100이며, 해머로 때려 박는다.
　　㉯ 세트 키 : 축과 보스에 다 같이 홈을 파서 사용하며, 축심에 평행으로 끼우고 보스를 밀어 넣는다.
　　㉰ 패더 키(feather key) : 축 방향으로 보스의 이동이 가능하며 보스와의 간격이 있어 회전 중 이탈을 막기 위해 고정하는 수가 많다. 미끄럼 키라고도 한다.
　② 평행 키(flat key) : 축에 자리만 평편하게 가공하며 보스에 기울기(1/100)가 있다. 경 하중에 쓰이며, 안장 키 보다는 강하다.
　③ 안장 키(saddle key) : 축은 키홈을 절삭치 않고 보스에만 홈을 파서 사용하며, 극경 하중용으로 마찰력으로 고정시킨다.
　④ 반달 키(woodruff key) : 축이 약해지는 결점이 있으나 공작 기계 핸들 축과 같은 테이퍼 축에 사용한다.
　⑤ 접선 키(tangential key) : 축과 보스에 접선 방향으로 홈을 파서 사용하며, 역전하는 경우는 120° 각도로 두 곳에 설치한다. 정사각형 단면의 키를 90°로 배치한 것을 케네 키라 한다.
　⑥ 원뿔 키(cone key) : 축과 보스에 키홈을 파지 않고 보스의 구멍을 테이퍼 구멍으로 한다. 한 군데가 갈라진 원뿔 통을 끼워 넣어 마찰력으로 고정시키는 키로 축의 어느 곳에도 장치 가능하며 바퀴가 편심되지 않는다.
　⑦ 스플라인(spline) : 축의 둘레에 4~20개의 턱을 만들어 큰 회전력을 전달할 경우에 쓰인다.
　⑧ 세레이션(serration) : 축에 작은 삼각형의 이를 만들어 축과 보스를 고정시킨 것으로, 주로 자동차의 핸들 고정용, 전동기나 발전기의 축에 이용된다.

(2) 키의 강도 계산(키의 전단 강도)
　　b : 키의 나비,　　L : 키의 길이,　　d : 축의 지름,
　　F : 키에 작용하는 전단력
　　T : 토크,　　τ : 키의 전단 응력,　　σ : 키의 압축 응력

$$F = \tau bl \quad F = \frac{2T}{d} \text{에서} \quad \tau bl = \frac{2T}{d} \quad \therefore \tau = \frac{2T}{bdl}$$

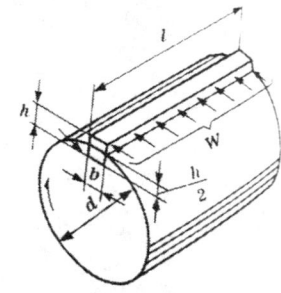

그림6-6 전단을 받는 키

나. 핀(Pin)

(1) 핀의 개요
핀은 기계 접촉면의 미끄럼 방지나 나사의 풀림 방지 및 위치 고정 등 비교적 작은 힘이 작용되는 곳에 사용된다.

(2) 핀의 종류
핀의 종류는 그림6-7과 같이 여러 종류가 있다.
① 평행 핀 : 테이퍼가 붙어 있지 않은 핀으로 빠질 염려가 없는 곳에 사용된다. 지름이 1mm인 작은 것에서부터 50mm까지 있다.
② 테이퍼 핀 : 50분의 1의 테이퍼가 달려 있는 핀으로 구멍에 박아 부품을 고정시키는 데 사용되며, 크고 작은 여러 종류가 있다.
③ 분할 핀 : 빠지는 것을 방지하기 위해 2개로 쪼갤 수 있게 만든 핀으로 구멍에 꽂아 넣고 앞 끝은 둘로 벌려 둔다. 너트가 볼트로부터 빠져나오지 않게 하려고 할 때 흔히 사용한다.
④ 스프링 핀 : 세로방향으로 쪼개져 있어 억지로 끼웠을 때 핀의 복원력으로 구멍에 정확히 밀착되는 특성이 있다.

그림6-7 핀의 종류

다. 코터 이음
코터는 키의 일종으로 축 방향으로 인장력이나 압축력이 작용하는 두 축을 연결하거나 풀 필요가 있을 때에 주로 쓰인다. 코터의 기울기는 보통 1/20이 많이 사용된다.
그림 6-8은 코터 이음을 나타낸다.

그림6-8 코터 이음

3 리벳

리벳 이음(rivet joint)과 용접 이음(welding joint)은 영구적으로 접합하는 데 널리 이용된다.

가. 리벳의 개요

(1) 리벳의 종류와 호칭법

① 리벳의 모양에 의한 종류

둥근머리, 접시머리, 납작머리, 냄비머리, 보일러용 둥근머리, 선박용 둥근 접시머리 등

② 제조 방법에 의한 종류

냉각 리벳(호칭 지름 1~13mm), 열간 리벳(호칭 지름 10~44mm)

③ 사용 목적에 의한 종류

㉮ 보일러용 리벳 : 강도와 기밀을 필요로 하는 리벳으로 보일러, 고압 탱크에 사용된다.

㉯ 저압용 리벳 : 주로 수밀을 중요시하는 리벳으로 저압 탱크에 사용된다.

㉰ 구조용 리벳 : 주로 강도를 목적으로 하는 리벳으로서 차량, 철교, 구조물 등에 사용된다.

④ 리벳의 호칭 : 리벳의 호칭은 리벳 종류, 지름(d)×길이(L), 재료로 표시한다.

예 열간 접시 머리 리벳 16×40 SBV34

⑤ 리벳의 크기 표시

㉮ 머리 부분을 제외한 길이 : 둥근머리 리벳, 납작머리 리벳, 남비머리 리벳

㉯ 머리 부분을 포함한 전체 길이 : 접시머리 리벳

[표6-4 리벳의 종류]

종류·형상		종별	재료	종류·형상		종별	재료
둥근머리		열간	SV330 SV440	둥근접시머리		열간	SV330 SV400
		보일러용	SV400			보일러용	SV400
		냉간	MSWR 12, 15, 17			냉간	SV330
		소형열간	B, W				
납작머리		열간	SV330 SV400	접시머리		열간	SV330
						냉간	SV400

(2) 리벳팅

보일러, 철교, 구조물, 탱크와 같은 영구 결합에 널리 쓰인다.
① 리벳 이음할 구멍은 20mm까지 대개 펀치로 뚫는다.
② 리벳 구멍은 리벳 지름보다 1~1.5mm 크게 한다.
③ 리벳의 여유 길이는 지름의 약 1.3~1.7배이다.
④ 8mm 이하는 상온에서 10mm 이상은 열간 리베팅 한다.
⑤ 지름 25mm 이상은 리베터를 쓴다.
⑥ 유체의 누설을 막기 위하여 코킹이나 플러링을 하며, 이때의 판 끝은 75~85로 깎아준다.
⑦ 코킹이나 플러링은 판재 두께 5mm 이상에서 행한다.
⑧ 종이, 석면, 패킹 등은 5mm 이하에서 리벳팅한다.

(3) 리벳 이음의 종류

리벳 이음에는 겹치기 이음(lap joint)과 맞대기 이음(butt joint)이 있고 리벳열은 1~3열이 있다. 2열 이상일 때의 배열은 평행형과 지그재그형이 있다.

(4) 리벳 이음의 특징

리벳 이음은 용접 이음에 비해 다음과 같은 특징이 있다.
① 초기응력에 의한 잔류 변형률이 생기지 않으므로 취약 파괴가 일어나지 않는다.
② 구조물 등에서 현지 조립할 때는 용접 이음보다 쉽다.
③ 경합금과 같이 용접이 곤란한 재료에는 신뢰성이 있다.
④ 강판의 두께에 한계가 있으며, 이음 효율이 낮다.

나. 리벳 이음의 강도

W : 1피치당 하중
t : 판재의 두께
p : 리벳의 피치
d_0 : 리벳 구멍의 지름
d : 리벳의 지름
e : 리벳의 판 끝까지의 거리
σ_c : 리벳 또는 판의 압축 응력
σ_t : 판재에 생기는 허용 인장 응력
τ_c : 판에 생기는 전단 응력
τ_a : 리벳에 생기는 전단 응력

(1) 리벳의 전단 응력 : $W = \dfrac{\pi}{4}d^2\tau_a, \quad \tau_a = \dfrac{4W}{\pi d^2}$

(2) 판재의 인장 응력 : $W = (p - d_0)t\sigma_t, \quad \sigma_t = \dfrac{W}{(p - d_o)t}$

(3) 판재의 전단 응력 : 전단 면적은 2et이므로 $W = 2et\tau_c, \quad \tau_c = \dfrac{W}{2et}$

(4) 판재의 압축 응력 : $W = dt\sigma_c, \quad \sigma_c = \dfrac{W}{dt}$

03 전동용 기계 요소

1. 축계 요소 | 2. 마찰차 | 3. 기어 | 4. 벨트·로프·체인 전동장치

회전 부분에 쓰이는 기계 요소를 축용 기계 요소라 하며, 축, 축 이음, 베어링 등이 있다. 또한, 외부로부터 동력을 받아들여 이 동력을 전달하는데 사용되는 기계 요소를 전동용 기계 요소라 하며 마찰차, 기어, 벨트·로프·체인 전동 장치가 있다.

1 축계 요소

가. 축(shaft)

(1) 축(shaft)의 종류
① 직선 축 : 보통 사용되는 곧은 축
② 전동 축(transmission shaft) : 전동축은 회전에 의해 동력을 전달하는 축으로 주로 비틀림과 굽힘 모멘트를 동시에 받는다(주 축, 선 축, 중간 축으로 구성).
  ㉮ 주 축 : 원동기에서 직접 동력를 받는 축이다.
  ㉯ 선 축 : 주 축에서 동력을 받아 각 동장에 분배하는 축이다.
  ㉰ 중간 축 : 선 축에서 동력을 전달 받아 각각의 기계에 동력을 전달하는 축이다.
③ 차축 : 차축은 주로 굽힘 모멘트를 받는다.
④ 스핀들 : 스핀들은 주로 비틀림 모멘트를 받으며 직접 일을 하는 회전축으로 치수가 정밀하며 변형량이 적다.
  ㉮ 곡선 축 : 크랭크 축과 같이 굽은 축
  ㉯ 플렉시블 축(flexible shaft) : 축의 굽힘이 비교적 자유로운 축으로 철사를 코일 모양으로 이중, 삼중으로 감아 만든 축

(2) 축(shaft)의 재료
① 탄소 성분 : C 0.1~0.4%
② 중하중 및 고속 회전용 : 니켈, 니켈 크롬강
③ 마모에 견디는 곳 : 표면 경화강
④ 크랭크 축 : 단주강, 미하나이트 주철

(3) 축(shaft)의 설계
① 휨만을 받는 축
- 속이 찬 축 : $M = \sigma_b \cdot Z = \sigma_b \times \dfrac{\pi d^3}{32}$ $\therefore d = \sqrt[3]{\dfrac{32M}{\pi \sigma_b}}$

② 비틀림이 작용하는 축
- 속이 찬 축 : $T = \tau \cdot Z_p = \tau \times \dfrac{\pi d^3}{16}$ $\therefore d = \sqrt[3]{\dfrac{16T}{\pi \sigma_b}}$

③ 휨과 비틀림이 동시에 받는 축 : 상당 휨 모멘트 M_e 또는 상당 비틀림 모멘트 T_e를 생각하여 축의 지름을 계산하여 큰 쪽의 값을 취한다.
- 속이 찬 축 : $T_e = \sqrt{T^2 + M^2}$, $M_e = \dfrac{M + (\sqrt{M^2 + T^2})}{2}$ $\therefore d = \sqrt[3]{\dfrac{32M_e}{\pi \sigma_b}}$, $d = \sqrt[3]{\dfrac{16T_e}{\pi \sigma_b}}$

(4) 축에 영향을 끼치는 요인
① 진동 : 회전시 고유 진동과 강제 진동으로 인하여 현상이 생길 때 축이 파괴된다. 이 때 축의 회전 속도를 임계 속도라 한다.
② 부식(corrosion) : 방식 처리 또는 굵게 설계한다.
③ 온도 : 고온의 열을 받은 축의 크리프와 열팽창을 고려해야 한다.

나. 축 이음

몇 개의 축과 연결하는 기계 요소를 축 이음이라 하고 축 이음에는 이음 방식에 따라 커플링(coupling)과 클러치(clutch)로 크게 나눈다.

(1) 커플링(coupling)
커플링에는 원통 커플링, 올덤 커플링, 플랜지 커플링, 플렉시블 커플링, 자재 이음(universal joint) 등이 있다.(참고 : 자재 이음의 α ≤ 30°가 되어야 한다.)
① 두 축이 일직선상에 있는 경우
㉮ 슬리브 커플링 : 고정측 이음으로 주철제 원통 안에 두 축을 맞추어 키로 고정한 것으로 머프 커플링, 반중첩 커플링, 마찰원동 커플링, 클램프 커플링, 셀러 커플링 등이 있다.
㉯ 플랜지 커플링 : 가장 많이 사용하는 축 이음으로, 주철제 또는 주강제의 플랜지를 양축에 고정한 후 볼트로 고정한 것이다.

㊁ 플렉시블 커플링 : 두 축이 정확히 일치하지 않는 경우에 사용되며, 플랜지 플렉시블 커플링, 그리드 플렉시블 커플링 등이 있다.
② 두 축이 평행하거나 교차하는 경우
㉮ 올덤 커플링 : 두 축이 평행하며 약간 어긋나는 경우에 사용하며, 윤활이 어렵고 원심력에 의하여 진동이 발생되므로, 고속 회전축의 축 이음으로는 적당하지 않다.
㉯ 유니버설 조인트 : 두 축의 만나는 각이(30° 이내) 수시로 변화하는 경우에 사용되며, 공작기계. 자동차 등의 축 이음에 사용된다.

(2) 클러치(clutch)
축의 회전을 중지하지 않으면서 회전 토크(torque)를 단속하고자 할 때 사용한다. 클러치의 종류에는 맞물림 클러치(claw clutch), 마찰 클러치(friction clutch), 유체 클러치(fluid clutch), 마그네틱 클러치(magnetic clutch) 등이 있으며, 맞물림 클러치에는 맞물림 형태에 따라 직사각형, 사다리꼴형, 톱날형, 덩굴형 등이 있다.

다. 베어링

회전축을 지지하는 축용 기계 요소를 베어링(bearing)이라 하며, 베어링과 접촉하고 있는 축 부분을 저널(journal)이라 한다. 저널과 베어링의 상대 운동에 따라 미끄럼 베어링(sliding bearing)과 구름 베어링(rolling bearing)으로 나누고, 축에 받는 하중의 방향에 따라 레이디얼 베어링과 스러스트 베어링으로 구분한다.

(1) 롤링 베어링의 기호와 치수
① 치수는 mm계와 inch계열을 사용하며 mm치수는 ISO에 의해 구체적으로 표준화 되어 있다.
② 롤러 베어링은 KS B 2012 호칭 번호로 정해져 있다.

| 형식 번호 | 치수 기호(나비와 지름 기호) | 안지름 번호 | 등급 기호 |

㉮ 형식 번호(첫 번째 숫자)
  1 : 복렬 자동 조심형   2,3 : 복렬 자동 조심형(큰 폭)   5 : 스러스트형(축하중)
  6 : 단열 홈형   7 : 단열 앵귤러 콘텍트형   N : 원통 롤러형
㉯ 치수 번호(두 번째 숫자)
  0,1 : 특별 경하중형   2 : 경하중형   3 : 보통하중형   4 : 중하중형
㉰ 안지름 번호(세 번째, 네 번째 숫자)
  00 : 안지름 10mm   01 : 안지름 12mm   02 : 안지름 15mm
  03 : 안지름 17mm   04 : 안지름 20mm(04 이상은 '번호 × 5'가 안지름이다.)
㉱ 등급 기호(다섯 번째 이후의 기호)
  무기호 : 보통급   H : 상급   P : 정밀급   SP : 초정밀급

(2) 호칭 번호의 구성 및 배열

[표6-5 베어링 호칭 번호의 배열]

기본 번호				보조 기호					
베어링 계열 기호	안지름 번호	접촉각 기호	내부 치수	밀봉 기호 또는 실드 기호	궤도륜 모양 기호	조합 기호	내부 틈새 기호	정밀도 등급 기호	

⟨보기⟩ 6308 Z NR
  63 : 베어링 계열 기호 - 단열 깊은 홈 볼베어링 6, 지름 계열 3
  08 : 안지름 번호(호칭 베어링 안지름 8×5=40mm)
  Z : 실드 기호(한쪽 실드)
  NR : 궤도륜 모양 기호(멈춤링 붙이)

[표6-6 접촉각 기호]

베어링 형식	호칭 접촉각	접촉각 기호
단열 앵귤러 볼 베어링	10° 초과 22° 이하	C
	22° 초과 32° 이하(보통 30°)	A(*)
	32° 초과 45° 이하(보통 40°)	B
테이퍼 롤러 베어링	17° 초과 24° 이하	C
	24° 초과 32° 이하	D

주 : (*)는 생략할 수 있다.

[표6-7 보조 기호]

내부 기호		실·실드		궤도륜 모양		베어링의 조합		레이디얼 내부 틈새		정밀도 등급	
내용	기호	내용	기호	내용	기호*	종류	기호	구분	기호	등급	기호
내부 설계가 표준과 다른 베어링	A	양쪽 실붙이	UU	내륜 원통 구멍	없음	뒷면 조합	DB	보통의 레이디얼 내부 틈새보다 작다.	C2	0급	없음
ISO 규정에 따라 제작된 테이퍼 로울러 베어링	J	한쪽 실붙이	U	플랜지 붙이	F	정면 조합	DF	보통의 레이디얼 내부 틈새	CN	6X급	P6X
				내륜 테이퍼 구멍 (기준 테이퍼 1/12)	K					6급	P6
		양쪽 실드 붙이	ZZ	링 홈붙이	N	병렬 조합	DT	보통의 레이디얼 내부 틈새보다 크다.	C3	5급	P5
		한쪽 실드 붙이	Z	멈춤링 붙이	NR			C3보다 크다.	C4	4급	P4
								C4보다 크다.	C5	2급	P2

주 : *다른 기호로 사용할 수 있다.

(3) 베어링의 설계

① 레이디얼 저널의 설계

베어링의 압력 : 지름 a, 길이 l, 가로 하중 W가 작용할 때

$$W = q_a dl, \quad q_a = \frac{W}{dl}$$

② 구름 베어링의 수명과 정격 하중

베어링의 수명 : 이상적인 상태에서 운전하여 베어링 내외륜에 박리 현상이 최초로 생길 때까지의 총 회전수로 표시하며, 이 수명을 정격 수명이라 한다.

$$L = (\frac{P}{C})^r \times 10^6 (회전) \quad P = \frac{C\sqrt{10^6}}{\sqrt{L}}(kgf) \quad Lh = \frac{L}{n \times 60}$$

- L : 정격 수명
- P : 베어링 하중(kg)
- C : 기본 부하 용량(kg)
- r : 베어링 내외륜과 전동체의 접촉 상태에서 결정되는 상수
- Lh : 수명 시간

위의 식에서 L를 100만 회전이라 규정하였으므로 단위는 10^6이다.

2 마찰차

가. 마찰차의 종류

(1) 마찰차의 응용 범위

① 전달하여야 할 힘이 그다지 크지 않고 속도 비를 중요시하지 않는 경우
② 회전 속도가 커서 보통의 기어를 사용할 수 없는 경우
③ 양 축 사이를 단속할 필요가 있는 경우
④ 무단 변속을 하는 경우

(2) 마찰차의 종류

① 원통 마찰차 : 평행한 두 축 사이에서 외접 또는 내접하여 동력을 전달하는 원통형 바퀴를 말한다.
② 홈붙이 마찰차 : V자 모양의 홈 5~10개를 표면에 파서 회전력을 크게 한 원통형 바퀴를 말한다. 홈 중앙 부분의 한 곳에서는 구름 접촉을 하고, 다른 곳에서는 미끄럼 접촉을 하므로 전동 시 마멸과 소음을 일으키는 단점이 있다.
③ 원뿔 마찰차 : 동일 평면 내의 어긋나는 두 축 사이에서 외접하여 동력을 전달하는 원뿔형 바퀴를 말하며, 무단 변속 장치로 사용된다.

④ 원판 마찰차 : 직각으로 만나는 두 축 사이에서 원판과 롤러의 접촉으로 동력을 전달하는 원판형 바퀴를 말한다. 무단 변속 장치로 사용된다.

⑤ 구면 마찰차 : 직각 또는 직선으로 만나는 두 축에 롤러 또는 플랜지를 고정하고 그 사이에 구면형 또는 롤러 등의 중간차를 넣어 동력을 전달하는 마찰차를 말한다. 무단 변속 장치에 사용된다.

나. 마찰차의 동력 전달

(1) 회전 속도비

① 원주 속도 : $v = \dfrac{\pi D_1 n_1}{60 \times 1000} = \dfrac{\pi D_2 n_2}{60 \times 1000}$ (m/sec)

(D_1, D_2 : 원동차·종동차 지름(mm), n_1, n_2 : 회전수(rpm))

② 속도비 : $i = \dfrac{n_2}{n_1} = \dfrac{D_1}{D_2}$

③ 중심 거리 : $l_c = \dfrac{D_2 \pm D_1}{2}$ (+ : 외접, − : 내접)

(2) 전달 동력(원통)

$$P = \dfrac{Fv}{102} = \dfrac{\mu F \pi D_1 n_1}{102 \times 1000 \times 60} = \dfrac{\mu F \pi D_1 n_2}{102 \times 1000 \times 60} \text{(kW)}$$

3 기어

한 쌍의 마찰차 접촉면에 이(tooth)를 깎아 미끄러지지 않고 서로 물고 돌아가는 기계 요소로서, 축간거리가 가까우며 큰 동력을 일정 속도비로 정확하게 전달할 때 사용된다.

가. 기어의 종류

기어는 사용 목적, 두 축의 상대 위치 및 이의 접촉에 따라 표6-8과 같다.

[표6-8 기어의 종류에 따른 두 축의 상대 위치 및 접촉]

기어의 종류	두 축의 상대 위치	이의 접촉	비고
스퍼 기어(spur gear)	평행	직선	원통형, 잇줄이 축에 평행
내접 기어(internal gear)			이는 스퍼 기어와 같음
헬리컬 기어(helical gear)			잇줄이 비틀린 원통형
더블 헬리컬 기어(double helical gear)			좌우의 헬리컬 기어를 조합
래크(rack)			회전 운동을 직선 운동으로 바꿈

기어의 종류	두 축의 상대 위치	이의 접촉	비고
직선 베벨 기어(straight bevel gear)	교차	직선	잇줄이 원뿔의 모선과 일치
스파이럴 베벨 기어(spiral bevel gear)		곡선	잇줄이 비틀린 베벨 기어
하이포이드 기어(hypoid gear)	평행하지도, 교차하지도 않음	곡선	운뿔형
스크류 기어(screw gear)		점	2개의 헬리컬 기어
웜 기어(worm gear)		점	감속 비율이 큼

나. 치형 곡선과 이의 크기

(1) 치형 곡선

① 인벌루트(involute) 곡선
  ㉮ 원 기둥에 감은 실을 풀 때 실의 1점이 그리는 원의 일부 곡선
  ㉯ 압력 각이 일정하고 중심 거리가 다소 어긋나도 속도비는 불변한다.
  ㉰ 맞물림이 원활하며 공작이 쉽다.
  ㉱ 호환성이 있고 이 뿌리가 튼튼하다.
  ㉲ 결점은 마멸이 크다.

② 사이클로이드(cycloid) 곡선
  ㉮ 기준 원 위에 원판을 굴릴 때 원판상의 1점이 그리는 궤적
  ㉯ 피치원이 완전히 일치해야 바르게 물린다.
  ㉰ 기어 중심거리가 맞지 않으면 물림이 나쁘다. 이 뿌리가 약하다.
  ㉱ 효율이 높고 소음 및 마멸이 작다.

(2) 이의 크기

① 원주 피치 : 원주 피치는 피치 원주에서의 인접한 2개의 이의 원주 거리로 이 크기의 기준이며, 기호 p로 표시된다.
② 모듈 : 모듈은 기어의 피치원 지름을 이의 수로 나눈 값을 나타내며, 기호 m으로 표시한다.
③ 지름 피치 : 기어 이의 수를 피치원 지름(인치)으로 나눈 값을 나타낸다. 기호 P_d로 표시한다.
④ 이 크기의 기준의 상호관계

기어에서 D_p = 피치원 지름(mm)　　D_{in} = 피치원 지름(in)　　z = 이의 수라 하면, p, m, P_d의 관계는 다음과 같다.

$D_p(mm) = 25.4 D_{in}$

$p = \dfrac{\pi D_p}{z}(mm)$ 또는 $p = \dfrac{\pi D_{in}}{z}(in)$

$m = \dfrac{D_p}{z}(mm)$ 또는 $m = \dfrac{25.4 D_{in}}{z}$

$$p_d = \frac{z}{D_{in}} \text{ 또는 } pd = \frac{z}{\frac{D_p}{25.4}} = \frac{25.4z}{D_p}$$

$$p = \pi m \quad m = \frac{25.4}{p_d} \quad p_d = \frac{\pi}{P}$$

(3) 이의 각 부 명칭

① 피치원(pitch circle) : 피치면의 축어 수직한 단면상의 원
② 원주 피치(circle pitch) : 피치원 주위에서 측정한 2개의 이웃에 대응하는 부분간의 거리
③ 이끝원(addendum circle) : 이 끝을 지나는 원
④ 이뿌리원(dedendum) : 이 밑을 지나는 원
⑤ 이 폭 : 축 단면에서의 이의 길이
⑥ 이의 두께 : 피치 상에서 잰 이의 두께
⑦ 총 이 높이 : 이 끝 높이와 이 뿌리의 높이의 합, 즉 이의 총 높이
⑧ 이끝 높이(addendum) : 피치원에서 이끝원까지의 거리
⑨ 이뿌리 높이(dedendum) : 피치원에서 이뿌리원까지의 거리

다. 기어의 속도비

각 기어의 피치원을 지름을 D_1, D_2 잇수를 z_1, z_2 회전수를 n_1, n_2라하고 속도비를 i라하면 다음식이 성립한다.

$$i = \frac{n_2}{n_1} = \frac{D_1}{D_2} = \frac{z_1}{z_2}$$

라. 인벌루트 표준 기어

(1) 기준 래크

기어의 피치원 지름이 무한대가 되면 기어는 래크로 된다. 따라서 래크의 치형을 피치에 따라 규정하면 모든 기어의 치형을 결정할 수가 있다. 규정된 래크를 기준 래크라 한다.

(2) 표준 스퍼 기어

기준 래크의 기준 피치선이 기어의 기준 피치원과 인접하고 있는 것을 표준 스퍼 기어라 한다. 표준 스퍼 기어의 이 두께는 원주 피치의 1/2이다.

(3) 이의 물림률

$$\text{물림률} = \frac{\text{접촉호의 길이}}{\text{원주 피치의 길이}}$$

(4) 이의 간섭과 언더 컷
2개의 기어가 맞물려 회전 시에 한쪽의 이 끝 부분이 다른 쪽 이뿌리 부분을 파고들어 걸리는 현상을 이의 간섭이라 하며, 이의 간섭에 의하여 이뿌리가 파여진 현상을 언더 컷이라 한다.

① 이의 간섭을 막는법
- ㉮ 이의 높이를 줄인다.
- ㉯ 압력각을 증가시킨다(20° 또는 그 이상).
- ㉰ 치형의 이끝면을 깎아낸다.
- ㉱ 피니언의 반경 방향의 이뿌리면을 파낸다.

② 언더 컷 방지하는 법
- ㉮ 낮은 이의 사용
- ㉯ 전위 기어의 사용

(5) 전위 기어
① 전위량과 전위 계수
- ㉮ 전위 기어에서 기준 피치원의 접선을 절삭 피치 선이라 하고 래크의 기준 피치선과 절삭 피치선과의 거리를 전위량이라 한다.
- ㉯ 전위량 X를 모듈로 나눈 값을 전위 계수(f_x)라 한다. $f_x = X/m$

② 전위 기어의 용도
- ㉮ 중심 거리를 변화시키려고 할 경우
- ㉯ 언더 컷을 피하려고 할 경우
- ㉰ 이의 강도를 개선하려고 할 경우

4 벨트·로프·체인 전동 장치

벨트, 로프 및 체인 등을 사용하여 원동차에서 종동차에 동력을 전달하는 장치를 전동 장치(transmission)라 한다.

가. 평 벨트 전동
벨트에 사용하는 재료는 가죽, 직물, 고무, 강철이 있으며, 평벨트 풀리는 구조에 따라서 일체형과 분할형으로 구분할 수 있다.

(1) 평 벨트 호칭법

| 명칭 | 등급 또는 종류 | 치수(폭×층수) |

〈보기〉 평 가죽 벨트 1급 114×2
평 고무 벨트 1종 50×3

(2) 평 벨트 풀리의 구조
① 림(rim) : 풀리의 둘레를 구성하는 얇은 살을 가진 원통형의 바퀴둘레를 말한다.
② 브스(boss) : 전동축을 끼울 수 있는 축구멍을 구성하는 가운데 부분을 말한다.
③ 아암(arm) : 림과 보스 부분을 방사선의 형상으로 연결하는 몇 개의 막대 부분을 말한다. 암 대신 평판을 사용한 것도 있다.
재료는 일반적으로 주철로 된 것이 사용되며, 고속(원주 속도 30m/s 이상)일 때에는 주강으로 만든 것이 쓰인다.

(3) 평 벨트의 전동의 특징
① 수직 압력에 의한 마찰력을 이용하여 동력을 전달한다.
② 축간 거리가 길어도 사용할 수 있다(10m까지 사용 가능).
③ 단차를 이용하여 자유로운 변속이 가능하다.
④ 전동 효율이 높다(95%).
⑤ 장치가 간단하며 염가이다.
⑥ 급격한 하중의 증가에도 미끄럼에 의하여 안전하다.

(4) 벨트의 속도비 : 두 축의 지름(D_1, D_2)과 회전수(n_1, n_2)에 따른 속도비 i는

$$i = \frac{n_2}{n_1} = \frac{D_1}{D_2} \qquad n_1 = \frac{D_1}{D_2} n_2$$

(5) 평 벨트의 장력과 응력
① 초기 장력 : 전동에 필요한 마찰력을 주기 위하여 벨트에 주는 장력을 말한다.
② 유효 장력 : 인장 쪽의 장력과 이완 쪽의 장력과의 차를 말한다.
③ 전달 동력 P는 $P = \dfrac{F_e v}{102} (kw)$

(6) 벨트의 단면적 : $bt = \dfrac{F_t}{\sigma_a \cdot \eta}$

나. V 벨트 전동

V 벨트는 사다리꼴의 단면을 가진 벨트로서, V형의 홈이 파져있는 V풀리(V-pulley)에 밀착시켜 구동하는 방법이다. 평 벨트에 비해 미끄틈과 진동이 적고, 운전이 조용하며 공작 기계나 내연 기

관 등의 동력 전달에 널리 사용된다. 풀리는 주로 주철제이고, 고속인 경우에는 주강이나 알루미늄 합금제를 사용한다.

(1) V 벨트의 치수 : V 벨트의 치수는 단면의 치수로 표시하며, 단면의 크기에 따라 M, A, B, C, D, E형으로 나눈다. 각은 $40°±1$이다.

[표6-9 V 벨트의 표준 치수(KS M 6535)]

치수 형별	a(mm) 치수	a(mm) 허용값	b(mm) 치수	b(mm) 허용값	θ(°) 치수	θ(°) 허용값	인장 강도 (kN/가닥)	굴곡 후의 인장 강도 (kN/가닥)	영구 신장률 (%)
M	10.0	±0.6	5.5	±1.0	40	±1.0	1.2 이상	0.8 이상	7 이하
A	12.5	±0.7	9.0	±1.0	40	±1.0	2.4 이상	1.4 이상	7 이하
B	16.5	±0.8	11.0	±1.0	40	±1.0	3.5 이상	2.4 이상	7 이하
C	22.0	±1.0	14.0	±1.5	40	±1.0	5.9 이상	4.0 이상	8 이하
D	31.5	±1.5	19.0	±1.5	40	±1.0	10.8 이상	8.0 이상	8 이하
E	38.0	±1.5	24.0	±2.0	40	±1.0	14.7 이상	12 이상	8 이하

(2) V 벨트 홈부의 모양과 치수

표6-10은 V 벨트 홈부의 모양과 치수를 나타낸 것이다.

[표6-10 V 벨트 홈부의 모양과 치수(KS B 1400)]

종류	호칭 지름	α(°)	l_a	k	k_0	e	f	r_1	r_2	r_3	V 벨트의 두께 (참고)
M	50 이상 71 이하	34	8.0	2.7	6.3	—(1)	9.2	0.2~0.5	0.5~1.0	1~2	5.5
M	71 초과 90 이하	36									
M	90을 초과	38									
A	71 이상 100 이하	34	9.2	4.5	8.0	15.0	10.0	0.2~0.5	0.5~1.0	1~2	9
A	100 초과 125 이하	36									
A	125를 초과	38									
B	125 이상 160 이하	34	12.5	5.5	9.5	19.0	12.5	0.2~0.5	0.5~1.0	1~2	11
B	160 초과 200 이하	36									
B	200을 초과	38									

종류	호칭 지름	α(°)	l_a	k	k_0	e	f	r_1	r_2	r_3	V 벨트의 두께 (참고)
C	200 이상 250 이하	34	16.9	7.0	12.0	25.5	17.0	0.2 ~0.5	1.0 ~1.6	2~3	14
C	250 초과 315 이하	36									
C	315를 초과	38									
D	355 이상 450 이하	36	24.6	9.5	15.5	37.0	24.0	0.2 ~0.5	1.6 ~2.0	3~4	19
D	450를 초과	38									
E	500 이상 630 이하	36	28.7	12.7	19.3	44.5	29.0	0.2 ~0.5	1.6 ~2.0	4~5	24
E	630를 초과	38									

주 : (1) M형은 원칙으로 한 줄만 걸친다.

(3) V 벨트 제품의 호칭

일반용 V 벨트   A   80   또는   A   2032
      └ 명칭   │   └ 호칭(inch)   └ V 벨트의 길이(mm)
                   └ 종류(형별)

(4) V 벨트 전동 장치의 특성
   ① 운전이 조용하고 진동, 충격의 흡수 효과가 있다.
   ② 풀리의 지름이 적어지면 풀리의 홈 각도는 40보다 적게 한다.
   ③ 속도비는 1 : 7이다.
   ④ 중심 거리가 짧은 데 쓴다.(5m 이하)
   ⑤ 전동 효율이 90%~95%로 매우 높다.
   ⑥ 초기 장력을 주기 위한 중심 거리 조정 장치 필요

다. 로프와 로프 풀리

벨트 대신에 로프를 사용하는 데 두 축간의 거리가 아주 클 때 큰 동력을 전달할 때 사용하며, 이음매가 없다.

(1) 특징
   ① 장점
      ⓐ 평 벨트보다 큰 동력을 전달할 수 있다.
      ⓑ 먼 거리 전동을 할 수 있다.
      ⓒ 전동 경로가 직선이 아니어도 괜찮다.
      ⓓ 고속 운전이 가능하다.

② 단점
ⓐ 장치가 복잡하고 착탈이 어렵다.
ⓑ 조정이 곤란하고 절단시 수리가 어렵다.
ⓒ 전동이 불확실하다.

(2) 로프의 재료
① 와이어 로프 : 아연 도금한 철사를 여러 개 꼬아서 만든 것으로, 강도 및 내구력이 크며 먼 거리에 큰 동력을 전달할 수 있다.
② 섬유 로프 : 목면 로프와 대마 로프가 있으며, 목면은 연하고 대마는 강하다.

(3) 로프의 꼬임 종류
① 꼬임의 방향에 따라 : 오른 꼬임(Z 꼬임) 왼 꼬임(S 꼬임)
② 가닥과 로프의 꼬인 방향에 따라 : 보통 꼬임, 랭 꼬임

라. 체인 전동

체인 전동은 체인을 스프로킷 휠(sprocket wheel)에 걸어 감아서 체인과 휠의 이가 서로 물리는 힘으로 동력을 전달시키며, 축간 거리가 4m 이하이고, 회전비를 일정하게 할 필요가 있을 때나, 전달 동력이 크고 속도가 5m/s 이하일 때 사용한다.

(1) 체인의 종류
① 롤러 체인 : 롤러 링크(roller link)와 핀 링크(pin link)로 연결
② 링크 체인 : 강판을 펀칭(punching)하여 링크를 연결

(2) 스프로킷
롤러 체인용 스프로킷은 주강 또는 고급 주철 등으로 만든다. 치형은 S형과 U형이 있으나 S형이 주로 많이 사용된다.

(3) 체인 전동의 특성
① 미끄럼이 없다.
② 속도비가 정확하다.
③ 큰 동력이 전달된다.
④ 수리 및 유지가 쉽다.
⑤ 진동, 소음이 심하다.
⑥ 내열, 내유, 내습성이 있다.
⑦ 고속 회전에 부적당하다.
⑧ 체인의 탄성으로 충격이 흡수된다.

04 관용 기계 요소

1. 파이프 | 2. 밸브

1 파이프

가. 파이프의 종류

파이프는 재질에 따라 주철 파이프, 강 파이프, 구리 파이프, 황동 파이프, 납 파이프 등이 있다.

(1) **주철관(cast iron pipe)** : 이음매가 없으며, 압력 7~10kg/cm² 미만에 사용한다.

(2) **강관(steel pipe)** : 이음매 없는 강관(seamless steel pipe)은 보통 압력 300kg/cm² 미만에 사용하며, 이어 만든 강관(seamed steel pipe)은 단접, 용접, 리벳으로 이어서 만든다.

(3) **가스관(gas pipe)** : 가스, 물, 증기, 석유 등의 수송에 사용하며, 양끝은 관용 나사로 되어 있다.

(4) **구리관 및 황동관** : 이음매 없는 관으로 휨성이 좋고 내식성이 우수하다.

(5) **납관(lead pipe)** : 내산성, 휨성이 풍부하여 상수도, 가스, 산 알칼리의 수송 및 폐수용에 사용된다.

(6) **플렉시블관(flexible pipe)** : 강철, 구리, 알루미늄 등의 얇은 판으로 만든 것으로 구부리기가 쉬워 물, 기름 등의 수송 및 전선 보호, 신축 이음용으로 이용된다.

(7) **합성수지관(synthetic resin pipe)** : 염화비닐 등의 합성수지로 만든 관으로 휨성,내식성은 풍부하나 내열성이 나쁘다.

나. 파이프의 도시 기호 및 방법

(1) **파이프(pipe)** : 하나의 실선으로 표시하고 같은 도면 내에는 같은 굵기로 나타낸다.

(2) **유체의 종류 기호**

유체의 종류 기호를 나타낼 때는 표6-10과 같이 나타내고 유체와 관을 표시할 때는 그림6-9와 같다.

[표6-10 유체의 종류 기호]

유체의 종류	글자기호
공기	A(air)
가스	G(gas)
유류	O(oil)
수증기	S(steam)
물	W(water)
증기	V(vapor)

(a) 유체 표시 (b) 관의 굵기 및 재질표시

그림6-9 유체와 관의 표시

(3) 관의 굵기 표시

관의 굵기 표시는 관 도시선 위에 나타내는 것이 원칙이며 관의 굵기 표시 문자, 관의 종류, 재질 등을 표시한다. 굵기 표시는 강관은 내경으로 표시하며, 스테인레스 강관과 동관은 외경으로 나타낸다.

(4) 계기(gauge)

계기의 종류를 나타낼 때에는 기호 안에 글자 기호(압력계는 P, 온도계는 T, 유량계 F)를 기입한다.

(5) 파이프 이음의 도시

표6-11은 파이프 이음의 도시 기호를 나타내고 있다.

[표6-11 파이프 이음의 도시 기호]

이음의 종류	도시 기호	이음의 종류	도시 기호
일반		엘보 또는 밴드	
플랜지형		T	
턱걸이형		크로스	
유니언형		신축 이음	
막힘 플랜지형			

2 밸브

가. 개요
파이프 속을 흐르는 유체의 유량, 압력, 온도를 제어하기 위하여 사용된다.

나. 밸브의 종류

(1) **스톱 밸브**(stop valve) : 파이프의 입구와 출구가 일직선상에 있는 글로브 밸브(globe valve)와 직각으로 되어 있는 앵글 밸브(angle valve)가 있으며, 밸브는 밸브 시이트에 대하여 수직 방향으로 움직인다.

(2) **슬루스 밸브**(sluice valve) : 밸브가 파이프 축에 대하여 직각 방향으로 개폐되는 밸브로써 대형 밸브로 사용한다.

(3) **콕**(cock) : 콕은 파이프의 구멍에 직각으로 박힌 원뿔 모양의 마개를 돌려서 유체의 통로를 개폐하는 장치이다.

(4) **체크 밸브**(check valve) : 유체를 한 방향으로만 흐르게 하여 역류를 방지하는 데 사용한다.

(5) **안전 밸브**(safety valve) : 압력용기의 압력이 규정 압력보다 높아지면 밸브가 열려 사용 압력을 조절하는 데 사용된다.

05 그 밖의 기계 요소

1. 스프링 | 2. 브레이크 | 3. 캠

1 스프링

일반적으로 탄성체는 하중을 받으면 그 만큼 변위를 하게 되고, 그 변위를 탄성 에너지로 흡수하여 재료 내부에 축적하는 특성을 가진다. 이러한 특성과 기능을 이용한 기계 요소를 스프링(spring)이라 한다. 스프링은 각종 계기류 및 기계에 많이 사용된다.

가. 스프링의 종류

(1) **재료에 의한 분류** : 금속 스프링(강철, 인청동, 황동). 비금속 스프링(고무, 합성수지), 유체 스프링(공기, 물, 기름) 등이 있다.

(2) **하중에 의한 분류** : 인장, 압축, 토션바 스프링 등이 있다.

(3) **모양에 의한 분류** : 코일 스프링, 판 스프링, 스파이럴 스프링, 비틀림 막대스프링 등이 있다.

나. 스프링의 재료

스프링 재료는 탄성계수와 피로 한도가 커야하며, 또한 크리프 한도도 높아야 한다. 재료는 스프링 강, 피아노 선재, 인청동 등이 있으며, 규격은 KS로 규정되어 있다.

다. 스프링의 용도

① 진동 또는 탄성 에너지를 흡수한다.(열차의 완충 스프링 등)
② 에너지 저축 및 측정(시계 태엽, 저울)
③ 압력의 제한(안전 밸브) 및 침의 측정(압력 게이지)
④ 기계의 부품의 운동 제한 및 운동 전달(내연 기관의 밸브 스프링)

라. 스프링의 용어

(1) **지름** : 소선의 지름: d,   코일의 평균 지름 : D,   코일의 내경 : D1,   코일의 외경 : D2

(2) **스프링의 종횡비(k)** : $k = \dfrac{\text{코일의 평균 지름}}{\text{자유 높이}} = \dfrac{D}{H}$

(3) **피치(P)** : 서로 이웃하는 소선의 중심간 거리

(4) **코일의 감김 수**
   ① 총 감김 수 : 코일 끝에서 끝까지의 감김 수
   ② 유효 감김 수 : 스프링의 기능을 가진 부분의 감김 수
   ③ 자유 감김 수 : 무하중일 때 압축 코일 스프링의 소선이 서로 접하지 않는 부분

(5) **스프링 지수(C)** : $C = \dfrac{\text{코일의 평균 지름}}{\text{소선의 지름}} = \dfrac{D}{d}$

(6) **스프링 상수(k)** : $k = \dfrac{\text{하중(kg)}}{\text{힘(mm)}} = \dfrac{W}{\delta}$

  병렬연결 $k = k_1 + k_2$ 직렬연결 $k = \dfrac{1}{\dfrac{1}{k_1} + \dfrac{1}{k_2}}$

2 브레이크

브레이크는 기계 운동 부분의 에너지를 흡수하여, 이 운동을 감소시키거나 정지시키는 장치로 구성하는 각부의 치수, 즉 블록의 크기, 밴드의 폭, 두께 등은 작용하는 힘에 의하여 결정된다.

3 캠

다양한 형태를 가진 면 또는 홈에 의하여 회전 운동 또는 왕복 운동을 함으로써 주기적인 운동을 발생하는 기구를 캠 기구라 한다. 캠 기구를 이용한 캠 장치는 내연 기관의 밸브 개폐 장치, 인쇄기, 직조기, 자동 선반 등에 널리 사용되며, 다양한 형태의 운동과 속도를 제어할 수 있도록 자동화 공정에도 적용되고 있다.

적중예상문제_ 기계 요소

해설

01 속도비(i)
= 원동차의 잇수/종동차의 잇수
= 28/84 = 1/3

02 $D_0 = \dfrac{z \times m}{\cos \beta°}$

∴ $D_0 = \dfrac{72 \times 4}{\cos 30°}$
= 332.55mm

03 • 인치계 사다리꼴 나사 = 29°
• 미터계 사다리꼴 나사 = 30°

04 후크의 법칙 : 비례 한도 범위 내에서 응력과 변형률은 비례한다.

05 • 스플라인(spline) : 축의 둘레에 4~20개의 턱을 만들어 큰 회전력을 전달할 경우에 쓰인다.
• 세레이션 : 큰 동력 전달

01 ① **02** ③ **03** ② **04** ①
05 ①

---

01 원동차의 잇수 28, 종동차의 잇수 84인 한 쌍의 스퍼 기어의 속도비(i)는 얼마인가?

① i = 1/3 ② i = 1/4
③ i = 1/6 ④ i = 1/8

02 이 직각 방식에서 모듈이 M=4, 잇수는 72의 헬리컬 기어의 피치원은 몇 mm인가?(단, 비틀림 각은 30°이다.)

① 132 ② 233
③ 333 ④ 432

03 인치계 사다리꼴 나사산의 각도로서 맞는 것은?

① 60° ② 29°
③ 30° ④ 55°

04 후크의 법칙(Hooke's law)이 성립되는 구간은?

① 비례 한도
② 탄성 한도
③ 항복점
④ 인장 강도

05 자동차의 핸들, 전동기의 축 등에 사용되며 축에 작은 삼각형 키 홈을 만들어 축과 보스를 고정시키는 것은?

① 스플라인 축 ② 페더 키
③ 세레이션 ④ 접선 키

06 전동축에서 동력 전달 순서가 맞는 것은?

① 주축 → 중간축 → 선축
② 선축 → 중간축 → 주축
③ 선축 → 주축 → 중간축
④ 주축 → 선축 → 중간축

07 패킹을 끼워 유체의 누설을 방지하는 리벳 작업의 판 두께는?

① 13mm 이하
② 10mm 이하
③ 8mm 이하
④ 5mm 이하

08 테이퍼 핀(taper pin)의 호칭 직경으로 바른 것은?

① 핀의 굵은 쪽 직경
② 핀의 가는 쪽 직경
③ 핀의 중간 직경
④ 핀 길이 1/2지점의 직경

09 다음 그림과 같은 용접의 인장 응력 계산식은?(단, W : 인장 하중(kgf), ℓ : 용접부 길이(mm), t : 용접부 목 두께(mm), σ : 인장 응력(kgf/mm²)이다.)

① $\sigma = \dfrac{W}{t\ell}$ ② $\sigma = \dfrac{W\ell}{t}$

③ $\sigma = \dfrac{6W}{t^2\ell}$ ④ $\sigma = \dfrac{6W}{t\ell^2}$

해설

06 전동축(transmission shaft) : 전동축은 회전에 의해 동력을 전달하는 축으로 주로 비틀림과 굽힘 모멘트를 동시에 받는다.(주축, 선축, 중간축으로 구성)
주축 → 선축 → 중간축

07 종이, 석면, 패킹 등은 5mm 이하에서 리벳팅한다.

08 테이퍼 핀은 가는 쪽 직경으로 나타냄

09 용접 강도(σ) = 하중/단면적

06 ④ 07 ④ 08 ② 09 ①

해설

11 $a = m(Z_1 + Z_2)/2$

$$\therefore m = \frac{a \times 2}{z_1 + z_2} = \frac{80 \times 2}{30 + 50} = 2$$

12
- 홈붙이 마찰차 : V자 모양의 홈 5~10개를 표면에 파서 회전력을 크게 한 원통형 바퀴
- 원뿔 마찰차 : 동일 평면 내의 어긋나는 두 축 사이에서 외접하여 동력을 전달하는 원뿔형 바퀴

13
- 피치(P) : 나사산과 나사산 거리
- 리드(L) : 나사가 1회전하여 진행한 거리

14
- 평면 캠 : 판 캠, 직동 캠
- 입체 캠 : 원통 캠, 사판 캠, 반대(인버스) 캠, 원뿔 캠

---

10 ① 11 ③ 12 ③ 13 ③
14 ④ 15 ④

---

10 두 축의 회전 방향이 같으며, 높은 감속비의 경우에 쓰이며, 원통의 안쪽에 이가 있는 기어는?

① 내접 기어 ② 하이포이드 기어
③ 크라운 기어 ④ 스퍼 베벨 기어

11 모듈이 같은 두 기어가 외접하여 서로 물려 있다. 두 기어의 잇수가 30, 50이고 축간 거리가 80mm일 때, 모듈은?

① 4 ② 3
③ 2 ④ 1

12 평행한 두 축 사이에서 외접하거나 내접하는 2개의 원통형 바퀴에 의하여 동력을 전달하는 것은?

① 홈붙이 마찰차
② 원뿔 마찰차
③ 원통 마찰차
④ 변속 마찰차

13 나사 곡선을 따라 축의 둘레를 한 바퀴 회전하였을 때 축 방향으로 이동하는 거리를 무엇이라 하는가?

① 나사산 ② 피치
③ 리드 ④ 나사홈

14 다음 중 캠의 종류가 아닌 것은?

① 판 캠 ② 직동 캠
③ 반대 캠 ④ 구름 캠

15 응력의 단위를 올바르게 표시한 것은?

① kgf/mm^3 ② m/s^2
③ $kgf \cdot mm$ ④ N/mm^2

16 원동차의 직경이 100mm, 종동차의 직경이 140mm, 원동차의 회전수가 400rpm일 때 종동차의 회전수는?

① 300rpm ② 200rpm
③ 560rpm ④ 286rpm

17 키에 대한 설명 중 틀린 것은?

① 원뿔 키는 축의 어느 위치에나 설치할 수 있다.
② 반달 키는 테이퍼 축에 사용하면 편리하다.
③ 미끄럼 키를 핀 키라고도 한다.
④ 접선 키는 중심각 120°로 2조 설치한다.

18 저널(journal)이란?

① 베어링과 접촉하는 축의 부분
② 전동 축의 윤활유
③ 축의 양끝 부분
④ 축과 접촉하는 베어링의 부분

19 선반, 밀링 머신의 동력 전달 장치로 사용되는 벨트(belt)로 올바른 것은?

① 평 벨트 ② V 벨트
③ 직물 벨트 ④ 털 벨트

20 하중이 작용하는 방법에 의한 분류가 아닌 것은?

① 압축 하중 ② 인장 하중
③ 충격 하중 ④ 전단 하중

21 리벳 이음에서 전단이 되는 것이 아닌 것은?

① 리벳의 전단 ② 판 끝의 전단
③ 판이 인장으로 전단 ④ 리벳 구멍의 압축

해설

16 $n_2 = \dfrac{D_1}{D_2} \times n_1$

$= \dfrac{100}{140} \times 400$

$= 285.714$

17 • 원뿔 키 : 축의 임의 위치에 원뿔슬롯을 끼워 고정
• 접선 키 : 두 군데 홈을 파서 조합 후 설치

20 • 하중의 작용 상태에 따른 종류 : 인장 하중, 압축 하중, 비틀림 하중, 휨 하중, 전단 하중
• 하중의 시간적인 작용에 따른 종류 : 정하중, 동하중(반복 하중, 교번 하중, 충격 하중, 이동 하중)
• 하중의 분포 상태에 따른 분류 : 집중 하중, 분포 하중

16 ④ **17** ③ **18** ① **19** ②
20 ③ **21** ③

23 t = P·D·S/200 σt η + C =
1×2000/2×60×0.7 + 2 =
25.809

24 $\sigma = \dfrac{144}{12 \times 12} = 1$

22 ④   23 ②   24 ②   25 ①

22 다음 그림의 "A"부 나사와 같이 반시계 방향으로 회전하는 롤러를 고정시킬 나사축을 만들 때 나사의 종류와 목적이 맞는 것은?

① 오른나사-회전 원활
② 오른나사-풀림 방지
③ 왼나사-회전 원활
④ 왼나사-풀림 방지

23 압력 용기의 안지름 2,000mm, 수압이 1N/mm², 강판의 허용응력 60 N/mm² 일 때 강판의 두께는 몇 mm가 적당한가?(단, 리벳의 이음 효율을 70%, 부식 여유 2mm를 가산한다.)

① 24
② 26
③ 28
④ 30

24 한변의 길이 12mm인 정사각형 단면 봉에 축선 방향으로 144kgf의 압축하중이 작용할 때 생기는 압축응력값은?

① 4.75kgf/mm²   ② 1kgf/mm²
③ 0.75kgf/mm²   ④ 12kgf/mm²

25 먼지, 모래 등이 들어가기 쉬운 장소에 사용되는 나사는?

① 너클 나사   ② 사다리꼴 나사
③ 톱니 나사   ④ 볼 나사

26 다음 그림과 같은 와셔의 명칭은?(단, d는 볼트의 지름이다.)

① 혀붙이 와셔　② 클로 와셔
③ 스프링 와셔　④ 둥근 평 와셔

27 두 축의 중심선을 완전히 일치시키기 어려운 경우 또는 고속 회전으로 진동을 일으키는 경우에 적당한 커플링은?

① 플랜지 커플링
② 플렉시블 커플링
③ 울덤 커플링
④ 슬리이브 커플링

28 하중이 걸리는 속도에 의한 분류 중 동하중이 아닌 것은?

① 정 하중
② 충격 하중
③ 반복 하중
④ 교번 하중

29 웜 기어의 사용 목적 중 가장 큰 비중을 차지하는 것은?

① 직선 운동을 시키기 위함
② 고속 회전을 하기 위함
③ 역회전을 시키기 위함
④ 큰 감속비를 얻기 위함

30 코일의 평균 지름과 소선 지름과의 비를 두것이라 하는가?

① 스프링 상수　② 스프링 지수
③ 스프링의 종횡비　④ 스프링 피치

해설

27 • 플랜지 커플링 : 큰축이나 고속회전에 사용
• 울덤 커플링 : 두 축이 평행
• 유니버설 : 두 축이 교차
• 슬리이브 커플링 : 고정축 이음으로 주철제 원통 안에 두 축을 맞추어 키로 고정한 것

30 • 스프링 상수 : 하중과 휨의 비
• 스프링의 종횡비(k) : 코일의 평균 지름과 자유 높이의 비

26 ②　27 ②　28 ①　29 ④
30 ②

31 $m = \dfrac{1}{\mu} = \dfrac{1}{0.28} = 3.57$

33
- 링크 체인 : 체인블록, 닷에 사용
- 롤러 체인 : 큰 동력 전달
- 사일런트 체인 : 고속 또는 조용한 운전용

34 $\ell = \dfrac{240 + 360}{2} = 300$

36 $n_2 = \dfrac{D_1}{D_2} \times n_1$

$= \dfrac{120}{160} \times 300 = 225$

| 31 ② | 32 ③ | 33 ① | 34 ② |
| 35 ② | 36 ④ | | |

---

31 푸아송의 비가 0.28일 때 푸와송의 수는 얼마인가?

① 2.8　　② 3.57
③ 4.37　　④ 5.57

32 다음은 보일러용 리벳 이음에 대한 설명이다. 옳은 것은?

① 피치는 대개 리벳팅하는 소재의 길이에 의해 결정된다.
② 원주 방향의 응력은 축방향 응력의 1/2이다.
③ 원통을 반지름 방향의 내압으로 위아래로 분리하려고하는 힘은 강판의 저항력보다 작아야 한다.
④ 리벳 이음의 세로 이음은 원주 이음보다 약한 것을 써도 좋다.

33 다음 중 저속, 소용량의 컨베어, 엘리베이터용으로 사용하는 데 가장 적당한 체인은?

① 엇걸이 체인　　② 링크 체인
③ 롤러 체인　　④ 사일런트 체인

34 지름 240mm 및 360mm의 외접 마찰차에서 중심 거리는?

① 60mm　　② 300mm
③ 400mm　　④ 600mm

35 리벳 이음을 한 강판에 하중을 가할 때 강판 사이의 리벳 단면에 나란히 발생하는 응력은?

① 인장 응력　　② 전단 응력
③ 압축 응력　　④ 경사 응력

36 원동차의 직경이 120mm, 종동차의 직경이 160mm, 원동차의 회전수가 300rpm일 때 종동차의 회전수는?

① 200rpm　　② 150rpm
③ 287rpm　　④ 225rpm

37 재료의 전단 응력이 35N/mm²이고, 키의 길이가 40mm, 접선력은 3000N이면 너비는?

① 1.6mm   ② 1.8mm
③ 2.2mm   ④ 2.8mm

38 일반적으로 고온에서 볼 수 있는 것으로 금속이 일정한 하중 밑에서 시간이 걸림에 따라 그 변형이 증가되는 현상은?

① 피로(fatigue)
② 크리프(creep)
③ 허용 응력(allowable stress)
④ 안전율(safety factor)

39 자동차와 철도차량의 현가용으로 사용되는 스프링은?

① 코일 스프링   ② 토션바
③ 겹판 스프링   ④ 원통형 스프링

40 모듈 3, 잇수 30과 60의 한 쌍의 표준 평기어의 중심 거리는 얼마인가?

① 114mm   ② 126mm
③ 135mm   ④ 148mm

41 바깥지름 126, 잇수 40인 스퍼 기어의 모듈은?

① 6   ② 3.15
③ 2.5   ④ 3

해설

37 전단 응력 = $\dfrac{접선력}{키의\ 길이 \times 너비}$

∴ 너비 = $\dfrac{접선력}{전단\ 응력 \times 키의\ 길이}$

= 2.1428

38 • 피로 : 재료가 어느 한도까지 아무리 반복해도 파괴 현상이 생기지 않는 것
• 크리프 : 재료에 일정 하중이 작용했을 때, 일정 시간이 경과하면 변형량이 커지는 현상

40 $a = \dfrac{m(z_1 + z_2)}{2}$

$= \dfrac{3(30 + 60)}{2} = 135$

41 바깥지름 = (Z + 2) × M = 126
∴ M = 126/(40 + 2) = 3

해설

42
- 묻힘 키 : 드라이빙 키, 세트 키, 패더 키
- 접선 키 : 축과 보스에 접선 방향으로 홈을 파서 사용하며, 역전하는 경우는 120° 각도로 두 곳에 설치한다. 정사각형 단면의 키를 90°로 배치한 것을 케네 키라 한다.
- 원뿔 키 : 축과 보스에 키홈을 파지 않고 보스의 구멍을 테이퍼 구멍으로 한다.

45 충격 하중 : 하중의 시간 작용에 의한 동하중

46 마찰이 매우 적어 수치 제어, 공작 기계에 사용한다.

42 ③   43 ④   44 ②   45 ④
46 ④

---

42 일반적으로 60mm 이하의 작은 축에 사용되고 특히 테이퍼 축에 사용이 용이하며, 축의 강도가 약하게 되기는 하나 키에 키홈 등의 가공이 쉬운 것은?

① 성크 키
② 접선 키
③ 반달 키
④ 원뿔 키

43 원통 커플링의 종류에 속하지 않는 것은?

① 반중첩 커플링
② 머프 커플링
③ 셀러 커플링
④ 플렌지 커플링

44 베어링 메탈의 구비 조건이 아닌 것은?

① 열전도도가 좋아야 한다.
② 피로 강도가 작아야 한다.
③ 내부식성이 좋아야 한다.
④ 마찰이나 마멸이 적어야 한다.

45 다음 중 하중이 작용하는 방향에 따른 분류를 나타낸 것 중 틀린 것은?

① 인장 하중   ② 휨 하중
③ 전단 하중   ④ 충격 하중

46 체결용 요소 중 볼 나사(ball screw)의 장점을 설명한 것 중 올바르지 않는 것은?

① 나사의 효율이 좋다.
② 백래시를 작게 할 수 있다.
③ 먼지에 의한 마모가 적다.
④ 자동 체결용으로 좋다.

47 길이 200cm의 정사각형 봉에 8ton의 인장 하중이 작용할 때 정사각형의 한 변의 길이는?(단, 봉의 허용 응력은 500kgf/cm²이다.)

① 4cm   ② 6cm
③ 8cm   ④ 10cm

48 유체가 나사의 접촉면 사이의 틈새나 볼트의 구멍으로 흘러오는 것을 방지할 필요가 있을 때 사용하는 너트는?

① 캡 너트   ② 홈붙이 너트
③ 플랜지 너트   ④ 슬리브 너트

49 다음 그림과 같이 스프링을 연결하는 경우 직렬 접속은 어느 것인가?(단, W는 하중이고 K_1, K_2, K_3는 스프링 상수이다.)

①
②
③
④

50 인장 코일 스프링에 3kgf의 하중을 걸었을 때 변위가 30mm이었다면, 이 스프링의 상수는 얼마인가?

① 1/10kgf/mm   ② 1/5kgf/mm
③ 5kgf/mm   ④ 10kgf/mm

51 피치원의 지름이 일정한 기어에서 모듈의 값이 커지면 잇수는?

① 많아진다.   ② 적어진다.
③ 같다.   ④ 이것만으로는 알 수 없다.

해설

47 $500 = 8,000/x^2 \rightarrow x^2 = 16$, $x = 4$

48 • 플랜지 너트 : 볼트 구멍이 클 때, 접촉면이 거칠거나 큰 면압을 피하려 할 때 쓰인다.
• 홈붙이 너트 : 너트의 풀림을 막기 위하여 분할 핀을 꽂을 수 있게 홈이 6개 또는 10개 정도 있는 것이다.
• 슬리브 너트 : 머리 밑에 슬리브가 달린 너트로서 수나사의 편심을 방지하는 데 쓰인다.

50 $k = \dfrac{\text{적용 하중}}{\text{변위량}} = \dfrac{3}{30} = \dfrac{1}{10}$

51 모듈과 이 ↑ = 잇수와 지름 피치 ↓

47 ①   48 ①   49 ④   50 ①
51 ②

해설

52
- 반복 하중 : 하중의 방향은 변하지 않고 연속하여 반복적으로 작용하는 하중
- 충격 하중 : 순간적으로 짧은 시간에 작용하는 하중
- 정 하중 : 항상 일정한 크기를 유지하면서 작용하는 하중

53
- 인장 하중 : 늘어나는 하중
- 압축 하중 : 누르려는 하중
- 비틀림 하중 : 재료를 비틀려고 하는 하중
- 전단 하중 : 재료를 가위로 자르려는 것 같은 하중

55 L(리드) = n(줄수) × P(피치)
= 3 × 2 = 6

56 $D_p = m \times z$
∴ $m = \dfrac{D_p}{z} = \dfrac{165}{55} = 3$

| 52 ② | 53 ① | 54 ① | 55 ② |
| 56 ③ | 57 ① | | |

---

52 하중의 크기와 방향이 동시에 변화하면서 작용하는 하중은?

① 반복 하중
② 교번 하중
③ 충격 하중
④ 정 하중

53 못을 뺄 때 못에 작용하는 하중 상태는 무슨 하중에 속하는가?

① 인장 하중
② 압축 하중
③ 비틀림 하중
④ 전단 하중

54 구름 베어링 기본 구성 요소 중 회전체 사이에 적절한 간격을 유지해 주는 구성 요소를 무엇이라 하는가?

① 리테이너
② 내륜
③ 외륜
④ 회전체

55 피치 3mm인 2줄 나사의 리드(lead)는 얼마인가?

① 1.5mm
② 6mm
③ 2mm
④ 0.66mm

56 피치원 지름 165mm, 잇수 55인 기어의 모듈은?

① 2.89
② 30
③ 3
④ 2.54

57 순간적인 짧은 시간에 갑자기 격렬하게 작용하는 하중은?

① 충격 하중
② 반복 하중
③ 교번 하중
④ 집중 하중

58 양 방향의 접선 키를 사용할 때의 중심각은?

① 30° ② 60°
③ 90° ④ 120°

59 두꺼운 강판을 겹치기 이음할 경우에 리벳팅을 하면 판과 판 사이에 틈이 생겨 공기 또는 기름 등이 새는 현상을 방지하기 위해 해머로 때리는 작업을 무엇이라 하는가?

① 플러링
② 코킹
③ 패킹
④ 실링

60 엔진의 밸브 스프링과 같이 빠른 반복 하중을 받는 스프링에서는 그 반복 속도가 스프링의 고유 진동수와 가까워지면 심한 진동을 일으켜 스프링 파손의 원인이 되는 현상을 무엇이라 하는가?

① 공명 현상
② 피로 현상
③ 서징 현상
④ 동진동 현상

61 가스관 이음쇠에서 관의 양끝은 유체의 누설을 막기 위하여 테이퍼 나사로 되어 있는데 그 테이퍼는 어느 정도인가?

① 1/20 ② 1/16
③ 1/10 ④ 1/5

62 벨트를 걸었을 때 이완 쪽에 설치하여 벨트와 벨트 풀리의 접촉각을 크게 하는 것을 무엇이라고 하는가?

① 단 차 ② 안내 풀리
③ 중간 풀리 ④ 긴장 풀리

해설

58 축과 보스에 120° 각도로 두 군데 홈을 판 것

59 패킹 : 기밀성 유지 목적

61 테이퍼 나사 : 관용 나사로 사용되며, 기밀 유지 효과가 크다. 1/16의 테이퍼로 절삭한 나사이다.

58 ④ 59 ② 60 ③ 61 ②
62 ④

63 이의 크기 : 모듈, 지름 피치, 원주 피치

66 스프링 지수(G)
= 코일의 평균 지름 / 소선의 지름 = 30/5 = 6

68 후크의 법칙 : 비례 한도 범위 내에서 응력과 변형률은 비례한다.

63 ④   64 ④   65 ③   66 ③
67 ④   68 ①

---

63 기어의 이의 크기를 표시하는 방법이 아닌 것은?

① 모듈
② 지름 피치
③ 원주 피치
④ 반지름 피치

64 너트의 풀림 방지 방법이 아닌 것은?

① 와셔를 사용하는 방법
② 핀 또는 작은 나사 등에 의한 방법
③ 로크 너트에 의한 방법
④ 키에 의한 방법

65 전동 축의 동력 전달 순서가 옳게 된 것은?

① 주 축 – 중간 축 – 선 축
② 선 축 – 중간 축 – 주 축
③ 주 축 – 선 축 – 중간 축
④ 선 축 – 주 축 – 중간 축

66 코일 스프링의 직경이 30mm, 소선의 직경이 5mm일 때 스프링 지수는?

① 0.17
② 2.8
③ 6
④ 17

67 축을 설계할 때 고려하지 않아도 되는 것은 무엇인가?

① 축의 강도
② 피로 충격
③ 응력 집중 영향
④ 축의 표면 조도

68 후크의 법칙(Hooke's law)은 어느 점 내에서 응력과 변형률이 비례하는가?

① 비례 한도
② 탄성 한도
③ 항복점
④ 인장 강도

69 다음 중 직접 전달 장치에 해당하는 것은?

① 벨트 ② 체인
③ 기어 ④ 로프

70 체결용 기계 요소가 아닌 것은?

① 나사 ② 키
③ 브레이크 ④ 핀

71 단면적이 100mm²인 강재에 300kgf의 전단 하중이 작용할 때 전단 응력(kgf/mm²)은?

① 1 ② 2
③ 3 ④ 4

72 베어링 번호가 6201인 레이디얼 볼 베어링의 안지름은 얼마인가?

① 10mm
② 12mm
③ 15mm
④ 17mm

73 다음 중 키의 전달 토크의 크기에서 가장 큰 것은?

① 안장 키
② 평행 키
③ 묻힘 키
④ 접선 키

74 파이프의 연결에서 신축 이음을 하는 것은 온도 변화에 의해 파이프 내부에 생기는 무엇을 방지하기 위해서인가?

① 열응력 ② 전단 응력
③ 응력 집중 ④ 피로

해설

70 브레이크 : 기계 운동 부분의 에너지를 흡수하여 속도를 낮추거나 정지시키는 장치

71 τ = 하중 / 단면적

72 • 00 : 10mm
• 01 : 12mm
• 02 : 15mm
• 03 : 17mm
• 04 : 20mm

73 키의 회전력이 큰 순서
세레이션 〉 스플라인 〉 접선 키 〉 성크키 〉 반달 키 〉 평행 키 〉 새들 키(안장 키)

69 ③ 70 ③ 71 ③ 72 ②
73 ④ 74 ①

75
물체에 하중을 작용시키면 물체 내부에는 하중에 대응하는 저항력이 발생한다. 이 저항력을 무엇이라 하는가?

① 응력(stress)
② 변형률(strain)
③ 푸와송의 비(Posson's ratio)
④ 탄성(elasticity)

76
힘의 크기와 방향이 동시에 주기적으로 변하는 하중은?

① 반복 하중
② 교번 하중
③ 충격 하중
④ 정 하중

77
기어, 풀리, 커플링 등의 회전체를 축에 고정시켜서 회전 운동을 전달시키는 기계 요소는?

① 나사   ② 리벳
③ 핀   ④ 키

78
주철의 경우 인장 강도와 전단 강도는 그 크기가 비슷하여 인장 응력이 극한 강도를 넘어서면 축선 직각 단면에서 파단이 일어나지만 압축 강도는 인장 강도나 전단 강도보다 훨씬 크므로 축선과 몇 도의 각도로 파괴되는가?

① 30°   ② 45°
③ 60°   ④ 75°

79 직선 운동을 회전 운동으로 변환하거나, 회전 운동을 직선 운동으로 변환하는 데 사용되는 기어는?

① 스퍼 기어(spur gear)
② 헬리컬 기어(helical gear)
③ 베벨 기어(bevel gear)
④ 래크와 피니언(rack and pinion)

80 테이퍼 핀의 테이퍼와 호칭 표시는?

① 1/100 – 큰 쪽의 지름
② 1/50 – 작은 쪽의 지름
③ 1/50 – 큰 쪽의 지름
④ 1/100 – 작은 쪽의 지름

81 자동차의 핸들, 전동기의 축 등에 사용되며 축에 작은 삼각형 키 홈을 만들어 축과 보스를 고정시키는 것은?

① 스플라인 축
② 페더 키
③ 세레이션
④ 접선 키

82 후크의 법칙을 표현한 식으로 맞는 것은?(단, σ: 응력, E: 영률, ε: 변형율이다.)

① $\sigma = 2E/\varepsilon$
② $E = \sigma/\varepsilon$
③ $E = \varepsilon/\sigma$
④ $\varepsilon = 2E \cdot \sigma$

83 다음 중 운동용 나사에 해당하는 것은?

① 미터 나사
② 유니파이 나사
③ 볼 나사
④ 관용 나사

해설

79
- 두축 평행 : 스퍼 기어, 헬리컬 기어
- 두축 교차 : 베벨 기어
- 래크는 직선 운동, 피니언은 회전 운동

80 테이퍼 핀 : 1/50의 테이퍼가 있고, 호칭 지름은 작은 쪽의 지름으로 표시

82 후크의 법칙 : 비례 한도 범위 내에서 응력과 변형의 비례

79 ④   80 ②   81 ③   82 ②
83 ③

해설

84
- 두축 평행 : 스퍼 기어, 헬리컬 기어
- 두축 교차 : 베벨 기어

85 전동용 기계 요소 : 기어, 밸브, 로프, 체인

87 니들 롤러 베어링 : 롤러 길이가 길고 가늘며 내륜없이 사용 가능. 마찰 저항이 큼. 중하중용·충격하중에 강함.

88 $a = \dfrac{m(z_1 + z_2)}{2}$
$= \dfrac{4(75 + 150)}{2} = 450$

84 ④ 85 ④ 86 ② 87 ①
88 ④

---

84 다음 중 두 축이 직각으로 만났을 때 동력을 전달하려면 어떤 기어를 사용하여야 하는가?

① 스퍼 기어
② 헬리컬 기어
③ 래크
④ 베벨 기어

85 다음 중 전동용 기계 요소에 해당하는 것은?

① 리벳 ② 볼트와 너트
③ 핀   ④ 체인

86 일반적인 너트의 풀림을 방지하기 위하여 사용하는 방법이 아닌 것은?

① 와셔에 의한 방법
② 나비 너트에 의한 방법
③ 로크 너트에 의한 방법
④ 멈춤 나사에 의한 방법

87 길이에 비하여 지름이 아주 작은 바늘 모양의 롤러(직경 2~5mm)를 사용한 베어링은?

① 니들 롤러 베어링
② 미니어처 베어링
③ 데이더 롤러 베어링
④ 원통 롤러 베어링

88 모듈 4, 잇수가 각각 75개, 150개인 1쌍의 스퍼 기어가 맞물려 있을 때, 두 기어의 축간 거리는 몇 mm인가?

① 420 ② 430
③ 440 ④ 450

89 피치 3mm인 3줄 나사의 리드는 몇 mm인가?

① 1mm
② 2.87mm
③ 3.14mm
④ 9mm

90 기본 설계 단계로부터 상세 설계 및 도면 작성에 이르는 설계 전체의 과정을 컴퓨터를 이용하여 설계하는 방식은?

① CAM(Computer Aided Manufacturing)
② CAD(Computer Aided Design)
③ CAE(Computer Aided Engineering)
④ CAT(Computer Aided Testing)

91 냉각이 쉽고 큰 회전력의 제동이 가능한 브레이크는?

① 원판 브레이크
② 복식 블록 브레이크
③ 벤드 브레이크
④ 자동하중 브레이크

92 축을 모양에 의해 분류할 때, 여기에 해당되지 않는 것은?

① 크랭크 축
② 직선 축
③ 플렉시블 축
④ 중간 축

93 표준화와 규격화를 하면 어떤 부분이 부족할 수 있는가?

① 부품의 호환성
② 자원의 절약
③ 비정질 재료
④ 초전도 재료

94 벨트에 장력을 가하는 방법이 아닌 것은?

① 자중에 의한 방법
② 탄성 변형에 의한 방법
③ 스냅 풀리를 사용하는 방법
④ 벨트를 엇걸기 한다.

해설

89 L(리드) = n(줄수) × P(피치)
   = 3 × 3 = 9

92 • 작용하는 힘에 의한 분류 : 차축, 스핀들, 전동축
   • 모양에 의한 분류 : 크랭크축, 직선축, 플렉시블축

89 ④ 90 ② 91 ① 92 ④
93 ④ 94 ④

제7장
공단 기출문제

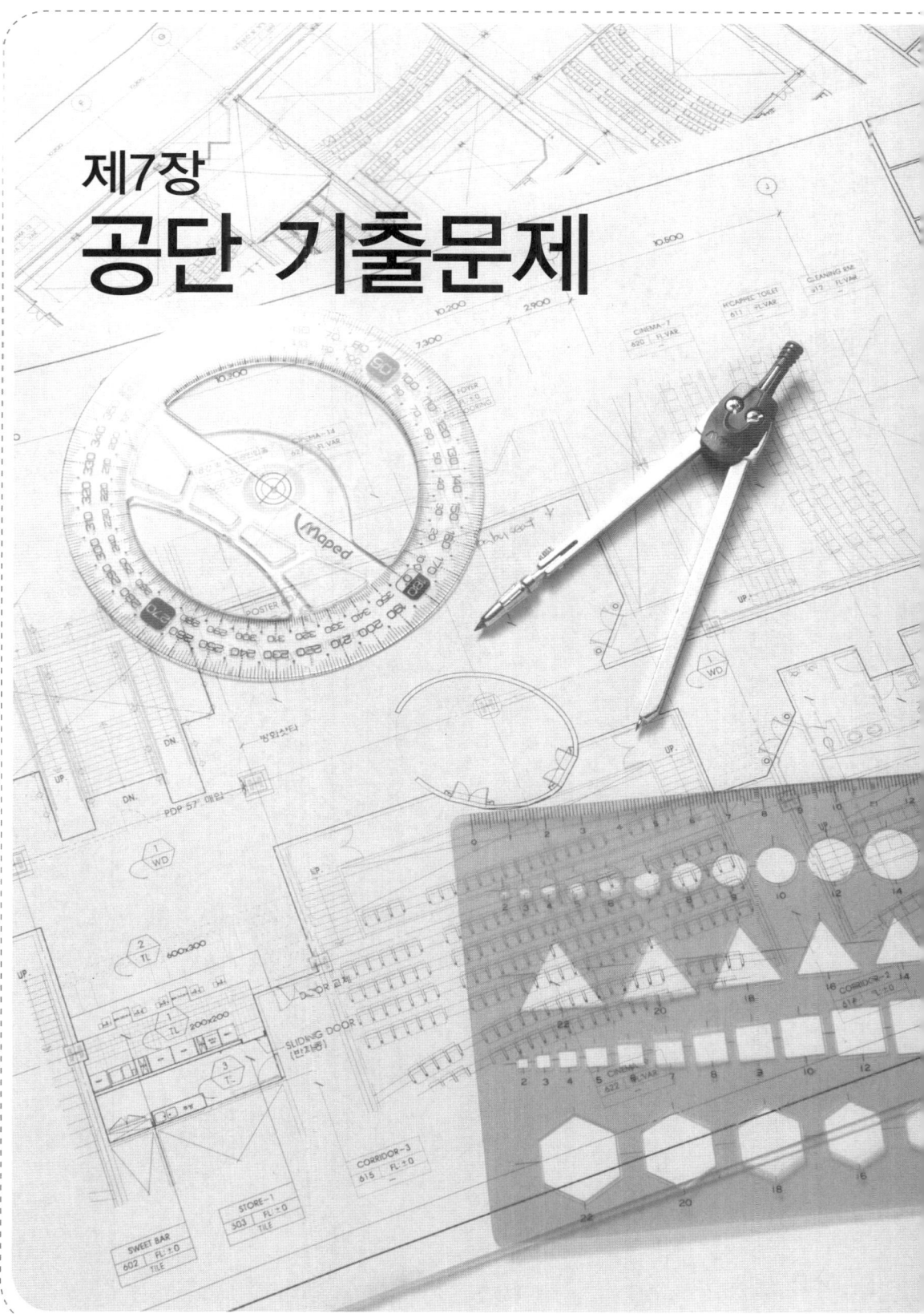

공단 기출문제_2014년 1회

01 공구용 합금강을 담금질 및 뜨임 처리하여 개선되는 재질의 특성이 아닌 것은?

① 조직의 균질화
② 경도 조절
③ 가공성 향상
④ 취성 증가

해설 목적 : 경도 및 강도 조절, 내부 응력 제거, 인성 개선

02 금속 재료를 고온에서 오랜 시간 외력을 걸어놓으면 시간의 경과에 따라 서서히 그 변형이 증가하는 현상은?

① 크리프   ② 스트레스
③ 스트레인 ④ 템퍼링

해설 크리프 : 금속 재료를 고온에서 오랜 시간 외력을 걸어놓으면 시간의 경과에 따라 서서히 그 변형이 증가하는 현상

03 절삭 공구류에서 초경 합금의 특성이 아닌 것은?

① 경도가 높다.
② 마모성이 좋다.
③ 압축 강도가 높다.
④ 고온 경도가 양호하다.

해설 초경 합금 : 금속 탄화물(WC, TiC, TaC) + Co 분말을 가압, 성형 후 800~900℃에서 예비 소결한 뒤 수소기류 중에서 1400~1500℃에서 소결시켜 만든 합금으로 경도, 압축 강도가 높고 고온 경도가 양호하다.

04 황동의 연신율이 가장 클 때 아연(Zn)의 함유량은 몇 % 정도인가?

① 30   ② 40
③ 50   ④ 60

해설 Cu+Zn 30% : 7·3황동(고용체)은 연신율 최대, 가공성을 목적

05 구상 흑연 주철을 조직에 따라 분류했을 때 이에 해당되지 않는 것은?

① 마르텐자이트형 ② 페라이트형
③ 펄라이트형   ④ 시멘타이트형

해설 페라이트형, 펄라이트형, 시멘타이트형

06 주철의 장점이 아닌 것은?

① 압축 강도가 작다.
② 절삭 가공이 쉽다.
③ 주조성이 우수하다.
④ 마찰 저항이 우수하다.

해설 주철은 압축 강도가 커서 각종 공작 기계의 몸체로 사용한다.

07 합금의 종류 중 고용융점 합금에 해당하는 것은?

① 티탄합금
② 텅스텐합금
③ 마그네슘합금
④ 알루미늄합금

📖 텅스텐 합금 : 텅스텐은 용융점이 3410℃(금속 중 융점이 높다.)이므로 고용융점 합금에 해당된다.

08 다음 중 구름 베어링의 특성이 아닌 것은?

① 감쇠력이 작아 충격 흡수력이 작다.
② 축심의 변동이 작다.
③ 표준형 양산품으로 호환성이 높다.
④ 일반적으로 소음이 작다.

📖 일반적으로 소음이 발생된다.

09 지름이 50mm 축에 폭이 10mm인 성크 키를 설치했을 때, 일반적으로 전단 하중만을 받을 경우 키가 파손되지 않으려면 키의 길이는 몇 mm인가?

① 25mm
② 75mm
③ 150mm
④ 200mm

📖 L≥1.5d이므로 1.5 × 50 = 75

10 인장 응력을 구하는 식으로 옳은 것은?(단, A는 단면적, W는 인장 하중이다.)

① $A \times W$
② $A + W$
③ $\dfrac{A}{W}$
④ $\dfrac{W}{A}$

📖 $\sigma = \dfrac{\text{인장 하중}}{\text{단면적}} = \dfrac{W}{A}$

11 롤링 베어링의 내륜이 고정되는 곳은?

① 저널
② 하우징
③ 궤도면
④ 리테이너

📖 저널(Journal) : 베어링의 내륜과 접촉되는 축부분

12 기계 재료의 단단한 정도를 측정하는 가장 적합한 시험법은?

① 경도 시험
② 수축 시험
③ 파괴 시험
④ 굽힘 시험

📖 경도 시험(hardness test)은 금속 재료의 단단함 정도를 측정할 때 사용되는 방법으로 제강시 탄소 함유량의 판정 및 부품 재질 검사 등의 목적으로 사용된다.

13 자동차와 스티어링 장치, 수치제어 공작기계의 공구대, 이송 장치 등에 사용되는 나사는?

① 둥근 나사
② 볼 나사
③ 유니파이 나사
④ 미터 나사

📖 볼 나사 : 자동차와 스티어링 장치, 수치제어 공작기계의 공구대, 이송 장치 등에 사용한다. 백래시가 없다.

14 모듈 5, 잇수가 40인 표준 평기어의 이끝원 지름은 몇 mm인가?

① 200mm
② 210mm
③ 220mm
④ 240mm

📖 바깥지름(D) = m(Z + 2) = 5(40 + 2) = 210

15 두 축이 평행하고 거리가 아주 가까울 때 각속도의 변동없이 토크를 전달할 경우 사용되는 커플링은?

① 고정 커플링(fixed coupling)
② 플렉시블 커플링(flexible coupling)
③ 올덤 커플링(Oldham's coupling)
④ 유니버설 커플링(universal coupling)

해설 올덤 커플링(Oldham's coupling) : 두 축이 평행하며, 편심되어 있을 때 사용하는 것으로 큰 토크나 고속 회전의 전달에는 적당치 않다.

16 다음 중 테이블이 일정한 각도로 선회할 수 있는 구조로 기어 등 복잡한 제품을 가공할 수 있는 것은?

① 플레인 밀링 머신(plain milling machine)
② 만능 밀링 머신(universal milling machine)
③ 생산형 밀링 머신(production milling machine)
④ 플라노 밀링 머신(plano miller)

해설 만능 밀링 머신(universal milling machine) : 테이블이 일정한 각도로 선회할 수 있는 구조로 기어 등 복잡한 제품을 가공

17 선반 가공에서 회전수를 구하는 공식이 N = 1000V/πD라 할 때 이 공식의 표기가 틀린 것은?

① N = 회전수(r/min = rpm)
② π = 원주율
③ D = 공작물의 반지름(mm)
④ V = 절삭 속도(m/min)

해설 D = 공작물의 지름(mm)

18 드릴링 머신에서 볼트나 너트를 체결하기 곤란한 표면을 평탄하게 가공하여 체결이 잘되도록 하는 것은?

① 리밍   ② 태핑
③ 카운터 싱킹   ④ 스폿 페이싱

해설 스폿 페이싱 : 볼트머리가 닿는 면이 경사지거나 평탄하지 않는 곳을 평탄하게 가공

19 일반적인 연삭 숫돌 검사 방법의 종류가 아닌 것은?

① 초음파 검사
② 음향 검사
③ 회전 검사
④ 균형 검사

해설
• 음향 검사 : 나무망치로 두드려서 균열을 검사
• 회전 검사 : 규정 속도로 3분 정도로 공회전 검사
• 균형 검사 : 밸런서에 장착하여 균형을 검사

20 윤활제의 급유 방법이 아닌 것은?

① 핸드 급유법   ② 적하 급유법
③ 냉각 급유법   ④ 분무 급유법

해설
• 핸드 급유 : 오일 건 등을 통하여 베어링, 안내면의 윤활부에 연결된 급유구로 급유
• 적하 급유 : 용기에 담긴 기름을 구멍, 밸브 등을 통하여 일정량씩 필요 부분에 기름을 떨어뜨리며 급유하는 방법으로 마찰면이 넓거나 시동되는 횟수가 많을 때 및 저속, 중속 축이 많이 사용
• 분무 급유 : 압축 공기를 스프레이로 분무하듯이 급유하며 내면 연삭, 고속 베어링 등에 사용

21 절삭 공구에서 구성인선의 발생 순서로 맞는 것은?

① 발생 → 성장 → 탈락 → 분열
② 성장 → 발생 → 탈락 → 분열
③ 발생 → 성장 → 분열 → 탈락
④ 성장 → 탈락 → 발생 → 분열

📖 발생 → 성장 → 분열 → 탈락의 순서로 구성인선이 발생한다.

22 다음 [그림]과 같은 테이퍼를 선반에서 가공하려고 한다. 심압대를 편위시켜 가공하려면 심압대를 몇 mm 이동시켜야 하는가?

① 5   ② 6
③ 8   ④ 10

📖 편위량(e)
$= \dfrac{(D-d)L}{2l} = \dfrac{(44-40)500}{2 \times 200} = 5mm$

23 기어 절삭기로 가공된 기어의 면을 매끄럽고 정밀하게 다듬질하기 위해 홈붙이 날을 가진 커터로 다듬는 가공 방법은?

① 호빙
② 호닝
③ 기어 세이빙
④ 래핑

📖 기어 세이빙 : 기어 절삭기로 가공된 기어의 면을 매끄럽고 정밀하게 다듬질하기 위해 홈붙이 날을 가진 커터로 다듬질

24 공구 연삭기의 종류에 해당되지 않는 것은?

① 드릴 연삭기
② 바이트 연삭기
③ 초경공구 연삭기
④ 기어 연삭기

📖 공구 연삭기 : 드릴, 바이트, 초경공구 연삭기이며 기어는 공구가 아니다.

25 다음 중 가공물을 양극으로 전해액에 담그고 전기 저항이 적은 구리, 아연을 음극으로 하여 전류를 흘려서 전기에 의한 용해 작용을 이용하여 가공하는 가공법은?

① 전해 연마
② 전해 연삭
③ 전해 가공
④ 전주 가공

📖 전해 연마 : 가공물을 양극으로 전해액에 담그고 전기 저항이 적은 구리, 아연을 음극으로 하여 전류를 흘려서 전기에 의한 용해 작용을 이용하여 가공

26 기하 공차의 종류 중 적용하는 형체가 관련 형체에 속하지 않은 것은?

① 자세 공차
② 모양 공차
③ 위치 공차
④ 흔들림 공차

📖 단일 형상 : 모양 공차(진직도, 원통도, 진원도, 평면도, 선의 윤곽도, 면의 윤곽도)

27 다음은 제3각법으로 그린 정 투상도이다. 입체도로 옳은 것은?

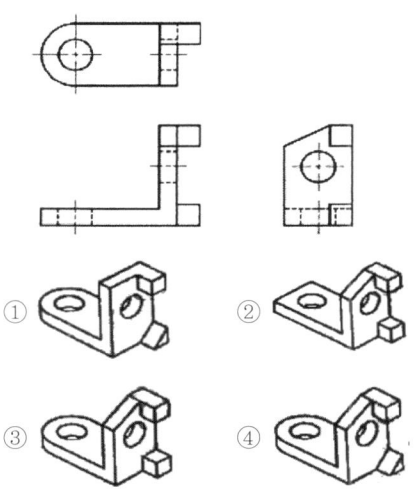

28 다음 중 '가는 선 : 굵은 선 : 아주 굵은 선' 굵기의 비율이 옳은 것은?

① 1 : 2 : 4
② 1 : 3 : 4
③ 1 : 3 : 6
④ 1 : 4 : 8

해설 굵기에 따라 분류하면 가는 선 1, 굵은 선 2, 아주 굵은 선 4의 비율이다.

29 모양 공차를 표기할 때 그림과 같은 공차 기입 틀에 기입하는 내용은?

A	B

① A : 공차값, B : 공차의 종류 기호
② A : 공차의 종류 기호, B : 데이텀 문자기호
③ A : 데이텀 문자 기호, B : 공차값
④ A : 공차의 종류 기호, B : 공차값

해설 A : 공차의 종류 기호, B : 공차값

30 도면에 사용한 선의 용도 중 특수한 가공을 하는 부분 등 특별한 요구 사항을 적용할 범위를 표시하는 데 쓰이는 선은?

① 가는 1점 쇄선
② 가는 2점 쇄선
③ 굵은 1점 쇄선
④ 굵은 2점 쇄선

해설 굵은 1점 쇄선 : 특수한 가공을 하는 부분 등 특별한 요구 사항을 적용할 범위를 표시

31 선의 종류에 따른 용도의 설명으로 틀린 것은?

① 굵은 실선 – 외형선으로 사용한다
② 가는 실선 – 치수선으로 사용한다
③ 파선 – 숨은선으로 사용한다.
④ 굵은 1점 쇄선 – 단면의 무게중심선으로 사용한다.

해설 • 굵은 1점 쇄선 : 특수한 가공을 하는 부분 등 특별한 요구 사항을 적용할 범위를 표시
• 가는 2점 쇄선 : 단면의 무게중심선으로 사용

32 좌우 또는 상하가 대칭인 물체의 $\frac{1}{4}$을 잘라내고 중심선을 기준으로 외형도와 내부 단면도를 나타내는 단면의 도시방법은?

① 한쪽 단면도
② 부분 단면도
③ 회전 단면도
④ 온 단면도

해설 한쪽 단면도 : 좌우 또는 상하가 대칭인 물체의 1/4을 잘라내고 중심선을 기준으로 외형도와 내부 단면도를 나타내는 단면의 도시

33 투상도의 선택 방법에 대한 설명으로 틀린 것은?

① 조립도 등 주로 기능을 나타내는 도면에서는 대상물을 사용하는 상태로 놓고 그린다.
② 부품을 가공하기 위한 도면에서는 가공 공정에서 대상물이 놓인 상태로 그린다.
③ 주 투상도에서는 대상물의 모양이나 기능을 가장 뚜렷하게 나타내는 면을 그린다.
④ 주 투상도를 보충하는 다른 투상도는 명확한 이해를 위해 되도록 많이 그린다.

34 그림과 같은 지시 기호에서 "b"에 들어갈 지시 사항으로 옳은 것은?

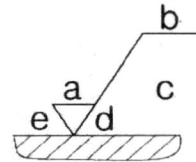

① 가공 방법
② 표면 파상도
③ 줄무늬 방향 기호
④ 컷오프값·평가 길이

📖 a : 산술평균 거칠기값, b : 가공 방법, c : 컷오프값·평가 길이, d : 줄무늬 방향 기호, e : 가공 여유값

35 다음 치수 보조 기호에 관한 내용으로 틀린 것은?

① C : 45°의 모떼기

② D : 판의 두께
③ □ : 정사각형 변의 길이
④ ⌒ : 원호의 길이

📖 t : 판의 두께

36 기준 치수가 30, 최대 허용 치수가 29.9, 최소 허용 치수가 29.8일 때 아래치수 허용차는?

① -0.1
② -0.2
③ +0.1
④ +0.2

📖 아래치수 허용차 = 최소 허용 치수 − 기준 치수
 = 29.8 − 30 = −0.2

37 최대 허용 치수와 최소 허용 치수의 차를 무엇이라고 하는가?

① 치수 공차
② 끼워 맞춤
③ 실치수
④ 기준선

📖 치수 공차 = 최대 허용 치수 − 최소 허용 치수

38 투상법의 종류 중 정 투상법에 속하는 것은?

① 등각 투상법
② 제3각법
③ 사 투상법
④ 투시도법

📖 정 투상법 : 제1각법, 제3각법

39 가공 방법에 대한 기호가 잘못 짝지어진 것은?

① 용접 : W
② 단조 : F
③ 압연 : E
④ 전조 : RL

📖 압연 : R(Rolling), 압출 : E(Extruding), 인발 : D(Drawing on Drawbench)

40 도면을 마이크로필름에 촬영하거나 복사할 때의 편의를 위하여 도면의 위치 결정에 편리하도록 도면에 표시하는 양식은?

① 재단마크
② 중심마크
③ 도면의 구역
④ 방향마크

> 중심마크 : 도면을 마이크로필름에 촬영하거나 복사할 때의 편의를 위하여 도면의 위치 결정에 편리하도록 도면에 표시

41 다음 중 알루미늄 합금주물의 재료 표시 기호는?

① AL3rC1
② ALDC1
③ AC1A
④ PBC2

> • Al–Cu계 합금
> • AC1A이 해당된다.
> • 인장 강도가 크고 절삭성이 좋다.
> • 주조성이 나쁘다.
> • 가선용 부품, 자전거부품, 항공기용 유압부품 등에 사용된다.

42 지름과 반지름의 표시 방법에 대한 설명 중 틀린 것은?

① 원 지름의 기호는 Ø로 나타낸다.
② 원 반지름의 기호는 R로 나타낸다.
③ 구의 지름의 치수를 기입할 때는 GØ를 쓴다.
④ 구의 반지름의 치수를 기입할 때는 SR을 쓴다.

> 구의 지름의 치수를 기입할 때는 SØ를 쓴다.

43 다음 입체도에서 화살표 방향이 정면일 경우 정 투상도의 평면도로 옳은 것은?

①

②

③

④

44 끼워 맞춤의 표시 방법을 설명한 것 중 틀린 것은?

① Ø20H7 : 지름이 20인 구멍으로 7등급의 IT 공차를 가짐
② Ø20h6 : 지름이 20인 축으로 6등급의 IT 공차를 가짐
③ Ø20H7/g6 : 지름이 20인 H7 구멍과 g6 축이 헐거운 끼워 맞춤으로 결합되어 있음을 나타냄
④ Ø20H7/f6 : 지름이 20인 H7 구멍과 f6 축이 중간 끼워 맞춤으로 결합되어 있음을 나타냄

> Ø20H7/f6 : 헐거운 끼워 맞춤으로 결합

45 도면이 구비하여야 할 기본 요건이 아닌 것은?

① 보는 사람이 이해하기 쉬운 도면
② 그린 사람이 임의로 그린 도면
③ 표면 정도, 재질, 가공 방법 등의 정보성을 포함한 도면
④ 대상물의 크기, 모양, 자세, 위치 등의 정보성을 포함한 도면

해설 기술의 각 분야에 걸쳐 정확성, 보편성을 가져야 한다.

46 기어의 도시 방법을 나타낸 것 중 틀린 것은?

① 이끝원은 굵은 실선으로 그린다.
② 피치원은 가는 1점 쇄선으로 그린다.
③ 단면으로 표시할 때 이뿌리원은 가는 실선으로 그린다.
④ 잇줄 방향은 보통 3개의 가는 실선으로 그린다.

해설 단면으로 표시할 때 이뿌리원은 굵은 실선으로 그린다.

47 평행 키 끝부분의 형식에 대한 설명으로 틀린 것은?

① 끝부분 형식에 대한 지정이 없는 경우는 양쪽 네모형으로 본다.
② 양쪽 둥근형은 기호 A를 사용한다.
③ 양쪽 네모형은 기호 S를 사용한다.
④ 한쪽 둥근형은 기호 C를 사용한다.

해설 양쪽 네모형은 기호 B를 사용한다.

48 나사의 제도시 불완전 나사부와 완전 나사부의 경계를 나타내는 선을 그릴 때 사용하는 선의 종류는?

① 굵은 파선   ② 굵은 1점 쇄선
③ 가는 실선   ④ 굵은 실선

해설 굵은 실선 : 나사의 제도시 불완전 나사부와 완전 나사부의 경계를 나타내는 선

49 평 벨트 풀리의 도시 방법이 아닌 것은?

① 암의 단면형은 도형의 안이나 밖에 회전 도시 단면도로 도시한다.
② 풀리는 축 직각 방향의 투상을 주 투상도로 도시할 수 있다.
③ 풀리와 같이 대칭인 것은 그 일부만을 도시할 수 있다.
④ 암은 길이 방향으로 절단하여 단면을 도시한다.

해설 암은 길이 방향으로 단면하지 않는다.

50 베어링의 안지름 번호를 부여하는 방법 중 틀린 것은?

① 안지름 치수가 1, 2, 3, 4mm인 경우 안지름 번호는 1, 2, 3, 4이다.
② 안지름 치수가 10, 12, 15, 17mm인 경우 안지름 번호는 01, 02, 03, 04이다.
③ 안지름 치수가 20mm 이상 480mm 이하인 경우 5로 나눈 값을 안지름 번호로 사용한다.
④ 안지름 치수가 500mm 이상인 경우 "/안지름 치수"를 안지름 번호로 사용한다.

해설 안지름 치수가 10, 12, 15, 17mm인 경우 안지름 번호는 00, 01, 02, 03이며, 04부터는 x5=20이다.

51 아래 그림이 나타내는 용접 이음의 종류는?

① 모서리 이음   ② 겹치기 이음
③ 맞대기 이음   ④ 플랜지 이음

52 축의 도시 방법에 대한 설명으로 틀린 것은?

① 가공 방향을 고려하여 도시하는 것이 좋다.
② 축은 길이 방향으로 절단하여 온 단면도로 표현하지 않는다.
③ 빗줄 널링의 경우에는 축선에 대하여 30°로 엇갈리게 그린다.
④ 긴 축은 중간을 파단하여 짧게 표현하고, 치수 기입은 도면상에 그려진 길이로 나타낸다.

해설 긴 축은 중간을 파단하여 짧게 표현하고, 치수 기입은 실제 길이를 기입한다.

53 코일 스프링 도시의 원칙 설명으로 틀린 것은?

① 스프링은 원칙적으로 하중이 걸린 상태로 도시한다.
② 하중과 높이 또는 휨과의 관계를 표시할 필요가 있는 때는 선도 또는 요목표에 표시한다.
③ 특별한 단서가 없는 한 모두 오른쪽 감기로 도시한다.
④ 스프링의 종류와 모양만을 간략도로 도시할 때에는 재료의 중심선만을 굵은 실선으로 그린다.

해설 스프링은 원칙적으로 무하중이 걸린 상태로 도시한다.

54 아래 그림은 표준 스퍼 기어 요목표이다. (1), (2)에 들어갈 숫자로 옳은 것은?

스퍼 기어		
기어 치형		표준
공구	치형	보통 이
	모듈	2
	입력각	20°
잇수		32
피치원 지름		(1)
전체 이 높이		(2)
다듬질 방법		호브 절삭
정밀도		KS B 1405, 5급

① (1) : Ø64   (2) 4.5
② (1) : Ø40   (2) 4
③ (1) : Ø40   (2) 4.5
④ (1) : Ø64   (2) 4

해설
• 피치원 지름 = 모듈 × 잇수 = 2 × 32 = 64
• 전체 이 높이 = 2.25 × 모듈 = 2.25 × 2 = 4.5

55 다음 관 이음의 그림 기호 중 플랜지식 이음은?

① ┼   ② ╫
③ ╀   ④ ╴┤

해설 ① : 일반, ③ : 유니언식, ④ : 나사 박음식 캡 플러그

56 인치계 사다리꼴 나사의 나사산 각도는?

① 29°
② 30°
③ 55°
④ 60°

> • 인치계 사다리꼴 나사 : TW, 29°
> • 미터계 사다리꼴 나사 : TM, 30°

57 다음 중 기계설계 CAD에서 사용하는 3차원 모델링 방법이라고 할 수 없는 것은?

① 와이어 프레임 모델링(wire-frame modeling)
② 오브젝트 모델링(object modeling)
③ 솔리드 모델링(solid modeling)
④ 서피스 모델링(surface modeling)

> 3차원 모델링 방법 : 와이어 프레임 모델링, 서피스 모델링, 솔리드 모델링

58 스스로 빛을 내는 자기발광형 디스플레이로서 시야각이 넓고 응답 시간도 빠르며 백라이트가 필요 없기 때문에 두께를 얇게 할 수 있는 디스플레이는?

① TFT-LCD
② 플라즈마 디스플레이
③ OLED
④ 래스터스캔 디스플레이

> OLED(Organic Light Emitting Diode) : 유기물에 전기를 가하여 전기에너지를 빛으로 바꾸어 주는 소자를 이용한 디스플레이. 구동 방식에 따라 수동형과 능동형이 있다. 능동형은 고해상도를 구현할 수 있으며 LCD와 비교해 응답 속도가 빠르고 소비전력이 낮으며 더 얇게 만들 수 있다.

59 CAD로 2차원 평면에서 원을 정의하고자 한다. 다음 중 특정 원을 정의할 수 없는 것은?

① 원의 반지름과 원을 지나는 하나의 접선으로 정의
② 원의 중심점과 반지름으로 정의
③ 원의 중심점과 원을 지나는 하나의 접선으로 정의
④ 원을 지나는 3개의 점으로 정의

> 원의 반지름과 원을 지나는 두 접선으로 정의

60 다음 컴퓨터 장치 중 해당 장치가 잘못 연결된 것은?

① 주기억 장치 : 하드디스크
② 보조 기억 장치 : USB메모리
③ 입력 장치 : 태블릿
④ 출력 장치 : LCD

> 주기억 장치 : 주기억 장치의 기억 소자는 ROM과 RAM이 있다.

ANSWER 2014년 1회

01	④	02	①	03	②	04	①	05	①
06	①	07	②	08	④	09	②	10	④
11	①	12	①	13	②	14	②	15	③
16	②	17	③	18	④	19	①	20	③
21	③	22	①	23	②	24	④	25	①
26	②	27	②	28	②	29	④	30	③
31	④	32	②	33	②	34	①	35	②
36	②	37	②	38	②	39	③	40	②
41	③	42	③	43	②	44	①	45	②
46	③	47	②	48	④	49	④	50	②
51	②	52	④	53	①	54	①	55	②
56	①	57	②	58	②	59	①	60	①

공단 기출문제_2014년 2회

01 열처리란 탄소강을 기본으로 하는 철강에서 매우 중요한 작업이다. 열처리의 특성을 잘못 설명한 것은?

① 내부의 응력과 변형을 감소시킨다.
② 표면을 연화시키는 등의 성질을 변화시킨다.
③ 기계적 성질을 향상시킨다.
④ 강의 전기적/자기적 성질을 향상시킨다.

해설 열처리의 특성
- 조직을 미세화하고 기계적 특성을 향상. 강을 연화시킨다.
- 내부의 응력과 변형을 감소시킨다.
- 표면을 경화시키는 등의 성질을 변화시킨다.
- 강의 전기적·자기적 성질을 향상시킨다.
- 기계적 성질을 향상시킨다.

02 5~20% Zn의 황동으로 강도는 낮으나 전연성이 좋고 황금색에 가까우며 금박대용, 황동단추 등에 사용되는 구리 합금은?

① 톰백   ② 문쯔메탈
③ 델터메탈   ④ 주석황동

해설
- 톰백 : 구리와 아연의 합금. 구리에 아연을 8~20% 첨가하였으며, 금빛을 띠고 늘어나는 성질이 있다. 금의 모조품이나 금박 대용품을 만드는데 쓴다.
- 문쯔메탈 : 6·4황동으로 아연(Zn)을 40% 함유한 금속

03 다음 중 플라스틱 재료로서 동일 중량으로 기계적 강도가 강철보다 강력한 재질은?

① 글라스 섬유
② 폴리카보네이트
③ 나일론
④ FRP

해설 FRP(섬유 강화 플라스틱) : 경량의 플라스틱을 매트릭스로 하고, 내부에 강화 섬유를 함유하여 기계적 강도가 높다.

04 일반 구조용 압연강재의 KS 기호는?

① SS330   ② SM400A
③ SM45C   ④ SNC415

해설
- SM400A : 용접구조용 압연강재
- SM45C : 기계구조용 탄소강
- SNC415 : 니켈크롬강

05 철과 탄소는 약 6.68% 탄소에서 탄화철이라는 화합물질을 만드는 데 이 탄소강의 표준조직은 무엇인가?

① 펄라이트   ② 오스테나이트
③ 시멘타이트   ④ 솔바이트

해설 시멘타이트 : 6.68% 탄소에서 탄화철(Fe_3C)의 화합물질이며 용융점은 1430℃이다.

06 비철금속 구리(Cu)가 다른 금속 재료와 비교해 우수한 것 중 틀린 것은?

① 연하고 전연성이 좋아 가공하기 쉽다.
② 전기 및 열전도율이 낮다.
③ 아름다운 색을 띠고 있다.
④ 구리합금은 철강 재료에 비하여 내식성이 좋다.

> 전기 및 열전도율이 우수하다.
> Ag – Cu – Au(Pt) – Mg – Zn – Ni – Fe – Pb – Sb

07 강의 표면 경화법으로 금속 표면에 탄소(C)를 침입 고용시키는 방법은?

① 질화법
② 침탄법
③ 화염 경화법
④ 숏피닝

> 침탄법 : 고체(목탄, 코우크스), 가스(CO, CO_2, 메탄, 에탄, 프로판)를 침입 고용시킴. 침탄 깊이 05~2mm

08 왕복 운동 기관에서 직선 운동과 회전 운동을 상호 전달할 수 있는 축은?

① 직선 축
② 크랭크 축
③ 중공 축
④ 플렉시블 축

> 크랭크 축 : 내연 기관의 직선 왕복 운동을 회전 운동으로 변환시키는 축

09 재료의 안전성을 고려하여 허용할 수 있는 최대 응력을 무엇이라 하는가?

① 주 응력
② 사용 응력
③ 수직 응력
④ 허용 응력

> • 사용 응력 : 기계나 구조물에 실제로 사용하는 응력
> • 허용 응력 : 재료를 사용할 때 허용할 수 있는 최대 응력

10 스퍼 기어에서 Z는 잇수(개)이고, P가 지름피치(인치)일 때 피치원 지름(D, mm)을 구하는 공식은?

① $D = \dfrac{PZ}{25.4}$
② $D = \dfrac{25.4}{PZ}$
③ $D = \dfrac{P}{25.4Z}$
④ $D = \dfrac{25.4Z}{P}$

> $P = \dfrac{25.4}{m} = \dfrac{25.4Z}{D}$
> $\therefore D = \dfrac{25.4Z}{P}$

11 큰 토크를 전달시키기 위해 같은 모양의 키 홈을 등 간격으로 파서 축과 보스를 잘 미끄러질 수 있도록 만든 기계 요소는?

① 코터
② 묻힘 키
③ 스플라인
④ 테이퍼 키

> 스플라인 : 축의 둘레에 4~20개의 턱을 만들어 큰 회전력을 전달

12 스프링의 길이가 100mm인 한 끝을 고정하고, 다른 끝에 무게 40N의 추를 달았더니 스프링의 전체 길이가 120mm로 늘어났을 때 스프링 상수는 몇 N/mm인가?

① 8
② 4
③ 2
④ 1

> $k = \dfrac{W}{\delta} = \dfrac{40}{(120-100)} = 2$

13 다음 벨트 중에서 인장 강도가 대단히 크고 수명이 가장 긴 벨트는?

① 가죽 벨트 ② 강철 벨트
③ 고무 벨트 ④ 섬유 벨트

> 강철 벨트 : 인장 강도 1300~1500, 가죽 벨트 25~35, 고무 벨트 40~50, 섬유 벨트 46~60N/mm²

14 축이음 기계 요소 중 플렉시블 커플링에 속하는 것은?

① 올덤 커플링 ② 셀러 커플링
③ 클램프 커플링 ④ 마찰 원통 커플링

> 셀러 커플링, 클램프 커플링, 마찰 원통 커플링, 머프 커플링은 원통 커플링에 속한다.

15 회전체의 균형을 좋게 하거나 너트를 외부에 돌출시키지 않으려고 할 때 주로 사용하는 너트는?

① 캡 너트
② 둥근 너트
③ 육각 너트
④ 와셔붙이 너트

> 둥근 너트 : 홈붙이 둥근 너트, 측면 홈붙이 둥근 너트, 구멍붙이 둥근 너트가 있으며 너트를 죄는 데는 특수한 스패너가 필요하다.

16 NC 공작 기계의 절삭 제어 방식 종류가 아닌 것은?

① 위치 결정 제어 ② 직선 절삭 제어
③ 곡선 절삭 제어 ④ 윤곽 절삭 제어

> CNC 공작 기계의 제어 방식은 위치 결정 제어, 직선 절삭 제어, 윤곽 절삭 제어 등이 있다.

17 연삭 숫돌 구성의 3요소에 포함되지 않는 것은?

① 입자 ② 결합제
③ 조직 ④ 기공

> 연삭 숫돌 구성의 3요소 : 입자, 결합제, 기공

18 선반 작업의 안전 사항으로 틀린 것은?

① 절삭 공구는 가능한 길게 고정한다.
② 칩의 비산에 대비하여 보안경을 착용한다.
③ 공작물 측정은 정지 후에 한다.
④ 칩은 맨손으로 제거하지 않는다.

> 절삭 공구는 가능한 짧게 고정한다.

19 다음 중 절삭 저항력이 가장 작은 칩의 형태는?

① 열단형칩 ② 전단형칩
③ 균열형칩 ④ 유동형칩

> 유동형칩 : 인성이 있는 연한 재질, 연속적인 칩이 생기면 가공면이 아름답다.

20 수평형 브로칭 머신의 설명과 가장 거리가 먼 것은?

① 직립형에 비해 가공물 고정이 불편하다.
② 기계의 조작이 쉽다.
③ 가동 및 안전성, 기계의 점검 등이 직립형보다 우수하다.
④ 직립형에 비해 설치 면적이 적다.

> 직립형에 비해 설치 면적이 넓다.

21 두께 30mm의 탄소강판에 절삭 속도 20m/min, 드릴의 지름 10mm, 이송 0.2mm/rev로 구멍을 뚫을 때 절삭 소요 시간은 약 몇 분인가?(단, 드릴의 원추 높이는 5.8mm, 구멍은 관통하는 것으로 한다.)

① 0.11
② 0.28
③ 0.75
④ 1.11

> $N = \dfrac{1000 \times V}{\pi \times D} = \dfrac{1000 \times 20}{3.14 \times 10} = 637$
> $T = \dfrac{30 + 5.8}{637 \times 0.2} = 0.281$분

22 수직 밀링 머신에서 넓은 평면을 능률적으로 가공하는 데 적합한 커터는?

① 더브테일 커터
② 사이트밀링 커터
③ 정면 커터
④ T 커터

> • 더브테일 커터 : 각도면 가공
> • 사이트밀링 커터 : 측면 가공
> • 정면 커터 : 평면(넓은 면) 가공
> • T 커터 : T홈 가공

23 미터 나사에서 지름이 14mm, 피치가 2mm의 나사를 태핑하기 위한 드릴 구멍의 지름은 보통 몇 mm로 하는가?

① 16 ② 14
③ 12 ④ 10

> • 드릴 구멍의 지름 = 나사 호칭경 − 피치
> • 나사 호칭경 − 피치 = 14 − 2 = 12

24 다음 중 비절삭 작업에 속하지 않는 가공법은?

① 단조 ② 호빙
③ 압연 ④ 주조

> 호빙 : 호브(커터)공구를 이용하여 기어를 가공하는 공작기계

25 와이어 컷 방전 가공에 대한 설명으로 틀린 것은?

① 복잡한 형상의 절단 작업이 가능하다.
② 장시간 동안 무인으로 작동할 수 있다.
③ 경도가 높은 금속도 절단이 가능하다.
④ 방전 후 사용한 와이어는 재사용이 가능하다.

> 방전 후 사용한 와이어는 재사용이 불가능하다.

26 중간 끼워 맞춤에서 구멍과 축의 치수가 아래와 같을 때 최대 죔새는?

| 구멍의 치수 $50^{+0.035}_{0}$ | 축의 치수 $50^{+0.042}_{+0.017}$ |

① 0.033 ② 0.008
③ 0.018 ④ 0.042

> 최대 죔새 = 축의 최대 허용 치수 − 구멍의 최소 허용 치수 = 50.042 − 50.000 = 0.042

27 제작 도면으로 사용할 도면의 같은 장소에 숫자와 여러 종류의 선이 겹치게 될 때 가장 우선 되는 것은?

① 해칭선 ② 치수선
③ 숨은선 ④ 숫자

해설 문자와 숫자 – 외형선 – 숨은선 – 절단선 – 중심선 – 무게중심선 순서로 우선한다.

28 다음 기하 공차의 종류 중 위치 공차 기호가 아닌 것은?

  ④ ◯

해설 ◯ : 원통도(모양 공차, 단일 형상)

29 입체도에서 화살표(↗) 방향을 정면도로 할 때, 제3각법으로 투상한 것 중 옳은 것은?

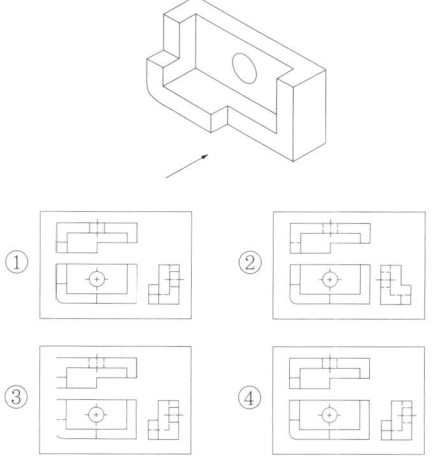

30 다음 그림의 면의 지시 기호이다. 그림에서 M은 무엇을 의미하는가?

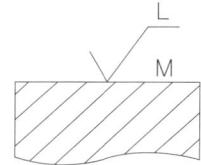

① 밀링 가공   ② 줄무늬 방향
③ 표면 거칠기 ④ 선반 가공

해설 줄무늬 방향 표시 : 무방향 또는 교차를 나타냄

31 다음 도면의 양식 중에서 반드시 마련해야 하는 양식은?

① 도면의 구역   ② 중심마크
③ 비교눈금   ④ 재단마크

해설 도면에서 반드시 마련해야 하는 양식 : 윤곽선, 중심마크, 표제란

32 다음 그림과 같은 리브 둥글기 반지름이 현저하게 다른 리브를 그릴 때 평면도로 옳은 것은?

해설 R1 > R2 : ②, R1 < R2 : ①, R1 = R2 : ③ ④

33 산술 평균 거칠기 표시 기호는?

① Ra   ② Rs
③ Rz   ④ Ru

해설 Ra : 산술 평균 거칠기, Ry : 최대 높이 거칠기, Rz : 10점 평균 거칠기

34 가상선의 용도에 대한 설명으로 틀린 것은?

① 인접 부분을 참고로 표시하는 데 사용한다.
② 수면, 유면 등의 위치를 표시하는 데 사용한다.
③ 가공 전, 가공 후의 모양을 표시하는 데 사용한다.
④ 도시된 단면의 앞쪽에 있는 부분을 표시하는 데 사용한다.

> 수면, 유면 등의 위치를 표시 : 수준면선(가는 실선)

35 아래는 KS 제도 통칙에 따른 재료 기호이다. [보기]의 기호에 대한 설명 중 옳은 것을 모두 고르면?

KS D 3752 SM 45C

ㄱ. KS D는 KS 분류 기호 중 금속 부문에 대한 설명이다.
ㄴ. S는 재질을 나타내는 기호로 강을 의미한다.
ㄷ. M은 기계구조용을 의미한다.
ㄹ. 45C는 재료의 최저 인장 강도가 45(kgf/mm²)를 의미한다.

① ㄱ, ㄴ ② ㄱ, ㄹ
③ ㄱ, ㄴ, ㄷ ④ ㄴ, ㄷ, ㄹ

> 45C는 탄소 함유량을 나타냄(0.4~0.5%C)

36 치수 보조 기호의 설명으로 틀린 것은?

① 구의 지름 – SØ
② 구의 반지름 – SR
③ 45° 모따기 – C
④ 이론적으로 정확한 치수 – (15)

> 이론적으로 정확한 치수 – $\boxed{15}$, (15) : 참고치수

37 대상물의 구멍, 홈 등 모양만을 나타내는 것으로 충분한 경우에 그 부분만을 도시하는 그림과 같은 투상도는?

① 회전 투상도
② 국부 투상도
③ 부분 투상도
④ 보조 투상도

> 국부 투상도 : 대상물의 구멍, 홈 등 모양만을 나타내는 것으로 충분한 경우에 그 부분만을 도시

38 도면에 치수를 기입할 때의 주의 사항으로 틀린 것은?

① 치수는 정면도, 측면도, 평면도에 보기 좋게 골고루 배치한다.
② 외형선, 중심선, 혹은 그 연장선은 치수선으로 사용하지 않는다.
③ 치수는 가능한 한 도형의 오른쪽과 윗쪽에 기입한다.
④ 한 도면 내에서는 같은 크기의 숫자로 치수를 기입한다.

> 치수는 주 투상도인 정면도에 나타낸다.

39 투상도법에서 원근감을 갖도록 나타내어 건축물 등의 공사 설명용으로 주로 사용하는 투상도법은?

① 등각 투상도
② 투시도
③ 정 투상도
④ 부등각 투상도

해설 투시도 : 원근감을 갖도록 나타내어 건축물 등의 공사 설명용으로 주로 사용

40 IT 기본 공차의 등급은 모두 몇 등급으로 되어 있는가?

① 10등급
② 18등급
③ 20등급
④ 25등급

해설 01, 0, 1~18급 (20등급)

41 아래 도면의 기하 공차가 나타내고 있는 것은?

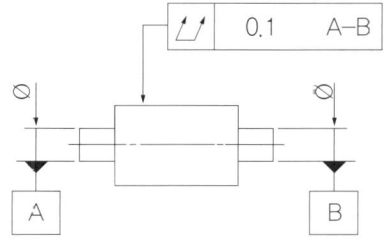

① 원통도
② 진원도
③ 온 흔들림
④ 원주 흔들림

해설 ↗↗ : 온 흔들림

42 그림과 같은 단면도를 무슨 단면도라 하는가?

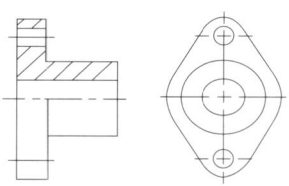

① 회전 도시 단면도
② 부분 단면도
③ 한쪽 단면도
④ 온 단면도

해설 한쪽 단면도 : 물체의 외형도의 절반과 온 단면도의 절반을 조합하여 표시

43 다음의 평면도에 해당하는 것은?(단, 제3각법의 경우)

44 조립한 상태의 치수 허용 한계값을 나타낸 것으로 틀린 것은?

조립 상태에서 치수 허용 한계값을 나타낼 때는 항상 구멍의 허용차가 먼저 나오고 축을 뒤에 나타낸다. 따라서 ③번 항목이 틀림

45 도면 관리에서 다른 도면과 구별하고 도면 내용을 직접 보지 않고도 제품의 종류 및 형식 등의 도면 내용을 알 수 있도록 하기 위해 기입하는 것은?

① 도면 번호 ② 도면 척도
③ 도면 양식 ④ 부품 번호

도면 번호 : 기계의 종류, 형식, 조립도, 부품도의 구분, 도면의 크기에 따라 번호를 부여한다.

46 기어의 도시 방법으로 옳은 것은?(단, 단면도가 아닌 일반 투상도로 나타낼 때로 가정한다.)

① 잇봉우리원은 가는 실선으로 그린다.
② 피치원을 가는 1점 쇄선으로 그린다.
③ 이골원은 가는 2점 쇄선으로 그린다.
④ 잇줄 방향은 보통 2개의 굵은 실선으로 그린다.

잇봉우리원은 굵은 실선, 피치원을 가는 1점 쇄선, 이골원은 가는 실선, 잇줄 방향은 보통 3개의 가는 실선

47 [보기]의 설명을 나사 표시 방법으로 옳게 나타낸 것은?

- 왼나사이며 두줄 나사이다.
- 미터 가는 나사로 호칭지름이 50mm, 피치가 2mm이다.
- 수나사 등급이 4h 정밀급 나사이다.

① L 2줄 M50×2-4h
② 왼 2N TM50×2-4h
③ 2N M50×2-4h
④ 왼 2줄 M2×50-4h

L(왼나사, 오른나사는 표시 않음) 2줄(줄수, 한줄은 표시 않음) M50×2 (나사의 종류, 호칭지름×피치)-4h(수나사의 등급)

48 평 벨트 풀리의 도시 방법으로 틀린 것은?

① 벨트 풀리는 축직각 방향의 투상을 주 투상도로 할 수 있다.
② 암은 길이 방향으로 절단하여 단면을 도시하지 않는다.

③ 대칭형인 벨트 풀리는 생략하지 않고 되도록 전체를 그려야 한다.
④ 암의 테이퍼 부분 치수를 기입할 때 치수보조선은 경사선에 그어서 치수를 나타낼 수 있다.

해설 대칭형인 벨트 풀리는 일부만 도시해도 된다.

49 다음 중 플러그 용접 기호는?

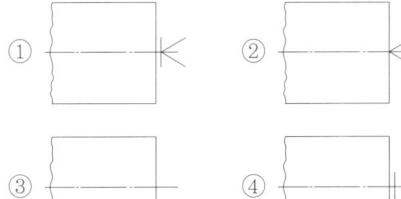

해설 □ : 플러그 용접, ① : 심 용접,
③ : 스폿 용접, ④ : 맞대기 용접

50 다음 중 센터 구멍이 필요하지 않은 경우를 나타낸 기호는?

해설 ① : 센터 구멍이 필요하지 않은 경우, ② : 센터 구멍이 필요한 경우

51 모듈 m인 한 쌍의 외접 스퍼 기어가 맞물려 있을 때에 각각의 잇수를 Z_1, Z_2라면 두 기어의 중심 거리를 구하는 계산식은?

① $\dfrac{(Z_1 + Z_2) \times m}{2}$

② $m \times (Z_1 + Z_2)$

③ $\dfrac{m}{2 \times (Z_1 + Z_2)}$

④ $2 \times m \times (Z_1 + Z_2)$

해설 $\dfrac{(Z_1 - Z_2) \times m}{2} = a$

52 베어링 호칭 번호가 "7210CDTP5"일 때 이에 대한 설명으로 틀린 것은?
① 베어링 계열 기호는 "72"이다.
② 안지름 번호는 "10"으로 호칭 베어링의 안지름이 50mm이다.
③ 접촉각 기호는 "C"이다.
④ 정밀도 등급은 "DT"이다.

해설 DT : 조합 기호(병렬조합), P5 : 정밀도 등급(5급)

53 스프링의 종류 및 모양만을 간략도로 도시하는 경우 표시 방법으로 옳은 것은?
① 재료의 중심선을 굵은 실선으로 그린다.
② 재료의 중심선을 가는 2점 쇄선으로 그린다.
③ 재료의 중심선을 가는 실선으로 그린다.
④ 재료의 중심선을 굵은 1점 쇄선으로 그린다.

해설 재료의 중심선을 굵은 실선으로 그린다.

54 배관 제도에서 관의 끝부분이 용접식 캡의 경우를 나타내는 그림 기호는?

해설 ① : 막힌 플랜지, ② : 나사 박음식 캡, ③ : 용접식 캡

55 수나사 막대의 양 끝에 나사를 깎은 머리 없는 볼트로서, 한끝은 본체에 박고 다른 끝은 너트로 죌 때 쓰이는 것은?

① 관통 볼트   ② 미니추어 볼트
③ 스터드 볼트 ④ 탭 볼트

해설 스터드 볼트(stud bolt) : 수나사 막대의 양 끝에 나사를 깎은 머리 없는 볼트로서, 한끝은 본체에 박고 다른 끝은 너트로 죌 때 사용한다.

56 다음 그림은 어떤 기계 요소를 나타낸 것인가?

① 원뿔 키   ② 접선 키
③ 세레이션   ④ 스플라인

해설 스플라인 : 축과 보스에 사각형 돌기를 만들어서 동력 전달에 사용한다.

57 면을 사용하여 은선을 제거시킬 수 있고 또 면의 구분이 가능하므로 가공면을 자동적으로 인식 처리할 수 있어서 NC data에 의한 NC 가공 작업이 가능하나 질량 등의 물리적 성질은 구할 수 없는 모델링 방법은?

① 서피스 모델링
② 솔리드 모델링
③ 시스템 모델링
④ 와이어 프레임 모델링

해설 서피스 모델링 : 면을 사용하여 은선을 제거시킬 수 있고 또 면의 구분이 가능하므로 가공면을 자동적으로 인식처리할 수 있어서 NC data에 의한 NC 가공 작업이 가능하나 질량 등의 물리적 성질은 구할 수 없는 모델링

58 각 좌표계에서 현재 위치, 즉 출발점을 항상 원점으로 하여 임의의 위치까지의 거리로 나타내는 좌표계 방식은?

① 직교 좌표계   ② 극 좌표계
③ 상대 좌표계   ④ 원통 좌표계

해설 상대 좌표계 : 마지막(최종)점에서 시작하는 좌표

59 컴퓨터에서 중앙 처리 장치의 구성으로만 짝지어진 것은?

① 출력 장치, 입력 장치
② 제어 장치, 입력 장치
③ 보조 기억 장치, 출력 장치
④ 제어 장치, 연산 장치

해설 중앙 처리 장치 : 제어 장치, 연산 장치

60 다음 중 입력 장치로 볼 수 없는 것은?

① 터치패드   ② 라이트 펜
③ 3D 프린터   ④ 스캐너

해설 3D 프린터는 출력 장치이다.

ANSWER 2014년 2회

01	②	02	①	03	④	04	①	05	③
06	②	07	②	08	②	09	④	10	④
11	③	12	③	13	②	14	①	15	②
16	③	17	②	18	①	19	④	20	④
21	②	22	③	23	②	24	②	25	④
26	④	27	②	28	②	29	②	30	②
31	②	32	②	33	②	34	②	35	③
36	④	37	②	38	②	39	②	40	③
41	③	42	③	43	②	44	③	45	①
46	②	47	②	48	②	49	②	50	①
51	①	52	④	53	①	54	③	55	③
56	④	57	①	58	③	59	④	60	③

공단 기출문제_2014년 3회

01 마텐자이트와 베이나이트의 혼합조직으로 Ms와 Mf점 사이의 염욕에 담금질하여 과냉 오스테나이트의 변태가 완료할 때까지 항온 유지 한 후에 꺼내어 공랭하는 열처리는 무엇인가?

① 오스템퍼(Austemper)
② 마템퍼(Martemper)
③ 마퀜칭(Marquenching)
④ 패턴팅(Patenting)

> 해설 마템퍼 : Ms점 이하의 항온염욕 중에 담금질하여 냉각하면 마텐자이트와 베이나이트 혼합조직이 된다.

02 내열용 알루미늄합금 중에 Y합금의 성분은?

① 구리, 납, 아연, 주석
② 구리, 니켈, 망간, 주석
③ 구리, 알루미늄, 납, 아연
④ 구리, 알루미늄, 니켈, 마그네슘

> 해설 Y합금은 Al에 Cu(4%)와 Mg(1.8%), Ni이 2%인 A 합금으로 열팽창 계수가 적어 내연기관 피스톤용으로 이용한다.

03 항공기 재료로 가장 적합한 것은 무엇인가?

① 파인 세라믹
② 복합 조직강
③ 고강도 저합금강
④ 초두랄루민

> 해설 초두랄루민(Al+Cu+Mg+Mn) : 가볍고 강도가 커서 항공기, 자동차 등에 쓴다.

04 초경공구와 비교한 세라믹공구의 장점 중 옳지 않은 것은?

① 고속 절삭 가공성이 우수하다.
② 고온 경도가 높다
③ 내마멸성이 높다.
④ 충격강도가 높다.

> 해설 충격 및 진동에 약하다.

05 탄소강에 함유된 5대 원소는?

① 황, 망간, 탄소, 규소, 인
② 탄소, 규소, 인, 망간, 니켈
③ 규소, 탄소, 니켈, 크롬, 인
④ 인, 규소, 황, 망간, 텅스텐

> 해설 탄소(C : 0.02~2.1%), 규소(Si : 0.1~0.35%), 망간(Mn : 0.2~08%), 인(P : 0.06% 이하), 황(S : 0.08~0.35%)

06 황이 함유된 탄소강에 적열취성을 감소시키기 위해 첨가하는 원소는?

① 망간
② 규소
③ 구리
④ 인

> 해설 망간(Mn) : 황과 화합하여 적열취성을 방지(MnS)

07 내열성과 내마모성이 크고 온도가 600℃ 정도까지 열을 주어도 연화되지 않는 특징이 있으며, 대표적인 것으로 텅스텐(18%), 크롬(4%), 바나듐(1%)로 조성된 강은?

① 합금 공구강　　② 다이스강
③ 고속도 공구강　④ 탄소 공구강

- 고속도 공구강 : 표준형 텅스텐(18%), 크롬(4%), 바나듐(1%)
- 담금질 온도 : 1250~1300℃
- 뜨임 온도 : 550~580℃

08 나사에 대한 설명으로 틀린 것은?

① 나사산의 모양에 따라 삼각, 사각, 둥근 것 등으로 분류한다.
② 체결용 나사는 기계 부품의 접합 또는 위치 조정에 사용된다.
③ 나사를 1회전하여 축 방향으로 이동한 거리를 "리드"라 한다.
④ 힘을 전달하거나 물체를 움직이게 할 목적으로 사용하는 나사는 주로 삼각 나사이다.

힘을 전달하거나 물체를 움직이게 할 목적으로 사용하는 나사는 사각, 사다리꼴, 톱니 나사이고, 삼각 나사는 체결용이다.

09 스프링의 용도에 대한 설명 중 틀린 것은?

① 힘의 측정에 사용된다.
② 마찰력 증가에 이용한다.
③ 일정한 압력을 가할 때 사용된다.
④ 에너지를 저축하여 동력원으로 작동시킨다.

스프링은 마찰력과 관계없다.

10 양쪽 끝 모두 수나사로 되어있으며, 한쪽 끝에 상대 쪽에 암나사를 만들어 미리 반영구적 나사 박음하고, 다른쪽 끝에 너트를 끼워 죄도록 하는 볼트는 무엇인가?

① 스테이 볼트
② 아이 볼트
③ 탭 볼트
④ 스터드 볼트

스터드 볼트(stud bolt) : 수나사 막대의 양 끝에 나사를 깎은 머리 없는 볼트로서, 한끝은 본체에 박고 다른 끝은 너트로 죌 때 사용한다.

11 길이가 1m이고 지름이 30mm인 둥근 막대에 3000N의 인장 하중을 작용하면 얼마 정도 늘어나는가?(단, 세로탄성계수는 $2.1 \times 10^5 / Nmm^2$이다.)

① 0.102mm　　② 0.202mm
③ 0.302mm　　④ 0.402mm

$E = \dfrac{W/A}{\lambda/l} = \dfrac{Wl}{A\lambda}$에서 $\lambda = \dfrac{Wl}{AE}$가 된다.

$\lambda = \dfrac{3000 \times 1000}{(0.785 \times 30^2) \times (2.1 \times 10^5)} = 0.202$

12 하중의 작용 상태에 따른 분류에서 재료의 축선 방향으로 늘어나게 하는 하중은?

① 굽힘 하중　　② 전단 하중
③ 인장 하중　　④ 압축 하중

- 굽힘(휨) 하중 : 재료를 구부리려는 하중
- 전단 하중 : 재료를 가로로 자르려는 것 같은 하중
- 인장 하중 : 늘어나는 하중
- 압축 하중 : 누르려는 하중

13 유니버설 조인트의 허용 축 각도는 몇 도(°) 이내 인가?

① 10° ② 20°
③ 30° ④ 60°

> 유니버설 조인트(자재 이음) : 두 축이 같은 평면 내에 있으면서 그 중심선이 서로 각도(30° 이내)를 이루고 교차 연결

14 기어의 잇수가 40개고, 피치원의 지름이 320mm일 때 모듈의 값은?

① 4   ② 6
③ 8   ④ 12

> $PCD(D) = m \times z$ 에서
> $m = \dfrac{D}{z} = \dfrac{320}{40} = 8$

15 깊은 홈 베어링의 호칭 번호가 6208일 때 안지름은 얼마인가?

① 10mm ② 20mm
③ 30mm ④ 40mm

> 안지름 번호가 2자리는 00 = 10mm, 01 = 12mm, 02 = 15mm, 03 = 17mm이고 04부터는 곱하기 5를 하여 나타낸 수가 안지름이 된다.
> ∴ 08 × 5 = 40

16 선반에서 사용하는 부속 장치는?

① 방진구 ② 아버
③ 분할대 ④ 스로팅 장치

> 방진구 : 선반 가공품의 길이가 직경의 20배가 넘으면 방진구를 사용(종류 : 이동식 방진구, 고정식 방진구)

17 절삭 가공 공작 기계에 속하지 않는 것은?

① 선반
② 밀링 머신
③ 세이퍼
④ 프레스

> • 절삭 가공 공작기계 : 선반, 밀링 머신, 서이퍼
> • 소성 가공 기계 : 프레스

18 높은 정밀도를 요구하는 가공물, 정밀 기계의 구멍 가공 등에 사용하는 것으로 외부 환경 변화에 따른 영향을 받지 않도록 항온, 항습실에 설치하는 보링 머신은 무엇인가?

① 수평형 보링 머신
② 수직형 보링 머신
③ 지그(Jig) 보링 머신
④ 코어(Core) 보링 머신

> 지그(Jig) 보링 머신 : 높은 정밀도를 요구하는 가공물, 정밀기계의 구멍 가공 등에 사용하는 것으로 외부 환경 변화에 따른 영향을 받지 않도록 항온, 항습실에 설치한다.

19 밀링의 부속 장치 중 분할 작업과 비틀림 홈 가공을 할 수 있는 장치는?

① 테이블
② 분할대
③ 슬로팅 장치
④ 랙밀링 장치

> 분할대(Indexing Head) : 기어나 체인휠 등의 원주를 등분하여 분할하거나 비틀림 홈 등을 가공하는 부속장치

20 선반 가공에서 사용되는 칩 브레이커에 대한 설명으로 옳은 것은?

① 바이트 날 끝각이다.
② 칩의 절단 장치이다.
③ 바이트 여유각이다.
④ 칩의 한 종류이다.

　칩 브레이커 : 칩의 절단 장치(칩을 짧게 파단)이다.

21 다음 머시닝센터 프로그램에서 G99가 의미하는 것은

G90 G99 G73 Z-25, R5, Q3, F80;

① 1회 절삭 깊이
② 초기점 복귀
③ 가공후 R지점 복귀
④ 절대 지령

　G90(절대 지령), G99(고정 사이클 R점 복귀), G73(심공드릴 사이클), Z-25, R5(R점), Q3(1회 절입량), F80;

22 외측 마이크로미터 "0"점 조정시 기준이 되는 것은?

① 블록 게이지
② 다이얼 게이지
③ 오토콜리메이터
④ 레이저 측정기

　외측 마이크로미터 "0"점 조정시 기준은 블록 게이지로 측정한다.

23 커터의 날 수가 10개, 1날당 이송량 0.14mm, 커터의 회전수는 715rpm으로 연강을 밀링에서 가공할 때 테이블의 이송 속도는 약 몇 mm/min인가?

① 715　　　　② 1000
③ 5100　　　 ④ 7150

　테이블의 이송 속도(F) = 한 날당 이송량(f_z) × 날 수(z) × 회전수(n)
= 0.14 × 10 × 715 = 1000[mm/min]

24 원통의 내면을 사각 숫돌이 원통형으로 장착된 공구를 회전 및 상하 운동을 시켜 가공하는 정밀입자 공작기계는 무엇 인가?

① 선반　　　　② 슬로터
③ 호닝머신　　④ 플레이너

　호닝머신 : 원통의 내면을 사각 숫돌이 원통형으로 장착된 공구를 회전 및 상하 운동을 시켜 가공하는 정밀입자 공작기계

25 그림과 같이 일감은 제자리에서 회전하고 숫돌이 회전과 전후 이송을 주어 원통의 외경을 연삭하는 방식은?

① 연삭 숫돌대 방식　② 플랜지 컷 방식
③ 센터리스 방식　　 ④ 테이블 왕복식

　플랜지 컷 방식 : 공작물의 길이가 숫돌 폭보다 작은 경우에 숫돌에 절입 운동만을 부여하여 연삭

26 구멍의 최대 허용 치수가 50.025, 최소 허용 치수가 50.000이고, 축의 최대 허용 치수가 50.050, 최소 허용 치수가 50.034일 때 최소 죔새는 얼마인가?

① 0.009
② 0.050
③ 0.025
④ 0.034

해설 최소 죔새 = 축의 최소 허용 치수 - 구멍의 최대 허용 치수
= 50.034 - 50.025 = 0.009

27 선의 종류에서 용도에 의한 명칭과 선의 종류를 바르게 연결한 것은?

① 외형선 - 굵은 1점 쇄선
② 중심선 - 가는 2점 쇄선
③ 치수보조선 - 굵은 실선
④ 지시선 - 가는 실선

해설 외형선 - 굵은 실선, 중심선 - 가는 1점 쇄선, 치수보조선·지시선 - 가는 실선

28 치수 공차 및 끼워 맞춤에 관한 용어의 설명으로 옳지 않은 것은?

① 허용 한계 치수 : 형체의 실 치수가 그 사이에 들어가도록 정한, 허용할 수 있는 대소 2개의 극한의 치수
② 기준 치수 : 위치수 허용차 및 아래치수 허용차를 적용하는데 따라 허용 한계치수가 주어지는 기준이 되는 치수
③ 치수 허용차 : 실제 치수와 대응하는 기준 치수와의 대수차
④ 기준선 : 허용 한계 치수 또는 끼워 맞춤을 도시할 때 치수 허용차의 기준이 되는 직선

해설 치수차 : 치수(실치수, 허용 한계 치수 등)와 대응하는 기준 치수와의 대수차 즉, (치수) - (기준 치수)

29 치수보조선에 대한 설명으로 옳지 않은 것은?

① 필요한 경우에는 치수선에 대하여 적당한 각도로 평행한 치수 보조선을 그을수 있다.
② 도형을 나타내는 외형선과 치수보조선은 떨어져서는 안 된다.
③ 치수보조선은 치수선을 약간 지날 때까지 연장하여 나타낸다.
④ 가는 실선으로 나타낸다.

해설 도형을 나타내는 외형선과 치수보조선은 1~2 떨어져서 기입한다.

30 주로 금형으로 생산되는 플라스틱 눈금자와 같은 제품 등에 제거 가공 여부를 묻지 않을 때 사용되는 기호는?

해설 ① 제거 가공을 허락하지 않음을 표시
② 제거 가공 여부를 묻지 않을 때 사용
③ 제거 가공을 필요로 한다는 것을 지시
④ 없음

31 다음 그림에서 모떼기가 C2일 때 모떼기의 각도는?

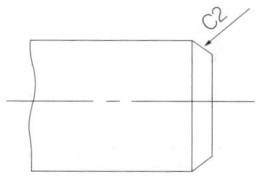

① 15° ② 30°
③ 45° ④ 60°

📖 C2 : 45° 모떼기 치수의 치수 수치 앞에 붙인다.

32 특수한 가공을 하는 부분 등 특별한 요구 사항을 적용할 수 있는 범위를 표시하는 데 사용하는 선은?

① 굵은 1점 쇄선 ② 가는 2점 쇄선
③ 가는 실선 ④ 굵은 실선

📖 특수지정선(굵은 1점 쇄선) : 특수한 가공을 하는 부분 등 특별한 요구 사항을 적용할 수 있는 범위를 표시하는 데 사용하는 선

33 경사면부가 있는 대상물에 대해서 그 대상 면의 실형을 도시할 필요가 있는 경우 그림과 같이 투상도를 나타낼 수 있는 데 이 투상도의 명칭은?

① 부분 투상도 ② 보조 투상도
③ 국부 투상도 ④ 특수 투상도

📖 보조 투상도 : 경사부가 있는 물체는 그 경사면의 실제 모양을 표시할 필요가 있을 때

34 다음 중 모양 공차의 종류에 속하지 않는 것은?

① 평면도 공차 ② 원통도 공차
③ 평행도 공차 ④ 면의 윤곽도 공차

📖 • 모양 공차 : 진직도, 평면도, 진원도, 원통도, 선의 윤곽도, 면의 윤곽도
• 자세 공차 : 평행도, 직각도, 경사도

35 특별히 연장한 크기가 아닌 일반 A 계열 제도 용지의 세로 : 가로의 비는 얼마인가?(단, 가로가 긴 용지를 기준으로 한다)

① 1 : 1 ② $1 : \sqrt{2}$
③ $1 : \sqrt{3}$ ④ 1 : 2

📖 제도 용지의 세로 : 가로의 비는 $1 : \sqrt{2}$

36 다음 그림을 제3각법(정면도-화살표 방향)의 투상도로 볼 때 좌측면도로 가장 적합한 것은?

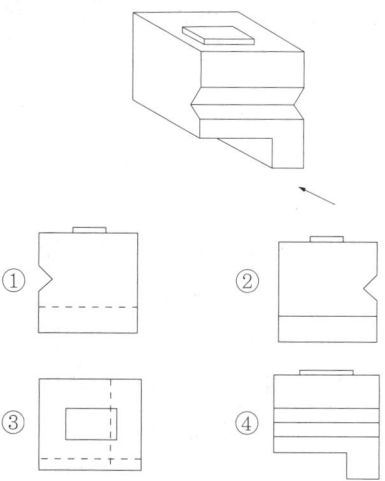

37 인쇄, 복사 또는 플로터로 출력된 도면을 규격에서 정한 크기대로 자르기 위해 마련한 도면의 양식은?

① 비교눈금 ② 재단마크
③ 윤곽선 ④ 도면의 구역 기호

해설 재단마크(Trimming Mark, Cutting Mark) : 인쇄, 복사 또는 플로터로 출력된 도면을 규격에서 정한 크기대로 자르기 위해 마련

38 가공에 의한 커터의 줄무늬 방향이 그림과 같을 때, (가) 부분의 기호는?

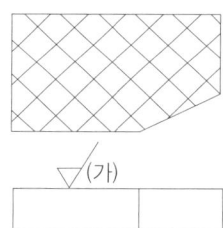

① X ② M
③ R ④ C

해설 X : 가공에 의한 커터의 줄무늬 방향이 투상면에 경사지고 두 방향이 교차

39 다음과 같이 표시된 기하 공차에서 A가 의미하는 것은?

| // | 0.011 | A |

① 공차 종류와 기호
② 데이텀 기호
③ 공차 등급 기호
④ 공차값

해설
• 공차 종류와 기호 : //
• 공차값 : 0.011
• 데이텀 기호 : A

40 다음 중 회전 도시 단면도로 나타내기에 가장 부적절한 것은?

① 리브
② 기어의 이
③ 훅
④ 바퀴의 암

해설 기어의 이 : 치형의 곡선이므로 일반적으로 회전 도시하지 않음.(이끝원은 굵은 실선, 피치원은 가는 1점 쇄선, 이뿌리원 : 가는 실선(단면 : 굵은 실선))

41 다음 그림은 어떤 물체를 제3각법 정 투상도로 나타낸 것이다. 입체도로 옳은 것은?

①

②

③

④

42 다음과 같은 정면도와 우측면도가 주어졌을 때 평면도로 알맞은 것은?(단, 제3각법의 경우)

43 물체의 모양을 연필만을 사용하여 정 투상도나 회화적 투상으로 나타내는 스케치 방법은?

① 프린트법 ② 본뜨기법
③ 프리핸드법 ④ 사진 촬영법

  프리핸드법 : 물체의 모양을 연필만을 사용하여 정 투상도나 회화적 투상으로 나타내는 스케치 방법

44 같은 단면의 부분이나 같은 모양이 규칙적으로 나타난 경우는 그림과 같이 중간 부분을 잘라내어 도시할 수 있다. 이와 같은 용도로 사용하는 선의 명칭은?

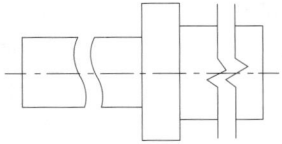

① 절단선 ② 파단선
③ 생략선 ④ 가상선

  파단선 : 불규칙한 파형의 가는 실선, 지그 재그 선, 8자형의 가는 실선으로 나타냄

45 다음 투상도에 표시된 "SR"은 무엇을 의미하는가?

① 원의 반지름 ② 원호의 지름
③ 구의 반지름 ④ 구의 지름

  SR : 구의 반지름, SØ : 구의 지름

46 유체의 종류와 문자 기호를 연결한 것으로 틀린 것은?

① 공기 – A
② 연료 가스 – G
③ 일반 물 – W
④ 증기 – R

  공기-A, 연료 가스-G, 일반 물-W, 증기-V

47 롤러 베어링의 안지름 번호가 03일 때 안지름은 몇 mm인가?

① 15 ② 17
③ 3   ④ 12

  안지름 번호(한 자리)1~9까지는 안지름도 동일하게 1~9mm를 나타낸다. 또한, 00=10mm, 01=12mm, 02=15mm, 03=17mm이고 04부터는 곱하기 5를 하여 나타낸 수가 안지름이 된다.

48 호칭 지름 6mm, 호칭 길이 30mm, 공차 m6 인 비경화강 평행 핀의 호칭 방법이 옳게 표현된 것은?

① 평행 핀 − 6×30 − m6 − St
② 평행 핀 − 6×30 − m6 − A1
③ 평행 핀 − 6m6 × 30 − St
④ 평행 핀 − 6m6 × 30 − A1

해설 규격 번호 또는 명칭(평행 핀), 종류, 형식, 호칭 지름 공차(6m6) × 호칭 길이(30) − 재료(St)

49 나사의 도시에 관한 내용 중 나사 각부를 표시하는 선의 종류가 틀린 것은?

① 수나사의 골 지름과 암나사의 골 지름은 가는 실선으로 그린다.
② 가려서 보이지 않은 나사부는 파선으로 그린다.
③ 완전 나사부와 불완전 나사부의 경계는 가는 실선으로 그린다.
④ 수나사의 바깥지름과 암나사의 안지름은 굵은 실선으로 그린다.

해설 완전 나사부와 불완전 나사부의 경계는 굵은 실선으로 그린다.

50 스프로킷 휠의 도시법에 대한 설명으로 틀린 것은?

① 바깥지름은 굵은 실선, 피치원은 가는 1점 쇄선으로 도시한다.
② 이뿌리원을 축에 직각인 방향에서 단면 도시할 경우에는 가는 실선으로 드시한다.
③ 이뿌리원은 가는 실선 또는 가는 파선으로 도시하나 기입을 생략해도 좋다.
④ 항목표에는 원칙적으로 톱니의 특성을 나타내는 사항을 기입한다.

해설 이뿌리원을 축에 직각인 방향에서 단면 도시할 경우에는 굵은 실선으로 도시한다.

51 다양한 형태를 가진 면, 또는 홈에 의하여 회전 운동 또는 왕복 운동을 발생시키는 기구는?

① 캠   ② 스프링
③ 베어링   ④ 링크

해설 캠 : 다양한 형태를 가진 면, 또는 홈에 의하여 회전 운동 또는 왕복 운동을 함으로써 주기적인 운동을 발생시키는 기구

52 다음 중 운전 중에 두 축을 결합하거나 떼어놓을 수 있는 것은?

① 플렉시블 커플링
② 플랜지 커플링
③ 유니버설 조인트
④ 맞물림 클러치

해설 맞물림 클러치 : 축의 회전을 중지하지 않으면서 회전 토크를 단속하고자 할 때 사용한다.

53 스퍼 기어 도시법에서 잇봉우리원을 나타내는 선의 종류는?

① 가는 실선   ② 굵은실선
③ 가는 1점 쇄선   ④ 가는 2점 쇄선

해설 잇봉우리원은 굵은 실선, 피치원을 가는 2점 쇄선, 이골원은 가는 실선(단면 안 된 상태), 잇줄 방향은 보통 3개의 가는 실선

54 나사의 호칭에 대한 표시 방법 중 틀린 것은?

① 미터 사다리꼴 나사 : R3/4
② 미터 가는 나사 : M8×1
③ 유니파이 가는 나사 : No.8-36UNF
④ 관용 평행 나사: G1/2

📖 미터 사다리꼴 나사 : Tr24(TM, TW : KS 규격)

55 용접부의 기호 도시 방법에 대한 설명 중 잘못된 것은?

① 용접부 도시를 위해서는 일반적으로 실선과 점선의 2개의 기준선을 사용한다.
② 기준선에서 경우에 따라 점선은 나타내지 않을 수도 있다.
③ 기준선은 우선적으로는 도면 아래 모서리에 평행하도록 표시하고, 여의치 않을 경우 수직으로 표시할 수도 있다.
④ 용접부가 접합부의 화살표쪽에 있다면 용접 기호는 기준선의 점선쪽에 표시한다.

📖 용접 접합부가 화살표쪽에 있다면 용접 기호는 기준선에 표시한다.

56 다음 스퍼 기어 요목표에서 ㉮의 잇수는?

스퍼기어	
기어 치형	표준
치형	보통이
모듈	2
압력각	20°
잇수	㉮
피치원 지름	Ø100
다듬질 방법	호브 절삭

① 5 ② 20
③ 40 ④ 50

📖 $PCD(D) = m \times z$ 에서
$m = \dfrac{D}{z} = \dfrac{100}{2} = 50$

57 일반적으로 CAD 작업에서 사용되는 좌표계 또는 좌표의 표현 방식과 거리가 먼 것은?

① 원점 좌표
② 절대 좌표
③ 극 좌표
④ 상대 좌표

📖 절대 좌표, 극 좌표, 상대 좌표

58 다음 자료의 표현 단위 중 그 크기가 가장 큰 것은?

① bit(비트)
② byte(바이트)
③ record(레코드)
④ field(필드)

📖 bit < byte < word < field < record < file < database

59 CAD 시스템의 입력 장치로 볼 수 있는 것을 모두 고른 것은?

| ㄱ. 태블릿 | ㄴ. 플로터 |
| ㄷ. 마우스 | ㄹ. 라이트펜 |

① ㄱ, ㄴ
② ㄴ, ㄷ, ㄹ
③ ㄷ, ㄹ
④ ㄱ, ㄷ, ㄹ

📖 입력 장치 : 태블릿, 마우스, 라이트 펜이다.

60 CAD에서 기하학적 현상을 나타내는 방법 중 선에 의해서만 3차원 형상을 표시하는 방법을 무엇이라고 하는가?

① line drawing modeling
② shaded modeling
③ cure modeling
④ wire-frame modeling

> 해설 wire-frame modeling : 선에 의해서만 3차원 형상을 표시하는 모델링

ANSWER										2014년 3회
01	②	02	④	03	④	04	④	05	①
06	①	07	③	08	④	09	②	10	④
11	②	12	③	13	③	14	③	15	④
16	①	17	④	18	③	19	②	20	②
21	③	22	①	23	②	24	③	25	②
26	①	27	④	28	③	29	②	30	②
31	③	32	①	33	②	34	③	35	②
36	②	37	②	38	①	39	②	40	②
41	③	42	①	43	③	44	②	45	③
46	④	47	②	48	③	49	③	50	②
51	①	52	④	53	②	54	①	55	④
56	④	57	①	58	③	59	④	60	④

공단 기출문제_2014년 4회

01 공구 재료의 필요 조건이 아닌 것은?

① 열처리가 쉬울 것
② 내마멸성이 작을 것
③ 강인성이 클 것
④ 고온 경도가 클 것

해설 내마멸성이 커야 한다.

02 니켈강을 가공 후 공기 중에 방치하여도 담금질 효과를 나타내는 현상은 무엇인가?

① 질량 효과
② 기경성
③ 시기 균열
④ 가공 경화

해설 담금질 온도에서 대기 속에 방랭(放冷)하는 것만으로도 마텐자이트 조직이 생성되어 단단해지는 성질을 말하며, 니켈, 크롬, 망간 등이 함유된 특수강에서 볼 수 있는 현상이다. 기경성(氣硬性)이라고도 한다.

03 구리 4%, 마그네슘 0.5%, 망간 0.5%, 나머지가 알루미늄인 고강도 알루미늄 합금은?

① 실루민
② 두랄루민
③ 라우탈
④ 로우엑스

해설 두랄루민 : 구리 4%, 마그네슘 5%, 망간 0.5%에 나머지가 알루미늄으로 가볍고 강도가 커서 항공기, 자동차 등의 부품 소재에 사용된다.

04 주철의 성질을 가장 올바르게 설명한 것은?

① 탄소의 함유량이 2.0% 이하이다.
② 인장 강도가 강에 비하여 크다.
③ 소성 변형이 잘된다.
④ 주조성이 우수하다.

해설 탄소의 함유량이 2.1%~6.67%, 압축 강도가 크다. 취성이 크다. 주조성이 우수하다.

05 킬드강에는 어떤 결함이 주로 생기는가?

① 편석증가
② 내부에 기포
③ 외부에 기포
④ 상부 중앙에 수축공

해설 킬드강 : 중앙상부에 큰 수축관이 있어 그 부분에 불순물이 집적된다.

06 합금 주철에서 0.2~1.5% 첨가로 흑연화를 방지하고 탄화물을 안정시키는 원소는 무엇인가?

① Cr
② Ti
③ Ni
④ Mo

해설 Cr : 흑연화 방지, 퍼얼라이트 조직을 미세화되고 경도 증가, 내열성, 내식성이 좋다.

07 내식용 Al 합금이 아닌 것은?

① 알민(Almin)
② 알드레이(Aldrey)
③ 하이드로날륨(hydronalium)
④ 코비탈륨(cobitalium)

해설 내식용 Al 합금 : 알민(Almin), 알드레이(Aldrey), 하이드로날륨(hydronalium), 알클래드(Alclad)

08 볼트와 볼트 구멍 사이에 틈새에 있어 전단 응력과 휨 응력이 동시에 발생하는 현상을 방지하기 위한 가장 올바른 방법은?

① 와셔를 사용한다.
② 로크 너트를 사용한다.
③ 멈춤 나사를 사용한다.
④ 링이나 봉을 끼워 사용한다.

해설 링이나 봉을 끼워 틈새를 제거해서 전단 응력과 휨 응력이 동시에 발생하는 현상을 방지한다.

09 웜 기어의 특징으로 가장 거리가 먼 것은?

① 큰 감속비를 얻을 수 있다.
② 중심 거리에 오차가 있을 때는 마멸이 심하다.
③ 소음이 작고 역회전 방지를 할 수 있다.
④ 웜 휠의 정밀 측정이 쉽다.

해설 웜 휠의 정밀측정이 어렵다.

10 나사의 용어 중 리드에 대한 설명으로 맞는 것은?

① 1회전시 작용되는 토크
② 1회전시 이동한 거리
③ 나사산과 나사산의 거리
④ 1회전시 원주의 길이

해설 L = n × p에서 1회전 시 이동한 거리

11 한 변의 길이가 20mm인 정사각형 단면에 4kN의 압축 하중이 작용할 때 내부에 발생하는 압축 응력은 얼마인가?

① $10N/mm^2$
② $20N/mm^2$
③ $100N/mm^2$
④ $200N/mm^2$

해설 압축 응력 $\sigma = \dfrac{W}{A} = \dfrac{4000}{20 \times 20} = 10$

12 축의 설계시 고려해야 할 사항으로 거리가 먼 것은?

① 강도
② 제동 장치
③ 부식
④ 변형

해설 축의 설계시 고려해야 할 사항 : 강도, 부식, 변형

13 3줄 나사에서 피치가 2mm일 때 나사를 6회전시키면 이동하는 거리는 몇 mm인가?

① 6
② 12
③ 18
④ 36

해설 L = n × P이므로 3 × 2 = 6mm
∴ 6회전 했으므로 6 × 6 = 36mm

14 사용 기능에 따라 분류한 기계 요소에서 직접전동 기계 요소는?

① 마찰차　　② 로프
③ 체인　　　④ 벨트

해설 로프, 체인, 벨트는 전동 매개물로 간접 전동 장치이다.

15 볼트의 머리와 중간재 사이 또는 너트와 중간재 사이에 사용하여 충격을 흡수하는 작용을 하는 것은?

① 와셔 스프링　　② 토션바
③ 벌루트 스프링　④ 코일 스프링

해설 와셔 스프링 : 볼트의 머리와 중간재 사이 또는 너트와 중간재 사이에 사용하여 충격을 흡수한다.

16 연삭 가공에서 결합제의 기호 중 틀린 것은?

① 비트리파이드 – V
② 금속결합제 – M
③ 셀락 – E
④ 레지노이드 – R

해설 레지노이드 – B, 고무결합제 – R

17 방전 가공에서 가공 전극의 구비 조건으로 틀린 것은?

① 전기 저항이 크다.
② 전극의 소모가 적다.
③ 기계 가공이 용이하다.
④ 가격이 저렴해야 한다.

해설 전기 저항이 적어야 한다.

18 CNC 기계의 서보기구에서 피드백 회로가 없는 방식은?

① 반폐쇄 회로 방식(semi-closed loop system)
② 폐쇄 회로 방식(closed loop system)
③ 개방 회로 방식(open loop system)
④ 하이브리드 서보 방식(hybrid servo system)

해설 개방 회로 방식(open loop system) : 검출기와 피드백 장치가 없으므로 정밀도가 떨어져 CNC공작기계에서는 사용하지 않는다.

19 원통 연삭 작업에서 지름이 300mm인 연삭숫돌로 지름이 200mm인 공작물을 연삭할 때에 숫돌 바퀴의 원주 속도는 1500m/min이다. 이 때 숫돌 바퀴의 회전수는 약 몇 rpm인가?

① 1492
② 1592
③ 1692
④ 1792

해설 $V = \dfrac{\pi \times D \times N}{1000}$

$N = \dfrac{1000 \times V}{\pi \times D} = \dfrac{1000 \times 1500}{3.14 \times 300} = 1592$

20 보링 머신에서 이미 뚫은 구멍을 필요한 크기나 정밀한 치수로 넓히는 작업에 사용되는 공구는?

① 면 판　　② 돌리개
③ 방진구　④ 보링 바

해설 보링 머신에서 사용되는 공구 : 보링 바, 바이트

21 호빙 머신으로 가공할 수 없는 기어는?

① 웜 기어
② 스퍼 기어
③ 스파이럴 베벨 기어
④ 헬리컬 기어

해설 호빙 머신 : 웜 기어, 스퍼 기어, 헬리컬 기어

22 밀링 머신의 부속 장치가 아닌 것은?

① 아버
② 에이프런
③ 슬로팅 장치
④ 회전 테이블

해설 에이프런(Apron) : 선반의 왕복대 구동력을 받는 자동 이송 장치와 어미 나사의 구동 장치

23 선반에서 일감이 1회전 하는 동안, 바이트가 길이 방향으로 이동하는 거리는?

① 회전력   ② 주분력
③ 피치   ④ 이송

해설 이송 : 선반에서 일감이 1회전 하는 동안, 바이트가 길이 방향으로 이동하는 거리(단위 : mm/rev)

24 절삭 저항의 크기를 측정하는 것은?

① 다이얼 게이지(dial gauge)
② 서피스 게이지(surface gauge)
③ 스트레인 게이지(strain gauge)
④ 게이지 블록(gauge block)

해설 스트레인 게이지(strain gauge) : 절삭 저항의 크기를 측정

25 진원도 측정법이 아닌 것은?

① 지름법
② 수평법
③ 삼점법
④ 반지름법

해설 진원도 측정법 : 지름법, 삼점법, 반지름법(반경법)

26 다음 선의 종류 중 선의 굵기가 다른 것은?

① 해칭선
② 중심선
③ 치수보조선
④ 특수지정선

해설
- 가는 실선 : 해칭선, 중심선(좁은 부분), 치수 보조선
- 굵은 1점 쇄선 : 특수지정선

27 다음 중 자세 공차에 속하지 않는 것은?

① //   ② ⊥
③ □   ④ ∠

해설
- 자세 공차 : 평행도, 직각도, 경사도
- 모양 공차 : 평면도(□)

28 치수 보조 기호에서 이론적으로 정확한 치수를 나타내는 것은?

① $\boxed{30}$ ② ②
③ $\underline{30}$ ④ (30)

해설 $\boxed{30}$: 이론적으로 정확한 치수, $\underline{30}$: 비례하지 않는 치수, (30) : 참고치수

29 다음 제3각법으로 나타낸 정 투상도 중 틀린 것은?

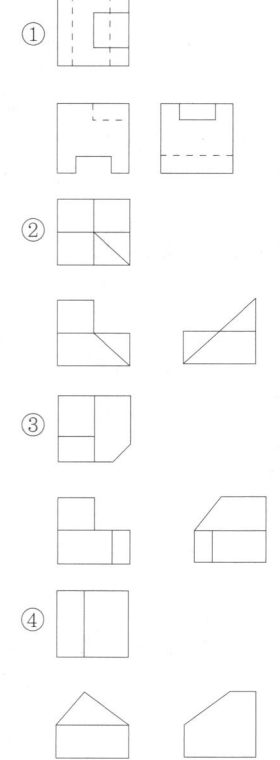

30 다음 도면과 같이 치수 25 밑에 그은 선이 의미하는 것은?

① 다듬질 치수
② 가공 치수
③ 기준 치수
④ 비례하지 않는 치수

해설 25 : 비례하지 않는 치수(도면의 실제 측정 치수가 아님)

31 치수 기입의 원칙과 방법에 관한 설명으로 적합하지 않은 것은?

① 치수는 중복 기입을 피한다.
② 치수는 되도록 공정마다 배열을 분리하여 기입한다.
③ 치수는 되도록 계산하여 구할 필요가 없도록 기입한다.
④ 치수는 되도록 정면도, 평면도, 측면도 등에 분산시켜 기입한다.

해설 치수는 되도록 주 투상도(정면도)에 기입한다.

32 표면 거칠기 기호 중 제거 가공을 필요로 하는 경우 지시하는 기호로 맞는 것은?

① ∼
② ∇
③ ∀
④ ✓

해설 ② 제거 가공을 필요로 한다는 것을 지시
③ 제거 가공을 허락하지 않음을 표시
④ 제거 가공 여부를 묻지 않을 때 사용

33 줄무늬 방향의 기호에서 가공에 의한 컷의 줄무늬가 여러 방향으로 교차 또는 무방향을 나타내는 것은?

① M
② C
③ R
④ X

해설 M : 줄무늬가 여러 방향으로 교차 또는 무방향

34 재료 기호 SM10C에서 10을 올바르게 설명한 것은?

① 탄소강 10번
② 주조풍 1종
③ 인장 강도 10kgf/mm²
④ 탄소 함유량 0.08~0.13%

해설
• S : 재질을 나타내는 기호로 강을 의미
• M : 기계구조용을 의미
• 10C : 탄소 함유량을 나타냄(0.08~0.13%C)

35 다음 투상도의 평면도로 가장 적합한 것은?(단, 제3각법으로 도시하였다.)

정면도   측면도

①   ②

③   ④

36 구멍의 최소 치수가 축의 최대 치수보다 큰 경우이며, 항상 틈새가 생기는 끼워 맞춤으로 직선 운동이나 회전 운동이 필요한 기계 부품의 조립에 적용하는 것은?

① 억지 끼워 맞춤
② 중간 끼워 맞춤
③ 헐거운 끼워 맞춤
④ 구멍기준식 끼워 맞춤

해설 틈새가 생기는 끼워 맞춤은 헐거운 끼워 맞춤이다.

37 다음은 제3각법으로 도시한 물체의 투상도이다. 이 투상법에 대한 설명으로 틀린 것은?(단, 화살표 방향은 정면도이다.)

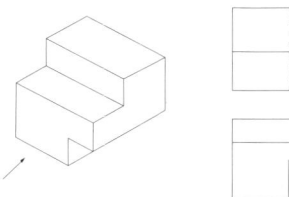

① 눈→투상면→물체의 순서로 놓고 투상한다.
② 평면도는 정면도 위에 배치된다.
③ 물체를 제 1면각에 놓고 투상하는 방법이다.
④ 배면도의 위치는 가장 오른쪽에 배열한다.

해설 눈-투상면-물체는 3각법으로 물체를 제 3면각에 놓고 투상한다.

38 도면이 구비해야 할 기본 요건으로 가장 거리가 먼 것은?

① 대상물의 도형과 함께 필요로 하는 구조, 조립 상태, 치수, 가공 방법 등의 정보를 포함하여야 한다.
② 애매한 해석이 생기지 않도록 표현상 명확한 뜻을 가져야 한다.
③ 무역 및 기술의 국제 교류의 입장에서 국제성을 가져야 한다.
④ 제품의 가격 정보를 항상 포함하여야 한다.

해설 제품의 가격 정보는 견적도에 포함하여야 한다.

39 길이 치수의 치수 공차 표시 방법으로 틀린 것은?

① $50^{-0.05}_{0}$ ② $50^{+0.05}_{0}$
③ $50^{+0.05}_{+0.02}$ ④ 50 ± 0.05

해설 $50^{-0.05}_{0}$ 공차값은 위치수 허용차가 항상 큰 값이 되어야 하므로 $50^{0}_{-0.05}$ 표기해야 한다.

40 구멍의 치수 $\emptyset 50^{+0.025}_{+0.005}$, 축의 치수 $\emptyset 50^{+0.033}_{+0.017}$의 끼워 맞춤에서 최대 죔새는?

① 0.008
② 0.028
③ 0.042
④ 0.050

해설 최대 죔새 = 축의 최대 허용 치수 - 구멍의 최소 허용 치수 = 50.033 - 50.005 = 0.028

41 그림과 같이 물체를 투상할 때 중심선 또는 절단선을 기준으로 그 앞부분을 잘라내고 남은 뒷부분의 단면 모양을 나타내는 것은?

① 한쪽 단면도
② 회전 도시 단면도
③ 온 단면도
④ 조합에 의한 단면도

해설 온 단면도 : 물체를 투상할 때 중심선 또는 절단선을 기준으로 그 앞부분을 잘라내고 남은 뒷부분의 단면으로 나타내는 것

42 단면도를 나타낼 때 길이 방향으로 절단하여 도시할 수 있는 것은?

① 볼트
② 기어의 이
③ 바퀴 암
④ 풀리의 보스

해설 풀리의 보스는 길이 방향으로 단면하여 나타낸다.

43 기계 제도 도면에 사용되는 척도의 설명이 틀린 것은?

① 한 도면에서 공통적으로 사용되는 척도는 표제란에 기입한다.
② 도면에 그려지는 길이와 대상물의 실제 길이와의 비율로 나타낸다.
③ 척도의 표시는 잘못 볼 염려가 없다고 하여도 반드시 기입하여야 한다.
④ 같은 도면에서 다른 척도를 사용할 때에는 필요에 따라 그림 부근에 기입한다.

해설 척도의 표시는 표제란에 기입하여야 한다.

44 구(sphere)를 도시할 때 필요한 최소의 투상도 수는?

① 1개   ② 2개
③ 3개   ④ 4개

해설 구(sphere)를 도시할 때는 1개의 투상도면이면 된다.

45 되풀이 되는 도형을 도시할 때 적용하는 가상선의 종류는?

① 가는 2점 쇄선
② 가는 1점 쇄선
③ 가는 실선
④ 가는 파선

   가상선 : 가는 2점 쇄선

46 일반적으로 가장 널리 사용되며 축과 보스에 모두 홈을 가공하여 사용하는 키는?

① 접선 키
② 안장 키
③ 묻힘 키
④ 원뿔 키

   묻힘 키(Sunk Key) : 축과 보스에 모두 홈을 가공하여 사용하는 키

47 다음 중 복렬 앵귤러 콘택트 고정형 볼 베어링의 도시 기호는?

①   ②
③   ④

   ②번이 복렬 앵귤러 콘택트 고정형 볼 베어링이다.

48 미터 보통 나사 M50 × 2의 설명으로 맞는 것은?

① 호칭 지름이 50mm이며, 나사 등급이 2급이다.
② 호칭 지름이 50mm이며, 나사 피치가 2mm이다.
③ 유효 지름이 50mm이며, 나사 등급이 2급이다.
④ 유효 지름이 50mm이며, 나사 피치가 2mm이다.

   M50(미터 나사 호칭 지름) × 2(피치)

49 유체를 한 방향으로 흐르게 하기 위해 역류를 방지하는 데 사용되는 체크 밸브의 도시 기호는?

①   ②
③   ④

   ① 체크 밸브, ② 안전 밸브, ③ 글로브 밸브, ④ 게이트 밸브

50 다음 중 평 벨트 장치의 도시 방법에 관한 설명으로 틀린 것은?

① 암은 길이 방향으로 절단하여 도시하는 것이 좋다.
② 벨트 풀리와 같이 대칭형인 것은 그 일부만을 도시할 수 있다.
③ 암과 같은 방사형의 것은 회전 도시 단면도로 나타낼 수 있다.
④ 벨트 풀리는 축직각 방향의 투상을 주 투상도로 할 수 있다.

   암은 길이 방향으로 단면되지 않고 회전 도시 단면 한다.

51 나사를 도면에 그리는 방법에 대한 설명으로 틀린 것은?

① 나사의 골 밑은 가는 실선으로 나타낸다.
② 나사의 감긴 방향이 오른쪽이면 도면에 별도 표기할 필요가 없다.
③ 수나사와 암나사가 결합되어 있는 나사를 그릴 때에는 암나사 위주로 그린다.
④ 나사의 불완전 나사부는 필요할 경우 중심축선으로부터 경사된 가는 실선으로 표시한다.

> 해설 수나사와 암나사가 결합되어 있는 나사를 그릴 때에는 수나사 위주로 그린다.

52 축을 제도할 때 도시 방법의 설명으로 맞는 것은?

① 축에 단이 있는 경우는 치수를 생략한다.
② 축은 길이 방향으로 전체를 단면하여 도시한다.
③ 축 끝에 모떼기는 치수는 생략하고 기호만 기입한다.
④ 단면 모양이 같은 긴 축은 중간을 파단하여 짧게 그릴 수 있다.

> 해설 ① 축에 단이 있는 경우는 치수를 기입
> ② 축은 길이 방향으로 단면 도시하지 않는다.
> ③ 축 끝에 모떼기는 치수를 기입한다.

53 기어의 도시 방법에 대한 설명 중 틀린 것은?

① 기어 소재를 제작하는 데 필요한 치수를 기입한다.
② 잇봉우리원은 굵은 실선, 피치원은 가는 1점 쇄선으로 그린다.
③ 헬리컬 기어를 도시할 때 잇줄 방향은 보통 3개의 가는 실선으로 그린다.
④ 맞물리는 한쌍의 기어에서 잇봉우리원은 가는 1점 쇄선으로 그린다.

> 해설 맞물리는 한쌍의 기어에서 잇봉우리원은 굵은 실선으로 그린다.

54 다음 중 캠을 평면 캠과 입체 캠으로 구분할 때 입체 캠의 종류로 틀린 것은?

① 원통 캠 ② 삼각 캠
③ 원뿔 캠 ④ 빗판 캠

> 해설 • 평면 캠 : 판 캠, 직동 캠, 정면 캠, 역 캠
> • 입체 캠 : 원통 캠, 원뿔 캠, 구면 캠, 단면 캠, 경사판 캠, 빗판 캠

55 모듈 2인 한 쌍의 스퍼 기어가 맞물려 있는 있을 때에 각각의 잇수를 20개와 30개라고 하면, 두 기어의 중심 거리는?

① 20 ② 30
③ 50 ④ 100

> 해설 $a = \dfrac{(Z_1 + Z_2) \times m}{2} = \dfrac{(20 + 30)\,2}{2} = 50$

56 그림과 같이 한쪽 면을 용접하려고 할 때 용접 기호로 옳은 것은?

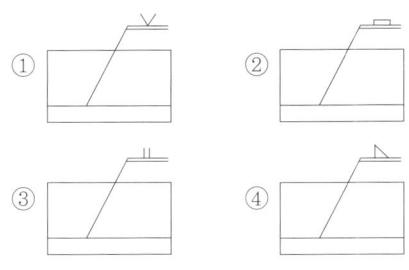

해설 용접 부위가 필렛 용접이므로 ④번이 필렛 용접이다.

57 공간상에 구성되어 있는 하나의 점을 표현하는 방법으로서 기준점을 중심으로 2개의 각도 데이터와 1개의 길이 데이터로 해당 점의 좌표를 나타내는 좌표계는?

① 직교 좌표계　② 상대 좌표계
③ 원통 좌표계　④ 구면 좌표계

해설 구면 좌표계 : 공간상에 구성되어 있는 하나의 점을 표현하는 방법으로서 기준점을 중심으로 2가의 각도 데이터와 1개의 길이 데이터로 해당 점으 좌표

58 일반적으로 CAD에서 사용하는 3차원 형상 모델링이 아닌 것은?

① 솔리드 모델링(solid modeling)
② 시스템 모델링(system modeling)
③ 서피스 모델링(surface modeling)
④ 와이어 프레임 모델링(wire-frame modeling)

해설 솔리드 모델링(solid modeling), 서피스 모델링(surface modeling), 와이어 프레임 모델링(wire frame modeling)

59 컴퓨터가 기억하는 정보의 최소 단위는?

① bit　② record
③ byte　④ field

해설 bit 〈 byte 〈 word 〈 field 〈 record 〈 file 〈 database

60 다음 CAD 시스템에서 사용하는 장치 중 그 성질이 다른 하나는 무엇인가?

① 마우스　② 트랙 볼
③ 플로터　④ 라이트 펜

해설 • 입력 장치 : 마우스, 트랙 볼, 라이트 펜
• 출력 장치 : 플로터

ANSWER 2014년 4회

01	②	02	②	03	②	04	④	05	④
06	①	07	④	08	④	09	④	10	②
11	①	12	②	13	④	14	①	15	①
16	④	17	①	18	③	19	③	20	④
21	③	22	②	23	④	24	③	25	②
26	④	27	③	28	①	29	③	30	④
31	④	32	③	33	①	34	③	35	④
36	③	37	③	38	④	39	①	40	②
41	③	42	④	43	③	44	①	45	①
46	③	47	②	48	②	49	①	50	①
51	③	52	④	53	④	54	②	55	③
56	④	57	④	58	②	59	①	60	③

공단 기출문제_2015년 1회

01 가단 주철의 종류에 해당하지 않는 것은?

① 흑심 가단 주철
② 백심 가단 주철
③ 오스테나이트 가단 주철
④ 펄라이트 가단 주철

> 가단 주철의 종류 : 흑심 가단 주철, 백심 가단 주철, 펄라이트 가단 주철

02 비자성체로서 Cr과 Ni를 함유하며 일반적으로 18-8 스테인리스강이라 부르는 것은?

① 페라이트계 스테인리스강
② 오스테나이트계 스테인리스강
③ 마텐자이트계 스테인리스강
④ 펄라이트계 스테인리스강

> 페라이트(18Cr)계, 오스테나이트(18Cr-8Ni)계, 마텐자이트(13Cr)계 스테인리스강

03 8~12% Sn에 1~2% Zn의 구리합금으로 밸브, 콕, 기어, 베어링, 부시 등에 사용되는 합금은?

① 코르손합금
② 베릴륨합금
③ 포금
④ 규소 청동

> 포금 : 8~12% Sn에 1~2% Zn의 구리합금으로 밸브, 콕, 기어, 베어링, 선박용 프로펠러, 포신, 부시 등에 사용

04 주철의 여러 성질을 개선하기 위하여 합금 주철에 첨가하는 특수원소 중 크롬(Cr)이 미치는 영향이 아닌 것은?

① 경도를 증가시킨다.
② 흑연화를 촉진시킨다.
③ 탄화물을 안정시킨다.
④ 내열성과 내식성을 향상시킨다.

> 흑연화를 촉진시키는 원소는 Ni이고, Cr은 흑연화를 방지한다.

05 다이캐스팅 알루미늄 합금으로 요구되는 성질 중 틀린 것은?

① 유동성이 좋을 것
② 금형에 대한 점착성이 좋을 것
③ 열간 취성이 적을 것
④ 응고수축에 대한 용탕 보급성이 좋을 것

> 금형에 대한 이형성이 좋을 것

06 탄소강의 경도를 높이기 위하여 실시하는 열처리는?

① 불림
② 풀림
③ 담금질
④ 뜨임

> • 불림 : 조직의 표준화
> • 풀림 : 내부 응력 제거 및 연화
> • 뜨임 : 내부 응력 제거 및 인성 부여

07 고용체에서 공간 격자의 종류가 아닌 것은?

① 치환형
② 침입형
③ 규칙 격자형
④ 면심 입방 격자형

해설 공간 격자의 종류 : 치환형, 침입형, 규칙 격자형

08 브레이크 드럼에서 브레이크 블록에 수직으로 밀어 붙이는 힘이 1000N이고 마찰 계수가 0.45일 때 드럼의 접선 방향 제동력은 몇 N인가?

① 150
② 250
③ 350
④ 450

해설 $P = uQ = 0.45 \times 1000 = 450$

09 지름 $D_1 = 200mm$, $D_2 = 300mm$의 내접 마찰차에서 그 중심 거리는 몇 mm인가?

① 50
② 100
③ 125
④ 250

해설 $\dfrac{D_2 - D_1}{2} = \dfrac{300 - 200}{2} = 50$(내접)

10 기어 전동의 특징에 대한 설명으로 가장 거리가 먼 것은?

① 큰 동력을 전달한다.
② 큰 감속을 할 수 있다.
③ 넓은 설치 장소가 필요하다.
④ 소음과 진동이 발생한다.

해설 직접 전동이기 때문에 넓은 설치 장소가 필요치 않다.

11 미터 나사에 관한 설명으로 틀린 것은?

① 기호는 M으로 표기한다.
② 나사산의 각도는 55°이다.
③ 나사의 지름 및 피치를 mm로 표시한다.
④ 부품의 결합 및 위치의 조정 등에 사용된다.

해설 나사산의 각도는 60°이다.

12 평 벨트의 이음 방법 중 효율이 가장 높은 것은?

① 이음쇠 이음
② 가죽 끈 이음
③ 관자 볼트 이음
④ 접착제 이음

해설 이음쇠 이음(40~70%), 가죽 끈 이음(40~50%), 철사 이음 60%, 접착제 이음(75~90%)

13 축 방향으로 인장 하중만을 받는 수나사의 바깥지름(d)과 볼트 재료의 허용 인장 응력(σ_a) 및 인장 하중(W)과의 관계가 옳은 것은?

① $d = \sqrt{\dfrac{2W}{\sigma_a}}$

② $d = \sqrt{\dfrac{3W}{8\sigma_a}}$

③ $d = \sqrt{\dfrac{8W}{3\sigma_a}}$

④ $d = \sqrt{\dfrac{10W}{3\sigma_a}}$

해설
• 축 방향 하중 : $d = \sqrt{\dfrac{2W}{\sigma_a}}$
• 축 방향과 비틀림 하중 : $d = \sqrt{\dfrac{8W}{3\sigma_a}}$

14 전단 하중에 대한 설명으로 옳은 것은?

① 재료를 축 방향으로 잡아당기도록 작용하는 하중이다.
② 재료를 축 방향으로 누르도록 작용하는 하중이다.
③ 재료를 가로 방향으로 자르도록 작용하는 하중이다.
④ 재료가 비틀어지도록 작용하는 하중이다.

　해설　전단 하중 : 재료를 가로 방향으로 자르도록 작용하는 하중

15 베어링 호칭 번호가 6205인 레이디얼 볼 베어링의 안지름은?

① 5mm
② 25mm
③ 62mm
④ 205mm

　해설　안지름 치수가 10, 12, 15, 17mm인 경우 안지름 번호는 00, 01, 02, 03이며, 04부터는 ×5이므로 05 × 5 = 25이다.

16 지름이 30mm인 연강을 선반에서 절삭할 때, 주축을 200rpm으로 회전시키면 절삭 속도는 몇 m/min인가?

① 10.54
② 15.48
③ 18.85
④ 21.54

　해설　$V = \dfrac{\pi \times D \times N}{1000} = \dfrac{3.14 \times 30 \times 200}{1000}$
≒ 18.85

17 여러 개의 절삭 날을 일직선상에 배치한 절삭 공구를 사용하여 1회의 통과로 구멍의 내면을 가공하는 공작 기계는?

① 세이퍼
② 슬로터
③ 브로칭 머신
④ 플레이너

　해설　브로칭 머신 : 여러 개의 절삭 날을 일직선상에 배치한 절삭 공구를 사용하여 1회의 통과로 구멍의 내면을 가공

18 밀링 머신의 일반적인 크기 표시는?

① 밀링 머신의 최고 회전수로 한다.
② 밀링 머신의 높이로 한다.
③ 테이블의 이송 거리로 한다.
④ 깎을 수 있는 공작물의 최대 길이로 한다.

　해설　테이블의 이송 거리를 No로 표시 : No. 0호 : 150

19 정밀 보링 머신의 특성에 대한 설명으로 틀린 것은?

① 고속 회전 및 정밀한 이송 기구를 갖추고 있다.
② 다이아몬드 또는 초경합금 공구를 사용한다.
③ 진직도는 높으나 진원도는 낮다.
④ 실린더나 베어링면 등을 가공한다.

　해설　구멍을 넓히는 작업이므로 진직도 보다는 진원도의 정밀도가 높다.

20 드릴 가공 방법에서 구멍에 암나사를 가공하는 작업은?

① 다이스 작업
② 탭핑 작업

③ 리밍 작업　　④ 보링 작업

해설 다이스 작업 : 수나사 가공. 탭핑 작업 : 구멍에 암나사를 가공

21 연삭 숫돌에 눈 메움이나 무딤 현상이 발생하였을 때 숫돌을 수정하는 작업은?

① 래핑　　② 드레싱
③ 글레이징　　④ 덮개 설치

해설 드레싱 : 연삭 숫돌에 눈 메움이나 무딤 현상이 발생하였을 때 숫돌을 수정하는 작업

22 선반 가공에서 가공면의 미끄러짐을 방지하기 위하여 요철 형태로 가공하는 것은?

① 내경 절삭 가공　　② 외경 절삭 가공
③ 널링 가공　　④ 보링 가공

해설 널링 가공 : 선반 가공에서 가공면의 미끄러짐을 방지하기 위하여 요철 형태로 가공

23 선반 작업 중에 지켜야 할 안전 사항이 아닌 것은?

① 긴 공작물을 가공할 때는 안전 장치를 설치 후 가공한다.
② 가공물이 긴 경우 심압대로 지지하고 가공한다.
③ 드릴 작업 시 시작과 끝은 이송을 천천히 한다.
④ 전기 배선의 절연 상태를 점검한다.

해설 전기 배선의 절연 상태는 선반 작업 전에 점검하여야 하는 사항이다.

24 구성인선의 방지 대책 중 틀린 것은?

① 윤활성이 좋은 절삭 유제를 사용한다.

② 공구의 윗면 경사각을 크게 한다.
③ 절삭 깊이를 크게 한다.
④ 고속으로 절삭한다.

해설 절삭 깊이를 작게 한다.

25 전기 도금과는 반대로 일감을 양극으로 하여 전기에 의한 화학적 용해 작용을 이용하고 가공물의 표면을 다듬질하여 광택이 나게 하는 가공법은?

① 기계 연마　　② 전해 연마
③ 초음파 가공　　④ 방전 가공

해설 전해 연마 : 전기 도금과는 반대로 일감을 양극으로 하여 전기에 의한 화학적 용해 작용을 이용하고 가공물의 표면을 다듬질하여 광택이 나게 하는 가공

26 다음 도면에서 표현된 단면도로 맞는 것은?

① 전단면도, 한쪽 단면도, 부분 단면도
② 한쪽 단면도, 부분 단면도, 회전 도시 단면도
③ 부분 단면도, 회전 도시 단면도, 계단 단면도
④ 전단면도, 한쪽 단면도, 회전 도시 단면도

해설 한쪽 단면도(물체의 절반은 단면, 절반은 외형을 도시), 부분 단면도(필요한 부분을 파단하여 단면 도시), 회전 도시 단면도(리브, 암 등의 단면)

27 정 투상도 제1각법과 제3각법을 비교 설명한 것으로 틀린 것은?

① 3각법에서는 저면도는 정면도의 아래에 나타낸다.
② 1각법은 평면도를 정면도의 바로 아래에 나타낸다.
③ 1각법에서는 정면도 아래에서 본 저면도를 정면도 아래에 나타낸다.
④ 3각법에서 측면도는 오른쪽에서 본 것을 정면도의 아래에 나타낸다.

🔖 1각법에서는 정면도 아래에서 본 저면도를 정면도 위에 나타낸다.

28 아래 투상도는 제3각법으로 투상한 것이다. 이 물체의 등각 투상도로 맞는 것은?

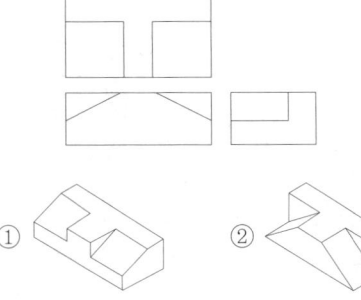

29 치수 배치 방법 중 치수 공차가 누적되어도 좋은 경우에 사용하는 방법은?

① 누진 치수 기입법
② 직렬 치수 기입법
③ 병렬 치수 기입법
④ 좌표 치수 기입법

🔖 직렬 치수 기입법 : 직렬로 연결된 치수에 주어진 일반 공차가 차례로 누적되어도 좋은 경우에 사용

30 여러 각도로 기울여진 면의 치수를 기입할 때 일반적으로 잘못 기입된 치수는?

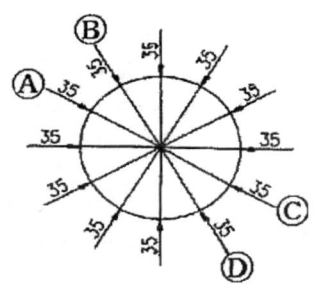

① Ⓐ
② Ⓑ
③ Ⓒ
④ Ⓓ

🔖 Ⓑ는 치수선 위쪽에 기입

31 Ø50H7의 구멍에 억지 끼워 맞춤이 되는 축의 끼워 맞춤 공차 기호는?

① Ø50js6
② Ø50f6
③ Ø50g6
④ Ø50p6

🔖 Ø50H7의 구멍에 억지 끼워 맞춤이 되는 축의 끼워 맞춤 공차 기호는 Ø50p6이다. Ø50js6은 중간, Ø50f6, Ø50g6은 헐거운 끼워 맞춤에 해당

32 대상 면을 지시하는 기호 중 제거 가공을 허락하지 않는 것을 지시하는 것은?

①   ②

해설 ∇ : 제거 가공을 허락하지 않는다.

33 스케치도를 작성할 필요가 없는 경우는?

① 제품 제작을 위해 도면을 복사할 경우
② 도면이 없는 부품을 제작하고자 할 경우
③ 도면이 없는 부품이 파손되어 수리 제작할 경우
④ 현품을 기준으로 개선된 부품을 고안하려 할 경우

해설 스케치도는 동일 부품의 재제작, 파손된 기계부품을 교체하고자 할 때, 또는 현품을 기준으로 개선된 부품을 고안할 때 작성한다.

34 기하 공차의 기호 중 진원도를 나타낸 것은?

① ○   ② ◎
③ ⌖   ④ ⌀

해설 ○ : 진원도, ◎ : 동심도, ⌖ : 위치도, ⌀ : 원통도

35 도면에 기입된 공차도시에 관한 설명으로 틀린 것은?

//	0.050	A
	0.011/200	

① 전체 길이는 200mm이다.
② 공차의 종류는 평행도를 나타낸다.
③ 지정 길이에 대한 허용값은 0.011이다.
④ 전체 길이에 대한 허용값은 0.050이다.

해설 지정 길이는 200mm이다.

36 다음 중 억지 끼워 맞춤 또는 중간 끼워 맞춤에서 최대 죔새를 나타내는 것은?

① 구멍의 최대 허용 치수 − 축의 최소 허용 치수
② 구멍의 최대 허용 치수 − 축의 최대 허용 치수
③ 축의 최소 허용 치수 − 구멍의 최대 허용 치수
④ 축의 최대 허용 치수 − 구멍의 최소 허용 치수

해설
• 최대 죔새 = 축의 최대 허용 치수 − 구멍의 최소 허용 치수
• 최소 죔새 = 축의 최소 허용 치수 − 구멍의 최대 허용 치수

37 치수 기입의 일반적인 원칙에 대한 설명으로 틀린 것은?

① 치수는 되도록 공정마다 배열을 분리하여 기입할 수 있다.
② 관계된 치수를 명확히 나타내기 위해 치수를 중복하여 나타낼 수 있다.
③ 대상물의 기능, 제작, 조립 등을 고려하여 필요하다고 생각되는 치수를 명료하게 도면에 지시한다.
④ 도면에 나타내는 치수는 특별히 명시하지 않는 한 그 도면에 도시한 대상물의 다듬질 치수를 도시한다.

해설 치수 기입 시 중복 기입을 피한다.

38 보조 투상도의 설명 중 가장 옳은 것은?

① 복잡한 물체를 절단하여 그린 투상도
② 그림의 특정 부분만을 확대하여 그린 투상도
③ 물체의 경사면에 대항하는 위치에 그린 투상도
④ 물체의 홈, 구멍 등 투상도의 일부를 나타낸 투상도

📖 보조 투상도 : 경사부가 있는 물체는 그 경사면의 실제 모양을 표시할 필요가 있을 때 그린 투상도

39 가공에 의한 커터의 줄무늬 방향이 다음과 같이 생길 경우 올바른 줄무늬 방향 기호는?

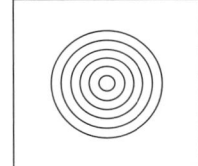

① C
② M
③ R
④ X

📖 가공에 의한 커터의 줄무늬 방향이 면의 중심에 대략 동심원 모양 : C

40 다음 중 물체의 이동 후의 위치를 가상하여 나타내는 선은?

① ─────────
② ─ ─ ─ ─ ─ ─ ─
③ ─ · ─ · ─ · ─
④ ─ · · ─ · · ─

📖 물체의 가동 부분을 이동 중의 특정한 위치 또는 이동 한계의 위치를 표시할 때는 가는 2점 쇄선을 사용한다.

41 2개면이 교차 부분을 표시할 때 "R1=2×R2"인 평면도의 모양으로 가장 적합한 것은?

📖 부등호로 표시하면 R1 〉 R2이므로 ③번, R1 〈 R2는 ②번

42 도면의 양식 중에서 반드시 마련해야 하는 사항이 아닌 것은?

① 표제란
② 중심마크
③ 윤곽선
④ 비교눈금

📖 도면의 양식 중에서 반드시 마련해야 하는 사항 : 표제란, 중심마크, 윤곽선

43 입체도에서 정 투상도의 정면도로 옳은 것은?

①

②

③

④

44 도면이 구비하여야 할 요건이 아닌 것은?

① 국제성이 있어야 한다.
② 적합성, 보편성을 가져야 한다.
③ 표현상 명확한 뜻을 가져야 한다.
④ 가격, 유통체제 등의 정보를 포함하여야 한다.

해설 가격, 유통체제 등의 정보를 포함되지 않아도 된다.

45 파선의 용도 설명으로 맞는 것은?

① 치수를 기입하는 데 사용된다.
② 도형의 중심을 표시하는 데 사용된다.
③ 대상물의 보이지 않는 부분의 모양을 표시한다.
④ 대상물의 일부를 파단한 경계 또는 일부를 떼어낼 경계를 표시한다.

해설 ① 가는 실선, ② 가는 1점 쇄선, ④ 파단선

46 축에 빗줄로 널링(knurling)이 있는 부분의 도시 방법으로 가장 올바른 것은?

① 널링부 전체를 축선에 대하여 45°로 엇갈리게 동일한 간격으로 그린다.
② 널링부 일부분만 축선에 대하여 45°로 엇갈리게 동일한 간격으로 그린다.
③ 널링부 전체를 축선에 대하여 30°로 동일한 간격으로 엇갈리게 그린다.
④ 널링부 일부분만 축선에 대하여 30°로 엇갈리게 동일한 간격으로 그린다.

해설 축에 빗줄로 널링(knurling)이 있는 부분의 도시 방법 : 널링부 일부분만 축선에 대하여 30°로 엇갈리게 동일한 간격으로 가는 실선으로 그린다.

47 스프로킷 휠의 도시 방법에 대한 설명 중 옳은 것은?

① 스프로킷의 이끝원은 가는 실선으로 그린다.
② 스프로킷의 피치원은 가는 2점 쇄선으로 그린다
③ 스프로킷의 이뿌리원은 가는 실선으로 그린다.
④ 축의 직각 방향에서 단면을 도시할 때 이뿌리선은 가는 실선으로 그린다.

해설 스프로킷 휠의 도시 방법 : 이끝원은 굵은 실선, 피치원은 가는 1점 쇄선, 축의 직각 방향에서 단면을 도시할 때 이뿌리선은 굵은 실선

48 다음 중 평면 캠의 종류가 아닌 것은?

① 판 캠 ② 정면 캠
③ 구형 캠 ④ 직선 운동 캠

> • 평면 캠(평면 운동) : 판 캠, 정면 캠, 직선 운동 캠
> • 입체 캠(공간 운동) : 구형 캠, 빗판 캠, 원뿔 캠, 원통 캠

49 운전 중 결합을 끊을 수 없는 영구적인 축이음을 아래 단어 중에서 모두 고른 것은?

> 커플링, 유니버설 조인트, 클러치

① 커플링, 유니버설 조인트
② 커플링, 클러치
③ 유니버설 조인트, 클러치
④ 커플링, 유니버설 조인트, 클러치

> • 운전 중 결합을 끊을 수 없는 영구적인 축 이음 : 커플링, 유니버설 조인트
> • 운전 중 단속이 가능한 축이음 : 클러치

50 미터 사다리꼴 나사 [Tr 40×7 LH]에서 'LH'가 뜻하는 것은?

① 피치 ② 나사의 등급
③ 리드 ④ 왼나사

> 왼나사의 표시 보기 : Tr 40×7LH, Tr 40×7LH-7H, Tr 40×14(P7)LH, Tr 40×14(P7)LH-7e

51 볼트의 골 지름을 제도할 때 사용하는 선의 종류로 옳은 것은?

① 굵은 실선 ② 가는 실선
③ 숨은선 ④ 가는 2점 쇄선

> 볼트, 너트의 골 지름은 가는 실선, 산 지름은 굵은 실선으로 표시

52 스퍼 기어 표준 치형에서 맞물림 기어의 피니언 잇수가 16, 기어 잇수가 44일 때 축 중심간 거리로 옳은 것은?(단, 모듈이 5이다.)

① 120mm ② 150mm
③ 200mm ④ 300mm

> $\dfrac{(Z_1 + Z_2) \times m}{2} = a = \dfrac{(16 + 44) \times 5}{2} = 150$

53 테이퍼 핀 1급 4×30 SM50C의 설명으로 맞는 것은?

① 테이퍼 핀으로 호칭 지름이 4mm, 길이가 30mm, 재료가 SM50C이다.
② 테이퍼 핀으로 최대 지름이 4mm, 길이가 30mm, 재료가 SM50C이다.
③ 테이퍼 핀으로 평균 지름이 4mm, 길이가 30mm, 재료가 SM50C이다.
④ 테이퍼 핀으로 구멍의 지름이 4mm, 길이가 30mm, 재료가 SM50C이다.

> 테이퍼 핀(규격 번호 또는 규격 명칭), 호칭 지름(작은 지름이 4mm) × 길이(30mm), 재료(SM50C), 지정사항

54 배관을 도시할 때 관의 접속 상태에서 '접속하고 있을 때 - 분기 상태'를 도시하는 방법으로 옳은 것은?

> 해설
> • 접속하고 있지 않을 때 : ①, ②
> • 접속하고 있을 때 – 분기 상태 : ③
> • 접속하고 있을 때 – 교차 상태 : ④

55 축에 작용하는 하중의 방향이 축 직각 방향과 축 방향에 동시에 작용하는 곳에 가장 적합한 베어링은?

① 니들 롤러 베어링
② 레이디얼 볼 베어링
③ 스러스트 볼 베어링
④ 테이퍼 롤러 베어링

> 해설
> • 축 직각 방향 : 니들 롤러 베어링, 레이디얼 볼 베어링
> • 축 방향 : 스러스트 볼 베어링
> • 축 직각 방향과 축 방향에 동시에 작용하는 곳 : 테이퍼 롤러 베어링

56 다음 그림과 같은 점 용접을 용접 기호로 바르게 나타낸 것은?

①

②

③

④

> 해설 화살표 방향에서 직경 Ø10, 융융 점 용접, 용접개소 2곳 용접 간격은 50mm

57 서피스(surface) 모델링에서 곡면을 절단하였을 때 나타나는 요소는?

① 곡선   ② 곡면
③ 점   ④ 면

> 해설 서피스(surface) 모델링에서 곡면을 절단하면 곡선이 생성된다.

58 컴퓨터의 기억 용량 단위인 비트(bit)의 설명으로 틀린 것은?

① binary digit의 약자이다.
② 정보를 나타내는 가장 작은 단위이다.
③ 전기적으로 처리하기가 아주 편리하다.
④ 0과 1을 동시에 나타내는 정보 단위이다.

> 해설 0(Off) 또는 1(On)을 나타내는 정보 단위이다.

59 CAD 시스템에서 마지막 입력 점을 기준으로 다음 점까지의 직선 거리와 기준 직교축과 그 직선이 이루는 각도로 입력하는 좌표계는?

① 절대 좌표계 ② 구면 좌표계
③ 원통 좌표계 ④ 상대 극좌표계

> 해설 상대 극좌표계 : 최종점을 기준으로 다음 점까지의 직선 거리와 기준 직교축과 그 직선이 이루는 각도로 입력하는 좌표계. 예 @20 < 150

60 다음 중 주변 기기를 기능별로 묶어진 것으로, 그 내용이 잘못된 것은?

① 키보드, 마우스, 조이스틱
② 프린터, 플로터, 스캐너
③ 자기디스크, 자기드럼, 자기테이프
④ 라이트 펜, 디지타이저, 테이프리더

> 해설
> • 입력 장치 : 키보드, 마우스, 조이스틱, 스캐너, 라이트 펜, 디지타이저, 테이프리더
> • 출력 장치 : 프린터, 플로터

ANSWER 2015년 1회

01	③	02	②	03	③	04	②	05	②
06	③	07	④	08	④	09	①	10	③
11	②	12	④	13	①	14	③	15	②
16	③	17	③	18	③	19	③	20	②
21	②	22	③	23	④	24	③	25	②
26	②	27	②	28	②	29	③	30	②
31	④	32	③	33	①	34	①	35	①
36	④	37	②	38	③	39	①	40	④
41	③	42	④	43	②	44	④	45	③
46	④	47	②	48	③	49	①	50	④
51	②	52	②	53	①	54	③	55	④
56	①	57	①	58	④	59	④	60	②

공단 기출문제_2015년 2회

01 열처리 방법 및 목적으로 틀린 것은?

① 불림 – 소재를 일정 온도에 가열 후 공냉시킨다.
② 풀림 – 재질을 단단하고 균일하게 한다.
③ 담금질 – 급냉시켜 재질을 경화시킨다.
④ 뜨임 – 담금질된 것에 인성을 부여한다.

- 불림 : 조직의 표준화
- 풀림 : 내부 응력 제거 및 연화
- 담금질 : 경도 증가
- 뜨임 : 내부 응력 제거 및 인성 부여

02 특수강에 포함되는 특수원소의 주요 역할 중 틀린 것은?

① 변태속도의 변화
② 기계적, 물리적 성질의 개선
③ 소성 가공성의 개량
④ 탈산, 탈황의 방지

탈산, 탈황의 방지와는 관계가 없다.

03 금속의 결정구조에서 체심입방격자의 금속으로만 이루어진 것은?

① Au, Pb, Ni   ② Zn, Ti, Mg
③ Sb, Ag, Sn   ④ Ba, V, Mo

- 면심입방격자 : Au, Pb, Ni, Ag
- 체심입방격자 : Ba, V, Mo
- 조밀육방격자 : Zn, Ti, Mg

04 황동의 합금 원소는 무엇인가?

① Cu – Sn
② Cu – Zn
③ Cu – Al
④ Cu – Ni

- 황동 : Cu(구리) + Zn(아연)
- 청동 : Cu(구리) + Sn(주석)

05 초경합금에 대한 설명 중 틀린 것은?

① 경도가 HRC 50 이하로 낮다.
② 고온경도 및 강도가 양호하다.
③ 내마모성과 압축강도가 높다.
④ 사용 목적, 용도에 따라 재질의 종류가 다양하다.

초경합금은 경도가 높다.

06 다이캐스팅용 알루미늄(Al)합금이 갖추어야 할 성질로 틀린 것은?

① 유동성이 좋을 것
② 열간취성이 적을 것
③ 금형에 대한 점착성이 좋을 것
④ 응고수축에 대한 용탕 보급성이 좋을 것

금형에 대한 이형성이 좋을 것

07 경질이고 내열성이 있는 열경화성 수지로서 전기기구, 기어 및 프로펠러 등에 사용되는 것은?

① 아크릴 수지　　② 페놀 수지
③ 스티렌 수지　　④ 폴리에틸렌

> • 페놀 수지 : 경질이고 내열성이 있는 열경화성 수지로서 전기기구, 기어 및 프로펠러 등에 사용
> • 열가소성 수지 : 아크릴 수지, 스티렌 수지, 폴리에틸렌

08 길이 100cm의 봉이 압축력을 받고 3mm 만큼 줄어들었다. 이때, 압축 변형률은 얼마인가?

① 0.001　　② 0.003
③ 0005　　④ 0.007

> ϵ(변형율) $= \dfrac{l_1 - l_0}{l_0} = \dfrac{\lambda}{l}$
> $= \dfrac{3}{1000} = 0.003$

09 각속도(ω, rad/s)를 구하는 식 중 옳은 것은?(단, N : 회전수(rpm), H : 전달 마력(PS)이다.)

① $\omega=(2\pi N)/60$　　② $\omega=60/(2\pi N)$
③ $\omega=(2\pi N)/(60H)$　　④ $\omega=(60H)/(2\pi N)$

> ω(rad/s) $= (2\pi N)/60$

10 국제 단위계(SI)의 기본 단위에 해당되지 않는 것은?

① 길이 : m　　② 질량 : kg
③ 광도 : mol　　④ 열역학 온도 : K

> 국제 단위계(SI)의 기본 단위
> • 길이 : m　　• 질량 : kg
> • 광도 : cd　　• 물질량 : mol
> • 시간 : 초　　• 전류 : A
> • 열역학 온도 : K

11 물체의 일정 부분에 걸쳐 균일하게 분포하여 작용하는 하중은?

① 집중 하중
② 분포 하중
③ 반복 하중
④ 교번 하중

> 분포 하중 : 물체의 일정 부분에 걸쳐 균일하게 분포하여 작용

12 볼 나사의 단점이 아닌 것은?

① 자동 체결이 곤란하다.
② 피치를 작게 하는데 한계가 있다.
③ 너트의 크기가 크다.
④ 나사의 효율이 떨어진다.

> NC 공작 기계에 사용되는 정밀 이송 나사로 마찰이 적고, 효율이 좋으며 백래시가 0에 가깝다.

13 외접하고 있는 원통 마찰차의 지름이 각각 240mm, 360mm일 때, 마찰차의 중심 거리는 얼마인가?

① 60mm
② 300mm
③ 400mm
④ 600mm

> $\dfrac{D_1 + D_2}{2} = \dfrac{240 + 360}{2} = 300$(외접)

14 축을 설계할 때 고려하지 않아도 되는 것은?

① 축의 강도
② 피로 충격
③ 응력 집중의 영향
④ 축의 표면 조도

해설 축을 설계할 때 고려 사항 : 축의 강도, 피로 충격, 응력 집중의 영향

15 가장 널리 쓰이는 키(key)로 축과 보스 양쪽에 키홈을 파서 동력을 전달하는 것은?

① 성크 키
② 반달 키
③ 접선 키
④ 원뿔 키

해설 성크 키(묻힘 키) : 가장 널리 쓰이는 키(key)로 축과 보스 양쪽에 키홈을 파서 동력을 전달

16 절삭 공구재료 중에서 가장 경도가 높은 재질은?

① 고속도강
② 세라믹
③ 스텔라이트
④ 입방정 질화붕소

해설 입방정 질화붕소 : 다이아몬드(HB 7000)의 2/3 배의 경도

17 선반에서 단동척에 대한 설명으로 틀린 것은?

① 연동척보다 강력하게 고정한다.
② 무거운 공작물이나 중절삭을 할 수 있다.
③ 불규칙한 공작물의 고정이 가능하다.
④ 3개의 조가 있으므로 원통형 공작물 고정이 쉽다.

해설 4개의 조가 있으므로 불규칙한 공작물 고정이 쉽다.

18 기어 절삭에 사용되는 공구가 아닌 것은?

① 랙(rack) 커터
② 호브
③ 피니언 커터
④ 브로치

해설 기어 절삭(창성법) 공구 : 랙(rack) 커터, 호브, 피니언 커터

19 지름 30mm인 환봉을 318rpm으로 선반가공할 때, 절삭 속도는 약 몇 m/min인가?

① 30
② 40
③ 50
④ 60

해설 $V = \dfrac{\pi \times D \times N}{1000} = \dfrac{3.14 \times 30 \times 318}{1000} \fallingdotseq 30$

20 밀링에서 테이블의 좌우 및 전후 이송을 사용한 윤곽 가공과 간단한 분할 작업도 가능한 부속 장치는?

① 슬로팅 장치
② 분할대
③ 유압 밀링 바이스
④ 회전 테이블 장치

해설 회전 테이블 장치 : 밀링에서 테이블의 좌우 및 전후 이송을 사용한 윤곽 가공과 간단한 분할 작업

21 보통 보링 머신을 분류한 것으로 틀린 것은?

① 테이블형
② 플레이너형
③ 플로우형
④ 코어형

해설 보통 보링 머신 : 구조에 따라 테이블형, 플레이너형, 플로우형

22 공작물, 미디어(media), 공작액, 콤파운드를 상자 속에 넣고 회전 또는 진동시키면 공작물과 연삭입자가 충돌하여 공작물 표면에 요철을 없애고 매끈한 다듬질 면을 얻는 가공방법은?

① 브로칭
② 배럴 가공
③ 숏피닝
④ 래핑

> 해설 배럴 가공 : 공작물, 미디어(media), 공작액, 콤파운드를 상자 속에 넣고 회전 또는 진동시키면 공작물과 연삭 입자가 충돌하여 공작물 표면에 요철을 없애고 매끈한 다듬질 면을 얻는 가공

23 선반 바이트 팁을 사용 중에 절삭날이 무디어지면 날 부분을 새것으로 교환하여 날을 순차로 사용하는 것은?

① 클램프 바이트
② 단체 바이트
③ 경납땜 바이트
④ 용접 바이트

> 해설 클램프 바이트 : 선반 바이트 팁을 사용 중에 절삭날이 무디어지면 날 부분을 새것으로 교환하여 날을 순차로 사용

24 센터리스 연삭에서 조정 숫돌의 역할로 옳은 것은?

① 연삭 숫돌의 이송과 회전
② 일감의 고정 기능
③ 일감의 탈착 기능
④ 일감의 회전과 이송

> 해설 조정 숫돌 : 일감의 회전과 이송

25 다수의 절삭날을 직렬로 나열된 공구를 가지고 1회 행정으로 공작물의 구멍 내면 혹은 외측 표면을 가공하는 절삭 방법은?

① 호닝
② 래핑
③ 브로칭
④ 액체 호닝

> 해설 브로칭 : 다수의 절삭날을 직렬로 나열된 공구를 가지고 1회 행정으로 공작물의 구멍 내면 혹은 외측 표면을 가공하는 절삭

26 다음 중 치수 기입 원칙에 어긋나는 것은?

① 중복된 치수 기입을 피한다.
② 관련되는 치수는 되도록 한곳에 모아서 기입한다.
③ 치수는 되도록 공정마다 배열을 분리하여 기입한다.
④ 치수는 각 투상도에 고르게 분배 되도록 한다.

> 해설 치수는 되도록 주 투상도에 집중한다.

27 투상도 표시 방법 설명으로 잘못된 것은?

① 부분 투상도 - 대상물의 구멍, 홈 등과 같이 한 부분의 모양을 도시하는 것으로 충분한 경우에는 그 필요한 부분만을 도시한다.
② 보조 투상도 - 경사부가 있는 물체는 그 경사면의 보이는 부분의 실제 모양을 전체 또는 일부분을 나타낸다.
③ 회전 투상도 - 대상물의 일부분을 회전해서 실제 모양을 나타낸다.
④ 부분 확대도 - 특정한 부분의 도형이 작아서 그 부분을 자세하게 나타낼 수

④ 구멍 – H7, 축 – e6

해설 H7의 구멍에 억지 끼워 맞춤이 되는 축의 끼워 맞춤 공차 7호는 p6이다. e6, f6, g6은 헐거운 끼워 맞춤에 해당된다.

없거나 치수 기입을 할 수 없을 때에는 그 해당 부분을 확대하여 나타낸다.

해설 부분 투상도 : 그림의 일부를 도시하는 것으로드 충분한 경우에는, 그 필요한 부분만을 도시한다.

28 다음 중 도면 제작에서 원의 지시선 긋기 방법으로 맞는 것은?

①   ②

③   ④

해설 지시선으로 원의 지름을 기입할 때는 수평에 60°, 화살표 방향은 원 중심을 향한다.

29 다음은 어느 단면도에 대한 설명인가?

> 상하 또는 좌우 대칭인 물체는 1/4을 떼어 낸 것으로 보고, 기본 중심선을 경계로 하여 1/2은 외형, 1/2은 단면으로 동시에 나타낸다. 이때, 대칭 중심선의 오른쪽 또는 위쪽을 단면으로 하는 것이 좋다.

① 한쪽 단면도   ② 부분 단면도
③ 회전 도시 단면도   ④ 온 단면도

해설 한쪽 단면도 : 상하 또는 좌우 대칭인 물체의 1/4을 절단하여 기본 중심선을 경계로 1/2은 외부 모양, 다른 1/2은 내부 모양으로 나타내는 단면도

30 다음 중 억지 끼워 맞춤인 것은?

① 구멍 – H7, 축 – g6
② 구멍 – H7, 축 – f6
③ 구멍 – H7, 축 – p6

31 다음 중 2종류 이상의 선이 같은 장소에서 중복될 경우 가장 우선되는 선의 종류는?

① 중심선   ② 절단선
③ 치수보조선   ④ 무게중심선

해설 외형선 > 숨은선 > 절단선 > 중심선 > 무게 중심선 > 치수보조선 순이다.

32 다음과 같이 지시된 기하 공차의 해석이 맞는 것은?

○	0.05	
//	0.02/150	A

① 원통도 공차값 0.05mm, 축선은 데이텀, 축직선 A에 직각이고 지정 길이 150mm, 평행도 공차값 0.02mm
② 진원도 공차값 0.05mm, 축선은 데이텀, 축직선 A에 직각이고 전체 길이 150mm, 평행도 공차값 0.02mm
③ 진원도 공차값 0.05mm, 축선은 데이텀, 축직선 A에 평행하고 지정 길이 150mm, 평행도 공차값 0.02mm
④ 원통의 윤곽도 공차값 0.05mm, 축선은 데이텀, 축직선 A에 평행하고 전체 길이 150mm, 평행도 공차값 0.02mm

해설
• ○ : 진원도 공차값 0.05mm
• // : 축선은 데이텀, 축직선 A에 평행하고 지정 길이 150mm, 평행도 공차값 0.02mm

33 다음 중 줄무늬 방향의 기호 설명 중 잘못된 것은?

① X : 가공에 의한 커터의 줄무늬 방향의 기호를 기입한 투상면에 경사지고 두 방향으로 교차
② M : 가공에 의한 커터의 줄무늬 방향의 기호를 기입한 투상면에 평행
③ C : 가공에 의한 커터의 줄무늬 방향의 기호를 기입한 면의 중심에 대하여 대략 동심원 모양
④ R : 가공에 의한 커터의 줄무늬 방향의 기호를 기입한 면의 중심에 대하여 대략 레이디얼 모양

> • = : 가공에 의한 커터의 줄무늬 방향의 기호를 기입한 투상면에 평행
> • M : 가공에 의한 커터의 줄무늬가 여러 방향으로 교차 또는 무방향

34 다음 중 가장 고운 다듬면을 나타내는 것은?

①   ② 0.2
③ 6.3   ④ 25

> • √ : 제거 가공을 허락하지 않는다.
> • 0.2 : 0.2a 이내의 거칠기값
> • 6.3 : 6.3a 이내의 거칠기값
> • 25 : 25a 이내의 거칠기값

35 다음 중 제3각 투상법에 대한 설명으로 맞는 것은?

① 눈 → 투상면 → 물체
② 눈 → 물체 → 투상면
③ 투상면 → 물체 → 눈
④ 물체 → 눈 → 투상면

> 눈 → 투상면 → 물체, 정면도 기준 위쪽에 평면도, 아래에 저면도, 우측에 우측면도, 좌측에 좌측면도를 배치

36 특수한 가공을 하는 부분 등, 특별히 요구 사항을 적용할 수 있는 범위를 표시하는 데 사용하는 선은?

① 가는 1점 쇄선   ② 가는 2점 쇄선
③ 굵은 1점 쇄선   ④ 아주 굵은 실선

> 굵은 1점 쇄선 : 특수지정선

37 다음 중 인접 부분을 참고로 나타내는 데 사용하는 선은?

① 가는 실선   ② 굵은 1점 쇄선
③ 가는 2점 쇄선   ④ 가는 1점 쇄선

> 가는 2점 쇄선 : 가상선

38 재료 기호 표시의 중간 부분 기호 문자와 제품명이다. 연결이 틀리게 된 것은?

① P : 관
② W : 선
③ F : 단조품
④ S : 일반 구조용 압연재

> • P : 판(Plate)
> • B : 봉(Bar)
> • W : 선(Wire)
> • F : 단조품(Forging)
> • S : 일반 구조용 압연재

39 Ø35h6에서 위치수 허용차가 0일 때, 최대 허용 한계 치수 값은?(단, 공차는 0.016이다.)

① Ø34.084   ② Ø35.000
③ Ø35.016   ④ Ø35.084

해설
- 최대 허용 한계 치수 = Ø35.000
- 최소 허용 한계 치수 = Ø34.984

40 정 투상 방법에 따라 평면도와 우측면도가 다음과 같다면 정면도에 해당하는 것은?

평면도

정면도   우측면도

①   ②

③   ④

41 공차 기호에 의한 끼워 맞춤의 기입이 잘못된 것은?

① 50H7/g6   ② 50H7-g6
③ 50 $\frac{H7}{g6}$ ④ 50H7(g6)

해설 조립한 상태에서 치수 기입은 구멍 끼워 맞춤 기호 "/", "-" 다음에 축 끼워 맞춤 기호로 표시한다.

42 KS의 부문별 분류 기호로 맞지 않는 것은?

① KS A : 기본   ② KS B : 기계
③ KS C : 전기   ④ KS D : 전자

해설 KS D : 금속

43 기하 공차의 종류를 나타낸 것 중 틀린 것은?

① 진직도(—)   ② 진원도(○)
③ 평면도(□)   ④ 원주 흔들림(↗)

44 도면에서 A3 제도 용지의 크기는?

① 841 × 1189   ② 594 × 841
③ 420 × 594   ④ 297 × 420

해설 A0 = 841 × 1189, A1 = 594 × 841,
A2 = 420 × 594, A3 = 297 × 420

45 다음의 투상도의 좌측면도에 해당하는 것은?(단, 제3각 투상법으로 표현한다.)

측면도

①   ②

③   ④

46 다음 그림이 나타내는 코일 스프링 간략도의 종류로 알맞은 것은?

① 벌루트 코일 스프링
② 압축 코일 스프링
③ 비틀림 코일 스프링
④ 인장 코일 스프링

해설 비틀림 코일 스프링

47 베어링의 호칭이 "6026"일 때 안지름은 몇 mm인가?

① 26　　② 52
③ 100　　④ 130

해설 안지름 치수가 10, 12, 15, 17mm인 경우 안지름 번호는 00, 01, 02, 03이며, 04부터는 ×5이므로 26 × 5 = 130이다.

48 스퍼 기어의 요목표에서 잇수는?

스퍼 기어		
기어 치형		표준
공구	치형	보통이
	모듈	2
	입력각	20°
전체 이 높이		4.5
피치원 지름		40
잇수		(?)
다듬질 방법		호브 절삭
정밀도		KS B ISO 1328-1, 4급

① 5　　② 10
③ 15　　④ 20

해설 PCD(D) = m × z에서
$z = \dfrac{D}{m} = \dfrac{40}{2} = 20$

49 용접 지시 기호가 나타내는 용접 부위의 형상으로 가장 옳은 것은?

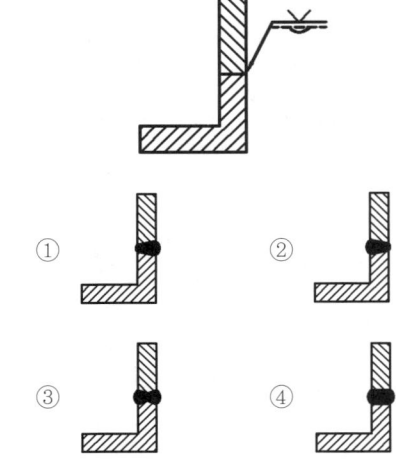

해설 화살표가 지시한 쪽이 V형 용접을 하고 반대편에 비드가 쌓인 형상

50 평행 키의 호칭 표기 방법으로 맞는 것은?

① KS B 1311 평행키 10×8×25
② KS B 1311 10×8×25 평행키
③ 평행 키 10×8×25 양 끝 둥금 KS B 1311
④ 평행 키 10×8×25 KS B 1311 양 끝 둥금

해설 규격 번호 종류 및 호칭 치수(B×H) × 길이 끝 모양의 특별 지정 재료
KS B 1311 평행 키 10×8×25

51 V 벨트의 형별 중 단면의 폭 치수가 가장 큰 것은?

① A형 ② D형
③ E형 ④ M형

▸ V 벨트의 형별 중 단면 : M(가장 적고) < A < B < C < D < E(가장 크다)

52 나사면에 증기, 기름 또는 외부로부터의 먼지 등이 유입되는 것을 방지하기 위해 사용하는 너트는?

① 나비 너트 ② 둥근 너트
③ 사각 너트 ④ 캡 너트

▸ 캡 너트(Cap Nut) : 나사면에 증기, 기름 또는 외부로부터의 먼지 등이 유입되는 것을 방지하기 위해 사용

53 기어제도 시 잇봉우리원에 사용하는 선의 종류는?

① 가는 실선
② 굵은 실선
③ 가는 1점 쇄선
④ 가는 2점 쇄선

▸ • 잇봉우리원 : 굵은 실선
  • 이뿌리원 : 가는 실선
  • 피치원 : 가는 1점 쇄선

54 운전 중 또는 정지 중에 운동을 전달하거나 차단하기에 적절한 축이음은?

① 외접 기어 ② 클러치
③ 올덤 커플링 ④ 유니버설 조인트

▸ 클러치 : 운전 중 또는 정지 중에 운동을 전달하거나 차단하기에 적절한 축이음

55 관이음 기호 중 유니언 나사 이음 기호는?

① ―╫― ② ―┘
③ ―┼― ④ ―╫●╫―

▸ ―╫― : 유니언식 결합방식

56 "왼 2줄 M50×2 6H"로 표시된 나사의 설명으로 틀린 것은?

① 왼 : 나사산의 감는 방향
② 2줄 : 나사산의 줄 수
③ M50×2 : 나사의 호칭지름 및 피치
④ 6H : 수나사의 등급

▸ 6H : 암나사의 등급(대문자는 암나사, 소문자는 수나사)

57 중앙 처리 장치(CPU)의 구성 요소가 아닌 것은?

① 주기억 장치 ② 파일 저장 장치
③ 논리 연산 장치 ④ 제어 장치

▸ 중앙 처리 장치(CPU)의 구성 요소 : 주기억 장치, 논리 연산 장치, 제어 장치

58 디스플레이상의 도형을 입력장치와 연동시켜 움직일 때, 도형이 움직이는 상태를 무엇이라고 하는가?

① 드래깅(dragging)
② 트리밍(trimming)
③ 쉐이딩(shading)
④ 주밍(zooming)

▸ 드래깅(dragging) : 디스플레이상의 도형을 입력 장치와 연동시켜 움직일 때, 도형이 움직이는 상태

59 다음 중 와이어 프레임 모델링(wire-frame modeling)의 특징은?

① 단면도 작성이 불가능하다.
② 은선 제거가 가능하다.
③ 처리 속도가 느리다.
④ 물리적 성질의 계산이 가능하다.

- 단면도 작성이 불가능하다.
- 은선 제거가 불가능하다.
- 처리 속도가 빠르다.
- 물리적 성질의 계산이 불가능하다.

60 다음 시스템 중 출력 장치로 틀린 것은?

① 디지타이저(digitizer)
② 플로터(plotter)
③ 프린터(printer)
④ 하드 카피(hard copy)

입력 장치 : 키보드, 마우스, 조이스틱, 스캐너, 라이트 펜, 디지타이저, 테이프리더

ANSWER									2015년 2회
01	②	02	④	03	④	04	②	05	①
06	③	07	②	08	②	09	①	10	③
11	②	12	④	13	②	14	④	15	①
16	④	17	④	18	④	19	①	20	④
21	④	22	②	23	①	24	④	25	③
26	④	27	①	28	④	29	①	30	③
31	②	32	③	33	②	34	②	35	③
36	③	37	③	38	①	39	②	40	①
41	④	42	④	43	③	44	④	45	②
46	③	47	④	48	④	49	①	50	①
51	③	52	④	53	②	54	②	55	①
56	④	57	②	58	①	59	①	60	①

공단 기출문제_2015년 3회

01 베어링으로 사용되는 구리계 합금으로 거리가 먼 것은?

① 켈밋(kelmet)
② 연청동(lead bronze)
③ 문쯔메탈(muntz metal)
④ 알루미늄 청동(Al bronze)

　문쯔메탈(muntz metal) : Zn 40% 내외인 황동으로 열간가공에 적합

02 다음 중 알루미늄합금이 아닌 것은?

① Y 합금
② 실루민
③ 톰백(tombac)
④ 로엑스(Lo-Ex) 합금

　톰백(tombac) : Zn 8~20%의 저아연 합금으로 전연성이 좋고 색이 금과 같으므로 모조금, 장식용, 전기용 밸브 등에 사용

03 탄소 공구강의 구비 조건으로 거리가 먼 것은?

① 내마모성이 클 것
② 저온에서의 경도가 클 것
③ 가공 및 열처리성이 양호할 것
④ 강인성 및 내충격성이 우수할 것

　고온에서의 경도가 클 것

04 고속도 공구강 강재의 표준형으로 널리 사용되고 있는 18-4-1형에서 텅스텐 함유량은?

① 1% ② 4%
③ 18% ④ 23%

　고속도 공구강 강재의 표준형 18(W)-4(Cr)-1(V)

05 열처리의 방법 중 강을 경화시킬 목적으로 실시하는 열처리는?

① 담금질 ② 뜨임
③ 불림 ④ 풀림

　• 불림 : 조직의 표준화
　• 풀림 : 내부 응력 제거 및 연화
　• 담금질 : 경도 증가
　• 뜨임 : 내부 응력 제거 및 인성 부여

06 공구용으로 사용되는 비금속 재료로 초내열성 재료, 내마멸성 및 내열성이 높은 세라믹과 강한 금속의 분말을 배열 소결하여 만든 것은?

① 다이아몬드 ② 고속도강
③ 서멧 ④ 석영

　서멧 : 세라믹과 메탈의 복합어로 공구용으로 사용되는 비금속 재료로 초내열성 재료, 내마멸성 및 내열성이 높은 세라믹과 강한 금속의 분말을 배열 소결

07 마우러 조직도에 대한 설명으로 옳은 것은?

① 탄소와 규소량에 따른 주철의 조직 관계를 표시한 것
② 탄소와 흑연량에 따른 주철의 조직 관계를 표시한 것
③ 규소와 망간량에 따른 주철의 조직 관계를 표시한 것
④ 규소와 Fe_3C량에 따른 주철의 조직 관계를 표시한 것

> 해설 탄소와 규소의 양 및 냉각 속도에 따른 주철의 조직 변화관계를 표시한 것

08 기어에서 이(tooth)의 간섭을 막는 방법으로 틀린 것은?

① 이의 높이를 높인다.
② 압력각을 증가시킨다.
③ 치형의 이끝면을 깎아낸다.
④ 피니언의 반경 방향의 이뿌리면을 파낸다.

> 해설 이(tooth)의 간섭 방지 방법
> • 압력각을 증가시킨다.
> • 치형의 이끝면을 깎아낸다.
> • 피니언의 반경 방향의 이뿌리면을 파낸다.

09 표점 거리 110mm, 지름 20mm의 인장시편에 최대 하중 50kN이 작용하여 늘어난 길이 $\triangle l = 22$mm일 때, 연신율은?

① 10% ② 15%
③ 20% ④ 25%

> 해설 $\epsilon(연신율) = \dfrac{\Delta l}{l_0} \times 100$
> $= \dfrac{22}{110} \times 100 = 20$

10 피치 4mm인 3줄 나사를 1회전시켰을 때의 리드는 얼마인가?

① 6mm ② 12mm
③ 16mm ④ 18mm

> 해설 L = 줄수(N) × 피치(P) = 3 × 4 = 12

11 볼트 너트의 풀림 방지 방법 중 틀린 것은?

① 로크 너트에 의한 방법
② 스프링 와셔에 의한 방법
③ 플라스틱 플러그에 의한 방법
④ 아이 볼트에 의한 방법

> 해설 볼트 너트의 풀림 방지 방법 : 로크 너트에 의한 방법, 스프링 와셔에 의한 방법, 플라스틱 플러그에 의한 방법

12 전달 마력 30kW, 회전수 200rpm인 전동축에서 토크 T는 약 몇 N·m인가?

① 107 ② 146
③ 1070 ④ 1430

> 해설 $T = 974000 \dfrac{H_{kW}}{N} (kg \cdot mm)$
> $= 974 \dfrac{30}{200} \times 9.8 \fallingdotseq 1431$

13 원주에 톱니 형상의 이가 달려 있으며 폴(pawl)과 결합하여 한쪽 방향으로 간헐적인 회전 운동을 주고 역회전을 방지하기 위하여 사용되는 것은?

① 래칫 휠
② 플라이 휠
③ 원심 브레이크
④ 자동 하중 브레이크

해설 래칫 휠 : 원주에 톱니 형상의 이가 달려 있으며 돌(pawl)과 결합하여 한쪽 방향으로 간헐적인 회전 운동을 주고 역회전을 방지

14 벨트 전동에 관한 설명으로 틀린 것은?

① 벨트 풀리에 벨트를 감는 방식은 크로스벨트 방식과 오픈벨트 방식이 있다.
② 오픈벨트 방식에서는 양 벨트 풀리가 반대 방향으로 회전한다.
③ 벨트가 원동차에 들어가는 측을 인(긴)장측이라 한다.
④ 벨트가 원동차로부터 풀려 나오는 측을 이완측이라 한다.

해설 오픈벨트 방식에서는 양 벨트 풀리의 같은 방향으로 회전한다.

15 축에 키(key)홈을 가공하지 않고 사용하는 것은?

① 묻힘(sunk) 키   ② 안장(saddle) 키
③ 반달 키   ④ 스플라인

해설 안장(saddle) 키 : 축에는 키홈을 가공하지 않고 보스에만 기울기 1/100의 키홈을 만들어 때려 박는다.

16 연삭에서 결합도에 따른 경도의 선정 기준 중 결합도가 높은 숫돌(단단한 숫돌)을 사용해야 할 때는?

① 연삭 깊이가 클 때
② 접촉 면적이 작을 때
③ 경도가 큰 가공물을 연삭할 때
④ 숫돌차의 원주 속도가 빠를 때

해설
• 연삭 깊이가 적을 때
• 접촉 면적이 작을 때
• 경도가 작은 가공물을 연삭할 때
• 숫돌차의 원주 속도가 느릴 때

17 4개의 조(jaw)가 각각 단독으로 움직이도록 되어 있어 불규칙한 모양의 일감을 고정하는데 편리한 척은?

① 단동척
② 연동척
③ 마그네틱척
④ 콜릿척

해설 단동척 : 4개의 조(jaw)가 각각 단독으로 움직이도록 되어 있어 불규칙한 모양의 일감을 고정

18 밀링 머신의 부속 장치가 아닌 것은?

① 아버
② 래크 절삭 장치
③ 회전 테이블
④ 에이프런

해설 에이프런 : 선반에서 에이프런의 하프 너트를 어미 나사에 물리면 나사를 가공할 수 있다.

19 다음 중 절삭 속도 20m/min인 드릴의 지름이 10mm일 때, 드릴의 회전수는 몇 rpm 정도인가?

① 550   ② 600
③ 757   ④ 637

해설 $V = \dfrac{\pi DN}{1000}$ 에서 $N = \dfrac{1000V}{\pi D}$

$= \dfrac{1000 \times 20}{3.14 \times 10} = 636.9$

20 드릴링 머신 가공의 종류로 틀린 것은?

① 슬로팅　　② 리밍
③ 태핑　　　④ 스폿 페이싱

> 해설 슬로팅 : 밀링에서 주축의 회전 운동을 직선 왕복 운동으로 변화시키고, 바이트를 사용하여 키홈, 스플라인, 세레이션 가공

21 선반에서 척에 고정할 수 없는 대형 공작물 또는 복잡한 형상의 공작물을 고정할 때 사용하는 부속장치는?

① 센터　　　② 면판
③ 바이트　　④ 맨드릴

> 해설 면판(Face Plate) : 척에 고정할 수 없는 대형 공작물 또는 복잡한 형상의 공작물을 고정

22 드릴의 구조 중 드릴가공을 할 때 가공물과 접촉에 의한 마찰을 줄이기 위하여 절삭날 면에 부여하는 각은?

① 나선각
② 선단각
③ 경사각
④ 날 여유각

> 해설 날 여유각(Lip clearance) : 가공물과 접촉에 의한 마찰을 줄이기 위하여 절삭날 면에 부여하는 각

23 다음 중 와이어 컷 방전 가공에서 일반적으로 전극 재질로 사용하지 않는 것은?

① 동　　　　② 황동
③ 텅스텐　　④ 고속도강

> 해설 와이어 컷 방전 가공에서 전극 재질 : 동, 황동, 텅스텐

24 다음 중 고온경도가 높으나 취성이 커서 충격이나 진동에 약한 절삭 공구는?

① 고속도강　② 탄소 공구강
③ 초경합금　④ 세라믹

> 해설 세라믹 : 고온경도가 높으나 취성이 커서 충격이나 진동에 약하므로 주의하여 사용해야 한다.

25 공작물의 외경 또는 내면 등을 어떤 필요한 형상으로 가공할 때, 많은 절삭날을 갖고 있는 공구를 1회 통과시켜 가공하는 공작 기계는?

① 브로칭 머신
② 밀링 머신
③ 호빙 머신
④ 연삭기

> 해설 브로칭 머신 : 다수의 절삭날을 일직선상에 배치한 공구를 가지고 1회 행정으로 공작물의 구멍 내면 혹은 외측표면을 가공하는 절삭

26 다음 기하 공차 종류 중 단독 형체가 아닌 것은?

① 진직도　　② 진원도
③ 경사도　　④ 평면도

> 해설 단독 형체 : 진직도, 진원도, 평면도, 원통도(모양 공차)

27 도면에서 구멍의 치수가 "$\varnothing 80^{+0.03}_{-0.02}$"로 기입되어 있다면 치수 공차는?

① 0.01　　② 0.02
③ 0.03　　④ 0.05

> 해설 치수 공차 = 위치수 허용차 − 아래치수 허용차
> 　　　　　= (+0.03) − (−0.02) = 0.05

28 구의 반지름을 나타내는 치수 보조 기호는?

① Ø   ② SØ
③ SR   ④ C

해설 Ø : 지름, SØ : 구의 지름, SR : 구의 반지름, C : 45° 모따기

29 다음 중 가는 2점 쇄선의 용도로 틀린 것은?

① 인접 부분 참고 표시
② 공구, 지그 등의 위치
③ 가공 전 또는 가공 후의 모양
④ 회전 단면도를 도형 내에 그릴 때의 외형선

해설 회전 단면도를 도형 내에 그릴 때는 가는 실선

30 다음 중 끼워 맞춤에서 최대 죔새를 구하는 방법으로 옳은 것은?

① 구덩의 최소 허용 치수 – 축의 최대 허용 치수
② 구멍의 최대 허용 치수 – 축의 최소 허용 치수
③ 축의 최소 허용 치수 – 구멍의 최대 허용 치수
④ 축의 최대 허용 치수 – 구멍의 최소 허용 치수

해설 ① 최소 틈새, ② 최대 틈새, ③ 최소 죔새

31 제3각법으로 그린 3면도 투상도 중 틀린 것은?

①

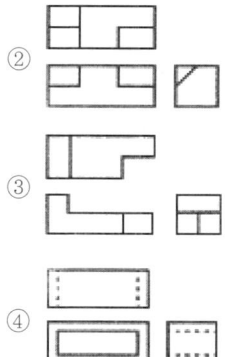

32 핸들, 벨트 풀리나 기어 등과 같은 바퀴의 암, 리브 등에서 절단한 단면의 모양을 90° 회전시켜서 투상도의 안에 그릴 때, 알맞은 선의 종류는?

① 가는 실선
② 가는 1점 쇄선
③ 가는 2점 쇄선
④ 굵은 1점 쇄선

해설 회전 도시 단면을 투상도 안에 그릴 때는 가는 실선으로 도시

33 다음 중 척도의 기입 방법으로 틀린 것은?

① 척도는 표제란에 기입하는 것이 원칙이다.
② 표제란이 없는 경우에는 부품 번호 또는 상세도의 참조 문자 부근에 기입한다.
③ 한 도면에는 반드시 한 가지 척도만 사용해야 한다.
④ 도형의 크기가 치수와 비례하지 않으면 NS라고 표시한다.

해설 일부 부품도의 척도를 달리 한 경우는 부품 주위에 척도를 명기한다.

34 다음 등각 투상도의 화살표 방향이 정면도일 때, 평면도를 올바르게 표시한 것은?(단, 제3각법의 경우에 해당한다.)

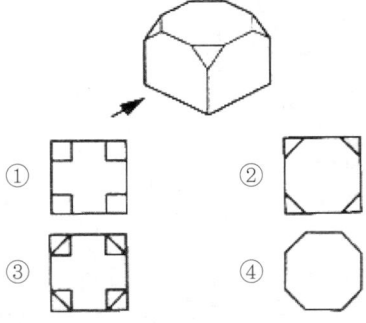

35 다음과 같이 다면체를 전개한 방법으로 옳은 것은?

① 삼각형법 전개
② 방사선법 전개
③ 평행선법 전개
④ 사각형법 전개

　삼각형법 전개(상부와 하부의 모양이 다르거나 원뿔의 꼭지점이 없을 때), 방사선법 전개(원뿔, 각뿔), 평행선법 전개(원통, 각통)

36 치수 기입에 대한 설명 중 틀린 것은?

① 제작에 필요한 치수를 도면에 기입한다.
② 잘 알 수 있도록 중복하여 기입한다.
③ 가능한 한 주요 투상도에 집중하여 기입한다.
④ 가능한 한 계산하여 구할 필요가 없도록 기입한다.

　치수는 중복 기입을 피한다.

37 한국 산업 표준 중 기계 부문에 대한 분류 기호는?

① KS A
② KS B
③ KS C
④ KS D

　KS A(기본), KS B(기계), KS C(전기), KS D(금속)

38 다음 중심선 평균 거칠기값 중에서 표면이 가장 매끄러운 상태를 나타내는 것은?

① 0.2a　　② 1.6a
③ 3.2a　　④ 6.3a

　중심선(산술)평균 거칠기값 중에서 표면이 가장 매끄러운 상태 순서 0.2a 〉 1.6a 〉 3.2a 〉 6.3a

39 단면도에 관한 내용이다. 올바른 것을 모두 고른 것은?

> ㄱ. 절단면은 중심선에 대하여 45° 경사지게 일정한 간격으로 가는 실선으로 빗금을 긋는다.
> ㄴ. 정면도는 단면도로 그리지 않고, 평면도나 측면도만 절단한 모양으로 그린다.
> ㄷ. 한쪽 단면도는 위아래 또는 왼쪽과 오른쪽이 대칭인 물체의 단면을 나타낼 때 사용한다.
> ㄹ. 단면 부분에는 해칭(hatching)이나 스머징(smudging)을 한다.

① ㄱ, ㄴ   ② ㄴ, ㄷ
③ ㄱ, ㄴ, ㄷ   ④ ㄱ, ㄷ, ㄹ

해설 단면은 정면도, 측면도, 평면도, 저면도 등 어디에나 절단하여 표시할 수 있다.

40 치수 공차와 끼워 맞춤에서 구멍의 치수가 축의 치수보다 작을 때, 구멍과 축과의 치수의 차를 무엇이라고 하는가?

① 틈새   ② 죔새
③ 공차   ④ 끼워맞춤

해설 죔새 : 구멍의 치수가 축의 치수보다 작을 때

41 기계 도면에서 부품란에 재질을 나타내는 기호가 "SS400"으로 기입되어 있다. 기호에서 "400"은 무엇을 나타내는가?

① 무게   ② 탄소 함유량
③ 녹는 온도   ④ 최저 인장 강도

해설 최저 인장 강도 : 400

42 그림과 같이 경사면부가 있는 대상물에서 그 경사면의 실형을 표시할 필요가 있는 경우에 사용하는 투상도의 명칭은?

① 부분 투상도   ② 보조 투상도
③ 국부 투상도   ④ 회전 투상도

해설 보조 투상도 : 경사면의 실형을 표시할 필요가 있는 경우에 사용하는 투상도

43 도면의 표제란에 사용되는 제1각법의 기호로 옳은 것은?

①

②

③

④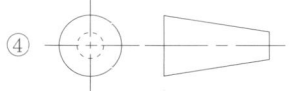

해설 ① : 제1각법, ② : 제3각법

44 다음 가공 방법의 약호를 나타낸 것 중 틀린 것은?

① 선반 가공(L)
② 보링 가공(B)
③ 리머 가공(FR)
④ 호닝 가공(GB)

해설 호닝 가공(CH)

45 기하 공차의 종류 중 모양 공차에 해당되지 않는 것은?

① 평행도 공차
② 진직도 공차
③ 진원도 공차
④ 평면도 공차

해설
• 모양 공차 : 진직도, 진원도, 평면도, 원통도
• 자세 공차 : 평행도, 직각도, 경사도

46 다음 용접 이음의 용접 기호로 옳은 것은?

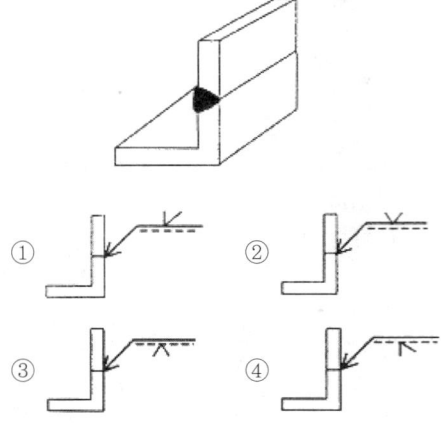

🔖 화살표가 지시한 반대쪽에 V형 용접을 하므로 동일선에 V홈 표시를 해야 함

47 "6208 ZZ"로 표시된 베어링에 결합되는 축의 지름은?

① 10mm
② 20mm
③ 30mm
④ 40mm

🔖 안지름 치수가 10, 12, 15, 17mm인 경우 안지름 번호는 00, 01, 02, 03이며, 04부터는 ×5 이므로 08 × 5 = 40이다.

48 관용 테이퍼 나사 중 테이퍼 수나사를 표시하는 기호는?

① M ② Tr
③ R ④ S

🔖 • R : 관용 테이퍼 수나사
 • Rc : 관용 테이퍼 암나사
 • Rp : 관용 테이퍼 평행 암나사

49 헬리컬 기어, 나사 기어, 하이포이드 기어의 잇줄 방향의 표시 방법은?

① 2개의 가는 실선으로 표시
② 2개의 가는 2점 쇄선으로 표시
③ 3개의 가는 실선으로 표시
④ 3개의 굵은 2점 쇄선으로 표시

🔖 헬리컬 기어, 나사 기어, 하이포이드 기어의 잇줄 방향의 표시 방법 : 3개의 가는 실선으로 30° 방향으로 도시

50 평 벨트 풀리의 도시 방법에 대한 설명 중 틀린 것은?

① 암은 길이 방향으로 절단하여 단면 도시를 한다.
② 벨트 풀리는 축 직각 방향의 투상을 주투상도로 한다.
③ 암의 단면형은 도형의 안이나 밖에 회전 단면을 도시한다.
④ 암의 테이퍼 부분 치수를 기입할 때 치수보조선은 경사선으로 긋는다.

🔖 암은 길이 방향으로 절단하여 단면 도시하지 않고, 회전 도시하여 단면한다.

51 나사용 구멍이 없는 평행 키의 기호는?

① P
② PS
③ T
④ TG

🔖 • ② 나사용 구멍 있는 평행 키, ③ 머리 없는 경사키, ④ 머리붙이 경사 키

52 볼트의 머리가 조립 부분에서 밖으로 나오지 않아야 할 때, 사용하는 볼트는?

① 아이 볼트
② 나비 볼트
③ 기초 볼트
④ 육각 구멍붙이 볼트

> 육각 구멍붙이 볼트 : 볼트의 머리가 조립 부분에서 밖으로 나오지 않아야 할 때 사용하는 볼트

53 기어의 종류 중 피치원 지름이 무한대인 기어는?

① 스퍼 기어   ② 래크
③ 피니언   ④ 베벨 기어

> 래크 : 회전 운동을 직선 운동으로 변환하는 기어로, 피치원 지름을 무한대로 한 직선 기어

54 보일러 또는 압력 용기에서 실제 사용 압력이 설계된 규정 압력보다 높아졌을 때, 밸브가 열려 사용 압력을 조정하는 장치는?

① 콕
② 체크 밸브
③ 스톱 밸브
④ 안전 밸브

> 안전 밸브(Safety Valve) : 실제 사용 압력이 설계된 규정 압력보다 높아졌을 때, 밸브가 열려 사용 압력을 조정

55 축의 끝에 45° 모떼기 치수를 기입하는 방법으로 틀린 것은?

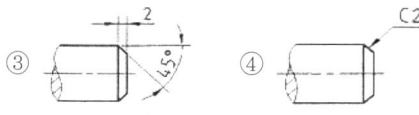

> 2-45°가 아니라 2×45° 표시

56 스프링 도시의 일반 사항이 아닌 것은?

① 코일 스프링은 일반적으로 무하중 상태에서 그린다.
② 그림 안에 기입하기 힘든 사항은 일괄하여 요목표에 기입한다.
③ 하중이 걸린 상태에서 그린 경우에는 치수를 기입할 때, 그 때의 하중을 기입한다.
④ 단서가 없는 코일 스프링이나 벌루트 스프링은 모두 왼쪽으로 감은 것을 나타낸다.

> 단서가 없는 코일 스프링이나 벌루트 스프링은 모두 오른쪽으로 감은 것을 나타낸다. 왼쪽으로 감은 경우에는 "감긴 방향 왼쪽"이라고 표시한다.

57 CAD 시스템에서 점을 정의하기 위해 사용되는 좌표계가 아닌 것은?

① 극 좌표계   ② 원통 좌표계
③ 회전 좌표계   ④ 직교 좌표계

> 회전 좌표계는 없음

58 컴퓨터가 데이터를 기억할 때의 최소 단위는 무엇인가?

① bit   ② byte
③ word   ④ block

> bit < byte < word < block

59 다음 설명에 가장 적합한 3차원의 기하학적 형상 모델링 방법은?

> - Boolean 연산(합, 차, 적)을 통하여 복잡한 형상표현이 가능하다.
> - 형상을 절단한 단면도 작성이 용이하다.
> - 은선 제거가 가능하고 물리적 성질 등의 계산이 가능하다.
> - 컴퓨터의 메모리량과 데이터 처리가 많아진다.

① 서피스 모델링(surface modeling)
② 솔리드 모델링(solid modeling)
③ 시스템 모델링(system modeling)
④ 와이어 프레임 모델링(wire-frame modeling)

60 다음 중 입출력 장치의 연결이 잘못된 것은?

① 입력 장치 - 트랙 볼, 마우스
② 입력 장치 - 키보드, 라이트 펜
③ 출력 장치 - 프린터, COM
④ 출력 장치 - 디지타이저, 플로터

> - 입력 장치 : 키보드, 마우스, 조이스틱, 트랙 볼, 스캐너, 라이트 펜, 디지타이저, 테이프리더
> - 출력 장치 : 프린터, 플로터, COM

ANSWER 2015년 3회

01	③	02	③	03	②	04	③	05	①
06	③	07	①	08	①	09	③	10	②
11	④	12	④	13	①	14	②	15	②
16	②	17	①	18	④	19	④	20	①
21	②	22	④	23	④	24	④	25	①
26	③	27	④	28	③	29	④	30	④
31	②	32	①	33	③	34	②	35	①
36	②	37	②	38	①	39	④	40	②
41	④	42	②	43	①	44	③	45	①
46	③	47	④	48	①	49	③	50	①
51	①	52	④	53	②	54	④	55	②
56	④	57	③	58	①	59	②	60	④

공단 기출문제_2015년 4회

01 탄소 공구강의 단점을 보강하기 위해 Cr, W, Mn, Ni, V 등을 첨가하여 경도, 절삭성, 주조성을 개선한 강은?

① 주조경질합금　② 초경합금
③ 합금 공구강　　④ 스테인리스강

　합금공구강(STS, STD) : W, Cr 등을 첨가, 내절삭성, 내마멸성이 좋음

02 일반적인 합성수지의 공통된 성질로 가장 거리가 먼 것은?

① 가볍다.
② 착색이 자유롭다.
③ 전기절연성이 좋다.
④ 열에 강하다.

　단단하나 열에 약하다.

03 다음 비철 재료 중 비중이 가장 가벼운 것은?

① Cu　　　② Ni
③ Al　　　④ Mg

　Cu : 8.96, Ni : 8.85, Al : 2.7, Mg : 1.74

04 철-탄소계 상태도에서 공정 주철은?

① 4.3%C　　② 2.1%C
③ 1.3%C　　④ 0.86%C

　공정 주철 : 4.3%C, 1145℃

05 탄소강에 첨가하는 합금원소와 특성과의 관계가 틀린 것은?

① Ni – 인성 증가
② Cr – 내식성 향상
③ Si – 전자기적 특성 개선
④ Mo – 뜨임취성 촉진

　Mo – 뜨임취성 방지, 담금질 깊이 증가

06 수기 가공에서 사용하는 줄, 쇠톱날, 정 등의 절삭 가공용 공구에 가장 적합한 금속 재료는?

① 주강　　　② 스프링강
③ 탄소 공구강　④ 쾌삭강

　탄소공구강 : 수기 가공에서 사용하는 줄, 쇠톱날, 정 등의 절삭 가공용 공구 재질로 사용

07 다음 중 청동의 합금 원소는?

① Cu + Fe　　② Cu + Sn
③ Cu + Zn　　④ Cu + Mg

　• 청동 : Cu(구리) + Sn(주석)
　• 황동 : Cu(구리) + Zn(아연)

08 간헐 운동(intermittent motion)을 제공하기 위해서 사용되는 기어는?

① 베벨 기어
② 헬리컬 기어
③ 웜 기어
④ 제네바 기어

> 제네바 기어 : 간헐 운동(intermittent motion)을 제공하기 위해서 사용되는 기어

09 베어링의 호칭 번호가 6308일 때 베어링의 안지름은 몇 mm인가?

① 35
② 40
③ 45
④ 50

> 안지름 치수가 10, 12, 15, 17mm인 경우 안지름 번호는 00, 01, 02, 03이며, 04부터는 × 5이므로 08 × 5 = 40이다.

10 직접 전동 기계 요소인 홈 마찰차에서 홈의 각도(2α)는?

① 2α = 10~20°
② 2α = 20~30°
③ 2α = 30~40°
④ 2α = 40~50°

> 재질은 주로 주철로 만들고, 홈의 각도는 2α = 30~40°

11 나사의 피치가 일정할 때 리드(lead)가 가장 큰 것은?

① 4줄 나사
② 3줄 나사
③ 2줄 나사
④ 1줄 나사

> L = 줄수(N) × 피치(P) 이므로 4줄 나사가 큼

12 2kN의 짐을 들어 올리는 데 필요한 볼트의 바깥지름은 몇 mm이상이어야 하는가?(단, 볼트 재료의 허용 인장 응력은 400N/cm²이다.)

① 20.2
② 31.6
③ 36.5
④ 42.2

> $d = \sqrt{\dfrac{2W}{\sigma}} = \sqrt{\dfrac{2 \times 2000}{4}} = 31.62$

13 테이퍼 핀의 테이퍼 값과 호칭 지름을 나타내는 부분은?

① 1/100, 큰 부분의 지름
② 1/100, 작은 부분의 지름
③ 1/50, 큰 부분의 지름
④ 1/50, 작은 부분의 지름

> • 테이퍼 핀의 테이퍼 값 : 1/50
> • 호칭지름 : 작은 부분의 지름

14 나사의 기호 표시가 틀린 것은?

① 미터계 사다리꼴 나사 : TM
② 미터계 보통 나사 : M
③ 유니파이 보통 나사 : UNC
④ 유니파이 가는 나사 : UNF

> • 미터계 사다리꼴 나사 : Tr
> • 미니추어 나사 : S
> • 30도 사다리꼴 나사 : TM(KS 규격)
> • 29도 사다리꼴 나사 : TW(KS 규격)

15 원통형 코일의 스프링 지수가 9이고, 코일의 평균 지름이 180mm이면 소선의 지름은 몇 mm인가?

① 9
② 18
③ 20
④ 27

해설 스프링 지수(G) = $\dfrac{\text{코일의 평균 지름(D)}}{\text{소선의 지름(d)}}$

$d = \dfrac{D}{G} = \dfrac{180}{9} = 20$

16 원통 외경연삭의 이송 방식에 해당하지 않는 것은?

① 플랜지 컷 방식
② 테이블 왕복식
③ 유성형 방식
④ 연삭 숫돌대 방식

해설 플랜지 컷 방식, 테이블 왕복식, 연삭 숫돌대 방식

17 선반에서 맨드릴의 종류에 속하지 않는 것은?

① 표준 맨드릴
② 팽창식 맨드릴
③ 수축식 맨드릴
④ 조립식 맨드릴

해설 표준 맨드릴, 팽창식 맨드릴, 조립식 맨드릴

18 피니언 커터 또는 래크 커터를 왕복 운동시키고 공작물에 회전 운동을 주어 기어를 절삭하는 창성식 기어 절삭 기계는?

① 호빙 머신
② 기어 연삭
③ 기어 셰이퍼
④ 기어 플래닝

해설 기어 셰이퍼 : 피니언 커터 또는 래크 커터를 왕복 운동시키고 공작물에 회전 운동을 주어 기어를 절삭하는 창성식 기어 절삭 기계

19 머시닝센터의 준비 기능에서 X-Y평면 지정 G코드는?

① G17
② G18
③ G19
④ G20

해설
- G17 : X-Y평면
- G18 : Z-X평면
- G19 : Y-Z평면
- G20 : Inch 입력

20 일반적으로 래핑 작업 시 사용하는 랩제로 거리가 먼 것은?

① 탄화규소
② 산화 알루미나
③ 산화크롬
④ 흑연가루

해설 랩제 : 탄화규소, 산화 알루미나, 산화크롬

21 절삭 공구가 회전 운동을 하며 절삭하는 공작기계는?

① 선반
② 셰이퍼
③ 밀링 머신
④ 브로칭 머신

해설
- 선반 : 공작물 회전 운동
- 셰이퍼 : 절삭 공구가 급속귀환 운동
- 밀링 머신 : 절삭 공구가 회전 운동
- 브로칭 머신 : 절삭 공구가 1회 직선 운동 가공

22 센터리스 연삭기에서 조정숫돌의 기능은?

① 가공물의 회전과 이송
② 가공물의 지지와 이송
③ 가공물의 지지와 조절
④ 가공물의 회전과 지지

해설 조정숫돌 : 가공물의 회전과 이송

23 밀링 머신의 부속 장치로 가공물을 필요한 각도로 등분할 수 있는 장치는?

① 슬로팅 장치   ② 래크밀링 장치
③ 분할대   ④ 아버

해설 분할대로 직접 분할법, 단식 분할법, 차동 분할법으로 각등분 작업

24 일반적인 보링 머신에서 작업할 수 없는 것은?

① 널링 작업   ② 리밍 작업
③ 탭핑 작업   ④ 드릴링 작업

해설 널링 작업 : 선반에서만 가능한 작업

25 선반에서 그림과 같이 테이퍼 가공을 하려 할 때, 필요한 심압대의 편위량은 몇 mm인가?

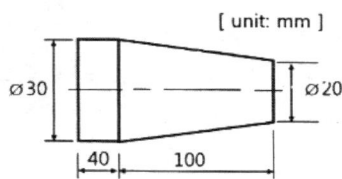

① 4   ② 7
③ 12   ④ 15

해설 $x = \dfrac{(D-d)L}{2l}$

$= \dfrac{(30-20)140}{2 \times 100} = \dfrac{1400}{200} = 7$

26 각도의 허용 한계 치수 기입 방법으로 틀린 것은?

 ①   ②

③   ④

해설 위치수 허용 한계 치수의 값이 커야 한다.

27 우리나라의 도면에 사용되는 길이 치수의 기본적인 단위는?

① mm   ② cm
③ m   ④ inch

해설 길이의 치수 문자는 원칙적으로 mm의 단위로 기입하고 단위는 붙이지 않는다.

28 그림의 "b" 부분에 들어갈 기하 공차 기호로 가장 옳은 것은?

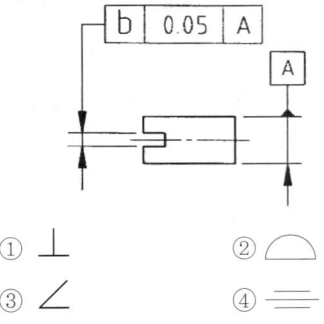

① ⊥   ② ⌒
③ ∠   ④ ═

해설 ④ : 대칭도 공차

29 상하 또는 좌우 대칭인 물체의 1/4을 절단하여 기본 중심선을 경계로 1/2은 외부 모양, 다른 1/2은 내부 모양으로 나타내는 단면도는?

① 전 단면도   ② 한쪽 단면도
③ 부분 단면도   ④ 회전 단면도

해설 한쪽 단면도 : 상하 또는 좌우 대칭인 물체의 1/4을 절단하여 기본 중심선을 경계로 1/2은 외부 모양, 다른 1/2은 내부 모양으로 나타내는 단면도

30 도면 제작 과정에서 다음과 같은 선들이 같은 장소에 겹치는 경우 가장 우선 시 하여 나타내야 하는 것은?

① 절단선　　② 중심선
③ 숨은선　　④ 치수선

> 외형선 〉 숨은선 〉 절단선 〉 중심선 〉 무게중심선 〉 치수보조선 순이다.

31 단면을 나타내는 데 대한 설명으로 옳지 않은 것은?

① 동일한 부품의 단면은 떨어져 있어도 해칭의 각도와 간격을 동일하게 나타낸다.
② 두께가 얇은 부분의 단면도는 실제 치수와 관계없이 한 개의 굵은 실선으로 도시할 수 있다.
③ 단면은 필요에 따라 해칭하지 않고 스머징으로 표현할 수 있다.
④ 해칭선은 어떠한 경우에도 중단하지 않고 연결하여 나타내야 한다.

> 해칭 부위에 문자와 숫자가 있으면 중단하여 해칭한다.

32 가공 결과 그림과 같은 줄무늬가 나타났을 때 표면의 결 도시 기호로 옳은 것은?

①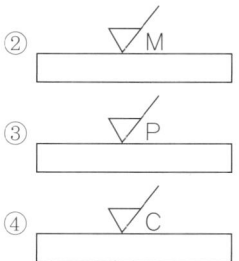

② M

③ P

④ C

> R : 가공에 의한 커터의 줄무늬 방향의 기호를 기입한 면의 중심에 대하여 대략 레이디얼 모양

33 그림과 같이 표면의 결 지시 기호에서 각 항목에 대한 설명이 틀린 것은?

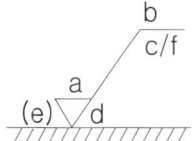

① a : 거칠기값
② c : 가공 여유
③ d : 표면의 줄무늬 방향
④ f : R_a가 아닌 다른 거칠기값

> c : 컷오프값

34 다음 등각 투상도에서 화살표 방향을 정면도로 할 경우 평면도로 가장 옳은 것은?

① 　　②

③ 　　④

35 제3각법으로 표시된 다음 정면도와 우측면도에 가장 적합한 평면도는?

36 이론적으로 정확한 치수를 나타낼 때 사용하는 기호로 옳은 것은?

① t ② ( )
③ □ ④ △

　• t : 판의 두께(t3)
　• ( ) : 참고 치수(30)
　• □ : 이론적으로 정확한 치수 150

37 아래와 같은 구멍과 축의 끼워 맞춤에서 최대 쬠새는?

　• 구멍 : 20 H7 = $20^{+0.021}_{0}$
　• 축　 : 20 p6 = $20^{+0.035}_{+0.022}$

① 0.035　② 0.021
③ 0.014　④ 0.001

　최대 쬠새 = 축의 최대 허용 치수 − 구멍의 최소 허용 치수
　= 20.035 − 20.000 = 0.035

38 다음 중 국가별 표준 규격 기호가 잘못 표기된 것은?

① 영국 − BS
② 독일 − DIN
③ 프랑스 − ANSI
④ 스위스 − SNV

　미국 : ANSI, 프랑스 : NF

39 가는 1점 쇄선으로 표시하지 않는 선은?

① 가상선
② 중심선
③ 기준선
④ 피치선

　가상선 : 가는 2점 쇄선

40 제3각법에서 정면도 아래에 배치하는 투상도를 무엇이라 하는가?

① 평면도
② 좌측면도
③ 배면도
④ 저면도

　눈 → 투상면 → 물체, 정면도 기준 위쪽에 평면도, 아래에 저면도, 우측에 우측면도, 좌측에 좌측면도, 제일 오른쪽에는 배면도를 배치

41 도면의 척도가 "1 : 2"로 도시되었을 때 척도의 종류는?

① 배척　② 축척
③ 현척　④ 비례척이 아님

　배척(2 : 1), 축척(1 : 2), 현척(1 : 1), 비례척이 아님(NS)

42 "가" 부분에 나타날 보조 투상도를 가장 적절하게 나타낸 것은?

해설 부분 투상도로 정 투상하면 ④가 도어야 한다.

43 구멍의 최소 치수가 축의 최대 치수보다 큰 경우로 항상 틈새가 생기는 상태를 말하며, 미끄럼 운동이나 회전 운동이 필요한 부품에 적용하는 끼워 맞춤은?

① 억지 끼워 맞춤 ② 중간 끼워 맞춤
③ 헐거운 끼워 맞춤 ④ 조립 끼워 맞춤

해설 헐거운 끼워 맞춤 : 구멍의 최소 치수가 축의 최대 치수보다 큰 경우로 항상 틈새가 생기는 상태

44 재료 기호가 "STS 11"로 명기되었을 때 이 재료의 명칭은?

① 합금 공구강 강재 ② 탄소 공구강 강재
③ 스프링 강재 ④ 탄소 주강품

해설 합금 공구강 강재(STS), 탄소 공구강 강재(STC), 스프링 강재(SPS), 탄소 주강품(SC)

45 다음 기하 공차 중 모양 공차에 속하지 않는 것은?

① ▱   ② ○
③ ∠   ④ ⌒

해설 • 모양 공차 : 진직도, 진원도, 평면도, 원통도, 선의 윤곽도, 면의 윤곽도
• 자세 공차 : 평행도, 직각도, 경사도(∠)

46 기어의 잇수는 31개, 피치원지름은 62mm인 표준 스퍼기어의 모듈은 얼마인가?

① 1   ② 2
③ 4   ④ 8

해설 $PCD(D) = m \times z$에서
$m = \dfrac{D}{z} = \dfrac{62}{31} = 2$

47 나사 표기가 다음과 같이 나타날 때 설명으로 틀린 것은?

Tr40 × 14(P7)LH

① 호칭 지름은 40mm이다.
② 피치는 14mm이다.
③ 왼 나사이다.
④ 미터 사다리꼴 나사이다.

해설 리드 : 14, 피치 : 7mm

48 그림과 같이 가장자리(edge) 용접을 했을 때 용접 기호로 옳은 것은?

① ∨   ② Y
③ ||| ④ V

- ① : 급경사면 한쪽면 V형 맞대기 이음
- ② : Y형 이음 맞대기 이음
- ③ : 가장자리 용접
- ④ : 한쪽면 K형 맞대기 이음 용접

49 다음 중 키의 호칭 방법을 옳게 나타낸 것은?

① (종류 또는 기호) (표준 번호 또는 키 명칭) (호칭 치수)×(길이)
② (표준 번호 또는 키 명칭) (종류 또는 기호) (호칭 치수)×(길이)
③ (종류 또는 기호) (표준 번호 또는 키 명칭) (길이)×(호칭 치수)
④ (표준 번호 또는 키 명칭) (종류 또는 기호) (길이)×(호칭 치수)

(표준 번호 또는 키 명칭) (종류 또는 기호) (호칭 치수) × (길이) – 끝 모양의 특별 지정, 재료

50 배관 작업에서 관과 관을 이을 때 이음 방식이 아닌 것은?

① 나사 이음   ② 플랜지 이음
③ 용접 이음   ④ 클러치 이음

클러치 이음 : 운전 중 또는 정지 중에 운동을 전달하거나 차단하기에 적절한 축 이음

51 6각 구멍붙이 볼트 M50×2–6g에서 6g가 나타내는 것은?

① 다듬질 정도   ② 나사의 호칭 지름
③ 나사의 등급   ④ 강도 구분

6g : 나사의 등급(수나사 6g급)

52 압축 하중을 받는 곳에 사용되며, 주로 자동차의 현가장치, 자전거의 안장 등 충격이나 진동 완화용으로 사용되는 스프링은?

① 압축 코일 스프링
② 판 스프링
③ 인장 코일 스프링
④ 비틀림 코일 스프링

압축 코일 스프링을 사용한다.

53 다음 중 스프로킷 휠의 도시 방법으로 틀린 것은?(단, 축 방향에서 본 경우를 기준으로 한다.)

① 항목표에는 톱니의 특성을 나타내는 사항을 기입한다.
② 바깥지름은 굵은 실선으로 그린다.
③ 피치원은 가는 2점 쇄선으로 그린다.
④ 이뿌리원을 나타내는 선은 생략 가능하다.

피치원은 가는 1점 쇄선으로 그린다.

54 웜의 제도 시 피치원 도시 방법으로 옳은 것은?

① 가는 1점 쇄선으로 도시한다.
② 가는 파선으로 도시한다.
③ 굵은 실선으로 도시한다.
④ 굵은 1점 쇄선으로 도시한다.

웜의 제도
- 피치원 : 가는 1점 쇄선
- 이끝원 : 굵은 실선
- 이뿌리원 : 가는 실선으로 도시

55 동력을 전달하거나 작용 하중을 지지하는 기능을 하는 기계요소는?

① 스프링 ② 축
③ 키   ④ 리벳

해설) 축 : 동력을 전달하거나 작용 하중을 지지하는 기능

56 구름 베어링 호칭 번호 "6203 ZZ P6"의 설명 중 틀린 것은?

① 62 : 베어링 계열 번호
② 03 : 안지름 번호
③ ZZ : 실드 기호
④ P6 : 내부 틈새 기호

해설)
- P6 : 정밀도의 등급 6급
- C3 : 내부 틈새 기호

57 정육면체, 실린더 등 기본적인 단순한 입체의 조합으로 복잡한 형상을 표현하는 방법은?

① B-rep 모델링
② CSG 모델링
③ Parametric 모델링
④ 분해 모델링

해설) CSG 모델링 : 기본 입체의 집합 연산 표현

58 CAD 시스템에서 기하학적 데이터의 변환에 속하지 않는 것은?

① 이동(translation)
② 회전(rotation)
③ 스케일링(scaling)
④ 리드로잉(redrawing)

해설) 기하학적 데이터의 변환 : 이동(translation) 회전(rotation), 스케일링(scaling)

59 CAD 시스템에서 출력 장치가 아닌 것은?

① 디스플레이(CRT) ② 스캐너
③ 프린터   ④ 플로터

해설)
- 입력 장치 : 키보드, 마우스, 조이스틱, 트랙 볼, 스캐너, 라이트 펜, 디지타이저, 테이프리더
- 출력 장치 : 프린터, 플로터, COM, 디스플레이(CRT)

60 CPU(중앙 처리 장치)의 주요 기능으로 거리가 먼 것은?

① 제어 기능 ② 연산 기능
③ 대화 기능 ④ 기억 기능

해설) CPU(중앙 처리 장치)의 주요 기능 : 제어 기능, 연산 기능, 기억 기능

ANSWER									2015년 4회	
01	③	02	④	03	④	04	①	05	④
06	③	07	②	08	④	09	②	10	③
11	①	12	②	13	④	14	①	15	③
16	③	17	③	18	③	19	③	20	④
21	③	22	①	23	③	24	③	25	②
26	③	27	③	28	②	29	③	30	③
31	③	32	①	33	②	34	③	35	①
36	③	37	①	38	③	39	③	40	④
41	③	42	④	43	③	44	③	45	②
46	②	47	②	48	③	49	③	50	④
51	③	52	①	53	③	54	①	55	②
56	④	57	②	58	④	59	②	60	③

공단 기출문제_2016년 1회

01 Cu와 Pb 합금으로 항공기 및 자동차의 베어링 메탈로 사용되는 것은?

① 양은(nickel silver)
② 켈밋(kelmet)
③ 배빗 메탈(babbit metal)
④ 애드미럴티 포금(admiralty gun metal)

> 켈밋(kelmet) : Cu와 Pb(30~40%) 합금으로 항공기 및 자동차의 베어링 메탈로 사용

02 다음 중 표면 경화법의 종류가 아닌 것은?

① 침탄법
② 질화법
③ 고주파 경화법
④ 심냉 처리법

> 표면 경화법의 종류 : 침탄법, 질화법, 고주파 경화법

03 금속이 탄성 한계를 초과한 힘을 받고도 파괴되지 않고 늘어나서 소성 변형이 되는 성질은?

① 연성   ② 취성
③ 경도   ④ 강도

> 연성 : 탄성 한계를 초과한 힘을 받고도 파괴되지 않고 늘어나서 소성 변형이 되는 성질

04 주철의 특성에 대한 설명으로 틀린 것은?

① 주조성이 우수하다.
② 내마모성이 우수하다.
③ 강보다 인성이 크다.
④ 인장 강도보다 압축강도가 크다.

> 인장 강도, 충격값, 휨강도, 인성은 작으나 압축강도가 크다.

05 접착제, 껌, 전기 절연 재료에 이용되는 플라스틱 종류는?

① 폴리초산비닐계
② 셀룰로오스계
③ 아크릴계
④ 불소계

> 폴리초산비닐계 : 접착제, 껌, 전기 절연 재료에 이용되는 플라스틱

06 주조용 알루미늄합금이 아닌 것은?

① Al-Cu계
② Al-Si계
③ Al-Zn-Mg계
④ Al-Cu-Si계

> 주조용 알루미늄합금 : Al-Cu계, Al-Si계, Al-Cu-Si계

07 주철의 결점인 여리고 약한 인성을 개선하기 위하여 먼저 백주철의 주물을 만들고, 이것을 장시간 열처리하여 탄소의 상태를 분해 또는 소실시켜 인성 또는 연성을 증가시킨 주철은?

① 보통 주철　　② 합금 주철
③ 고급 주철　　④ 가단 주철

　해설　가단 주철 : 주철의 결점인 여리고 약한 인성을 개선하기 위하여 먼저 백주철의 주물을 만들고, 이것을 장시간 열처리하여 탄소의 상태를 분해 또는 소실시켜 인성 또는 연성을 증가시킨 주철(흑심 가단 주철(BMC), 백심 가단 주철(WMC))

08 인장 시험에서 시험편의 절단부 단면적이 14mm²이고, 시험 전 시험편의 초기단면적이 20mm²일 때 단면 수축률은?

① 70%　　② 80%
③ 30%　　④ 20%

　해설　ε(단면 수축율) = $\dfrac{A_0 - A_1}{A_0} \times 100$
　　　　　= $\dfrac{6}{20} \times 100 = 30$

09 나사가 축을 중심으로 한 바퀴 회전할 때 축 방향으로 이동한 거리는?

① 피치　　② 리드
③ 리드각　　④ 백래시

　해설　리드(LEAD) : 나사가 축을 중심으로 한 바퀴 회전할 때 축방향으로 이동한 거리
　　　　L(리드) = 줄수 × 피치

10 축의 원주에 많은 키를 깎은 것으로 큰 토크를 전달시킬 수 있고, 내구력이 크며 보스와의 중심축을 정확하게 맞출 수 있는 것은?

① 성크 키　　② 반달 키
③ 접선 키　　④ 스플라인

　해설　스플라인 : 축의 원주에 많은 키를 깎은 것으로 큰 토크를 전달시킬 수 있고, 내구력이 크며 보스와의 중심축을 정확하게 맞출 수 있는 키

11 교차하는 두 축의 운동을 전달하기 위하여 원추형으로 만든 기어는?

① 스퍼 기어
② 헬리컬 기어
③ 웜 기어
④ 베벨 기어

　해설　베벨 기어 : 교차하는 두 축의 운동을 전달하기 위하여 원추형으로 만든 기어

12 다음 중 전동용 기계 요소에 해당하는 것은?

① 볼트와 너트　　② 리벳
③ 체인　　　　　④ 핀

　해설　전동용 기계 요소 : 기어, 풀리, 체인

13 롤러 체인에 대한 설명으로 잘못된 것은?

① 롤러 링크와 판 링크를 서로 교대로 하여 연속적으로 연결한 것을 말한다.
② 링크의 수가 짝수이면 간단히 결합되지만, 홀수이면 오프셋 링크를 사용하여 연결한다.
③ 조립 시에는 체인에 초기장력을 가하여 스프로킷 휠과 조립한다.
④ 체인의 링크를 잇는 핀과 핀 사이의 거리를 피치라고 한다.

　해설　조립 시에는 체인의 초기장력과 관계없이 스프로킷 휠과 조립한다.

14 나사의 피치와 리드가 같다면 몇 줄 나사에 해당이 되는가?

① 1줄 나사 ② 2줄 나사
③ 3줄 나사 ④ 4줄 나사

> 리드(LEAD) : 나사가 축을 중심으로 한 바퀴 회전할 때 축 방향으로 이동한 거리
> L(리드) = 줄수 × 피치

15 압축 코일 스프링에서 코일의 평균 지름이 50mm, 감김수가 10회, 스프링 지수가 5일 때, 스프링 재료의 지름은 약 몇 mm인가?

① 5   ② 10
③ 15 ④ 20

> 스프링 지수(G) = $\dfrac{\text{코일의 평균 지름(D)}}{\text{소선의 지름(d)}}$
> $d = \dfrac{D}{G} = \dfrac{50}{5} = 10$

16 초경합금의 주요 성분으로 거리가 먼 것은?

① 황   ② 니켈
③ 코발트 ④ 텅스텐

> 초경합금의 주요 성분 : 니켈, 코발트, 텅스텐

17 금속선의 전극을 이용하여 NC로 필요한 형상을 가공하는 방법은?

① 전주 가공
② 레이저 가공
③ 전자 빔 가공
④ 와이어 컷 방전 가공

> 와이어 컷 방전 가공 : 금속선의 전극을 이용하여 NC로 필요한 형상을 가공

18 이동 방진구의 조(Jaw)는 몇 개 인가?

① 5개 ② 4개
③ 2개 ④ 1개

> • 이동 방진구의 조(Jaw) : 2개, 왕복대 새들에 설치
> • 고정 방진구의 조(Jaw) : 3개, 베드에 설치

19 연한 숫돌에 적은 압력으로 가압하면서 가공물에 회전 운동과 이송을 주며, 숫돌을 다듬질할 면에 따라 매우 작고 빠른 진동을 주는 가공법은?

① 래핑   ② 배럴
③ 액체호닝 ④ 슈퍼피니싱

> 슈퍼피니싱 : 연한 숫돌에 적은 압력으로 가압하면서 가공물에 회전 운동과 이송을 주며, 숫돌을 다듬질할 면에 따라 매우 작고 빠른 진동을 주는 가공

20 작업대 위에 설치하여 사용하는 소형의 드릴링 머신은?

① 다축 드릴링 머신
② 직립 드릴링 머신
③ 탁상 드릴링 머신
④ 레이디얼 드릴링 머신

> 탁상 드릴링 머신 : 작업대 위에 설치하여 사용하는 소형의 드릴링 머신

21 브로칭 머신의 크기는 어떻게 표시하는가?

① 가공 최대 높이
② 브로칭의 최대 폭
③ 브로칭의 최대 길이
④ 최대 인장력, 최대 행정 길이

> 브로칭 머신의 크기 : 최대 인장력, 최대 행정 길이

22 선반의 이송 단위 중에서 1회전당 이송량의 단위는?

① mm/s ② mm/rev
③ mm/min ④ mm/stroke

해설 mm/rev : 선반의 이송 단위 중에서 1회전당 이송량

23 밀링 분할법의 종류에 해당되지 않은 것은?

① 단식 분할법 ② 미분 분할법
③ 직접 분할법 ④ 차등 분할법

해설 밀링 분할법의 종류 : 단식 분할법, 직접 분할법, 차등 분할법

24 연삭 숫돌의 결합제 표시 기호와 그 내용이 틀린 것은?

① B : 비닐
② R : 고무
③ S : 실리케이트
④ V : 비트리파이드

해설 비닐 : PVA

25 지름 120mm, 길이 340mm인 탄소강 둥근 막대를 초경합금 바이트를 사용하여 절삭 속도 150m/min으로 절삭하고자 할 때 회전수는 약 몇 rpm인가?

① 398 ② 498
③ 598 ④ 698

해설 $V = \dfrac{\pi DN}{1000}$ 에서 $N = \dfrac{1000V}{\pi D}$
$= \dfrac{1000 \times 150}{3.14 \times 120} = 397.88 ≒ 398$

26 아래 입체도 형상을 아래 배치와 같이 도시할 때 표제란에 기입해야 할 각법 기호로 옳은 것은?

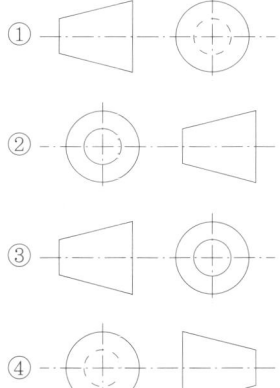

27 구멍의 치수가 $\varnothing 30^{+0.025}_{0}$, 축의 치수가 $\varnothing 30^{+0.020}_{-0.005}$ 일 때 최대 죔새는 얼마인가?

① 0.030 ② 0.025
③ 0.020 ④ 0.005

해설 최대 죔새 = 축의 최대 허용 치수 - 구멍의 최소 허용 치수
= 30.020 - 30.000 = 0.020

28 어떤 물체를 제3각법으로 다음과 같이 투상했을 때 평면도로 옳은 것은?

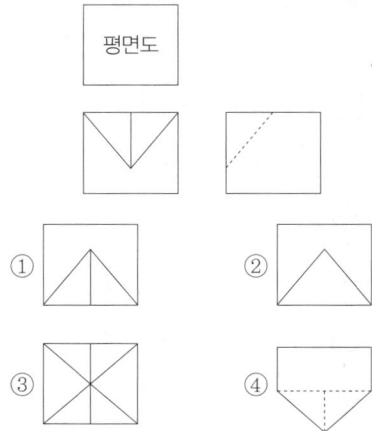

29 표면 거칠기 지시 기호의 기입 위치가 잘못된 것은?

④ 표면 거칠기 지시 기호는 물체의 표면에 나타내야 하는 데 물체 속으로 지시했기 때문에 틀림

30 가공 과정에서 줄무늬가 다음과 같이 나타날 때 표면의 줄무늬 방향 지시 기호(*)로 옳은 것은?

① =   ② M
③ C   ④ R

C : 가공에 의한 커터의 줄무늬 방향의 기호를 기입한 면의 중심에 대하여 대략 동심원 모양

31 기계 제도에서 사용하는 선에 대한 설명 중 틀린 것은?

① 숨은선, 외형선, 중심선이 한 장소에 겹칠 경우 그 선은 외형선으로 표시한다.
② 지시선은 가는 실선으로 표시한다.
③ 무게중심선은 굵은 1점 쇄선으로 표시한다.
④ 대상물의 보이는 부분의 모양을 표시할 때는 굵은 실선을 사용한다.

무게중심선은 가는 2점 쇄선으로 표시한다.

32 도면 작성 시 가는 2점 쇄선을 사용하는 용도로 틀린 것은?

① 인접한 다른 부품을 참고로 나타낼 때
② 길이가 긴 물체의 생략된 부분의 경계선을 나타낼 때

③ 축 제도 시 키홈 가공에 사용되는 공구의 모양을 나타낼 때
④ 가공 전 또는 후의 모양을 나타낼 때

해설 파단선(불규칙한 파형의 가는 실선 또는 지그재그선) : 길이가 긴 물체의 생략된 부분의 경계선을 나타낼 때

33 다음 중 공차의 종류와 기호가 잘못 연결된 것은?

① 진원도 공차 – ○
② 경사도 공차 – ∠
③ 직각도 공차 – ⊥
④ 대칭도 공차 – //

해설 대칭도 공차 – ≡, 평행도 공차 – //

34 그림에서 나타난 치수선은 어떤 치수를 나타내는가?

① 변의 길이
② 호의 길이
③ 현의 길이
④ 각도

해설 호의 길이

35 치수의 배치 방법 중 개별 치수들을 하나의 열로서 기입하는 방법으로 일반 공차가 차례로 누적되어도 문제없는 경우에 사용하는 치수 배치 방법은?

① 직렬 치수 기입법
② 병렬 치수 기입법
③ 누진 치수 기입법
④ 좌표 치수 기입법

해설 직렬 치수 기입법 : 개별 치수들을 하나의 열로서 기입하는 방법으로 일반 공차가 차례로 누적되어도 문제없는 경우에 사용

36 투상도의 선택 방법에 관한 설명으로 옳지 않은 것은?

① 대상물의 모양 및 기능을 가장 명확하게 표시하는 면을 주 투상도로 한다.
② 조립도 등 주로 기능을 표시하는 도면에서는 대상물을 사용하는 상태로 투상도를 그린다.
③ 특별한 이유가 없는 경우는 대상물을 가로길이로 놓은 상태로 그린다.
④ 대상물의 명확한 이해를 위해 주투상도를 보충하는 다른 투상도를 되도록 많이 그린다.

해설 대상물의 명확한 이해를 위해 주 투상도를 보충하는 다른 투상도는 이해가 가능하면 그리지 않는다.

37 제도의 목적을 달성하기 위하여 도면이 구비하여야 할 기본 요건이 아닌 것은?

① 면의 표면 거칠기, 재료 선택, 가공 방법 등의 정보
② 도면 작성 방법에 있어서 설계자 임의의 창의성
③ 무역 및 기술의 국제 교류를 위한 국제적 통용성
④ 대상물의 도형, 크기, 모양, 자세, 위치의 정보

해설 기술의 각 분야에 걸쳐 정확성, 보편성을 기져야 한다.

38 다음 투상도에서 A-A와 같이 단면했을 때 가장 올바르게 나타낸 단면도는?

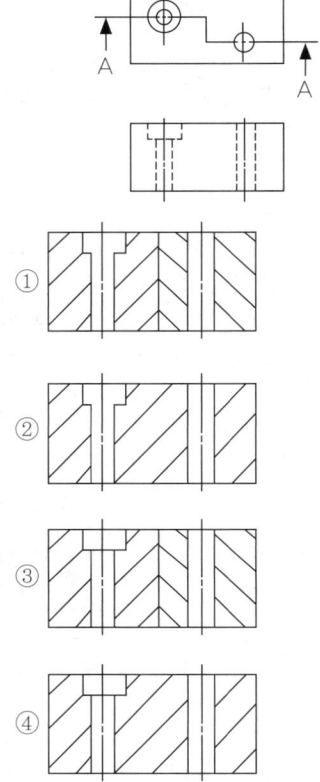

39 단면을 나타내는 방법에 대한 설명으로 옳지 않은 것은?

① 단면임을 나타내기 위해 사용하는 해칭선을 동일 부분의 단면인 경우 같은 방식으로 도시되어야 한다.
② 해칭 부위가 넓은 경우 해칭을 할 범위의 외형 부분에 해칭을 제한할 수 있다.
③ 경우에 따라 단면 범위를 매우 굵은 실선으로 강조할 수 있다.
④ 인접하는 얇은 부분의 단면을 나타낼 때는 0.7mm 이상의 간격을 가진 완전한 검은색으로 도시할 수 있다. 단 이 경우 실제 기하학적 형상을 나타내어야 한다.

해설 인접하는 얇은 부분의 단면을 나타낼 때는 절단면을 검게 칠하거나, 실제치수와 관계없이 극히 굵은 실선으로 표시한다.

40 다음 중 재료 기호와 명칭이 틀린 것은?

① SM 20C : 회주철품
② SF 340A ; 탄소강 단강품
③ SPPS 420 : 압력배관용 탄소 강관
④ PW-1 : 피아노 선

해설 SM 20C : 기계구조용 탄소강재, GC200 : 회주철품

41 도면의 촬영, 복사 및 도면 접기의 편의를 위한 중심마크의 선 굵기는 몇 mm인가?

① 0.1mm ② 0.3mm
③ 0.7mm ④ 1mm

해설 중심마크의 선 굵기 : 0.7mm

42 최대 허용 치수가 구멍 50.025mm, 축 49.975 mm이며 최소 허용 치수가 구멍 50.000mm, 축 49.950mm일 때 끼워 맞춤의 종류는?

① 헐거운 끼워 맞춤 ② 중심 끼워 맞춤
③ 억지 끼워 맞춤   ④ 상용 끼워 맞춤

해설 최대 틈새 = 50.025 - 49.950 = 0.075
최소 틈새 = 50.000 - 49.975 = 0.025
로 항상 틈새이므로 헐거운 끼워 맞춤에 해당

43 치수선에서는 치수의 끝을 의미하는 기호로 단말 기호와 기점 기호를 사용하는 데 다음 중 단말 기호에 속하지 않는 것은?

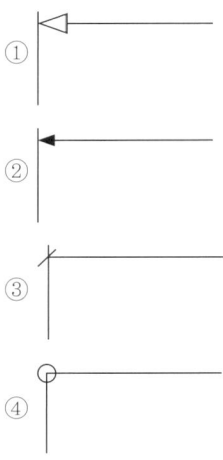

> 해설 단말 기호 : 화살표, 사선, 검은 둥근 점

44 그림에서 ①부와 ②부에 두 개의 베어링을 같은 축선에 조립하고자 한다. 이때 ①부의 데이텀을 기준으로 ②부 기하 공차를 적용하고자 할 때 올바른 기하 공차 기호는?

> 해설 ①부의 데이텀(원형)을 기준으로 ②부(원형)에는 동심도(◎)기하 공차를 적용

45 다음과 같이 제3각법으로 그린 정 투상도를 등각 투상도로 바르게 표현한 것은?

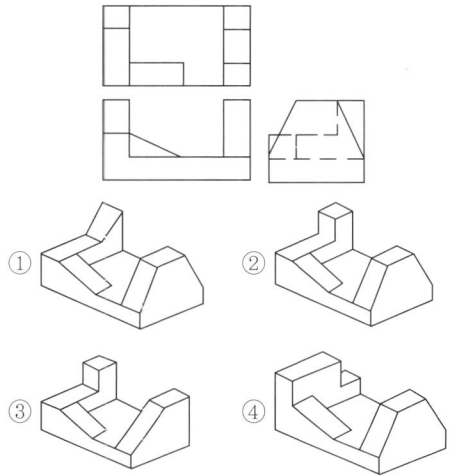

46 스프링의 제도에 관한 설명으로 틀린 것은?

① 코일 스프링은 일반적으로 하중이 걸리지 않은 상태로 그린다.
② 코일 스프링에서 특별한 단서가 없으면 오른쪽으로 감은 스프링을 의미한다.
③ 코일 스프링에서 양끝을 제외한 동일 모양 부분의 일부를 생략할 때는 생략하는 부분의 선지름의 중심선을 가는 1점 쇄선으로 나타낸다.
④ 스프링의 종류와 모양만을 간략도로 나타내는 경우에는 스프링 재료의 중심선만을 가는 실선으로 그린다.

> 해설 스프링의 종류와 모양만을 간략도로 나타내는 경우에는 스프링 재료의 중심선만을 굵은 실선으로 그린다.

47 나사 제도에 관한 설명으로 틀린 것은?

① 측면에서 본 그림 및 단면도에서 나사산의 봉우리는 굵은 실선으로 골 밑은 가는 실선으로 그린다.
② 나사의 끝면에서 본 그림에서 나사의 골 밑은 가는 실선으로 그린 원주의 3/4에 가까운 원의 일부로 나타낸다.
③ 숨겨진 나사를 표시할 때는 나사산의 봉우리는 굵은 파선, 골 밑은 가는 파선으로 그린다.
④ 나사부의 길이 경계는 보이는 경우 굵은 실선으로 나타낸다.

📖 숨겨진 나사를 표시할 때는 나사산의 봉우리와 골 밑은 가는 파선으로 그린다.

48 스프로킷 휠의 도시 방법에 대한 설명으로 틀린 것은?

① 축 방향으로 볼 때 바깥지름은 굵은 실선으로 그린다.
② 축 방향으로 볼 때 피치원은 가는 1점 쇄선으로 그린다.
③ 축 방향으로 볼 때 이뿌리원은 가는 2점 쇄선으로 그린다.
④ 축에 직각인 방향에서 본 그림을 단면으로 도시할 때에는 이뿌리의 선은 굵은 실선으로 그린다.

📖 축 방향으로 볼 때 이뿌리원은 가는 실선으로 그린다.

49 그림과 같은 용접부의 용접 지시 기호로 옳은 것은?

📖 ⊖ : 심 용접, ◯ : 점 용접, ▭ : 플러그 용접

50 구름 베어링의 호칭이 "6203 ZZ"인 베어링의 안지름은 몇 mm인가?

① 3
② 15
③ 17
④ 30

📖 안지름 치수가 10, 12, 15, 17mm인 경우 안지름 번호는 00, 01, 02, 03이므로 03 = 17mm이다.

51 다음은 어떤 밸브에 대한 도시 기호인가?

① 글로브 밸브   ② 앵글 밸브
③ 체크 밸브   ④ 게이트 밸브

📖 앵글 밸브

52 축의 도시 방법에 대한 설명 중 잘못된 것은?

① 모떼기는 길이 치수와 각도로 나타낼 수 있다.
② 축은 주로 길이 방향으로 단면 도시를 한다.
③ 긴 축은 중간을 파단하여 짧게 그릴 수 있다.
④ 45° 모떼기의 경우 C 로 그 의미를 나타낼 수 있다.

해설 축은 일반적으로 길이 방향으로 절단하지 않는다.

53 일반적으로 키의 호칭 방법에 포함되지 않는 것은?

① 키의 종류   ② 길이
③ 인장 강도   ④ 호칭 치수

해설 (표준 번호 또는 키 종류) (종류 또는 기호) (호칭 치수) × (길이) – 끝 모양의 특별 지정, 재료

54 나사 표시 기호 중 틀린 것은?

① M : 미터 가는 나사
② R : 관용 테이퍼 암나사
③ E : 전구 나사
④ G : 관용 평행 나사

해설 R : 관용 테이퍼 수나사, Rc : 관용 테이퍼 암나사

55 스퍼 기어 제도 시 축방향에서 본 그림에서 이골원은 어느 선으로 나타내는가?

① 가는 실선   ② 가는 파선
③ 가는 1점 쇄선   ④ 가는 2점 쇄선

해설 피치원 : 가는 1점 쇄선, 이끝원 : 굵은 실선, 이뿌리(골)원 : 가는 실선으로 도시

56 모듈이 2, 잇수가 30인 표준 스퍼 기어의 이끝원의 지름은 몇 mm인가?

① 56   ② 60
③ 64   ④ 68

해설 $D_o = m \times (z + 2)$에서
$= 2 \times (30 + 2) = 64$

57 CAD 시스템에서 원점이 아닌 주어진 시작점을 기준으로 하여 그 점과의 거리로 좌표를 나타내는 방식은?

① 절대 좌표 방식   ② 상대 좌표 방식
③ 직교 좌표 방식   ④ 극 좌표 방식

해설 상대 좌표 방식 : CAD 시스템에서 원점이 아닌 주어진 시작점을 기준으로 하여 그 점과의 거리로 좌표를 나타내는 방식

58 CAD 작업 시 모델링에 관한 설명 중 틀린 것은?

① 3차원 모델링에는 와이어 프레임, 서피스, 솔리드 모델링이 있다.
② 자동적인 체적 계산을 위해서는 솔리드 모델링보다는 서피스 모델링을 사용하는 것이 좋다.
③ 솔리드 모델링은 와이어 프레임, 서피스 모델링에 비해 높은 데이터 처리 능력이 필요하다.
④ 와이어 프레임 모델링의 경우 디스플레이된 방향에 따라 여러 가지 다른 해석이 나올 수 있다.

해설 자동적인 체적 계산을 위해서는 솔리드 모델링만 가능하다.

59 다음 중 CAD 시스템의 출력 장치가 아닌 것은?

① Plotter
② Printer
③ Keyboard
④ TFT-LCD

📖 CAD 시스템의 입력 장치 : Keyboard

60 컴퓨터에서 CPU와 주기억 장치 간의 데이터 접근 속도 차이를 극복하기 위해 사용하는 고속의 기억 장치는?

① cache memory
② associative memory
③ destructive memory
④ nonvolatile memory

📖 cache memory : 컴퓨터에서 CPU와 주기억 장치 간의 데이터 접근 속도 차이를 극복하기 위해 사용하는 고속의 기억 장치

ANSWER										2016년 1회
01	②	02	④	03	①	04	③	05	①
06	③	07	④	08	③	09	②	10	④
11	④	12	③	13	③	14	①	15	②
16	①	17	④	18	③	19	④	20	③
21	④	22	②	23	②	24	①	25	①
26	②	27	③	28	①	29	④	30	②
31	③	32	②	33	④	34	②	35	①
36	④	37	③	38	④	39	④	40	①
41	③	42	①	43	④	44	①	45	②
46	④	47	③	48	③	49	①	50	③
51	②	52	②	53	③	54	②	55	①
56	③	57	②	58	②	59	③	60	①

공단 기출문제_2016년 2회

01 다음 중 표면을 경화시키기 위한 열처리 방법이 아닌 것은?

① 풀림
② 침탄법
③ 질화법
④ 고주파 경화법

   표면 경화법의 종류 : 침탄법, 질화법, 고주파 경화법

02 강재의 크기에 따라 표면이 급랭되어 경화하기 쉬우나 중심부에 갈수록 냉각속도가 늦어져 경화량이 적어지는 현상은?

① 경화능
② 잔류 응력
③ 질량 효과
④ 노치 효과

   질량 효과 : 강재의 크기에 따라 표면이 급랭되어 경화하기 쉬우나 중심부에 갈수록 냉각속도가 늦어져 경화량이 적어지는 현상

03 소결 초경합금 공구강을 구성하는 탄화물이 아닌 것은?

① WC
② TiC
③ TaC
④ TMo

   소결 초경합금 공구강을 구성하는 탄화물 : WC, TiC, TaC

04 다음 중 합금 공구강의 KS 재료 기호는?

① SKH
② SPS
③ STS
④ GC

   SKH : 고속도강, SPS : 스프링강, STS : 합금공구강, GC : 회주철품

05 구리에 니켈 40~50% 정도를 함유하는 합금으로서 통신기, 전열선 등의 전기 저항 재료로 이용되는 것은?

① 인바
② 엔린바
③ 콘스탄탄
④ 모넬메탈

   콘스탄탄 : 구리에 니켈 40~50% 정도를 함유하는 합금으로서 통신기, 전열선 등의 전기 저항 재료로 이용

06 구리에 아연이 5~20% 첨가되어 전연성이 좋고 색깔이 아름다워 장식품에 많이 쓰이는 황동은?

① 포금
② 톰백
③ 문쯔메탈
④ 7·3 황동

   톰백 : 구리에 아연이 5~20% 첨가되어 전연성이 좋고 색깔이 아름다워 장식품에 많이 쓰이는 황동

07 Fe—C 상태도에서 온도가 낮은 것부터 일어나는 순서가 옳은 것은?

① 포정점 → A_2변태점 → 공석점 → 공정점
② 공석점 → A_2변태점 → 공정점 → 포정점
③ 공석점 → 공정점 → A_2변태점 → 포정점
④ 공석점 → 공정점 → A_2변태점 → 포정점

📖 Fe—C 상태도에서 온도가 낮은 것부터 일어나는 순서 : 공석점(723) → A_2변태점(768) → 공정점(1130) → 포정점(1490)

08 다음 중 축 중심에 직각 방향으로 하중이 작용하는 베어링을 말하는 것은?

① 레이디얼 베어링(radial bearing)
② 스러스트 베어링(thrust bearing)
③ 원뿔 베어링(cone bearing)
④ 피벗 베어링(pivot bearing)

📖 레이디얼 베어링(radial bearing) : 축 중심에 직각 방향으로 하중이 작용하는 베어링

09 리베팅이 끝난 뒤에 리벳머리의 주위 또는 강판의 가장자리를 정으로 때려 그 부분을 밀착시켜 틈을 없애는 작업은?

① 시밍   ② 코킹
③ 커플링   ④ 해머링

📖 코킹 : 리베팅이 끝난 뒤에 리벳머리의 주위 또는 강판의 가장자리를 정으로 때려 그 부분을 밀착시켜 틈을 없애는 작업

10 나사에서 리드(lead)의 정의를 가장 옳게 설명한 것은?

① 나사가 1회전 했을 때 축 방향으로 이동한 거리
② 나사가 1회전 했을 때 나사산상의 1점이 이동한 원주거리
③ 암나사가 2회전 했을 때 축 방향으로 이동한 거리
④ 나사가 1회전 했을 때 나사산상의 1점이 이동한 원주각

📖 리드(lead) : 나사가 1회전 했을 때 축 방향으로 이동한 거리

11 다음 중 자동 하중 브레이크에 속하지 않는 것은?

① 원추 브레이크   ② 웜 브레이크
③ 캠 브레이크   ④ 원심 브레이크

📖 자동 하중 브레이크 : 웜 브레이크, 캠 브레이크, 원심 브레이크, 나사 브레이크

12 외부 이물질이 나사의 접촉면 사이의 틈새나 볼트의 구멍으로 흘러나오는 것을 방지할 필요가 있을 때 사용하는 너트는?

① 홈붙이 너트   ② 플랜지 너트
③ 슬리브 너트   ④ 캡 너트

📖 캡 너트 : 외부 이물질이 나사의 접촉면 사이의 틈새나 볼트의 구멍으로 흘러나오는 것을 방지할 필요가 있을 때 사용

13 모듈이 2이고 잇수가 각각 36, 74개인 두 기어가 맞물려 있을 때 축간 거리는 약 몇 mm인가?

① 100mm   ② 110mm
③ 120mm   ④ 130mm

📖 $a = \dfrac{m(Z_1 + Z_2)}{2} = \dfrac{2(36 + 74)}{2} = 110$

14 축에 작용하는 비틀림 토크가 2.5kN이고 축의 허용 전단 응력이 49MPa일 때 축 지름은 약 몇 mm 이상이어야 하는가?

① 2.4　　② 3.6
③ 4.8　　④ 6.4

해설 $d = \sqrt[3]{\dfrac{5.1T}{\tau}}$
$= \sqrt[3]{\dfrac{5.1 \times 2500}{49}} = 6.38 ≒ 6.4$

15 다음 중 하중의 크기 및 방향이 주기적으로 변화하는 하중으로서 양진하중을 말하는 것은?

① 집중 하중
② 분포 하중
③ 교번 하중
④ 반복 하중

해설 교번 하중 : 하중의 크기 및 방향이 주기적으로 변화하는 하중으로서 양진 하중

16 고속 회전 및 정밀한 이송 기구를 갖추고 있어 정밀도가 높고 표면 거칠기가 우수한 실린더나 커넥팅 로드 등을 가공하며, 진원도 및 진직도가 높은 제품을 가공하기에 가장 적합한 보링 머신은?

① 수직 보링 머신
② 수평 보링 머신
③ 정밀 보링 머신
④ 코어 보링 머신

해설 정밀 보링 머신 : 고속 회전 및 정밀한 이송 기구를 갖추고 있어 정밀도가 높고 표면 거칠기가 우수한 실린더나 커넥팅 로드 등을 가공하며, 진원도 및 진직도가 높은 제품을 가공

17 구성인선의 생성 과정 순서가 옳은 것은?

① 발생 → 성장 → 분열 → 탈락
② 분열 → 탈락 → 발생 → 성장
③ 성장 → 분열 → 탈락 → 발생
④ 탈락 → 발생 → 성장 → 분열

해설 구성인선의 생성 과정 순서 : 발생 → 성장 → 분열 → 탈락

18 래크형 공구를 사용하여 절삭하는 것으로 필요한 관계 운동은 변환 기어에 연결된 나사봉으로 조절하는 것은?

① 호빙 머신
② 마그 기어 셰이퍼
③ 베벨 기어 절삭기
④ 펠로스 기어 셰이퍼

해설 마그 기어 셰이퍼 : 래크형 공구를 사용하여 절삭하는 것으로 필요한 관계 운동은 변환 기어에 연결된 나사봉으로 조절

19 윤활제의 급유 방법에서 작업자가 급유 위치에 급유하는 방법은?

① 컵 급유법
② 분무 급유법
③ 충진 급유법
④ 핸드 급유법

해설 핸드 급유법 : 작업자가 급유 위치에 급유

20 수나사를 가공하는 공구는?

① 정　　　　② 탭
③ 다이스　　④ 스크레이퍼

해설 수나사 가공 : 다이스, 암나사 가공 : 탭

21 선반에서 절삭 저항의 분력 중 탄소강을 가공할 때 가장 큰 절삭 저항은?

① 배분력
② 주분력
③ 횡분력
④ 이송분력

　주분력 : 탄소강을 가공할 때 가장 큰 절삭 저항
　주분력 > 배분력 > 이송분력

22 구멍이 있는 원통형 소재의 외경을 선반으로 가공할 때 사용하는 부속 장치는?

① 면판　　　② 돌리개
③ 맨드릴　　④ 방진구

　맨드릴(심봉) : 구멍이 있는 원통형 소재의 외경을 선반으로 가공(동심원 가공)할 때 사용

23 브로칭 머신으로 가공할 수 없는 것은?

① 스플라인 홈
② 베어링용 볼
③ 다각형의 구멍
④ 둥근 구멍 안의 키 홈

　브로칭 머신으로 가공 : 스플라인 홈, 다각형의 구멍, 둥근 구멍 안의 키 홈

24 밀링에서 절삭 속도 20m/min, 커터 지름 50mm, 날수 12개, 1날당 이송을 0.2mm로 할 때 1분간 테이블 이송량은 약 몇 mm인가?

① 120　　　② 220
③ 306　　　④ 404

　테이블의 이송 속도(F) = 한 날당 이송량(f_z) × 날수(z) × 회전수(n)에서
$n = \dfrac{1000 \times 20}{3.14 \times 50} = 127.4$
$F = 0.2 \times 12 \times 127.4 ≒ 306[mm/min]$

25 아래 숫돌 바퀴 표시 방법에서 60이 나타내는 것은?

WA　60　K　5　V

① 입도　　　② 조직
③ 결합도　　④ 숫돌 입자

　WA(숫돌 입자)　60(입도)　K(결합도)　5(조직)　V(결합제) 순이다.

26 그림과 같이 표면의 결 도시 기호가 지시되었을 때 표면의 줄무늬 방향은?

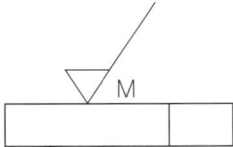

① 가공으로 생긴 선이 거의 동심원
② 가공으로 생긴 선이 여러 방향
③ 가공으로 생긴 선이 방향이 없거나 돌출됨
④ 가공으로 생긴 선이 투상면에 직각

　M : 가공에 의한 커터의 줄무늬가 여러 방향으로 교차 또는 무방향

27 다음 중 도면에 기입되는 치수에 대한 설명으로 옳은 것은?

① 재료 치수는 재료를 구입하는 데 필요

한 치수로 잘림 여유나 다듬질 여유가 포함되어 있지 않다.
② 소재 치수는 주물 공장이나 단조 공장에서 만들어진 그대로의 치수를 말하며 가공할 여유가 없는 치수이다.
③ 마무리 치수는 가공 여유를 포함하지 않은 치수로 가공 후 최종으로 검사할 완성된 제품의 치수를 말한다.
④ 도면에 기입되는 치수는 특별히 명시하지 않는 한 소재 치수를 기입한다.

해설 도면에 표시하는 치수는 특별히 명시하지 않는 한 그 도면에 도시한 대상물의 다듬질 치수를 표시한다.

28 다음 도면의 제도 방법에 관한 설명 중 옳은 것은?

① 도면에는 어떠한 경우에도 단위를 표시할 수 없다.
② 척도를 기입할 때 A : B로 표기하며, A는 물체의 실제 크기, B는 도면에 그려지는 크기를 표시한다.
③ 축척, 배척으로 제도했더라도 도면의 치수는 실제치수를 기입해야 한다.
④ 각도 표시는 항상 도, 분, 초(°, ′, ″) 단위로 나타내야 한다.

해설
• 길이의 치수 수치는 원칙적으로 mm의 단위로 기입하고 단위 기호는 붙이지 않는다.
• 척도를 기입할 때 A:B로 표기하며, A는 도면에 그려지는 크기, B는 물체의 실제 크기를 표시한다.
• 각도의 치수 수치는 일반적으로 도의 단위로 기입하고, 필요한 경우에는 분 및 초를 병용할 수 있다. 표시할 때에는 오른쪽 위에 도, 분, 초(°, ′, ″)를 기입한다.

29 얇은 부분의 단면 표시를 하는 데 사용하는 선은?

① 아주 굵은 실선
② 불규칙한 파형의 가는 실선
③ 굵은 1점 쇄선
④ 가는 파선

해설 얇은 부분의 단면 표시를 하는 데 사용하는 선 : 아주 굵은 실선

30 다음 중 치수와 같이 사용하는 기호가 아닌 것은?

① SØ
② SR
③ ◻◻ (대각선)
④ ☐

해설 ◻◻ : 평면일 때 가는 실선으로 대각선으로 표시

31 기계 제도의 표준 규격화의 의미로 옳지 않은 것은?

① 제품의 호환성 확보
② 생산성 향상
③ 품질 향상
④ 제품 원가 상승

해설 제품 원가 상승하고는 관계없음

32 핸들이나 암, 리브, 축 등의 절단면을 90° 회전시켜서 나타내는 단면도는?

① 부분 단면도
② 회전 도시 단면도
③ 계단 단면도
④ 조합에 의한 단면도

해설 회전 도시 단면도 : 핸들이나 암, 리브, 축 등의 절단면을 90° 회전시켜서 나타내는 단면도

33 다음 기하 공차의 기호 중 위치도 공차를 나타내는 것은?

① ↗ ② ↗↗ ③ ⌖ ④ ⌀

해설 ① ↗ : 원주 흔들림 공차
② ↗↗ : 온 흔들림 공차
③ ⌖ : 위치도

34 다음 그림의 치수 기입에 대한 설명으로 틀린 것은?

① 기준 치수는 지름 20이다.
② 공차는 0.013이다.
③ 최대 허용 치수는 19.93이다.
④ 최소 허용 치수는 19.98이다.
해설 최대 허용 치수는 19.993

35 그림에서 나타난 정면도와 평면도에 적합한 좌측면도는?

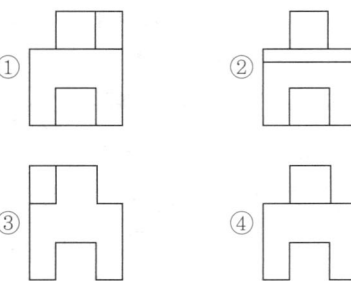

36 제도 표시를 단순화하기 위해 공차 표시가 없는 선형 치수에 대해 일반 공차를 4개의 등급으로 나타낼 수 있다. 이 중 공차 등급이 "거침"에 해당하는 호칭 기호는?

① c ② f
③ m ④ v

해설 f : 정밀, m : 중간, c : 거침, v : 매우 거침

37 표면 거칠기 지시 기호가 옳지 않은 것은?

① ∨̄ ② ∨̄
③ ∨̄ ④ ∨̄

해설 ∨̄ : 제거 가공 유무상관 없음.
∨̄ : 제거 가공을 허락하지 않는다.
∨̄ : 제거 가공을 필요로 한다.

38 다음 기호가 나타내는 각법은?

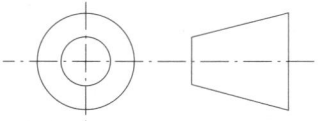

① 제1각법 ② 제2각법
③ 제3각법 ④ 제4각법

해설 제3각법의 기호

39 다음과 같이 도면에 기입된 기하 공차에서 0.011 이 뜻하는 것은?

//	0.011	A
	0.05/200	

① 기준 길이에 대한 공차 값
② 전체 길이에 대한 공차 값
③ 전체 길이 공차 값에서 기준 길이 공차 값을 뺀 값
④ 누진치수 공차 값

해설 기준 길이에 대한 공차 값 : 0.05, 전체 길이에 대한 공차 값 : 0.011

40 다음 중 다이캐스팅용 알루미늄 합금 재료 기호는?

① AC1B
② ZDC1
③ ALDC3
④ MGC1

해설 ALDC3 : 다이캐스팅용 알루미늄 합금재료 기호

41 구멍 Ø55H7, 축 Ø55g6인 끼워 맞춤에서 최대 틈새는 몇 ㎛인가?(단, 기준 치수 Ø55에 대하여 H7의 위치수 허용차는 +0.030, 아래치수는 허용차는 0이고, g6의 위치수 허용차는 -0.010, 아래치수 허용차는 -0.029이다.)

① 40㎛
② 59㎛
③ 29㎛
④ 10㎛

해설 최대 틈새 = 구멍의 최대 허용 치수 – 축의 최소 허용 치수
= 55.030 – 54.971 = 0.059

42 투상도를 나타내는 방법에 대한 설명으로 옳지 않은 것은?

① 형상의 이해를 위해 주 투상도를 보충하는 보조 투상도를 되도록 많이 사용한다.
② 주 투상도에는 대상물의 모양, 기능을 가장 명확하게 표시하는 면을 그린다.
③ 특별한 이유가 없는 경우 주 투상도는 가로 길이로 놓은 상태로 그린다.
④ 서로 관련되는 그림의 배치는 되도록 숨은선을 쓰지 않는다.

해설 형상의 이해를 위해 주 투상도를 보충하는 보조 투상도를 되도록 적게 사용한다.

43 제3각법으로 투상한 그림과 같은 정면도와 우측면도에 적합한 평면도는?

①

②

③

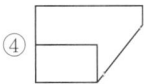
④

44 도면 작성 시 선이 한 장소에 겹쳐서 그려야 할 경우 나타내야 할 우선순위로 옳은 것은?

① 외형선 > 숨은선 > 중심선 > 무게중심선 > 치수선
② 외형선 > 중심선 > 무게중심선 > 치수선 > 숨은선
③ 중심선 > 무게중심선 > 치수선 > 외형선 > 숨은선
④ 중심선 > 치수선 > 외형선 > 숨은선 > 무게중심선

해설 외형선 > 숨은선 > 절단선 > 중심선 > 무게중심선 > 치수선

45 가는 1점 쇄선으로 끝부분 및 방향이 변하는 부분을 굵게 한 선의 용도에 의한 명칭은?

① 파단선
② 절단선
③ 가상선
④ 특수지시선

해설 절단선 : 가는 1점 쇄선으로 끝부분 및 방향이 변하는 부분을 굵게 한 선

46 미터 보통 나사에서 수나사의 호칭 지름은 무엇을 기준으로 하는가?

① 유효 지름
② 골지름
③ 바깥 지름
④ 피치원 지름

해설 미터 보통 나사에서 수나사의 호칭 지름 : 바깥 지름

47 스프로킷 휠의 도시 방법에서 단면으로 도시할 때 이뿌리원은 어떤 선으로 표시하는가?

① 가는 1점 쇄선
② 가는 실선
③ 가는 2점 쇄선
④ 굵은 실선

해설 스프로킷 휠의 도시 방법에서 단면으로 도시할 때 이뿌리원은 굵은 실선으로 도시

48 평행 핀의 호칭이 다음과 같이 나타났을 때 이 핀의 호칭 지름은 몇 mm인가?

KS B ISO 2338 − 8 m6 × 30 − A1

① 1mm
② 6mm
③ 8mm
④ 30mm

해설 규격 번호 또는 명칭(평행 핀), 종류, 형식, 호칭 지름 공차(8 m6) × 호칭 길이(30) − 재료(St)

49 구름 베어링의 호칭 기호가 다음과 같이 나타날 때 이 베어링의 안지름은 몇 mm인가?

6026 P6

① 26
② 60
③ 130
④ 300

해설 안지름 치수가 10, 12, 15, 17mm인 경우 안지름 번호는 00, 01, 02, 03이며, 04부터는 × 5이므로 26 × 5 = 130이다.

50 용접 기호에서 그림과 같은 표시가 있을 때 그 의미는?

① 현장 용접
② 일주 용접
③ 매끄럽게 처리한 용접
④ 이면판재 사용한 용접

해설 ▸ : 현장 용접

51 스퍼 기어의 도시법에 관한 설명으로 옳은 것은?

① 피치원은 가는 실선으로 그린다.
② 잇봉우리원은 가는 실선으로 그린다.
③ 축에 직각인 방향에서 본 그림을 단면으로 도시할 때 이골의 선은 가는 실선으로 표시한다.
④ 축 방향에서 본 이골원은 가는 실선으로 표시한다.

해설
- 피치원은 가는 1점 쇄선으로 그린다.
- 잇봉우리원은 굵은 실선으로 그린다.
- 축에 직각인 방향에서 본 그림을 단면으로 도시할 때 이골의 선은 굵은 실선으로 표시한다

52 나사의 도시 방법에 관한 설명 중 틀린 것은?

① 수나사와 암나사의 골 밑을 표시하는 선은 가는 실선으로 그린다.
② 완전 나사부와 불완전 나사부의 경계선은 가는 실선으로 그린다.
③ 불완전 나사부는 기능상 필요한 경우 혹은 치수 지시를 하기 위해 필요한 경우 경사된 가는 실선으로 표시한다.
④ 수나사와 암나사의 측면도시에서 각각의 골지름은 가는 실선으로 약 3/4에 거의 같은 원의 일부로 그린다.

해설 완전 나사부와 불완전 나사부의 경계선은 굵은 실선으로 그린다.

53 그림에서 도시된 기호는 무엇을 나타낸 것인가?

① 사다리꼴 나사
② 스플라인
③ 사각 나사
④ 세레이션

해설 스플라인 호칭법 : 기호, 규격 – 잇수(N) × 호칭지름(d) × 크지름(D)

54 다음에 설명하는 캠은?

- 원동절의 회전 운동을 종동절의 직선 운동으로 바꾼다.
- 내연 기관의 흡배기 밸브를 개폐하는 데 많이 사용한다.

① 판 캠
② 원통 캠
③ 구면 캠
④ 경사판 캠

55 표준 스퍼 기어에서 모듈이 4이고, 피치원 지름이 160mm일 때, 기어의 잇수는?

① 20　　② 30
③ 40　　④ 50

해설 $PCD(D) = m \times z$ 에서
$z = \dfrac{D}{m} = \dfrac{160}{4} = 40$

56 다음 중 파이프의 끝 부분을 표시하는 그림 기호가 아닌 것은?

①　

②　

③

④

해설 ① 막힌 플랜지, ③ 용접식 캡, ④ 나사 박음식 캡 및 플러그

57 CAD 시스템의 기본적인 하드웨어 구성으로 거리가 먼 것은?

① 입력 장치　　② 중앙 처리 장치
③ 통신 장치　　④ 출력 장치

해설 CAD 시스템의 기본적인 하드웨어 구성 : 입력 장치, 중앙 처리 장치, 출력 장치

58 컴퓨터의 처리 속도 단위 중 ps(피코 초)란?

① 10^{-3}초　　② 10^{-6}초
③ 10^{-9}초　　④ 10^{-12}초

해설 ms : 10^{-3}초, μs : 10^{-6}초, ns : 10^{-9}초, ps : 10^{-12}초

59 다른 모델링과 비교하여 와이어 프레임 모델링의 일반적인 특징을 설명한 것 중 틀린 것은?

① 데이터의 구조가 간단하다.
② 처리 속도가 느리다.
③ 숨은선을 제거할 수 없다.
④ 체적 등의 물리적 성질을 계산하기가 용이하지 않다.

해설 처리 속도가 빠르다.

60 좌표 방식 중 원점이 아닌 현재 위치, 즉 출발점을 기준으로 하여 해당 위치까지의 거리로 그 좌표를 나타내는 방식은?

① 절대 좌표 방식　　② 상대 좌표 방식
③ 직교 좌표 방식　　④ 원통 좌표 방식

해설 상대 좌표 방식 : CAD 시스템에서 원점이 아닌 주어진 시작점을 기준으로 하여 그 점과의 거리로 좌표를 나타내는 방식

ANSWER 2016년 2회

01	①	02	③	03	④	04	③	05	③
06	②	07	②	08	①	09	②	10	①
11	①	12	④	13	②	14	④	15	③
16	③	17	①	18	②	19	④	20	③
21	②	22	③	23	②	24	③	25	①
26	②	27	③	28	③	29	③	30	③
31	④	32	②	33	③	34	③	35	④
36	①	37	②	38	②	39	②	40	②
41	②	42	③	43	①	44	①	45	②
46	③	47	④	48	③	49	③	50	①
51	④	52	②	53	②	54	①	55	③
56	②	57	③	58	④	59	②	60	②

공단 기출문제_2016년 3회

01 6·4 황동에 철 1~2%를 첨가함으로써 강도와 내식성이 향상되어 광산 기계, 선박용 기계, 화학 기계 등에 사용되는 특수 황동은?

① 쾌삭메탈
② 델타메탈
③ 네이벌 황동
④ 애드머럴티 황동

해설 델타메탈 : 6·4 황동에 철 1~2%를 첨가함으로써 강도와 내식성이 향상되어 광산 기계, 선박용 기계, 화학 기계 등에 사용

02 냉간 가공된 황동제품들이 공기 중의 암모니아 및 염류로 인하여 입간부식에 의한 균열이 생기는 것은?

① 저장 균열   ② 냉간 균열
③ 자연 균열   ④ 열간 균열

해설 자연 균열 : 냉간 가공된 황동제품들이 공기 중의 암모니아 및 염류로 인하여 입간부식에 의한 균열이 생기는 것

03 탄소강에 함유된 원소 중 백점이나 헤어 크랙의 원인이 되는 원소는?

① 황   ② 인
③ 수소   ④ 구리

해설 수소(H) : 탄소강에 함유된 원소 중 백점이나 헤어크랙의 원인

04 절삭 공구로 사용되는 재료가 아닌 것은?

① 페놀
② 서멧
③ 세라믹
④ 초경합금

해설 페놀 수지 : 경질이고 내열성이 있는 열경화성 수지로서 전기기구, 기어 및 프로펠러 등에 사용

05 상온이나 고온에서 단조성이 좋아지므로 고온가공이 용이하며 강도를 요하는 부분에 사용하는 황동은?

① 톰백   ② 6·4황동
③ 7·3황동   ④ 함석황동

해설 6·4황동 : 상온이나 고온에서 단조성이 좋아지므로 고온가공이 용이하며 강도를 요하는 부분에 사용

06 철강의 열처리 목적으로 틀린 것은?

① 내부의 응력과 변형을 증가시킨다.
② 강도, 연성, 내마모성 등을 향상시킨다.
③ 표면을 경화시키는 등의 성질을 변화시킨다.
④ 조직을 미세화하고 기계적 특성을 향상시킨다.

해설 내부의 응력과 변형을 감소할 목적으로 열처리

07 탄소강에 함유되는 원소 중 강도, 연신율, 충격치를 감소시키며 적열취성의 원인이 되는 것은?

① Mn ② Si
③ P ④ S

> 해설 S(황) : 탄소강에 함유되는 원소 중 강도, 연신율, 충격치를 감소시키며 적열취성의 원인

08 미끄럼 베어링 윤활 방법이 아닌 것은?

① 적하 급유법 ② 패드 급유법
③ 오일링 급유법 ④ 충격 급유법

> 해설 미끄럼 베어링 윤활 방법 : 적하 급유법, 패드 급유법, 오일링 급유법

09 일반 스퍼 기어와 비교한 헬리컬 기어의 특징에 대한 설명으로 틀린 것은?

① 임의의 비틀림 각을 선택할 수 있어서 축 중심 거리의 조절이 용이하다.
② 물림 길이가 길고 물림률이 크다.
③ 최소 잇수가 적어서 회전비를 크게 할 수가 있다.
④ 추력이 발생하지 않아서 진동과 소음이 적다.

> 해설 추력이 발생하며 선접촉이므로 진동이나 소음이 발생하기 쉽다.

10 체인 전동의 일반적인 특징으로 거리가 먼 것은?

① 속도비가 일정하다.
② 유지 및 보수가 용이하다.
③ 내열, 내유, 내습성이 강하다.
④ 진동과 소음이 없다.

> 해설 고속 전동에서는 진동과 소음이 생기기 쉽다.

11 8kN의 인장 하중을 받는 정사각봉의 단면에 발생하는 인장 응력이 5MPa이다. 이 정사각봉의 한 변의 길이는 약 몇 mm인가?

① 40 ② 60
③ 80 ④ 100

> 해설 인장 응력 $\sigma = \dfrac{W}{A}$ 에서
> $A = \dfrac{W}{\sigma} = \dfrac{8000}{5} = 1600$
> $L = \sqrt{1600} = 40$

12 회전체의 균형을 좋게 하거나 너트를 외부에 돌출시키지 않으려고 할 때 주로 사용하는 너트는?

① 캡 너트 ② 둥근 너트
③ 육각 너트 ④ 와셔붙이 너트

> 해설 둥근 너트 : 회전체의 균형을 좋게 하거나 너트를 외부에 돌출시키지 않으려고 할 때 주로 사용

13 핀(pin)의 종류에 대한 설명으로 틀린 것은?

① 테이퍼 핀은 보통 1/50 정도의 테이퍼를 가지며, 축에 보스를 고정시킬 때 사용할 수 있다.
② 평행 핀은 분해·조립하는 부품의 맞춤면의 관계 위치를 일정하게 할 필요가 있을 때 주로 사용된다.
③ 분할 핀은 한쪽 끝이 2가닥으로 갈라진 핀으로 축에 끼워진 부품이 빠지는 것을 막는데 사용할 수 있다.

④ 스프링 핀은 2개의 봉을 연결하기 위해 구멍에 수직으로 핀을 끼워 2개의 봉이 상대 각운동을 할 수 있도록 연결한 것이다.

> 해설 스프링 핀은 세로 방향으로 갈라져 있으므로 바깥지름보다 작은 구멍에 끼워 넣고 스프링 작용을 할 수 있도록 하여 기계부품을 결합한다.

14 기계의 운동에너지를 흡수하여 운동 속도를 감속 또는 정지시키는 장치는?

① 기어 ② 커플링
③ 마찰차 ④ 브레이크

> 해설 브레이크 : 기계의 운동에너지를 흡수하여 운동 속도를 감속 또는 정지시키는 장치

15 한쪽은 오른나사, 다른 한쪽은 왼나사로 되어 양끝을 서로 당기거나 밀거나 할 때 사용하는 기계요소는?

① 아이 볼트
② 세트 스크류
③ 플레이트 너트
④ 턴 버클

> 해설 턴 버클 : 한쪽은 오른나사, 다른 한쪽은 왼나사로 되어 양끝을 서로 당기거나 밀거나 할 때 사용

16 가공할 구멍이 매우 클 때, 구멍 전체를 절삭하지 않고 내부에는 심재가 남도록 환형의 홈으로 가공하는 방식으로 판재에 큰 구멍을 가공하거나 포신 등의 가공에 적합한 보링 머신은?

① 보통 보링 머신 ② 수직 보링 머신
③ 지그 보링 머신 ④ 코어 보링 머신

> 해설 코어 보링 머신 : 가공할 구멍이 매우 클 때, 구멍 전체를 절삭하지 않고 내부에는 심재가 남도록 환형의 홈으로 가공하는 방식으로 판재에 큰 구멍을 가공하거나 포신 등의 가공에 적합

17 그림과 같은 환봉의 테이퍼를 선반에서 복식 공구대를 회전시켜 가공하려 할 때 공구대를 회전시켜야 할 각도는?(단, 각도는 아래 표를 참고한다.)

tanθ	0.052	0.104	0.208	0.416
각도	3°	5°5′	11°45′	23°35′

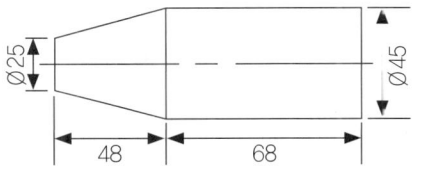

① 3°
② 5°5′
③ 11°45′
④ 23°35′

> 해설 $\tan\theta = \dfrac{D-d}{2l} = \dfrac{45-25}{2 \times 48} = \dfrac{20}{96} = 0.2083$
> $= 11.766° ≒ 11°45′$

18 전해 연마의 특징에 대한 설명으로 틀린 것은?

① 가공면에 방향성이 없다.
② 복잡한 형상의 제품은 가공할 수 없다.
③ 가공 변질층이 없고 평활한 가공면을 얻을 수 있다.
④ 연질의 알루미늄, 구리 등도 쉽게 광택면을 가공할 수 있다.

> 해설 복잡한 형상의 제품은 가공할 수 있다.

19 CNC 선반에서 휴지 기능(G04)에 관한 설명으로 틀린 것은?

① 휴지 기능은 홈 가공에서 많이 사용한다.
② 휴지 기능은 진원도를 향상시킬 수 있다.
③ 휴지 기능은 깨끗한 표면을 가공할 수 있다.
④ 휴지 기능은 정밀한 나사를 가공할 수 있다.

> 홈 가공이나 드릴작업 등에서 간헐이송으로 칩을 절단하거나, 목표점에 도달한 후 즉시 후퇴할 때 생기는 이송량 만큼의 단차를 제거함으로써 진원도 향상 및 깨끗한 표면을 얻기 위해 사용

20 금형 부품과 같은 복잡한 형상을 고정밀도로 가공할 수 있는 연삭기는?

① 성형 연삭기 ② 평면 연삭기
③ 센터리스 연삭기 ④ 만능 공구 연삭기

> 성형 연삭기 : 금형 부품과 같은 복잡한 형상을 고정밀도로 가공

21 그림과 같이 테이퍼를 가공할 때 심압대의 편위량은 몇 mm인가?

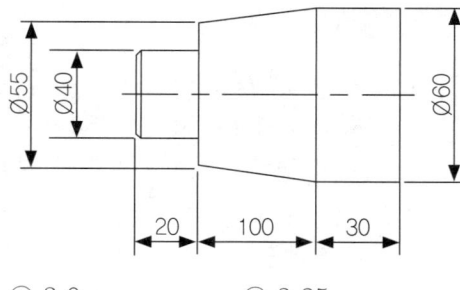

① 3.0
② 3.25
③ 3.75
④ 5.25

> $x = \dfrac{(D-d)L}{2l} = \dfrac{(60-55)150}{2 \times 100} = \dfrac{750}{200} = 3.75$

22 마이크로미터의 구조에서 구성 부품에 속하지 않는 것은?

① 앤빌 ② 스핀들
③ 슬리브 ④ 스크라이버

> 마이크로미터의 구성 부품 : 앤빌, 스핀들, 슬리브, 래치 스톱, 프레임

23 윤활의 목적과 가장 거리가 먼 것은?

① 냉각 작용 ② 방청 작용
③ 청정 작용 ④ 용해 작용

> 윤활의 목적 : 냉각 작용, 방청 작용, 청정 작용

24 기어 절삭기로 가공된 기어의 면을 매끄럽고 정밀하게 다듬질하는 가공은?

① 래핑
② 호닝
③ 폴리싱
④ 기어 셰이빙

> 기어 셰이빙 : 기어 절삭기로 가공된 기어의 면을 매끄럽고 정밀하게 다듬질하는 가공

25 밀링 가공에서 분할대를 이용하여 원주면을 등분하려고 한다. 직접 분할법에서 직접 분할판의 구멍수는?

① 12개 ② 24개
③ 30개 ④ 36개

> 직접 분할법 : 24개의 구멍(24, 12, 8, 6, 4, 3, 2는 직접 분할)

26 제품의 표면 거칠기를 나타낼 때 표면 조직의 파라미터를 "평가된 프로파일의 산술 평균 높이"로 사용하고자 한다면 그 기호로 옳은 것은?

① Rt   ② Rq
③ Rz   ④ Ra

해설 Ra : 산술 평균 거칠기

27 다음은 어떤 물체를 제3각법으로 투상한 것이다. 이 물체의 등각 투상도로 가장 적합한 것은?

28 가는 실선으로만 사용하지 않는 선은?

① 지시선   ② 절단선
③ 해칭선   ④ 치수선

해설 절단선 : 가는 1점 쇄선으로 끝부분 및 방향이 변하는 부분을 굵게 한 선

29 재료의 기호와 명칭이 맞는 것은?

① STC : 기계 구조용 탄소 강재
② STKM : 용접 구조용 압연 강재
③ SPHD : 탄소 공구 강재
④ SS : 일반 구조용 압연 강재

해설
• STC : 탄소공구강 강재
• STKM : 기계구조용 탄소강 강관
• SPHD : 열간압연강판

30 도면이 구비하여야 할 구비 조건이 아닌 것은?

① 무역 및 기술의 국제적인 통용성
② 제도자의 독창적인 제도법에 대한 창의성
③ 면의 표면, 재료, 가공 방법 등의 정보성
④ 대상물의 도형, 크기, 모양, 자세, 위치 등의 정보성

해설 기술의 각 분야에 걸쳐 정확성, 보편성을 가져야 한다.

31 투상도를 표시하는 방법에 관한 설명으로 가장 옳지 않은 것은?

① 조립도 등 주로 기능을 나타내는 도면에서는 대상물을 사용하는 상태로 표시한다.
② 물체의 중요한 면은 가급적 투상면에 평행하거나 수직이 되도록 표시한다.
③ 물품의 형상이나 기능을 가장 명료하게 나타내는 면을 주 투상도가 아닌 보조 투상도로 선정한다.

④ 가공을 위한 도면은 가공량이 많은 공정을 기준으로 가공할 때 놓여진 상태와 같은 방향으로 표시한다.
> 해설 물품의 형상이나 기능을 가장 명료하게 나타내는 면을 주 투상도로 선정한다.

32 다음 내용이 설명하는 투상법은?

> 투사선이 평행하게 물체를 지나 투상면에 수직으로 닿고 투상된 물체가 투상면에 나란하기 때문에 어떤 물체의 형상도 정확하게 표현할 수 있다.
> 이 투상법에는 1각법과 3각법이 속한다.

① 투시 투상법 ② 등각 투상법
③ 사 투상법 ④ 정 투상법
> 해설 정 투상법에 대한 설명이다.

33 아래 그림과 같은 치수 기입 방법은?

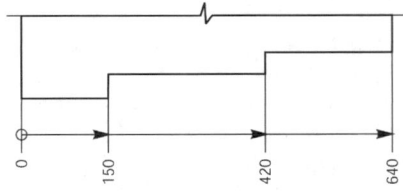

① 직렬 치수 기입 방법
② 병렬 치수 기입 방법
③ 누진 치수 기입 방법
④ 복잡 치수 기입 방법
> 해설 누진 치수 기입 방법에 해당

34 기계 관련 부품도에서 Ø80H7/g6로 표기된 것의 설명으로 틀린 것은?

① 구멍 기준식 끼워 맞춤이다.

② 구멍의 끼워 맞춤 공차는 H7이다.
③ 축의 끼워 맞춤 공차는 g6이다.
④ 억지 끼워 맞춤이다.
> 해설 헐거운 끼워 맞춤이다. 틈새가 생김

35 그림에서 기하 공차 기호로 기입할 수 없는 것은?

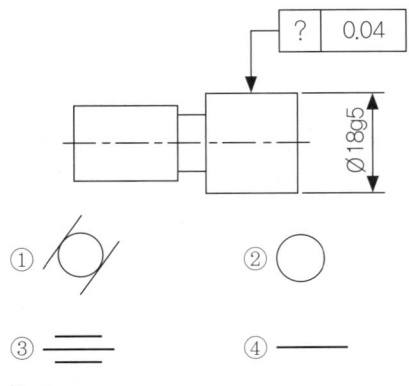

> 해설 ═ : 대칭도는 제외

36 모떼기를 나타내는 치수 보조 기호는?

① R ② SR
③ t ④ C
> 해설 C : 45° 모떼기 치수의 치수 수치 앞에 붙인다.

37 KS 규격에서 규정하고 있는 단면도의 종류가 아닌 것은?

① 온 단면도
② 한쪽 단면도
③ 부분 단면도
④ 복각 단면도
> 해설 규격에 복각 단면도는 규정되지 않음

38 제3각법으로 그린 투상도에서 우측면도로 옳은 것은?

39 열처리, 도금 등 특별한 요구 사항을 적용할 수 있는 범위를 표시하는 데 사용하는 특수 지정선은?

① 굵은 실선   ② 가는 실선
③ 굵은 파선   ④ 굵은 1점 쇄선

> 굵은 1점 쇄선(특수지정선) : 열처리, 도금 등 특별한 요구 사항을 적용할 수 있는 범위를 표시하는 데 사용

40 도면에서 구멍의 치수가 Ø50$^{+0.05}_{-0.02}$ 로 기입되어 있다면 치수 공차는?

① 0.02   ② 0.03
③ 0.05   ④ 0.07

> 치수 공차 = 윗치수허용차 − 아래치수허용차
> = (+0.05) − (−0.02) = 0.07

41 도면 관리에 필요한 사항과 도면 내용에 관한 중요한 사항이 기입되어 있는 도면 양식으로 도명이나 도면 번호와 같은 정보가 있는 것은?

① 재단마크   ② 표제란
③ 비교눈금   ④ 중심마크

> 표제란 : 도면 관리에 필요한 사항과 도면 내용에 관한 중요한 사항이 기입되어 있는 도면 양식으로 도명이나 도면 번호와 같은 정보가 들어 있다.

42 기하 공차의 종류와 기호 설명이 잘못된 것은?

① ▱ : 평면도 공차
② ○ : 원통도 공차
③ ⊕ : 위치도 공차
④ ⊥ : 직각도 공차

> ○ : 진원도 공차, ⌭ : 원통도 공차

43 다음 면의 지시 기호 표시에서 제거 가공을 허락하지 않는 것을 지시하는 기호는?

① ② ③ ④

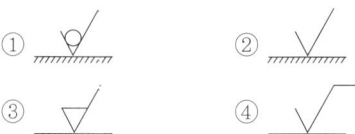

44 도면을 작성할 때 쓰이는 문자의 크기를 나타내는 기준은?

① 문자의 폭　② 문자의 높이
③ 문자의 굵기　④ 문자의 경사도

해설 문자의 크기는 문자의 높이로 나타낸다.

45 다음 중 억지 끼워 맞춤에 속하는 것은?

① H8/e8　② H7/t6
③ H8/f8　④ H6/k6

해설
- 헐거운 끼워 맞춤 : H8/e8, H8/f8
- 중간 끼워 맞춤 : H6/k6
- 억지 끼워 맞춤 : H7/t6

46 축을 제도하는 방법에 관한 설명으로 틀린 것은?

① 긴 축은 단축하여 그릴 수 있으나 길이는 실제 길이를 기입한다.
② 축은 일반적으로 길이 방향으로 절단하여 단면을 표시한다.
③ 구석 라운드 가공부는 필요에 따라 호 가대하여 기입할 수 있다.
④ 필요에 따라 부분 단면은 가능하다.

해설 축은 일반적으로 길이 방향으로 절단하여 단면을 표시하지 않는다.

47 관의 결합 방식 표시에서 유니언식을 나타내는 것은?

해설 ① 일반 이음, ② 유니언식, ③ 플랜지식

48 스퍼 기어의 도시 방법에 대한 설명으로 틀린 것은?

① 축에 직각인 방향으로 본 투상도를 주투상도로 할 수 있다.
② 잇봉우리원은 굵은 실선으로 그린다.
③ 피치원은 가는 1점 쇄선으로 그린다.
④ 축 방향으로 본 투상도에서 이골원은 굵은 실선으로 그린다.

해설 축 방향으로 본 투상도에서 이골원은 가는 실선으로 그린다.

49 다음 중 베어링의 안지름이 17mm인 베어링은?

① 6303
② 32307K
③ 6317
④ 607U

해설 안지름 치수가 10, 12, 15, 17mm인 경우 안지름 번호는 00, 01, 02, 03이며, 04부터는 ×5이므로 6303 : 17, 32307K : 35, 6317 : 85, 607U : 7

50 스프로킷 휠의 피치원을 표시하는 선의 종류는?

① 굵은 실선　② 가는 실선
③ 가는 1점 쇄선　④ 가는 2점 쇄선

해설 피치원은 가는 1점 쇄선으로 도시

51
키의 호칭이 다음과 같이 나타낼 때 설명으로 틀린 것은?

> KS B 1311 PS-B 25×14×90

① 키에 관련한 규격은 KS B 1311에 따른다.
② 평행 키로서 나사용 구멍이 있다.
③ 키의 끝부가 양쪽 둥근형이다.
④ 키의 높이는 14mm이다.

해설 (표준 번호 또는 키 종류) (PS: 나사 구멍 없음, -B : 양쪽네모형) (호칭 치수) × (길이) - 끝 모양의 특별 지정, 재료

52
나사의 제도 방법을 바르게 설명한 것은?

① 수나사와 암나사의 골 밑은 굵은 실선으로 그린다.
② 완전 나사부와 불완전 나사부의 경계는 가는 실선으로 그린다.
③ 나사 끝면에서 본 그림에서 나사의 골 밑은 가는 실선으로 원주의 3/4에 가까운 원의 일부로 그린다.
④ 수나사와 암나사가 결합되었을 때의 단면은 암나사가 수나사를 가린 형태로 그린다.

해설
- 수나사와 암나사의 골 밑은 가는 실선으로 그린다.
- 완전 나사부와 불완전 나사부의 경계는 굵은 실선으로 그린다.
- 수나사와 암나사가 결합되었을 때의 단면은 수나사를 기준으로 그린다.

53
스프링 제도에서 스프링 종류와 모양만을 도시하는 경우 스프링 재료의 중심선은 어느 선으로 나타내야 하는가?

① 굵은 실선 ② 가는 1점 쇄선
③ 굵은 파선 ④ 가는 실선

해설 굵은 실선 : 스프링 제도에서 스프링 종류와 모양만을 도시하는 경우 스프링 재료의 중심선

54
다음 표준 스퍼 기어에 대한 요목표에서 전체 이 높이는 몇 mm인가?

스퍼기어		
기어 치형		표준
공구	치형	보통 이
	모듈	2
	압력각	20°
잇수		31
피치원 지름		82
전체 이 높이		
다듬질 방법		호브 절삭
정밀도		KS B 1405, 5급

① 4   ② 4.5
③ 5   ④ 5.5

해설 전체 이 높이 = 모듈 × 2.25
= 2 × 2.25 = 4.5

55
ISO 규격에 있는 관용 테이퍼 나사로 테이퍼 수나사를 표시하는 기호는?

① R   ② Rc
③ PS   ④ Tr

해설 R : 관용테이퍼수나사, Rc : 관용테이퍼암나사

56 전체 둘레 현장 용접을 나타내는 보조 기호는?

해설 ○̸ : 전체 둘레 현장 용접

57 CAD 시스템에서 도면상 임의의 점을 입력할 때 변하지 않는 원점(0,0)을 기준으로 정한 좌표계는?

① 상대 좌표계 ② 상승 좌표계
③ 증분 좌표계 ④ 절대 좌표계

해설 절대 좌표계 : CAD 시스템에서 도면상 임의의 점을 입력할 때 변하지 않는 원점(0,0)을 기준으로 정한 좌표계

58 컴퓨터 입력 장치의 한 종류로 직사각형의 판에 사용자가 손에 잡고 움직일 수 있는 펜 모양의 스타일러스 혹은 버튼이 달린 라인 커서 장치의 2가지 부분으로 구성되며 펜이나 커서의 움직임에 대한 좌표 정보를 읽어서 컴퓨터에 나타내는 장치는?

① 디지타이저(digitizer)
② 광학 마크 판독기(OMR)
③ 음극선관(CRT)
④ 플로터(plotter)

해설 디지타이저(digitizer) : 입력 장치의 한 종류로 직사각형의 판에 사용자가 손에 잡고 움직일 수 있는 펜 모양의 스타일러스 혹은 버튼이 달린 라인 커서 장치의 2가지 부분으로 구성되며 펜이나 커서의 움직임에 대한 좌표 정보를 읽어서 컴퓨터에 나타내는 장치

59 데이터를 표현하는 최소 단위를 무엇이라고 하는가?

① byte ② bit
③ word ④ file

해설 bit : 데이터를 표현하는 최소 단위

60 다음이 설명하는 3차원 모델링 방식은?

- 간섭 체크를 할 수 있다.
- 질량 등의 물리적 특성 계산이 가능하다.

① 와이어 프레임 모델링
② 서피스 모델링
③ 솔리드 모델링
④ DATA 모델링

해설 솔리드 모델링
- 간섭 체크를 할 수 있다.
- 질량 등의 물리적 특성 계산이 가능하다.

ANSWER										2016년 3회
01	②	02	③	03	③	04	①	05	②
06	①	07	④	08	④	09	④	10	④
11	①	12	②	13	④	14	②	15	④
16	④	17	③	18	②	19	④	20	①
21	③	22	④	23	④	24	④	25	②
26	④	27	④	28	②	29	④	30	②
31	②	32	④	33	③	34	④	35	③
36	④	37	④	38	④	39	④	40	④
41	②	42	②	43	①	44	④	45	②
46	②	47	②	48	④	49	①	50	③
51	③	52	②	53	①	54	②	55	①
56	③	57	④	58	①	59	②	60	③

제8장
CBT 대비 적중모의고사

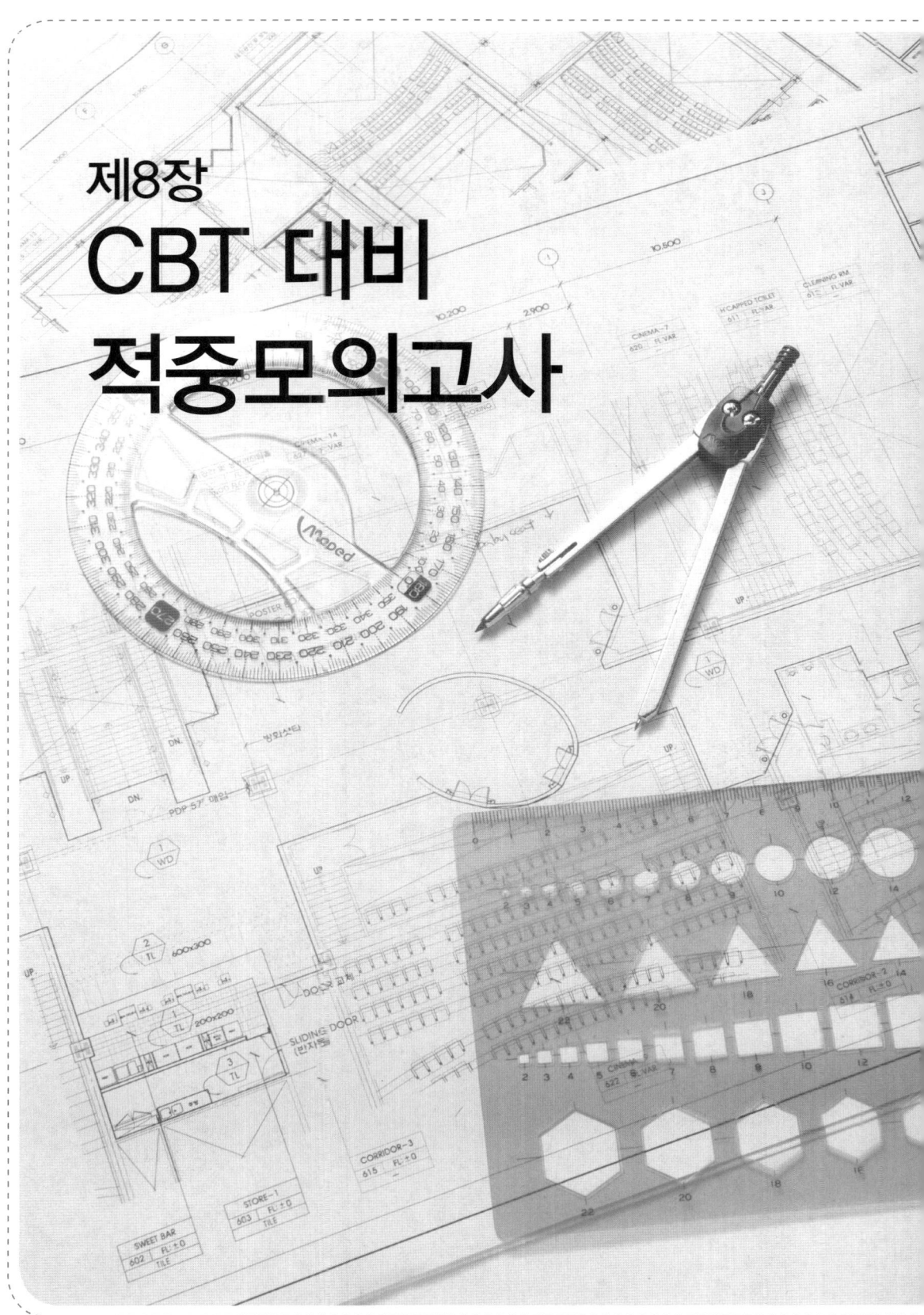

CBT 대비 적중모의고사_ 제1회

01 축과 보스의 둘레에 4개에서 수십 개의 턱을 만들어 회전력의 전달과 동시에 보스를 축 방향으로 이동시킬 필요가 있을 때 사용되는 것은?

① 반달 키
② 접선 키
③ 원뿔 키
④ 스플라인

02 강의 표면 경화법에 해당하지 않는 것은?

① 질화법
② 침탄법
③ 항온 풀림
④ 시멘테이션

- 항온 풀림은 강의 조직 개선 및 재질의 연화를 목적으로 하는 것으로 표면 경화법이 아니다.
- 시멘테이션 : 표면에 Cr, Al, Si, B를 침투시키는 것(순서대로 크로마이징, 칼로라이징, 실리코나이징, 브로나이징)

03 주조성이 좋으며 열처리에 의하여 기계적 성질을 개량할 수 있는 라우탈(Lautal)의 대표적인 합금은?

① Al-Cu계 합금
② Al-Si계 합금
③ Al-Cu-Si계 합금
④ Al-Mg-Si계 합금

- 주조용 알루미늄합금 : 실루민, 하이드로날륨, Y합금, 라우탈

04 재료를 상온에서 다른 형상으로 변형시킨 후 원래 모양으로 회복되는 온도로 가열하면 원래 모양으로 돌아오는 합금은?

① 제진 합금
② 형상 기억 합금
③ 비정질 합금
④ 초전도 합금

- 제진 합금 : 진동을 억제하는 특성이 있다.
- 비정질 합금 : 결정 구조를 가지지 않으므로 자기적 성질이 대단히 우수하다.
- 초전도 합금 : 극저온에서 냉각하였을 때 전기 저항이 0이 된다.

05 두 축이 나란하지도 교차하지도 않는 기어는?

① 베벨 기어
② 헬리컬 기어
③ 스퍼 기어
④ 하이포이드 기어

- 베벨 기어는 직각으로 만날 때. 헬리컬 기어와 스퍼 기어는 평행일 때 사용된다.

06 오스테나이트계 18-8 형 스테인리스강의 성분은?

① 크롬 18%, 니켈 8%
② 니켈 18%, 크롬 8%
③ 티탄 18%, 니켈 8%
④ 크롬 18%, 티탄 8%

- 스테인리스강(STS) : 강에 Cr, Ni 등을 첨가하여 녹이 잘 슬지 않음
- 18-8스테인리스강 : 18% 크롬, 3% 니켈 함유

07 철강재 스프링 재료가 갖추어야 할 조건이 아닌 것은?

① 가공하기 쉬운 재료이어야 한다.
② 높은 응력에 견딜 수 있고, 영구변형이 적어야 한다.
③ 부식에 강해야 한다.
④ 피로강도와 파괴인성치가 낮아야 한다

피로강도는 무한반복하중에 대하여 파괴되지 않는 강도로, 스프링재료는 피로강도와 파괴인성치가 높아야 한다.

08 강판 또는 형강 등을 영구적으로 결합하는 데 사용되는 것은?

① 핀   ② 키
③ 용접   ④ 볼트와 너트

용접은 영구적으로 결합하는 데 사용한다.

09 단조용 알루미늄 합금으로 Al – Cu – Mg – Mn계 합금이며 기계적 성질이 우수하여 항공기, 차량부품 등에 많이 쓰이는 재료는?

① Y 합금
② 실루민
③ 두랄루민
④ 켈멧합금

두랄루민 : Al + Cu + Mg + Mn의 합금 고온에서 물에 급랭하여 시효 경화시킨 것. 가벼워서 항공기나 자동차 등에 사용된다.

10 V 벨트 전동의 특징에 대한 설명으로 틀린 것은?

① 평 벨트보다 잘 벗겨진다.
② 이음매가 없어 운전이 정숙하다.
③ 평 벨트보다 비교적 작은 장력으로 큰 회전력을 전달할 수 있다.
④ 지름이 작은 풀리에도 사용할 수 있다.

풀리어 V홈이 있으므로 잘 벗겨지지 않는다.

11 보통 주철의 특징이 아닌 것은?

① 주조가 쉽고 가격이 저렴하다.
② 고온어서 기계적 성질이 우수하다.
③ 압축 강도가 크다.
④ 경도가 높다.

주철은 고온에서 기계적 성질이 떨어진다.

12 물체가 변형에 견디지 못하고 파괴되는 성질로 인성에 반대되는 성질은?

① 탄성   ② 전성
③ 소성   ④ 취성

취성 : 잘 깨지고 부서지는 성질. 인성의 반대

13 지름 4cm의 연강봉에 5000N의 인장력이 걸려 있을 때 재료에 생기는 응력은?

① $410 N/cm^2$ ② $498 N/cm^2$
③ $300 N/cm^2$ ④ $398 N/cm^2$

$$\sigma = \frac{W}{A} = \frac{5000}{\frac{\pi}{4} \times 4^2}$$

$$= \frac{5000}{3.14 \times 4} = 398 N/cm^2$$

14 2개의 기계 요소가 점접촉으로 이루어지는 것은?

① 실린더와 피스톤
② 볼트와 너트
③ 스퍼 기어
④ 볼 베어링

📖 볼 베어링은 점접촉으로 마찰을 최소화한다.

15 그림과 같이 접속된 스프링에 100N의 하중이 작용할 때 처짐량은 약 몇 mm인가?(단, 스프링 상수 K_1은 10N/mm, K_2는 50N/mm이다.)

① 1.7   ② 12
③ 15   ④ 18

📖 2개의 스프링이 직렬로 연결되어 있을 때 합성스프링 상수 K는 다음과 같다.

$$\frac{1}{K} = \frac{1}{K_1} + \frac{1}{K_2} = \frac{1}{10} + \frac{1}{50} = \frac{6}{50}$$

$$K = \frac{50}{6}$$

하중을 W, 처짐량을 X라 하면, W = K·X이므로

$$X = \frac{W}{K} = 100 \times \frac{6}{50} = 12mm$$

16 밀링 분할법에서 단식 분할이 가능한 등분 수는?

① 60등분   ② 61등분
③ 63등분   ④ 67등분

📖 60등분을 하려면 $n = \frac{40}{60} = \frac{2}{3}$

즉, 분할대의 핸들을 $\frac{2}{3}$씩 돌려야 하므로 브라운 샤프형 15구멍짜리를 10구멍씩 회전시켜 절삭하면 가능하다.

17 선반의 점검을 일반점검과 정기점검으로 나눌 때 다음 중 일반점검 사항이 아닌 것은?

① 각종 레버는 정 위치에 있으며, 이송핸들의 조작이 원활한가?
② 선반 설치의 수평은 양호한가?
③ 이송축 및 리드 스크루 축에는 이상이 없는가?
④ 브레이크의 기능은 양호한가?

📖 기계작동과 관련된 모든 사항은 일반점검(수시점검)을 하며, 설치와 관련된 사항은 정기점검을 통해 이루어진다.

18 드릴링 머신에서 볼트나 너트를 체결하기 곤란한 표면을 평탄하게 가공하여 체결이 잘되도록 하는 가공법은?

① 리밍   ② 태핑
③ 카운터 싱킹   ④ 스폿 페이싱

📖 스폿 페이싱 : 볼트, 너트 등이 닿는 부분을 깎아서 자리를 만드는 작업

19 여러 개의 스핀들에 각종 공구를 꽂아 가공 공정 순서에 따라 연속 작업을 할 수 있는 드릴링 머신은?

① 레디얼 드릴링 머신
② 탁상 드릴링 머신
③ 직립 드릴링 머신
④ 다두 드릴링 머신

> 다두(多頭) 드릴링 머신 : 여러 가지 공구를 꽂아 드릴가공, 리머작업, 탭가공 등을 순차적, 능률적으로 할 수 있다.

20 선반에서 세로 이송용 핸들의 눈금이 100 등분되어 있다. 핸들을 1회전하면 리드가 4mm가 될 때 Ø72의 연강봉재를 Ø70mm로 가공하려면 핸들을 몇 눈금 돌려야 하는가?

① 12.5
② 25
③ 50
④ 120

> Ø72를 Ø70으로 가공하려면 반경 방향으로 1mm를 가공해야 하므로 핸들을 $\frac{1}{2}$ 회전해야 한다. 따라서, $\frac{100}{4}$ = 25 눈금을 돌려야 한다.

21 가죽제 안전화의 구비 조건으로 틀린 것은?

① 가능한 가벼울 것
② 착용감이 좋고 작업이 쉬울 것
③ 잘 구부러지고 신축성이 있을 것
④ 크기에 관계없고 선심에 발가락이 닿을 것

> 발가락이 신발의 앞쪽(선심)에 닿으면 불편해서 사용을 못한다.

22 각도 측정기가 아닌 것은?

① 사인바
② 수준기
③ 오토콜리메이터
④ 외경 마이크로미터

> 외경 마이크로미터는 길이 측정기이다.

23 게이지 블록을 다듬질 가공할 때 가장 적합한 방법은?

① 버핑
② 호닝
③ 래핑
④ 슈퍼피니싱

> 래핑 : 랩이라고 하는 공구와 담금질된 강의 일감 사이에 랩제를 넣고 상대운동을 시켜 매끈한 다듬면을 얻는 방법. 각종 게이지, 렌즈, 프리즘 등의 정밀 다듬질에 사용

24 센터, 척 등을 사용하지 않고 가공물 표면을 조정하는 조정숫돌과 지지대를 이용하여 가공물을 연삭하는 기계는?

① 드릴 연삭기
② 바이트 연삭기
③ 만능공구 연삭기
④ 센터리스 연삭기

> 센터리스 연삭기 : 센터나 척을 사용하지 않고 일감의 원통면을 연삭하는 기계로 가늘고 긴 일감을 지지하는 데 센터를 사용하지 않는다.

25 측정기의 눈금과 눈의 위치가 같지 않은 데서 생기는 측정 오차(誤差)를 무엇이라 하는가?

① 샘플링 오차
② 계기 오차
③ 우연 오차
④ 시차(視差)

> 시차(視差) : 눈의 위치와 눈금의 위치가 다른 데서 나타나는 오차

26 IT 기본 공차는 몇 등급으로 구분 되는가?

① 12
② 15
③ 18
④ 20

> IT 기본 공차는 IT 01급, 0급, 1급, 2급부터 IT 18급까지 20등급으로 구분한다.

27 제도에 대한 설명으로 적합하지 않은 것은?

① 제도자의 창의력을 발휘하여 주관적인 투상법을 사용할 수 있다.
② 설계자의 의도를 제작자에게 명료하게 전달하는 정보 전달 수단으로 사용된다.
③ 기술의 국제 교류가 이루어짐에 따라 도면에도 국제규격을 적용하게 되었다.
④ 우리나라에서는 제도의 기본적이며 공통적인 사항을 제도통칙 KS A에 규정하고 있다.

해설 제도자는 약속된 규격에 따라 도면을 작성하여야 하므로 주관적인 투상법을 사용할 수 없다.

28 제작도면을 그릴 때 서로 겹치는 경우 가장 우선적으로 나타내야 하는 것은?

① 중심선   ② 절단선
③ 숫자와 기호   ④ 치수보조선

해설 도면에 선이나 치수가 겹치는 경우 가장 우선적인 것은 치수와 기호이며 다음은 외형선, 숨은선 순이다.

29 정 투상도에서 제1각법을 나타내는 그림 기호는?

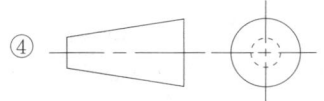

해설 ①항은 3각법, ②항은 제1각법을 나타내는 기호이다.

30 기하 공차 기호의 기입에서 선 또는 면의 어느 한정된 범위에만 공차 값을 적용할 때 한정 범위를 나타내는 선의 종류는?

① 가는 1점 쇄선   ② 굵은 1점 쇄선
③ 굵은 실선   ④ 가는 파선

해설 특수 지정선 : 굵은 1점 쇄선을 사용하며 특수한 가공을 하는 부분 등 특별한 요구 사항을 적용할 범위를 나타내는 선

31 주조, 압연, 단조 등으로 생산되어 제거 가공을 하지 않은 상태로 그대로 두고자 할 때 사용하는 지시기호는?

해설 ② 절삭 등 제거 가공의 필요 여부를 문제 삼지 않는다. ③ 제거 가공을 해서는 안 된다. ④ 제거 가공을 필요로 한다.

32 다음의 기하 공차는 무엇을 뜻하는가?

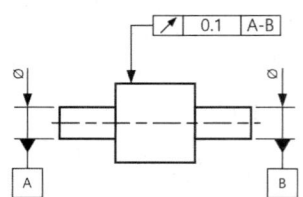

① 원주 흔들림
② 진직도
③ 대칭도
④ 원통도

33 치수선과 치수보조선에 대한 설명으로 틀린 것은?

① 치수선과 치수보조선은 가는 실선을 사용한다.
② 치수보조선은 치수를 기입하는 형상에 대해 평행하게 그린다.
③ 외형선, 중심선, 기준선 및 이들의 연장선을 치수선으로 사용하지 않는다.
④ 치수보조선과 치수선의 교차는 피해야 하나 불가피한 경우에는 끊김 없이 그린다.

> 해설 치수보조선은 지시하는 치수의 끝에 해당하는 도형상의 점 또는 선의 중심을 지나 치수선에 직각으로 긋고 치수선을 약간 넘도록 연장한다.

34 다음 도면은 3각법에 의한 정면도와 평면도이다. 우측면도를 완성한 것은?

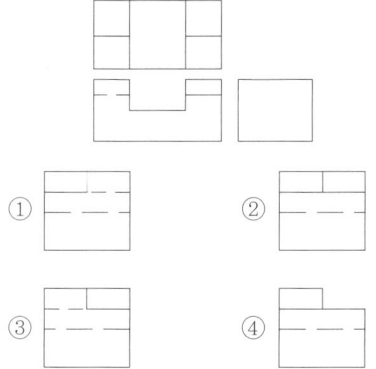

35 기계제도에서 가는 실선으로 나타내는 것이 아닌 것은?

① 치수선   ② 회전단면선
③ 해칭선   ④ 외형선

> 해설
> • 굵은 실선 : 외형선
> • 가는 실선 : 치수선, 치수보조선, 지시선, 회전단면선, 중심선, 수준면선
> • 가는 일점쇄선 : 중심선, 기준선, 피치선
> • 굵은 파선 : 숨은선

36 스케치할 때 치수 측정 용구가 아닌 것은?

① 버니어 캘리퍼스
② 서피스 게이지
③ 피치 게이지
④ 깊이 게이지

> 해설 서피스 게이지 : 가공물의 중심을 잡거나 정반 위에서 가공물을 이동시켜 평행선을 그을 때 또는 평행면의 검사용으로 사용된다. 주로 금긋기용으로 사용

37 지름, 반지름 치수 기입에 대하여 설명한 것으로 틀린 것은?

① 원형의 그림에 지름의 치수를 기입할 때 기호 Ø는 생략할 수 있다.
② 원호는 반지름이 클 경우 중심을 옮겨, 치수선을 꺾어 표시해도 된다.
③ 원호의 중심위치를 표시할 필요가 있을 때는 ×자 또는 0로 표시한다.
④ 반지름을 표시하는 치수는 R기호를 치수 앞에 붙여서 기입한다.

> 해설 원의 중심 위치는 중심선(가는 1점 쇄선)의 교차점으로 나타낸다.

38 단면의 무게 중심을 연결한 선을 표시하는데 사용되는 선은?

① 굵은 실선 ② 가는 1점 쇄선
③ 가는 2점 쇄선 ④ 가는 파선

　해설 가상선과 무게중심선은 가는 2점 쇄선을 사용한다.

39 다음 그림에 대한 설명으로 옳은 것은?

① 실제 제품을 1/2로 줄여서 그린 도면이다.
② 실제 제품을 2배로 확대해서 그린 도면이다.
③ 치수는 실제 크기를 1/2로 줄여서 기입한 것이다.
④ 치수는 실제 크기를 2배로 늘려서 기입한 것이다.

　해설 배척으로 그린 도면으로 실제 크기보다 2배 확대하여 그렸으며 치수는 실제치수를 기입한다.

40 다음 Ø100H7/g6의 끼워 맞춤 상태에서 최대틈새는 얼마인가?(단, 100에서 H7의 IT 공차값 = 35μm, g6의 IT 공차값 = 22μm, Ø100의 g축의 기초가 되는 치수 허용차 값 = -12μm이다.)

① 0.025 ② 0.045
③ 0.057 ④ 0.069

　해설 최대틈새 = 구멍의 최대 허용 치수 - 축의 최소 허용 치수
- 구멍의 최대 허용 치수 = 100 + 0.035 = 100.035
- 축의 최소 허용 치수 = 100 - 0.012 - 0.022 = 99.966

따라서, 최대틈새 = 100.035 - 99.966 = 0.069

41 그림과 같이 도형내의 절단한 곳에 겹쳐서 가는 실선으로 나타내는데 사용된 단면도법은?

① 부분 단면도
② 회전 도시 단면도
③ 한쪽 단면도
④ 온 단면도

　해설 회전 도시 단면도 : 핸들이나 바퀴의 암 및 리브, 훅 등의 절단면을 90° 회전하여 도시한다.

42 다음 등각 투상도에서 화살표 방향을 정면도로 할 경우 평면도로 옳은 것은?

①   ②
③   ④

43 길이 치수에서 중요 부위 치수 공차를 기입할 경우 적합하지 않은 것은?

①

②

③

④

③항과 같이 기입할 경우 공차 누적에 의해 전체 길이의 치수 정밀도를 맞출 수 없게 된다.

44 그림과 같이 부품의 일부를 도시하는 것으로 충분한 경우 그 필요 부분만을 도시하는 투상도는?

① 회전 투상도   ② 부분 투상도
③ 국부 투상도   ④ 부분 확대도

부분 투상도 : 그림의 일부를 도시한 것으로 충분한 경우 그 필요 부분만을 나타내는 투상도

45 도면에서 표면 상태를 줄무늬 방향의 기호로 표시할 경우 R은 무엇을 뜻하는가?

① 가공에 의한 커터의 줄무늬 방향이 투상면에 평행
② 가공에 의한 커터의 줄무늬 방향이 레이디얼 모양
③ 가공에 의한 커터의 줄무늬 방향이 동심원 모양
④ 가공에 의한 줄무늬 방향이 경사지고 두 방향으로 교차

①항 : =
②항 : R
③항 : C
④항 : X

46 다음은 볼트의 호칭을 나타낸 것이다. 옳게 연결한 것은?

> 6각 볼트 A M12×80 − 8.8

① A : 나사의 형식
② M12 : 나사의 종류
③ 80 : 호칭 길이
④ 8.8 : 나사부의 길이

- 6각볼트 : 볼트의 종류
- A : 등급
- M : 나사의 종류
- 12 : 나사의 호칭 지름
- 80 : 나사의 호칭 길이
- 8.8 : 나사의 강도

47 코일 스프링의 도시 방법으로 맞는 것은?

① 특별한 단서가 없는 한 모두 왼쪽 감기로 도시한다.
② 종류와 모양만을 도시할 때는 스프링 재료의 중심선을 굵은 실선으로 그린다.
③ 스프링은 원칙적으로 하중이 걸린 상태로 그린다.
④ 스프링의 중간 부분을 생략할 때는 안지름과 바깥지름을 가는 실선으로 그린다.

> • 코일 스프링은 특별한 단서가 없으면 오른쪽 감기이다.
> • 스프링은 원칙적으로 무하중인 상태로 그린다.
> • 중간 부분을 생략할 때는 가는 1점 쇄선 또는 가는 2점 쇄선으로 그린다.

48 축을 도시할 때의 설명으로 맞는 것은?

① 축은 조립 방향을 고려하여 중심축을 수직 방향으로 놓고 도시한다.
② 축은 길이 방향으로 절단하여 온 단면도로 도시한다.
③ 축의 끝에는 모양을 좋게 하기 위해 모따기를 하지 않는다.
④ 단면 모양이 같은 긴축은 중간 부분을 생략하여 짧게 도시할 수 있다.

> • 축은 가공 방향을 고려하여 수직 방향으로 놓고 도시한다.
> • 축은 길이 방향으로 단면 도시하지 않는다.
> • 축의 끝에는 원활한 삽입을 등을 위해 모따기할 수 있다.

49 다음과 같은 배관 설비도면에서 체크 밸브를 나타내는 기호는?

① ⓐ ② ⓑ
③ ⓒ ④ ⓓ

> • ⓐ 글로브 밸브 • ⓑ 체크 밸브
> • ⓒ 유니언 이음 • ⓓ 엘보

50 기어의 이(tooth) 크기를 나타내는 방법으로 옳은 것은?

① 모듈
② 중심 거리
③ 압력각
④ 치형

> 기어의 크기를 나타내는 것은 모듈, 직경피치, 원주피치이며 기어의 이 크기를 나타내는 것은 모듈이다. 보통 모듈은 피치원에서 이끝까지의 거리를 말한다.

51 구름 베어링의 호칭 번호가 6205일 때 베어링의 안지름은?

① 5mm   ② 20mm
③ 25mm ④ 62mm

> 내경 번호가 05이므로 5 × 5 = 25

52 웜의 제도시 이뿌리원 도시 방법으로 옳은 것은?

① 가는 실선으로 도시한다.
② 파선으로 도시한다.
③ 굵은 실선으로 도시한다.
④ 굵은 1점 쇄선으로 도시한다.

해설 웜뿐만 아니라 모든 기어의 이뿌리원은 가는 실선으로 도시한다.

53 벨트 풀리를 도시하는 방법으로 틀린 것은?

① 방사형 암은 암의 중심을 수평 또는 수직 중심선까지 회전하여 도시한다.
② V 벨트 풀리의 홈부분 치수는 호칭 지름에 관계없이 일정하다.
③ 암의 단면도시는 도형 안이나 밖에 회전단면으로 도시한다.
④ 벨트 풀리는 축 직각 방향의 투상을 정면도로 한다.

해설 V 벨트는 40°로 일정하며 풀리의 홈 부분은 호칭 지름에 따라 34°, 36°, 38°가 있다.

54 용접 이음 중 맞대기 이음은 어느 것인가?

①   ②

③   ④

해설 ① 갓대기 이음   ② 겹치기 이음
③ 모서리 이음   ④ 양면 덮개판 이음

55 일반적으로 테이퍼 핀의 테이퍼 값은?

① 1/20
② 1/30
③ 1/40
④ 1/50

해설 Taper Pin의 테이퍼 값은 1/50이다.

56 유니파이 나사에서 호칭 치수 3/8인치, 1인치 사이에 16산의 보통 나사가 있다. 표시 방법으로 옳은 것은?

① 8/3-16 UNC
② 3/8-16 UNF
③ 3/8-16 UNC
④ 8/3-16 UNF

해설 UNC는 유니파이 보통 나사. UNF는 유니파이 가는 나사이다.

57 일반적인 CAD 시스템에서 A, B, C에 알맞은 것은?

① A : 키보드, B : 플로터, C : 연산 장치
② A : 마우스 B : 제어 장치, C : 플로터
③ A : 그래픽 터미널, B : 보조 기억 장치, C : 프린터
④ A : 라이트 펜, B : 플로터, C : 태블릿

해설 중앙 처리 장치에는 연산 장치, 기억 장치, 제어 장치가 있다.

58 일반적인 3차원 기하학적 형상 모델링의 종류가 아닌 것은?

① 데이터 모델링
② 서피스 모델링
③ 와이어 프레임 모델링
④ 솔리드 모델링

📖 3차원 기하학적 형상 모델링
  • 와이어 프레임 모델링
  • 서피스 모델링
  • 솔리드 모델링

59 다음 중 CAD시스템의 입력장치가 아닌 것은?

① 라이트 펜(light pen)
② 그래픽 디스플레이(graphic display)
③ 마우스(mouse)
④ 트랙 볼(track ball)

📖 그래픽 디스플레이는 모니터로 화상출력장치에 속한다.

60 일반적인 CAD시스템에서 사용되는 좌표계의 종류가 아닌 것은?

① 극 좌표계
② 원통 좌표계
③ 회전 좌표계
④ 직교 좌표계

📖 CAD시스템의 좌표계
  • 직교 좌표계
  • 극 좌표계
  • 원통 좌표계
  • 구면 좌표계

ANSWER 적중모의고사 1회

01	④	02	③	03	③	04	②	05	④
06	①	07	④	08	③	09	③	10	①
11	②	12	④	13	④	14	④	15	②
16	①	17	②	18	④	19	④	20	②
21	④	22	④	23	②	24	④	25	④
26	④	27	①	28	②	29	②	30	②
31	③	32	②	33	②	34	①	35	④
36	②	37	③	38	②	39	②	40	④
41	②	42	③	43	③	44	②	45	②
46	③	47	②	48	④	49	②	50	①
51	③	52	①	53	②	54	①	55	④
56	③	57	②	58	①	59	②	60	③

CBT 대비 적중모의고사_ 제2회

01 에너지 흡수 능력이 크고, 스프링 작용 외에 구조용 부재기능을 겸하고 있으며, 재료 가공이 용이하여 자동차 현가용으로 많이 사용하는 스프링은?

① 공기 스프링
② 겹판 스프링
③ 코일 스프링
④ 타엽 스프링

02 자동차용 신소재인 파인세라믹스(fine ceramics)에 대한 설명 중 틀린 것은?

① 가볍다.
② 강도가 강하다.
③ 내화학성이 우수하다.
④ 내마모성 및 내열성이 우수하다.

> 해설 파인세라믹스 : 뉴세라믹스라고도 한다. 원자간 결합력이 강하기 때문에 열팽창 계수가 작고 급열·급랭에 견딜 수 있으며 고온에도 강하다. 질화규소를 주체로 한 세라믹스는 고온에서도 뛰어난 기계적 특성을 지녀 자동차 엔진이나 가스터빈 등으로 이용. 세라믹의 특성상 강도는 떨어진다.

03 증기나 기름 등이 누출되는 것을 방지하는 부위 또는 외부로부터 먼지 등의 오염물 침입을 막는 데 주로 사용하는 너트는?

① 캡 너트(cap nut)
② 와셔붙이 너트(washer based nut)
③ 둥근 너트(circular nut)
④ 육각 너트(hexagon nut)

04 에너지를 소멸하고 충격, 진동 등의 진폭을 경감시키기 위해 사용하는 장치는?

① 차음재   ② 로프(rope)
③ 댐퍼(damper)   ④ 스프링(spring)

> 해설
> • 댐퍼 : 진동에너지를 흡수하는 장치
> • 범퍼 : 충격을 완화하는 장치

05 나사의 피치가 일정할 때 리드(lead)가 가장 큰 것은?

① 4줄 나사   ② 3줄 나사
③ 2줄 나사   ④ 1줄 나사

> 해설 리드 : 나사가 한 바퀴 돌 때 앞으로 전진한 거리
> $L = np =$ 줄수 × 피치

06 베어링의 재료가 구비할 성질이 아닌 것은?

① 가공이 쉬울 것
② 부식에 강할 것
③ 충격 하중에 강할 것
④ 피로 강도가 작을 것

> 해설 베어링 재료는 피로 강도가 커야 한다.

07 항온 열처리 방법에 포함되지 않는 것은?

① 오스템퍼 ② 시안화법
③ 마퀜칭 ④ 마템퍼

> 해설) 항온 열처리 : 강을 가열 후 냉각시킬 때 냉각도 중 일정한 온도에서 열처리하는 방법 ① 오스템퍼, ② 마템퍼, ③ 마퀜칭

08 주조시 주형에 냉금을 삽입하여 주물 표면을 급냉시킴으로 백선화하고 경도를 증가시킨 내마모성 주철은?

① 보통 주철 ② 고급 주철
③ 합금 주철 ④ 칠드 주철

> 해설)
> • 보통 주철 : 회주철을 말하며 페라이트 조직
> • 고급 주철 : 인장 강도 25kg/m² 이상의 주철, 펄라이트 조직
> • 칠드 주철 : 용융 상태에서 금형에 주입하며 표면을 급랭에 의해 경화시킨 백주철로 만든 것

09 가스 질화법으로 강의 표면을 경화하고자 할 때 질화 효과를 크게 하는 원소는?

① 코발트 ② 니켈
③ 마그네슘 ④ 알루미늄

> 해설)
> • 질화법 : 암모니아(NH₃) 가스 분위기에서 가열하여 표면을 경화하는 법. Al은 질화 효과를 크게 한다.
> • 질화용 강 : Al, Cr, Mo이 함유된 강

10 묻힘 키(sunk key)에 관한 설명으로 틀린 것은?

① 기울기가 없는 평행 성크 키도 있다.
② 머리 달린 경사 키도 성크 키의 일종이다.
③ 축과 보스의 양쪽에 모두 키 홈을 파서 토크를 전달시킨다.
④ 대개 윗면에 1/5정도의 기울기를 가지고 있는 수가 많다.

> 해설) 키의 테이퍼 값은 1/100이다.

11 단면적이 20mm²인 어떤 봉에 100kgf의 인장하중이 작용할 때 발생하는 응력은?

① $2kgf/mm^2$
② $5kgf/mm^2$
③ $20kgf/mm^2$
④ $50kgf/mm^2$

> 해설) 인장 하중
> $$\sigma = \frac{P(하중)}{A(단면적)} = \frac{100}{20} = 5(kgf/mm^2)$$

12 접촉면의 압력을 p, 속도를 v, 마찰 계수가 μ일 때 브레이크 용량(brake capacity)을 표시하는 것은?

① $\mu p v$ ② $\frac{1}{\mu p v}$
③ $\frac{p v}{\mu}$ ④ $\frac{p v}{\mu}$

> 해설) 블록 브레이크 용량 : $Q = \mu p v$

13 내열강에서 내열성, 내마모성, 내식성 등을 증가시키기 위해 첨가되는 대표적인 원소는?

① 크롬(Cr) ② 니켈(Ni)
③ 티탄(Ti) ④ 망간(Mn)

> 해설) 내열강(Si-Cr강) : 고온에서 기계적 화학적으로 안정하여 내면 기관의 밸브에 사용. Cr은 경도, 인장 강도, 내열성, 내식성, 내마멸성을 증가시킨다.

14 나사산과 골이 같은 반지름의 원호로 이은 모양이 둥글게 되어 있는 나사는?

① 볼 나사
② 톱니 나사
③ 너클 나사
④ 사다리꼴 나사

> 둥근 나사 : 너클 나사라고도 하며 나사산과 골이 다 같이 둥글기 때문에 먼지, 모래가 끼기 쉬운 전구, 호스 연결부 등에 사용한다.

15 탄소강 중 함유되어 헤어 크랙(hair crack)이나 백점을 발생하게 하는 원소는?

① 규소(Si)
② 망간(Mn)
③ 인(P)
④ 수소(H)

> 헤어 크랙 : H_2의 영향으로 금속 내부에 머리카락 같은 균열이 발생하는 현상

16 일감에 회전 절삭 운동을 주어 가공하는 공작기계는?

① 선반
② 드릴링 머신
③ 밀링 머신
④ 보링 머신

> 선반은 주축에 척을 이용하여 일감을 고정하고 회전시켜 가공한다. 드릴링, 밀링, 보링은 공구가 회전을 하여 가공한다.

17 다음 윤활제 중 비산 및 유출되지 않고, 급유횟수가 적고 경제적이며, 사용 온도 범위가 넓고, 장시간 사용에 적합한 것은?

① 극압 유
② 그리스
③ 기계 유
④ 스핀들 유

> 그리스 윤활 : 비산이나 유출이 되지 않아 급유횟수가 적고 경제적이며, 사용 온도 범위가 넓고 장시간 사용에 적합하고 양호한 윤활 효과가 있다.

18 선반 가공에서 테이퍼 절삭 시 복식 공구대의 선회값은 얼마인가?

① 3
② 2
③ 0.5
④ 0.2

> 복식 공구대를 회전시키는 방법
>
> 선회 각도 $\tan\theta = \dfrac{D-d}{2l} = \dfrac{50-30}{2\times 50} = 0.2$
>
> 심압대를 편위시키는 방법
> 편위량
> $e = \dfrac{L(D-d)}{2l} = \dfrac{80(50-30)}{2\times 50} = 16\,(mm)$

19 길이가 짧은 가공물을 절삭하기 편리 하며, 베드의 길이가 짧고, 심압대가 없는 경우가 많은 선반은?

① 터릿 선반
② 릴리빙 선반
③ 정면 선반
④ 보통 선반

> - 터릿 선반 : 소형 제품의 대량 생산을 주목적으로 터릿이라는 선회공구대가 있다.
> - 릴리빙 선반 : 밀링커터나 호브 등의 여유각을 절삭할 때 사용
> - 정면 선반 : 지름이 크고 길이가 짧은 공작물 가공

20 선반에서 절삭 속도가 20m/min로 지름 30mm의 연강을 가공할 때, 스핀들의 회전수는 몇 rpm 정도인가?

① 132 ② 477
③ 212 ④ 666

📖 절삭 속도
$$V = \frac{\pi d N}{1000} \text{에서}$$
$$N = \frac{1000V}{\pi D} = \frac{1000 \times 20}{3.14 \times 30} = 212(rpm)$$

21 버니어 캘리퍼스(vernier callipers)에서 어미자의 한 눈금이 1mm이고, 아들자의 눈금 19mm를 20등분한 경우 최소 측정치는 몇 mm 인가?

① 0.01mm ② 0.02mm
③ 0.05mm ④ 0.1mm

📖 최소눈금 계산식 (S : 어미자 눈금, N : 등분수)
$$C = \frac{S}{N} = \frac{1}{20} = 0.05(mm)$$

22 그림에서 더브테일 Ø10 핀을 이용하여 측정할 때 M의 길이는 약 얼마인가?

① 45.36mm ② 60.65mm
③ 73.46mm ④ 94.56mm

📖 블록 더브테일 공식 이용
$$\cot 60 = \frac{1}{\tan 60} = 0.58$$
$$B = A - 2H \cot \alpha = 60 - 2 \times 12 \times 0.58$$
$$= 46.08(mm)$$
$$M = B + d(1 + \cot \frac{\alpha}{2})$$
$$= 46.08 + 10(1 + \frac{1}{\tan 30}) = 73.46(mm)$$

23 절삭 가공을 위하여 기계를 운전하기 전에 점검하여야 할 사항으로 틀린 것은?

① 기계 작동면의 급유 상태
② 백래시와 공작 정밀도 검사
③ 볼트, 너트 등의 풀림 상태
④ 안전 장치와 동력 전달 장치의 작동 상태

📖 • 백래시와 공작 정밀도 검사는 절삭 가공 후에 한다.
• 백래시 : 기어와 기어 또는 나사와 나사같이 작업 중에 뒤로 밀리는 현상

24 밀링 절삭 조건 중 테이블의 이송 속도를 구하는 식은?(단, f는 테이블의 이송 속도, fz는 커터의 절삭날 1개마다의 이송, z는 커터의 날수, n은 회전수이다.)

① $f = \frac{40}{z}$ ② $f = \frac{z \times n}{60 \times 102}$
③ $f = f_z \times z \times n$ ④ $f = \frac{1000z}{\pi n}$

📖 밀링 테이블의 이송 속도
$$f = f_z \times z \times n$$

25 래핑(lapping)의 장점에 해당되지 않는 것은?

① 정밀도가 높은 제품을 가공할 수 있다.
② 가공면은 윤활성 및 내마모성이 좋다.

③ 작업이 용이하고 먼지가 적다.
④ 가공면이 매끈한 거울면을 얻을 수 있다.

> 해설 래핑 : 공작물의 표면에 연마제를 치고 정밀하게 다듬는 작업. 정밀 연마 작업을 하기 때문에 먼지가 많이 난다.

26 아래와 같은 구멍과 축의 끼워 맞춤에서 최대 틈새는?

- 구멍 : $\varnothing 45H7 = \varnothing 45^{+0.025}_{0}$
- 축 : $\varnothing 45K6 = \varnothing 45^{+0.025}_{+0.002}$

① 0.018　　② 0.023
③ 0.050　　④ 0.027

> 해설 최대 틈새는 구멍이 가장 크고 축이 가장 작을 때의 조건으로,
> 최대 틈새 = 구멍의 최대 허용 치수 − 축의 최소 허용 치수 = 45.025 − 45.002 = 0.023

27 다음 투상 방법 설명 중 틀린 것은?

① 경사면부가 있는 대상물에서 그 경사면의 실형을 표시할 때에는 보조 투상도로 나타낸다.
② 그림의 일부를 도시하는 것으로 충분한 경우에는 부분 투상도로서 나타낸다.
③ 대상물의 구멍, 홈 등 한 부분만의 도양을 도시하는 것으로 충분한 경우에는 그 필요한 부분만을 회전 투상도로서 나타낸다.
④ 특정 부분의 도형이 작은 이유로 그 부분의 상세한 도시나 치수 기입을 할 수 없을 때에는 부분 확대도로 나타낸다.

> 해설 국부 투상도 : 대상물의 구멍, 홈 등의 한 부분만의 모양을 표시하는 투상

28 다음 중 끼워 맞춤에서 치수 기입 방법으로 틀린 것은?

> 해설 구멍과 축이 조립된 상태에서 함께 치수를 기입할 경우 구멍 치수를 앞에 기입하거나 위에 쓴다.

29 다음 중 스케치도를 작성하는 방법이 아닌 것은?

① 프리핸드법　　② 방사선법
③ 본뜨기법　　　④ 프린트법

📘 스케치도 방법
① 프리핸드법, ② 본뜨기법(모양뜨기), ③ 프린트법, ④ 사진법

30 가공에 사용하는 공구나 지그 등의 위치를 참고로 도시할 경우에 사용되는 선은?

① 굵은 파선
② 가는 2점 쇄선
③ 가는 파선
④ 굵은 1점 쇄선

📘 가상선 : 가는 2점 쇄선을 이용하여 인접하는 부분 또는 공구, 지그 등을 참고로 표시하는 선

31 다음과 같이 원뿔을 경사지게 자른 경우의 전개 형태로 올바른 것은?

32 치수 기입 원칙 중 맞지 않는 것은?

① 치수는 되도록 주투상도에 집중한다.
② 치수는 가능한 중복 기입을 한다.
③ 관련되는 치수는 되도록 한 곳에 모아서 기입한다.
④ 치수와 함께 특별한 제작 요구사항을 기입할 수 있다.

📘 치수는 중복 기입을 피해야 한다.

33 한국 산업 표준 중 기계 부문에 대한 분류 기호는?

① KS A
② KS B
③ KS C
④ KS D

📘 KS A : 기본, KS B : 기계, KS C : 전기, KS D : 금속

34 줄무늬 방향의 기호에서 가공에 의한 커터의 줄무늬가 여러 방향으로 교차될 때 나타내는 기호는?

① R
② C
③ F
④ M

📘 R : 레이디얼 모양, C : 동심원 모양, M : 여러 방향으로 교차 또는 무 방향

35 길이가 50mm인 축을 도면에 5:1 척도로 그릴 때 기입되는 치수로 옳은 것은?

① 10
② 250
③ 50
④ 100

📘 척도와 상관없이 치수는 그대로 기입하며 그림이 축소 또는 확대된다.

36 리브(rib), 암(arm) 등의 회전 도시 단면을 도형 내의 절단한 곳에 겹쳐서 나타낼 때 사용하는 선은?

① 굵은 실선
② 굵은 1점 쇄선
③ 가는 파선
④ 가는 실선

📘 도형 내에 회전 단면을 한 경우는 가는 실선을 사용하며 밖에 도시할 경우는 굵은 실선을 사용한다.

37 축의 끼워 맞춤에 사용되는 IT 공차의 급수에 해당하는 것은?

① IT 01 ~ IT 4
② IT 01 ~ IT 5
③ IT 5 ~ IT 9
④ IT 9 ~ IT 10

• 축 끼워 맞춤에 사용하는 IT 공차 등급 : IT 5급~9급
• 구멍 끼워 맞춤에 사용하는 IT 공차 등급 : IT 6급~10급

38 다음 치수 보조 기호 표시 중 의미가 잘못 표시된 것은?

① SØ : 구의 지름
② SR : 구의 반지름
③ C : 45° 모떼기
④ (20) : 완성 치수 20

괄호 안의 치수는 참고 치수를 나타낸다.

39 주로 금형으로 생산되는 플라스틱 눈금자와 같은 제품 등에 제거 가공 여부를 묻지 않을 때 사용되는 기호는?

①   ②
③   ④

① 제거 가공의 필요 여부를 문제 삼지 않는다
② 제거 가공을 해서는 안 된다.
③ 제거 가공을 필요로 한다.

40 다음은 어떤 물체를 제3각법으로 투상하여 정면도와 우측면도를 나타낸 것이다. 평면도로 옳은 것은?

①   ②
③   ④

41 기하 공차의 기호 연결이 옳은 것은?

① 진원도 : ◎   ② 원통도 : ○
③ 위치도 : ⊕   ④ 진직도 : ⊥

◎:동심도, ○:진원도, ⊥:직각도

42 다음은 제3각법으로 투상한 투상도이다. 입체도로 알맞은 것은?(단, 화살표 방향이 정면도이다.)

①   ②
③   ④

43 한국 산업 표준에서 정한 도면에 사용하는 선 굵기의 기준이 아닌 것은?

① 0.18mm ② 0.35mm
③ 0.75mm ④ 1mm

해설 선 굵기의 기준은 0.18, 0.25, 0.35, 0.5, 0.7, 1mm로 하며 0.75은 가능한 사용하지 않는다.

44 다음 등각 투상도에서 화살표 방향을 정면도로 할 경우 평면도로 올바른 것은?

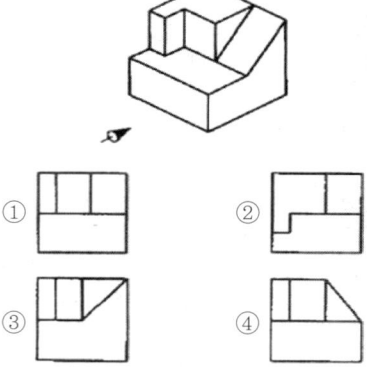

45 다음 공차 기입의 표시 방법 중 복수의 데이텀(datum)을 표시하는 방법으로 올바른 것은?

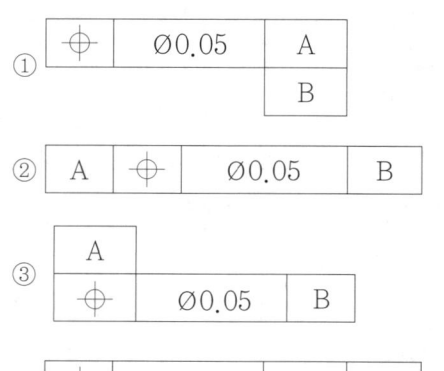

해설 복수 데이텀을 쓸 경우 데이텀을 순서에 따라 나란히 쓴다.

46 기어의 도시 방법에 대한 설명으로 틀린 것은?

① 기어의 도면에는 주로 기어 소재를 제작하는 데 필요한 치수만을 기입한다.
② 피치원 지름을 기입할 때에는 치수 앞에 PCR(Pitch Circle Radius)이라 기입한다.
③ 요목표의 위치는 도시된 기어와 가까운 곳에 정한다.
④ 요목표에는 치형, 모듈, 압력각 등 이의 가공에 필요한 사항을 기입한다.

해설 지름 : 기어의 피치원지름은 치수 앞에 PCD를 기입한다.

47 리벳 이음의 제도에 관한 설명으로 바른 것은?

① 리벳은 길이 방향으로 절단하여 표시하지 않는다.
② 얇은 판, 형강 등 얇은 것의 단면은 가는 실선으로 그린다.
③ 형판 또는 형강의 치수는 "호칭 지름×길이×재료"로 표시한다.
④ 리벳의 위치만을 표시할 때에는 원 모두를 굵게 그린다.

해설 ② 얇은 것은 단면을 굵은 실선 하나로 도시한다.
③ 형강의 치수 기입법 : 형상 높이 × 넓이 × 두께 — 길이
④ 리벳의 위치만 표시할 경우는 중심선만으로 나타낼 수 있다.

48 유체를 한 방향으로만 흐르게 하여 역류를 방지하는 구조의 밸브는?

① 안전 밸브
② 스톱 밸브
③ 슬루스 밸브
④ 체크 밸브

　체크 밸브 : 유체를 한 방향으로만 흐르게하여 역류를 방지하는 구조

49 다음 중 벨트 풀리의 도시 방법으로 틀린 것은?

① 벨트 풀리는 축 직각 방향의 투상을 주 투상도로 할 수 있다.
② 벨트 풀리는 대칭형이므로 그 일부분만을 나타낼 수 있다.
③ 암은 길이 방향으로 절단하여 도시하지 않는다.
④ 암의 단면형은 도형의 안이나 밖에 부분 단면으로 나타낸다.

　암의 단면형은 회전 단면으로 나타낸다.

50 나사의 도시 방법에서 가는 실선으로 그려야 하는 것은?

① 완전 나사부와 불완전 나사부의 경계선
② 수나사 및 암나사의 골
③ 암나사의 안지름
④ 수나사의 바깥지름

　수나사 및 암나사의 골은 가는 실선으로 나타낸다.

51 축의 도시 방법 중 바르게 설명한 것은?

① 긴 축은 중간을 파단하여 짧게 그릴 수 있으며 치수는 실제의 길이를 기입한다.
② 축 끝의 모따기는 각도와 폭을 기입하되 60°모따기인 경우에 한하여 치수 앞에 "C"를 기입한다.
③ 둥근 측이나 구멍 등의 일부 면이 평면임을 나타낼 경우에는 굵은 실선의 대각선을 그어 표시한다.
④ 축에 있는 널링(knurling)의 도시는 빗줄인 경우 축선에 대하여 45°로 엇갈리게 그린다.

　② 45°모따기인 경우만 C기호를 사용한다.
　③ 평면을 표시할 경우 가는 실선의 대각선을 이용한다.
　④ 널링은 축선에 대하여 30°로 엇갈리게 그린다.

52 다음 스프링에 관한 제도 설명 중 틀린 것은?

① 코일 스프링에서 코일 부분의 중간 부분을 생략하는 경우에는 생략하는 부분의 선 지름의 중심선을 가는 1점 쇄선으로 나타낸다.
② 하중 또는 처짐 등을 표시할 필요가 있을 때에는 선도 또는 항목표로 나타낸다.
③ 도면에서 특별한 지시가 없는 한 모두 오른쪽 감기로 도시한다.
④ 벌루트 스프링은 원칙적으로 하중이 가해진 상태에서 그리는 것을 원칙으로 한다.

　대부분의 스프링은 무하중 상태에서 도시하며 겹판 스프링의 경우 하중이 가해진 상태(상용 하중)로 도시한다.

53 미터 사다리꼴 나사의 호칭 지름 40mm, 피치 7, 수나사 등급이 7e인 경우 옳게 표시한 방법은?

① TM40 × 7 − 7e
② TW40 × 7 − 7e
③ Tr40 × 7 − 7e
④ TS40 × 7 − 7e

📖 미터사다리꼴 나사의 기호 : Tr

54 주어진 베어링 호칭에 대한 안지름 치수가 틀린 것은?

① 6312 → 안지름 치수 60mm
② 6300 → 안지름 치수 10mm
③ 6302 → 안지름 치수 15mm
④ 6317 → 안지름 치수 17mm

📖 세 번째, 네 번째 숫자가 안지름 번호이며 00=10mm, 01=12mm, 02=15mm, 03=17mm 04부터는 곱하기 5를 한다.

55 스퍼 기어에서 피치원의 지름이 160mm이고, 잇수가 40일 때 모듈(module)은?

① 2
② 4
③ 6
④ 8

📖 PCD = m(모듈) × Z(잇수)에서
모듈 = 160/40 = 4

56 다음 그림은 용접부의 기호 표시 방법이다. (가)와 (나)에 대한 설명으로 틀린 것은?

① 그림 (가)의 실제 모양이다.(한쪽 용접)

② 그림 (나)의 실제 모양이다.(양쪽 용접)

③ 그림 (가)는 화살표 쪽을 용접하라는 뜻이다.
④ 그림 (나)는 화살표 반대쪽을 용접하라는 뜻이다.

📖 필렛 용접을 나타낸 것으로 실선에 기호가 있으면 화살표 쪽을 용접하는 것이고, 숨은선에 기호가 있으면 화살표의 반대쪽을 용접하라는 뜻이다. ② 항은 한쪽 용접이다.

57 CAD 시스템에서 마지막 점에서 다음 점까지의 각도와 거리를 입력하여 선긋기를 하는 입력 방법은?

① 절대 직교 좌표 입력 방법
② 상대 직교 좌표 입력 방법
③ 절대 원통 좌표 입력 방법
④ 상대 극 좌표 입력 방법

📖 각도와 거리를 입력하여 나타내는 방법을 극 좌표 입력이라 한다.

58 다음 입출력 장치의 연결이 잘못된 것은?

① 입력 장치 – 키보드, 라이트 펜
② 출력 장치 – 프린터, COM
③ 입력 장치 – 트랙 볼, 태블릿
④ 출력 장치 – 디지타이저, 플로터

해설 디지타이저는 입력 장치이다.

59 컴퓨터에서 CPU와 주변 기기 간의 속도 차이를 극복하기 위하여 두 장치 사이에 존재하는 보조 기억 장치는?

① cache memory
② associative memory
③ destructive memory
④ nonvolatile memory

해설 Cache Memory : 컴퓨터의 중앙 프로세서가 빨리 처리할 수 있도록 자주 사용되는 명령이나 데이터를 일시적으로 저장하는 보조 기억 장치

60 CAD 시스템을 이용한 3차원 모델링 중 체적, 무게 중심, 관성 모멘트 등의 물리적 성질을 구할 수 있는 것은?

① 와이어 프레임 모델링
② 서피스 모델링
③ 솔리드 모델링
④ 시스템 모델링

해설 솔리드 모델링은 관성 모멘트 등의 물리적 성질을 구할 수 있다.

ANSWER 적중모의고사 2회

01	②	02	②	03	①	04	③	05	①
06	④	07	②	08	④	09	④	10	④
11	②	12	①	13	①	14	③	15	④
16	①	17	②	18	④	19	③	20	③
21	③	22	③	23	②	24	③	25	③
26	②	27	③	28	③	29	③	30	②
31	③	32	②	33	②	34	③	35	③
36	④	37	③	38	④	39	①	40	①
41	③	42	③	43	③	44	②	45	④
46	②	47	①	48	④	49	④	50	②
51	①	52	④	53	③	54	④	55	②
56	④	57	④	58	④	59	①	60	③

CBT 대비 적중모의고사_ 제3회

01 가장 널리 쓰이는 키(key)로 축과 보스 양쪽에 모두 키홈을 파서 동력을 전달하는 것은?

① 성크 키　　② 반달 키
③ 접선 키　　④ 원뿔 키

02 스프링을 사용하는 목적으로 볼 수 없는 것은?

① 힘 축적　　② 진동 흡수
③ 동력 전달　　④ 충격의 완화

03 구리에 아연을 5~20%를 첨가한 것으로 색깔이 아름답고 장식품에 많이 쓰이는 황동은?

① 톰백　　② 포금
③ 문쯔메탈　　④ 커머셜 브론즈

- 톰백 : 구리에 8~20% 아연(Zn) 합금. 금대용. 장식품에 사용
- 포금 : 구리에 10% 주석(Sn)합금, 유연성, 내식, 내수압서 우수
- 문쯔메탈 : 6·4황동을 말하며 구리에 아연 40%의 합금

04 제동 장치를 작동부분의 구조에 따라 분류할 때 이에 해당되지 않는 것은?

① 유압 브레이크
② 밴드 브레이크
③ 디스크 브레이크
④ 블록 브레이크

- 브레이크의 작동 부분 구조에 따른 종류 : 띠(밴드) 브레이크, 블록 브레이크, 디스크 브레이크, 전자 브레이크

05 기준 랙 공구의 기준 피치선이 기어의 기준 피치원에 접하지 않는 기어는?

① 웜 기어
② 표준 기어
③ 전위 기어
④ 베벨 기어

- 전위 기어 : 기준 랙의 기준 피치 선이 기어의 기준 피치원과 접하지 않도록 하여 제작한 기어
- 전위 기어의 용도
  - 중심 거리를 변화시키려고 할 때
  - 언더컷을 피하려고 할 때
  - 이의 강도를 개선하려고 할 때

06 길이가 50mm인 표준 시험편으로 인장 시험하여 늘어난 길이가 65mm이었다. 이 시험편의 연신율은?

① 20%　　② 25%
③ 30%　　④ 35%

연신율

$$e = \frac{l' - l}{l} = \frac{65 - 50}{50} \times 100 = 30\%$$

07 순수 비중이 2.7인 이 금속은 주조가 쉽고 가벼울 뿐만 아니라 대기 중에서 내식력이 강하고 전기와 열의 양도체로 다른 금속과 합금하여 쓰이는 것은?

① 구리(Cu) ② 알루미늄(Al)
③ 마그네슘(Mg) ④ 텅스텐(W)

📖 구리 비중(8.9), 알루미늄 비중(2.7), 마그네슘 비중(1.7), 텅스텐 비중(19.3)

08 유체의 유량이 30m³/s이고, 평균 속도가 1.5m/s일 때 관의 안지름은 약 몇 mm인가?

① 2059 ② 3089
③ 4119 ④ 5045

📖 유량공식

유량 $Q = AV = \dfrac{\pi d^2}{4} \times V$ 에서

$d = \sqrt{\dfrac{4Q}{\pi V}} = \sqrt{\dfrac{4 \times 30}{3.14 \times 1.5}} = 5.047(m)$

$= 5,047 mm$

09 금속 재료 중 주석, 아연, 납, 안티몬의 합금으로 주성분인 주석과 구리, 안티몬을 함유한 것으로 베빗메탈이라고도 하는 것은?

① 켈밋 ② 합성수지
③ 트리메탈 ④ 화이트메탈

📖 화이트메탈의 종류
- 주석계 화이트메탈 : 베빗메탈(Sn+Sb+Cu)
- 납계 화이트메탈 : 앤티프릭션메탈(Pb+Sn+Sb)

10 탄소강의 성질을 설명한 것 중 옳지 않은 것은?

① 소량의 구리를 첨가하면 내식성이 좋아진다.
② 인장 강도와 경도는 공석점 부근에서 최대가 된다.
③ 탄소강의 내식성은 탄소량이 감소할수록 증가한다.
④ 표준 상태에서는 탄소가 많을수록 강도나 경도가 증가한다.

📖 • 탄소강의 탄소가 많을수록 변하는 성질
- 강도 경도가 커진다.(공석점에서 최대)
- 인성과, 전성, 충격값이 감소
- 용융점 낮아지고, 비중도 작아진다.
- 담금질 효과가 커진다.
- 가공 변형이 어렵고 냉간 가공이 안 된다.
• 내식성은 부식에 잘 견디는 성질을 의미하며 탄소량과는 무관하다.

11 스테인리스강의 종류에 해당되지 않는 것은?

① 페라이트계 스테인리스강
② 펄라이트계 스테인리스강
③ 마텐자이트계 스테인리스강
④ 오스테나이트계 스테인리스강

📖 • 스테인리스강 : 강 중에 니켈이나 크롬을 첨가해 주면 내식성이 좋아지며 대기중, 수중, 산 등에 잘 견디는 성질을 가지게 된다.
- 13형 스테인리스강(크롬 13%), 페라이트계
- 18-8형 스테인리스강(18%Cr+8%Ni)
• 펄라이트계 스테인리스강은 없다.

12 수나사의 크기는 무엇을 기준으로 표시하는가?

① 유효 지름
② 수나사의 안지름
③ 수나사의 바깥지름
④ 수나사의 골지름

📖 수나사의 크기는 수나사의 바깥지름으로 나타내며, 암나사의 호칭지름은 암나사에 맞는 수나사의 바깥지름으로 나타낸다.

13 평 벨트를 벨트 풀리에 걸 때 벨트와 벨트 풀리의 접촉각을 크게 하기위해 이완측에 설치하는 것은?

① 림
② 단차
③ 균형 추
④ 긴장 풀리

🔍 긴장 풀리(벨트 타이트너) : 벨트와 풀리의 접촉각을 크게 하기 위해 이완측에 설치한다.

14 주철의 일반적 설명으로 틀린 것은?

① 강에 비하여 취성이 작고 강도가 비교적 높다.
② 주철은 파면상으로 분류하면 회주철, 백주철, 반주철로 구분할 수 있다.
③ 주철 중 탄소의 흑연화를 위해서는 탄소량 및 규소의 함량이 중요하다.
④ 고온에서 소성 변형이 곤란하나 주조성이 우수하여 복잡한 형상을 쉽게 생산할 수 있다.

🔍 강에 비하여 잘 깨지는 취성이 크며 강도도 떨어진다.

15 신소재인 초전도 재료의 초전도 상태에 대한 설명으로 옳은 것은?

① 상온에서 자화시켜 강한 자기장을 얻을 수 있는 금속이다.
② 알루미나가 주가 되는 재료로 높은 온도에서 잘 견디어 낸다.
③ 비금속의 무기 재료(classical ceramics)를 고온에서 소결처리하여 만든 것이다.

④ 어떤 종류의 순금속이나 합금을 극저온으로 냉각하면 특정 온도에서 갑자기 전기 저항이 영(0)이 된다.

🔍 초전도 현상 : 어떤 종류의 금속이나 합금을 절대 0℃ 가까이까지 냉각하였을 때, 전기 저항이 갑자기 소멸하여 전류가 아무런 장애 없이 흐르는 현상을 말한다. 초전도 현상이 나타나는 온도를 임계온도라 한다.

16 어미자의 눈금이 0.5mm이며, 아들자의 눈금이 12mm를 25등분한 버니어 캘리퍼스의 최소 측정값은?

① 0.01mm
② 0.02mm
③ 0.05mm
④ 0.025mm

🔍 최소눈금

$$\frac{어미자의 눈금}{등분수} = \frac{0.5}{25} = 0.02$$

17 3차원 측정기의 분류에서 몸체 구조에 따른 형태에 속하지 않는 것은?

① 이동 브리지형(moving bridge type)
② 캔틸레버형(cantilever type)
③ 컬럼형(column type)
④ 캘리퍼스형(calipers type)

🔍 3차원 측정기의 몸체 구조에 따른 분류
• 이동 브리지형
• 캔틸레버형
• 컬럼형

18 연삭 숫돌에 눈메움이나 무딤 현상이 발생하였을 때 숫돌을 수정하는 작업은?

① 래핑
② 드레싱
③ 글레이징
④ 덮개 설치

- 눈메움, 로딩 : 숫돌입자의 표면이나 기공에 칩이 끼여 연삭성이 나빠지는 현상
- 무딤, 글레이징 : 결합도가 너무 높아 입자가 탈락하지 않고 숫돌 표면이 매끈해지는 현상
- 드레싱 : 숫돌 표면을 깎아 예리한 날을 가진 입자를 표면에 나타나게 하는 작업
- 트루잉 : 숫돌이 편마모나 모양이 변한 경우 숫돌 전체를 정확한 모양으로 수정하는 작업

19 절삭 공구 재료의 구비 조건에 해당되지 않는 것은?

① 취성이 클 것
② 원하는 형태로 쉽게 만들 수 있을 것
③ 피절삭재료 보다는 굳고 인성이 있을 것
④ 절삭 가공 중에 온도가 높아져도 경도가 쉽게 저하되지 않을 것

> 취성이 크면 잘 깨지므로 구비 조건이 아니다.

20 선반 가공 시 회전수가 일정할 때 가공물의 지름에 따른 절삭 속도는?

① 가공물의 지름과 절삭 속도는 관계없다.
② 가공물의 지름이 커질수록 절삭 속도는 빨라진다.
③ 가공물의 지름이 커질수록 절삭 속도는 느려진다.
④ 가공물의 지름이 적어질수록 절삭속도는 빨라진다.

> 절삭 속도 $V = \dfrac{\pi DN}{1000}$ 에서 회전수(N)가 일정할 때 지름(D)이 커지면 절삭 속도는 빨라진다.

21 각봉상의 서립자로 만든 공구를 공작물에 스프링 또는 유압으로 접촉시키고 회전 운동과 동시에 왕복 운동을 주어 매끈하고 정밀하게 가공하는 기계는?

① 호닝 머신
② 래핑 머신
③ 평면 연삭기
④ 배럴 머신

> 호닝 : 직사각형 단면의 긴 숫돌을 지지봉의 끝에 방사 방향으로 붙여 놓은 혼을 구멍에 넣고 회전 운동이나 축 방향의 운동을 동시에 시켜가며 구멍의 내면을 정밀 다듬질하는 가공

22 공작 기계 중 커터는 회전하고 공작물이 이송되며 절삭하는 것은?

① 선반
② 밀링
③ 드릴
④ 슬로터

> - 선반 : 공작물이 회전하고 공구가 이송한다.
> - 드릴 : 공작물은 고정되어 있으며 공구가 회전하며 이송한다.
> - 슬로터 : 공작물은 고정되어 있으며 공구가 직선 운동을 한다.

23 밀링 가공에서 하향 절삭에 비교한 상향 절삭의 장점에 해당되는 것은?

① 가공면이 깨끗하다.
② 커터의 마모가 적다.
③ 공작물의 고정이 간단하다.
④ 이송 기구의 백래시가 제거된다.

> 상향 절삭
> - 기계에 무리가 없으며 날이 부러질 염려가 없다.
> - 백래시가 자연히 제거된다.
> - 가공면이 거친 단점이 있다.

24 작업복 착용에 따른 안전 사항으로 틀린 것은?

① 신체에 맞고 가벼워야 한다.
② 실밥이 터지거나 풀린 것은 즉시 꿰매도록 한다.
③ 작업복 스타일은 착용자의 연령, 직종에 관계없다.
④ 더운 계절이나 고온 작업 시 작업복을 벗지 않는다.

📖 작업복은 직종에 따라 스타일을 달리 할 수 있다.

25 선반 위에서 테이퍼를 측정하여 그림과 같은 측정 결과를 얻었을 때 테이퍼량은 얼마인가?

① $\dfrac{1}{2}$ ② $\dfrac{1}{2.5}$
③ $\dfrac{1}{5}$ ④ $\dfrac{1}{7.5}$

📖 테이퍼 게이지의 한쪽 기울기(α)
$$\tan\alpha = \dfrac{M_2 - M_1}{2H} = \dfrac{74 - 62}{2 \times 30} = 0.2$$
테이퍼량은 한쪽 기울기의 2배로 0.2×2, 즉 $\dfrac{1}{2.5}$

26 치수 기입 시 사용되는 보조 기호와 설명이 일치하지 않는 것은?

① □ : 정사각형의 변

② R : 반지름
③ Ø : 지름
④ C : 구의 지름

📖 구의 지름 : SØ

27 스케치도를 그리는 방법으로 올바르지 않은 것은?

① 스케치할 물체의 특징을 파악하여 주투상도를 결정한다.
② 스케치도에는 주 투상도만 그리고 치수, 재질, 가공법 등은 기입하지 않는다.
③ 부품 표면에 광명단 또는 스탬프 잉크를 칠한 다음 용지에 찍어 실제 형상으로 모양을 뜨는 방법도 있다.
④ 실제 부품을 용지 위에 올려놓고 본을 뜨는 방법도 있다.

📖 스케치도 일반 제도와 똑같이 제도 양식에 준하여 도면을 작성한다. 다만 제도용구를 사용하지 않고 그린다.

28 치수 공차의 기입법 중 Ø25E8 구멍의 공차역은?(단, IT8급의 기본공차는 0.033mm이고, 25에 대한 E구멍의 기초가 되는 치수 허용차는 0.040mm이다.)

① $Ø25^{+0.073}_{+0.040}$ ② $Ø25^{+0.040}_{+0.033}$
③ $Ø25^{+0.073}_{+0.033}$ ④ $Ø25^{+0.073}_{+0.007}$

📖 기초가 되는 치수 허용차는 아래치수 허용차(0.040)를 의미하며 위치수 허용차는 아래치수 허용차+기본 공차이다.
즉, 0.040 + 0.033 = 0.073

29 다음 중 길이 방향으로 절단하여 도시하여도 좋은 것은?

① 축 ② 볼트
③ 키 ④ 보스

해설 축, 볼트, 키와 같은 기계 요소는 길이 방향으로 절단하여 도시하지 않는다.

30 제도 용지의 크기가 297×420mm일 때 도면 크기의 호칭으로 옳은 것은?

① A2 ② A3
③ A4 ④ A5

해설 제도용지
• A3 : 297×420
• A2 : 420×594

31 최대 허용 한계 치수에서 기준 치수를 뺀 값을 두엇이라 하는가?

① 아래치수 허용차
② 위치수 허용차
③ 실치수
④ 치수 공차

해설
• 위치수 허용차 = 최대 허용 한계 치수 − 기준치수
• 아래치수 허용차 = 최소 허용 한계 치수 − 기준치수
• 치수 공차 = 최대허용 한계 치수 − 최소 허용 한계치 수

32 기하 공차의 구분 중 모양 공차의 종류에 해당하는 것은?

① ⌒ ② ∥
③ ⊥ ④ ⌖

해설
• 모양 공차 : 진직도, 평면도, 진원도, 원통도, 선의 윤곽도, 면의 윤곽도
• 자세 공차 : 평면도, 직각도, 경사도
• 위치 공차 : 위치도, 동심도, 대칭도
• 흔들림 공차 : 원주흔들림, 온 흔들림공차

33 아래 투상도는 어떤 물체를 보고 제3각법으로 투상한 것이다. 이 물체의 등각 투상도로 맞는 것은?

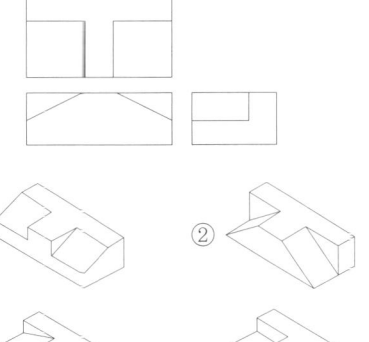

34 도면에서 2종류 이상의 선이 같은 장소에서 중복될 경우 선의 우선순위로 옳은 것은?

① 숨은선→외형선→절단선→중심선→무게중심선→치수보조선
② 외형선→숨은선→절단선→중심선→무게중심선→치수보조선
③ 중심선→외형선→숨은선→절단선→무게중심선→치수보조선
④ 무게중심선→치수보조선→외형선→숨은선→절단선→중심선

해설 외형선 > 숨은선 > 절단선 > 중심선 > 무게중심선 > 치수보조선

35 가공에 의한 커터의 줄무늬 방향이 그림과 같을 때, (가)의 기호는?

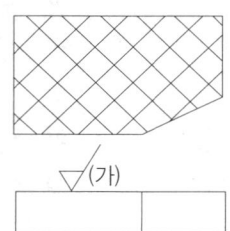

① C ② M
③ R ④ X

- X : 줄무늬 방향이 투상면에 경사지고 두 방향으로 교차
- C : 면의 중심에 대하여 대략 동심원 모양

36 다음 중 가상선으로 나타내지 않는 것은?

① 물품의 보이지 않는 부분의 모양을 표시하는 경우
② 이동하는 부분의 운동 범위를 표시하는 경우
③ 가공 후의 모양을 표시하는 경우
④ 물품의 인접 부분을 참고로 표시하는 경우

- 물품의 보이지 않는 부분의 모양을 표시하는 선은 숨은선이다.

37 다음 치수 기입 방법에 대한 설명으로 틀린 것은?

① 치수의 단위는 mm이고 단위 기호는 붙이지 않는다.
② cm나 m를 사용할 필요가 있을 경우는 반드시 cm나 m 등의 기호를 기입하여야 한다.
③ 한 도면 안에서의 치수는 같은 크기로 기입한다.
④ 치수 숫자의 단위수가 많은 경우에는 3단위마다 숫자 사이를 조금 띄우고 콤마를 사용한다.

- 치수 숫자의 단위수가 많은 경우는 3단위마다 숫자를 조금 띄우며 콤마를 사용하지 않는다. 콤마를 사용하면 소수점으로 오해할 수 있기 때문에 사용하지 않는다.

38 다음 투상도의 설명으로 틀린 것은?

① 경사면을 보조 투상도로 나타낸 도면이다.
② 평면도의 일부를 생략한 도면이다.
③ 좌측면도를 회전 투상도로 나타낸 도면이다.
④ 대칭 기호를 사용해 한쪽을 생략한 도면이다.

- 회전 투상도는 사용하지 않았다.

39 끼워 맞춤 기호의 기입에 대한 설명으로 옳은 것은?

① 끼워 맞춤 방식에 의한 치수 허용차는 기준 치수 다음에 끼워 맞춤 종류의 기호 및 등급을 기입하여 표시한다.
② IT 공차에서 구멍은 알파벳의 소문자로 축은 대문자로 표시한다.

③ 같은 호칭 치수에 대하여 구멍 및 축에 끼워 맞춤 종류의 기호를 치수선 위에 기입한다.
④ 구멍 또는 축의 전체 길이에 걸쳐 조립되지 않을 경우에는 부분 이외에도 공차를 주도록 한다.

> • IT 공차에서 구멍은 알파벳 대문자로 축은 소문자로 표기한다.
> • 조립과 관계 없고 공차가 필요 없는 부분에는 공차를 넣을 필요가 없다.

40 회전 도시 단면도에 대한 설명 중 틀린 것은?

① 암, 리브 등의 절단면은 90° 회전하여 표시한다.
② 절단한 곳의 전후를 끊어서 그 사이에 그릴 수 있다.
③ 도형내 절단한 곳에 겹쳐서 그릴 때는 가는 1점 쇄선을 사용하여 그린다.
④ 절단선의 연장선 위에 그릴 수 있다.

> 회전 단면도를 도형 내 절단한 곳에 겹쳐서 그릴 때는 가는 실선을 사용하며 도형의 밖에 그릴 때는 굵은 실선을 사용한다.

41 다음은 어떤 물체를 제3각법으로 투상하여 정면도와 우측면도를 나타낸 것이다. 평면도로 옳은 것은?

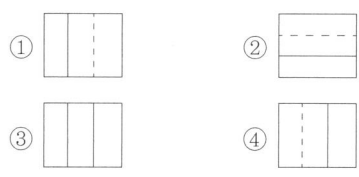

> ④항이 평면도이다.

42 등각 투상도에 대한 설명으로 틀린 것은?

① 원근감을 느낄 수 있도록 하나의 시점과 물체의 각점을 방사선으로 이어서 그린다.
② 정면, 평면, 측면을 하나의 투상도에서 동시에 볼 수 있다.
③ 직육면체에서 직각으로 만나는 3개의 모서리는 120°를 이룬다.
④ 한 축이 수직일 때에는 나머지 두 축은 수평선과 30°를 이룬다.

> ①항의 설명은 건축 조감도에서 많이 사용하는 투시도법을 설명한 것이다.

43 기하 공차 표기에서 그림과 같이 수치에 사각형 테두리를 씌운 것은 무엇을 나타내는 것인가?

52

① 데이텀
② 돌출 공차역
③ 이론적으로 정확한 치수
④ 최대 실체 공차 방식

> 치수에 사각테두리를 사용한 것은 이론적으로 정확한 치수를 의미한다.

44 KS 규격 중 기계 부문에 해당되는 분류 기호는?

① KS A   ② KS B
③ KS C   ④ KS D

해설 KS 부문별 기호
KS A : 기본, KS B : 기계, KS C : 전기, KS D : 금속

45 표면 거칠기의 표시 방법 중 제거 가공을 필요로 하는 경우 지시하는 기호로 옳은 것은?

① ∨   ② ∇
③ ∀   ④ √

해설 ① : 절삭 등 제거 가공의 필요 여부를 문제 삼지 않는다.
② : 제거 가공을 필요로 한다.
③ : 제거 가공을 해서는 안 된다.

46 축의 도시 방법을 설명한 것 중 틀린 것은?

① 축은 길이 방향으로 절단하여 온단면을 하여 그린다.
② 단면 모양이 같은 긴 축은 중간을 파단하여 짧게 그릴 수 있다.
③ 축의 끝은 모따기를 하고 모따기 치수를 기입한다.
④ 축의 키홈 부분의 표시는 부분 단면도로 나타낸다.

해설 축은 길이 방향으로 절단하여 단면 표시하지 않는다.

47 다음 중 나사의 표시 방법으로 틀린 것은?

① 나사산의 감긴 방향이 오른 나사인 경우에는 표시하지 않는다.
② 나사산의 줄 수는 한줄 나사인 경우에는 표시하지 않는다.
③ 암나사와 수나사의 등급을 동시에 나타낼 필요가 있을 경우는 암나사의 등급, 수나사의 등급 순서로 그 사이에 사선(/)을 넣는다.
④ 나사의 등급은 생략하면 안 된다.

해설 미터 나사는 1, 2, 3등급으로 나뉘며 나사의 등급은 생략하여 표기해도 된다.

48 용접부 표면 또는 용접부 형상의 보조 기호 중 영구적인 이면 판재(backing strip) 사용을 표시하는 기호는?

① ──   ② ⌣
③ MR   ④ M

해설 ① : 평면(동일한 면으로 마감처리)
② : 끝단부를 매끄럽게 함
③ : 제거 가능한 이면 판재 사용
④ : 영구적인 이면 판재를 사용

49 다음은 냉동관 이음하기의 일부분이다. 도면에서 체크 밸브는?

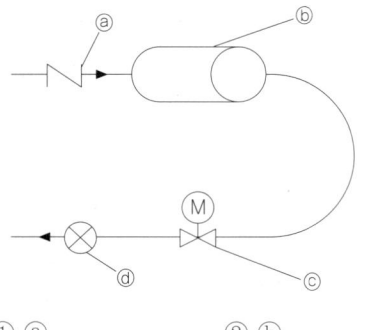

① ⓐ   ② ⓑ
③ ⓒ   ④ ⓓ

해설 ① : 체크 밸브, ② : 탱크, ③ : 게이트 밸브, ④ : 팽창 밸브

50 베어링 기호 NA4916V의 설명 중 틀린 것은?

① NA : 니들 베어링
② 49 : 치수계열
③ 16 : 안지름 번호
④ V : 접촉각 기호

해설
- 접촉각 기호 : C
- 리테이너 기호 : V

51 주철재 V 벨트 폴리의 홈부분 각도가 아닌 것은?

① 34° ② 36°
③ 38° ④ 40°

해설 V 벨트의 단면각이 40°이기 때문에 쐐기 작용을 하는 홈 부분은 이보다 작아야 한다.

52 보기의 그림은 어떤 키(key)를 나타낸 것 인가?

① 묻힘 키   ② 접선 키
③ 세레이션   ④ 스플라인

해설
- 스플라인 : 축의 둘레에 4~20개의 턱을 만들어 큰 회전력을 전달할 경우 사용
- 세레이션 : 축에 작은 삼각형의 이를 만들어 축과 보스를 고정시킨 것

53 스퍼 기어 제도 시 요목표에 기입되지 않는 것은?

① 입력각   ② 모듈
③ 잇수   ④ 비틀림각

해설 비틀림각은 헬리컬 기어에서 필요하다.

54 다음 중 스프링 제도에 대한 설명으로 틀린 것은?

① 코일 스프링은 원칙적으로 하중이 걸린 상태에서 그린다.
② 겹판 스프링은 원칙적으로 스프링 판이 수평한 상태에서 그린다.
③ 그림에 단서가 없는 코일 스프링은 오른쪽으로 감긴 것을 표시한다.
④ 코일 스프링이 왼쪽으로 감긴 경우는 "감긴방향 왼쪽"이라고 표시한다.

해설 스프링은 원칙적으로 무하중 상태에서 그리며 겹판 스프링의 경우 하중이 걸린 상태에서 그린다.

55 스퍼 기어의 도시법에서 피치원을 나타내는 선의 종류는?

① 가는 실선
② 가는 1점 쇄선
③ 가는 2점 쇄선
④ 굵은 실선

해설 피치원은 가는 1점 쇄선으로 그린다.

56 다음과 같이 표시된 너트의 호칭 중에서 형식을 나타내는 것은?

```
KS B 1012 6각 너트 스타일1 B M12-8
MFZnl ㅏC
```

① 스타일1   ② B
③ M12   ④ 8

해설
① 볼트의 호칭 : |종류||등급||나사분의 호칭|×길이 (보기) 6각 볼트 A M12×80
② 너트의 호칭 : |종류||형식||등급||나사분의 호칭| (보기) 6각너트1 A M12

57 일반적인 CAD 시스템에서 사용되는 좌표계가 아닌 것은?

① 직교 좌표계
② 타원 좌표계
③ 극 좌표계
④ 구면 좌표계

해설 CAD 시스템에서 타원 좌표계는 사용하지 않는다.

58 컴퓨터의 중앙 처리 장치(CPU)의 기능과 관계가 먼 것은?

① 입출력 기능 ② 제어 기능
③ 연산 기능 ④ 기억 기능

해설 중앙 처리 장치는 제어, 연산, 기억기능이 있다.

59 컬러 디스플레이(color display)에서 표현할 수 있는 색은 3가지 색의 혼합비에 이해 정해지는데, 그 3가지 색에 해당하는 것은?

① 빨강, 노랑, 파랑
② 빨강, 파랑, 초록
③ 검정, 파랑, 노랑
④ 빨강, 노랑, 초록

해설 컬러 디스플레이(RGB) : Red, Green, Blue

60 CAD 시스템을 이용하여 제품에 대한 기하학적 모델링 후 체적, 무게중심, 관성모멘트 등의 물리적 성질을 알아보려고 한다면 필요한 모델링은?

① 와이어 프레임 모델링
② 서피스 모델링
③ 솔리드 모델링
④ 시스템 모델링

해설 솔리드 모델링은 물리적 특성 계산이 가능하다.

ANSWER 적중모의고사 3회

01	①	02	③	03	①	04	①	05	③
06	③	07	②	08	④	09	④	10	③
11	②	12	③	13	④	14	①	15	④
16	②	17	④	18	②	19	①	20	②
21	①	22	②	23	①	24	③	25	②
26	④	27	②	28	①	29	③	30	②
31	②	32	①	33	③	34	②	35	④
36	①	37	④	38	③	39	①	40	③
41	④	42	①	43	②	44	②	45	②
46	①	47	②	48	④	49	①	50	④
51	④	52	④	53	④	54	①	55	②
56	①	57	②	58	①	59	②	60	③

CBT 대비 적중모의고사_ 제4회

01 산화물계 세라믹의 주재료는?

① SiO_2 ② SiC
③ TiC ④ TiN

해설 세라믹의 산화물계 주재료는 산화규소(SiO_2)이다. 그 밖에 질화물계, 탄화물계가 있다.

02 고강도 알루미늄 합금강으로 항공기용 재료 등에 사용되는 것은?

① 두랄루민   ② 인바
③ 콘스탄탄   ④ 서멧

해설 두랄루민(Al + Cu + Mg + Mn) : 가볍고 강도가 커서 항공기 자동차 등에 쓴다.

03 브레이크 재료 중 마찰 계수가 가장 큰 것은?

① 주철   ② 석면직물
③ 청동   ④ 황동

해설 브레이크 재료의 마찰 계수
- 주철 : 0.1~0.2
- 석면 직물 : 035~0.6
- 청동 : 0.1~0.2
- 황동 : 0.1~0.3

04 18-8계 스테인리스강의 설명으로 틀린 것은?

① 오스테나이트계 스테인리스강이라고도 하며 담금질로써 경화되지 않는다.
② 내식, 내산성이 우수하며, 상온 가공하면 경화되어 다소 자성을 갖게 된다.
③ 가공된 제품은 수중 또는 유중 담금질하여 해수용 펌프 및 밸브 등의 재료로 많이 사용한다.
④ 가공성 및 용접성과 내식성이 좋다.

해설 18-8계 스테인리스강 : 18%(Cr) + 8%(Ni) 응력 제거 처리를 위해 800~900℃로 2~4시간 유지 후 공랭 또는 노냉한다. 담금질이 안 된다.

05 황동에 첨가하면 강도와 연신율은 감소하나 절삭성을 좋게 하는 것은?

① 납
② 알루미늄
③ 주석
④ 철

해설 쾌삭황동 : 황동(Cu+Zn)에 납(Pb)을 1.5~3% 첨가하면 강도와 연신율은 감소하나 절삭성은 좋아진다.

06 피치원 지름 165mm이고 잇수 55인 표준 평 기어의 모듈은?

① 2   ② 3
③ 4   ④ 6

해설 $m = \dfrac{PCD}{Z} = \dfrac{165}{55} = 3$

07 연신율이 20%이고, 파괴되기 직전의 늘어난 시편의 전체 길이가 30cm일 때, 이 시편의 본래의 길이는?

① 20cm
② 25cm
③ 30cm
④ 35cm

해설 연신율 = $\frac{L' - L}{L} \times 100$ 이므로

$$20 = \frac{30 - L}{L} \times 100$$
$$20L = 3000 - 100L$$
$$120L = 3000$$
$$L = \frac{3000}{120} = 25$$

08 나사에서 리드(L), 피치(P), 나사줄 수(n)와의 관계식으로 바르게 나타낸 것은?

① L = P
② L = 2P
③ L = nP
④ L = n

해설 나사의 리드 : 나사를 한 바퀴 돌릴 때 진행거리
$L = n \times P$

09 축에는 키홈을 가공하지 않고 보스에만 테이퍼 키홈을 만들어서 홈 속에 키를 끼우는 것은?

① 묻힘 키(성크 키)
② 새들 키(안장 키)
③ 반달 키
④ 둥근 키

해설 안장 키 : 말 등에 안장을 올린 것과 같이 키를 설치. 보스에만 키홈을 파고 축에는 키홈이 없음. 큰 힘 전달 불가함

10 외부로부터 작용하는 힘이 재료를 구부려 휘어지게 하는 형태의 하중은?

① 인장 하중
② 압축 하중
③ 전단 하중
④ 굽힘 하중

해설 굽힘 하중 : 재료를 구부려 휘어지게 하는 하중

11 주조성이 우수한 백선 주물을 만들고, 열처리하여 강인한 조직으로 단조를 가능하게 한 주철은?

① 가단 주철
② 칠드 주철
③ 구상 흑연 주철
④ 보통 주철

해설 가단 주철 : 백주철을 풀림 처리하여 인성 또는 연성을 부여한 주철로 단조가 가능하다.

12 짝(pair)을 선짝과 면짝으로 구분할 때 선짝의 예에 속하는 것은?

① 선반의 베드와 왕복대
② 축과 미끄럼 베어링
③ 암나사와 수나사
④ 한 쌍의 맞물리는 기어

해설 ①, ②, ③항은 면과 면이 만나는 면짝이며, 맞물린 기어는 선과 선이 만나는 선짝이다.

13 강을 Ms점과 Mf 점 사이에서 항온 유지 후 꺼내어 공기 중에서 냉각하여 마텐자이트와 베이나이트의 혼합 조직으로 만드는 열처리는?

① 풀림
② 담금질
③ 침탄법
④ 마템퍼

해설 마템퍼 : Ms점 이하의 항온염욕 중에 담금질하여 냉각하면 마텐자이트와 베이나이트 혼합 조직이 된다.

14 스프링 상수의 단위로 옳은 것은?

① N·mm ② N/mm
③ N·mm^2 ④ N/mm^2

해설 스프링 상수
$$K = \frac{하중(N)}{변형량(mm)} = (N/mm)$$

15 강자성체에 속하지 않는 성분은?

① Co ② Fe
③ Ni ④ Sb

해설 강자성체(철, 니, 코) : 철(Fe), 니켈(Ni), 코발트(Co)

16 선반에서 나사 가공 작업을 할 때 주의 사항으로 틀린 것은?

① 완성용 나사 가공 바이트의 윗면 경사각은 가능한 한 크게 준다.
② 바이트의 각도는 센터 게이지에 맞추어 정확히 연삭한다.
③ 바이트 팁의 중심선이 나사 축에 수직이 되도록 고정한다.
④ 바이트 끝의 높이는 공작물의 중심선과 일치하도록 고정한다.

해설 나사가공 바이트의 윗면 경사각은 가능한 작게 준다.

17 비교 측정에 사용하는 측정기가 아닌 것은?

① 버니어 캘리퍼스
② 다이얼 테스트 인디케이터
③ 다이얼 게이지
④ 지침 측미기

해설 비교 측정 : 표준으로 만든 표준 게이지와 측정물을 비교 측정하는 방법 - 다이얼 게이지, 미니미터, 옴니미터, 공기마이크로미터 등

18 숫돌 입자가 작은 숫돌로 일감을 가볍게 누르면서 진동을 주어 접촉시키면서 고정 밀도의 표면으로 일감을 다듬질하는 가공법은?

① 호닝 ② 래핑
③ 브로칭 ④ 슈퍼피니싱

19 CNC공작 기계의 가공 프로그램의 기호와 그 의미가 잘못 연결된 것은?

① M : 보조기능
② T : 공구 기능
③ S : 절삭 기능
④ F : 이송 기능

해설 S : 주축 기능, 주축에 회전 속도를 지령하는 기능이다.

20 숫돌의 입자가 탈락되지 않고 마모에 의해서 납작하게 둔화된 무딤(glazing)의 원인과 거리가 먼 것은?

① 연삭 숫돌의 결합도가 필요 이상으로 높다.
② 숫돌 입자가 가늘고 조직이 치밀하다.
③ 연삭 숫돌의 원주속도가 너무 빠르다.
④ 숫돌 재료가 공작물 재료에 부적합하다.

해설 ②의 경우는 눈메움(loading)의 원인이 된다.

21 방전 가공에서 가공액의 역할이 아닌 것은?

① 가공열을 냉각시킨다.
② 가공칩의 제거 작용을 한다.
③ 가공 부분에 변질층을 제거한다.
④ 방전할 때 생기는 용융금속을 비산시킨다.

> 방전 가공 : 아크방전에 의한 열작용과 가공액의 기화폭발작용으로 일감을 미소량씩 용해하여 용융 소모시켜 가공용 전극의 형상에 따라 가공하는 방법

22 현장에서 매일 기계설비를 가동하기 전 또는 가동 중에는 물론이고 작업의 종료시에 행하는 점검은?

① 일상 점검
② 특별 점검
③ 정기 점검
④ 월간 점검

> 현장에서 매일 수시로 하는 점검을 일상 점검이라 한다.

23 만능 공구 연삭기에서 지름 50mm의 밀링 커터를 연삭할 때, 5°의 여유각을 갖기 위한 편심거리는 약 몇 mm인가?(단, sin5° = 0.0871로 계산한다.)

① 2.2mm
② 4.4mm
③ 8.7mm
④ 17.4mm

> 편심 거리는 중심에서 시작하므로 반지름으로 계산한다.
> $\sin 5 = \dfrac{\text{편심 거리}}{\text{커터의 지름}} = \dfrac{x}{25} = 0.0871$에서
> x는 약 2.2mm이다.

24 밀링 머신에서 테이블의 이송 속도(f)를 나타내는 식으로 맞는 것은?(단, f : 테이블의 이송 속도(mm/min), fz : 커터의 날 당 이송량(mm/날), Z : 커터의 날 수, n : 커터의 분당 회전수(rpm)이다.)

① $f = fz \cdot Z \cdot n$
② $f = \dfrac{n}{fz \cdot Z}$
③ $f = \dfrac{fz \cdot Z}{n}$
④ $f = \dfrac{fz \cdot Z \cdot n}{1000}$

> 1분간 테이블 이송량
> $f = f_z \times Z \times n$
> $= f_z \times Z \times \dfrac{1000v}{\pi d} (mm/\min)$

25 고속, 고온 절삭에서 높은 경도를 유지하며, WC, TiC, TaC 분말에 Co를 첨가하고 소결시켜 만들어 진동이나 충격을 받으면 깨지기 쉬운 특성을 가진 공구재료는?

① 주조합금
② 고속도강
③ 합금 공구강
④ 소결 초경합금

> WC, TiC, TaC 등의 분말에 Co분말을 결합제조하여 혼합한 다음 금형에 넣어 가압성형, 소결시키는 분말야금법

26 다음 투상도의 평면도로 알맞은 것은?(제3각법의 경우)

정면도   측면도

①
②
③
④

27 다음 그림에서 면의 지시기호에 대한 각 지시사항의 기입 위치 중 e에 해당되는 것은?

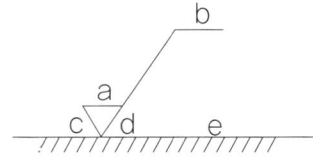

① 컷 오프값
② 기준길이
③ 다듬질 여유
④ 표면 파상도

해설
- a : 산술 평균 거칠기값
- b : 가공 방법
- c : 가공 여유값
- d : 줄무늬 방향의 기호
- e : 표면 파상도

28 원을 등각 투상법으로 투상하면 어떻게 나타나는가?

① 진원
② 타원
③ 마름모
④ 직사각형

29 기하 공차 중 원통도 공차를 나타내는 기호는?

① ⌀   ② ○
③ ◎   ④ ⌖

30 도면에 Ø100$^{+0.015}_{-0.005}$로 표시된 것의 공차는 얼마인가?

① 0.005   ② 0.015
③ 0.010   ④ 0.020

해설 치수 공차 = 최대 허용 치수 – 최소 허용 치수
= 0.015 – (–0.005) = 0.020

31 두 가지의 데이텀 형태에 의해서 설정하는 공통 데이텀을 지시하기 위한 도시 방법으로 옳게 표현된 것은?

① | | A/B |
② | | A–B |
③ | | A | B |
④ | | AB |

32 IT 기본 공차에서 주로 축의 끼워 맞춤 공차에 적용되는 공차의 등급은?

① IT 01 ~ IT 5
② IT 6 ~ IT 10
③ IT 10 ~ IT 18
④ IT 5 ~ IT 9

해설 축의 끼워 맞춤 공차는 IT 5급~IT 9급을 사용하며, 구멍의 끼워 맞춤 공차는 IT 6급~IT 10급을 사용한다.

33 단면도를 나타낼 때 긴 쪽 방향으로 절단하여 도시할 수 있는 것은?

① 볼트, 너트, 와셔
② 축, 핀, 리브
③ 리벳, 강구, 키
④ 기어의 보스

해설 기어의 이는 길이 방향으로 단면하여 나타내지 않지만 보스는 단면하여 나타낸다.

34 다음 치수 기입의 원칙을 설명한 것 중 틀린 것은?

① 특별히 명시하지 않는 한 도시한 대상물의 마무리 치수를 기입한다.
② 서로 관련되는 치수는 되도록 분산하여 기입한다.
③ 기능상 필요한 경우 치수의 허용 한계를 기입한다.
④ 참고치수에 대해서는 수치에 괄호를 붙여 기입한다.

🔍 서로 관련된 치수는 되도록 한곳에 모아서 기입한다.

35 재료 기호 [GC200]이 나타내는 명칭은?

① 황동 주물   ② 회주철품
③ 주강   ④ 탄소강

🔍 GC는 Gray Iron Casting의 약자이다. 200 : 최저 인장 강도(N/mm²)

36 다음 중 단면 도시 방법에 대한 설명으로 틀린 것은?

① 단면 부분을 확실하게 표시하기 위하여 보통 해칭을 한다.
② 해칭을 하지 않아도 단면이라는 것을 알 수 있을 때에는 해칭을 생략해도 된다.
③ 같은 절단면 위에 나타나는 같은 부품의 단면은 해칭선의 간격을 달리한다.
④ 단면은 필요로 하는 부분만을 파단하여 표시할 수 있다.

🔍 같은 부품의 단면은 해칭선의 간격이나 방향을 같이 해야 한다.

37 우선적으로 사용하는 배척의 종류가 아닌 것은?

① 50 : 1
② 25 : 1
③ 5 : 1
④ 2 : 1

🔍 배척이란 실제보다 크게 그리는 것이며, 우선적으로 사용하는 배척의 종류에는 2:1, 5:1, 10:1, 20:1, 50:1이 있다.

38 투상도 선택 방법에 맞지 않는 것은?

① 도면을 보는 사람이 알기 쉽게 선택한다.
② 제작공정을 쉽게 파악할 수 있도록 한다.
③ 제도자 위주로 선택하여 그릴 수 있도록 한다.
④ 가공자가 가공과 측정하기 용이하도록 선택한다.

🔍 투상도는 제도자 위주로 선택하는 것이 아니라 가공자의 입장을 고려하여 그려야 한다.

39 다음 그림에서 모떼기가 C2일 때 모떼기의 각도는?

① 15°   ② 30°
③ 45°   ④ 60°

🔍 치수 보조 기호 C는 45° 모따기인 경우에만 사용한다.

40 다음 제3각법으로 나타낸 정 투상도를 입체도로 바르게 나타낸 것은?

해설 평면도의 키홈 모양을 보고 찾는다.

41 대상 면을 지시하는 기호 중 제거 가공을 허락하지 않는 것을 지시하는 것은?

해설 ① 제거 가공의 필요 여부를 문제삼지 않는다.
② 제거 가공을 필요로 한다.
③ 제거 가공을 해서는 안 된다.

42 일반적인 도면의 검사에서 주의할 사항으로 가장 거리가 먼 것은?

① 공차 및 끼워 맞춤, 가공기호, 재료선택
② 투상법, 척도, 치수 기입
③ 요목표 작성, 표제란, 지시사항
④ 도면 보관 방법

해설 도면 보관 방법은 도면의 검사가 끝난 후에 해도 된다.

43 다음 중에서 가는 실선으로만 사용하지 않는 선은?

① 지시선 ② 절단선
③ 해칭선 ④ 치수선

해설 절단선은 가는 1점 쇄선과 방향이 바뀌는 부분을 굵게 한 굵은 실선의 조합으로 되어 있다.

44 다음 끼워 맞춤을 표시한 것 중 옳지 못한 것은?

① 20H7 - g6 ② 20H7/g6
③ $20\dfrac{H7}{g6}$ ④ 20g6H7

해설 구멍을 나타내는 대문자 기호를 앞에 쓰도록 하며 ④항은 형식이 잘못되었다.

45 다음 중 완성된 도면에서 서로 겹치는 경우 가장 우선적으로 나타내야 하는 것은?

① 절단선 ② 숨은선
③ 치수 ④ 중심선

해설 선의 우선순위 : 외형선 〉숨은선 〉절단선 〉중심선 〉무게중심선 〉치수보조선

46 기어의 제작상 중요한 치형, 모듈, 압력각, 피치원 지름등 기타 필요한 사항들을 기록한 것을 무엇이라 하는가?

① 주서 ② 표제란
③ 부품란 ④ 요목표

해설 요목표 : 기어나 스프링 등 치수로 표현하기 힘든 제작상의 중요 사항을 표로 만든 것

47 코일 스프링에서 양 끝을 제외한 동일 모양 부분의 일부를 생략하는 경우 생략되는 부분의 선지름의 중심선을 나타내는 선은?

① 가는 실선   ② 가는 1점 쇄선
③ 굵은 실선   ④ 은선

📖 코일 스프링의 생략도를 그릴 경우 선지름의 중심선은 가는 1점 쇄선으로 나타낸다.

48 관의 접속 표시를 나타낸 것이다. 관이 접속되어 있을 때의 상태를 도시한 것은?

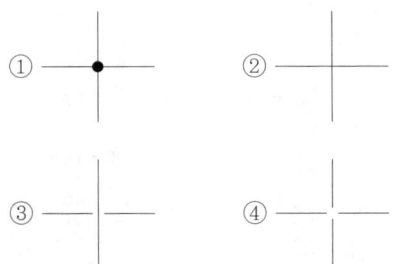

49 구름 베어링의 호칭 번호가 "6202"이면 베어링의 안지름은?

① 5mm   ② 10mm
③ 12mm   ④ 15mm

📖 셋째, 넷째 자리가 베어링 번호 00 = 10mm, 01 = 12mm, 02 = 15mm, 03 = 17mm, 04부터는 곱하기 5를 한다.

50 나사 제도에서 완전 나사부와 불완전 나사부의 경계선을 나타내는 선은?

① 가는 실선   ② 파선
③ 가는 1점 쇄선 ④ 굵은 실선

📖 완전 나사부와 불완전 나사부의 경계선은 굵은 실선으로 도시한다.

51 주철제 V 벨트 풀리는 호칭 지름에 따라 홈의 각도를 달리하는데, 홈의 각도로 사용되지 않는 것은?

① 34°
② 36°
③ 38°
④ 40°

📖 벨트의 각이 40°이기 때문에 마찰작용을 위해 이보다 적아야 한다.

52 용접부 표면의 형상에서 동일 평면으로 다듬질함을 표시하는 보조 기호는?

① —   ② ⌢
③ ⌣   ④ ⌄

📖 ① 평면, ② 볼록형, ③ 오목형, ④ 토우를 매끄럽게 함.

53 축의 도시 방법에 대한 설명으로 옳은 것은?

① 축은 길이 방향으로 단면 도시를 할 수 있다.
② 축 끝의 모따기는 폭의 치수만 기입한다.
③ 긴 축은 중간을 파단하여 짧게 그릴 수 없다.
④ 널링을 도시할 때 빗줄인 경우 축선에 대하여 30°로 엇갈리게 그린다.

📖 축은 길이 방향으로 단면 도시하지 않는다. 모따기는 폭과 각도를 나타낼 수 있다. 긴 축은 중간을 파단하여 짧게 그릴 수 있다.

54 다음 그림은 어떤 키(key)를 나타낸 것인가?

① 묻힘 키 ② 안장 키
③ 접선 키 ④ 원뿔 키

55 스퍼 기어의 제도에서 피치원 지름은 어느 선으로 나타내는가?

① 가는 1점 쇄선
② 가는 2점 쇄선
③ 가는 실선
④ 굵은 실선

해설 스퍼 기어의 피치원은 가는 1점 쇄선으로 그린다.

56 나사산의 모양에 따른 나사의 종류에서 삼 각나사에 해당하지 않는 것은?

① 미터 나사 ② 유니파이 나사
③ 관용 나사 ④ 톱니 나사

57 서피스 모델링(surface modeling)의 특징으로 거리가 먼 것은?

① NC가공 정보를 얻을 수 있다.
② 은선 제거가 불가능하다.
③ 물리적 성질 계산이 곤란하다.
④ 복잡한 형상 표현이 가능하다.

해설 은선 제거가 가능하며 와이어 프레임 모델링은 은선제거가 불가능하다.

58 다음 중 CAD 시스템의 출력 장치가 아닌 것은?

① 플로터 ② 프린트
③ 모니터 ④ 라이트 펜

해설 라이트 펜은 입력 장치이다.

59 일반적으로 CAD 시스템 좌표계로 사용하지 않는 것은?

① 직교 좌표계 ② 극 좌표계
③ 원통 좌표계 ④ 기계 좌표계

해설 기계 좌표계는 CNC공작기계에서 사용한다.

60 컴퓨터에서 중앙 처리 장치의 구성으로만 짝지어진 것은?

① 출력 장치, 입력 장치
② 제어 장치, 입력 장치
③ 보조 기억 장치, 출력 장치
④ 제어 장치, 연산 장치

해설 중앙 처리 장치 : 제어 장치, 연산 장치, 기억 장치

ANSWER									적중모의고사 4회	
01	①	02	①	03	②	04	③	05	①
06	②	07	②	08	③	09	②	10	④
11	①	12	④	13	②	14	②	15	①
16	①	17	①	18	④	19	③	20	②
21	②	22	①	23	①	24	①	25	④
26	②	27	②	28	②	29	②	30	④
31	④	32	④	33	④	34	②	35	②
36	②	37	②	38	③	39	③	40	②
41	④	42	④	43	②	44	③	45	②
46	④	47	②	48	①	49	②	50	④
51	④	52	①	53	②	54	②	55	①
56	④	57	②	58	④	59	④	60	④

CBT 대비 적중모의고사_ 제5회

01 다음 중 가장 큰 하중이 걸리는 데 사용되는 키(key)는?

① 새들 키　② 묻힘 키
③ 둥근 키　④ 평 키

02 순간적으로 짧은 시간에 작용하는 하중은?

① 정 하중　② 교번 하중
③ 충격 하중　④ 분포 하중

> 해설 충격 하중 : 순간적으로 짧은 시간에 작용하는 하중

03 복식 블록 브레이크의 설명 중 틀린 것은?

① 큰 회전력의 제동에 적당하다.
② 브레이크 드럼을 양쪽에서 누른다.
③ 축에 구부림이 작용하지 않는다.
④ 축의 역전 방지 기구로 사용된다.

> 해설 3블록 브레이크는 제동 장치이며, 역전 방지 기구는 아니다.

04 TTT 곡선도에서 TTT가 의미하는 것 중 틀린 것은?

① 시간(Time)
② 뜨임(Tempering)
③ 온도(Temperature)
④ 변태(Transformation)

> 해설 강을 오스테나이트 상태에서 임의의 점 이하의 항온까지 급랭하여 이 온도에 그대로 항온을 유지했을 때 일어나는 변태를 항온 변태라 하고 이 항온 변태 및 조직의 변화를 시간에 대하여 나타낸 것을 항온 변태 곡선(TTTcurve)이라 한다.

05 레이디얼 볼 베어링의 안지름이 20mm인 것은?

① 6204　② 6201
③ 6200　④ 6310

> 해설 베어링 번호 셋째, 넷째 자리가 안지름(내경)번호이다.
> 00 = 10mm, 01 = 12mm, 02 = 15mm, 03 = 17mm, 이후에는 곱하기 5를 한다. 04×5 = 20mm

06 알루미늄과 양은의 차이점은?

① 알루미늄은 단일 원소이고 양은은 구리-아연-니켈의 합금이다.
② 알루미늄은 단일 원소이고 양은은 구리-주석-니켈의 합금이다.
③ 알루미늄은 구리-아연-니켈의 합금이고 양은은 단일 원소이다.
④ 알루미늄은 구리-주석-니켈의 합금이고 양은은 단일 원소이다.

> 해설
> • 알루미늄(Al) : 비중 2.7, 융점 : 660℃.
> • 양은 : 구리에 니켈을 16~20%와 아연 15~35%를 첨가한 구리 합금

07 철강재 스프링 재료가 갖추어야 할 조건이 아닌 것은?

① 가공하기 쉬운 재료이어야 한다.
② 높은 응력에 견딜 수 있고, 영구변형이 적어야 한다.
③ 피로강도와 파괴인성치가 낮아야 한다.
④ 부식에 강해야 한다.

> 피로강도 : 무한 반복 하중에 대하여 파괴되지 않는 강도. 스프링 재료는 피로강도와 파괴인성치가 높아야 한다.

08 벨트 전동에 관한 설명으로 틀린 것은?

① 벨트풀리에 벨트를 감는 방식은 크로스벨트 방식과 오픈벨트 방식이 있다.
② 오픈벨트 방식에서는 양 벨트 풀리가 반대 방향으로 회전한다.
③ 벨트가 원동차에 들어가는 축을 인(긴)장측이라 한다.
④ 벨트가 원동차로부터 풀려 나오는 측을 이완측이라 한다.

> • 오픈벨트(바로걸기) : 양 벨트풀리가 같은 방향으로 회전한다.
> • 크로스벨트(엇걸기) : 양 벨트풀리가 반대 방향으로 회전한다.

09 모듈이 3이고, 잇수가 각각 30과 60인 한 쌍의 표준 평기어의 중심 거리는?

① 114mm   ② 126mm
③ 135mm   ④ 148mm

> • 피치원 지름
> $D_1 = M \times Z_1 = 3 \times 30 = 90$
> $D_2 = M \times Z_2 = 3 \times 60 = 180$
> • 두 기어의 중심거리
> $C = \dfrac{D_1 + D_2}{2} = \dfrac{90 + 180}{2} = 135$

10 열경화성 수지에서 높은 전기 절연성이 있어 전기부품 재료를 많이 쓰고 있는 베크라이트(bakelite)라고 불리는 수지는?

① 요소 수지
② 페놀 수지
③ 멜라민 수지
④ 에폭시 수지

> 페놀류와 알데히드를 축합 중합하여 만든 수지를 통틀어 이르는 말. 단단하고 불에 잘 타지 않으며 전기 및 열에 대한 절연성이 좋다. 성형품, 전기부품, 접착제 따위를 만드는 데 쓴다.

11 탄소공구강의 구비 조건이 아닌 것은?

① 내마모성이 클 것
② 내충격성이 우수할 것
③ 열처리성이 양호할 것
④ 상온 및 고온경도가 작을 것

> 공구강은 상온 및 고온에서 높은 경도를 유지해야 한다.

12 표면 경도를 필요로 하는 부분만을 급랭하여 경화시키고 내부는 본래의 연한 조직으로 남게 하는 주철은?

① 칠드 주철
② 가단 주철
③ 구상 흑연 주철
④ 내열 주철

> 칠드 주철 : 용융 상태에서 금형에 주입하여 표면을 급랭에 의해 경화시킨 백주철

13 18-4-1형의 고속도강에서 18-4-1에 해당하는 원소로 맞는 것은?

① W-Cr-Co   ② W-Ni-V
③ W-Cr-V   ④ W-Si-Co

> 해설 표준 고속도강 : 텡스텐(W)18%, 크롬(Cr)4%, 바나듐(V)1%

14 재료의 인장 시험에서 시험편의 표점 거리가 50mm이고, 인장 시험 후 파괴 시작점의 표점 거리가 55mm이었을 때 재료의 연신율은 몇 % 인가?

① 5   ② 10
③ 50   ④ 55

> 해설 연신율
> $$e = \frac{l' - l}{l} \times 100 = \frac{55 - 50}{50} \times 100 = 10\%$$

15 구리(Cu)에 관한 내용으로 틀린 것은?

① 비중이 1.7이다.
② 용융점이 1083℃ 정도이다.
③ 비자성으로 내식성이 철강보다 우수하다.
④ 전기 및 열의 양도체이다.

> 해설 구리의 비중은 8.9이다.

16 단식 분할법으로 원주를 10등분하려면 분할 크랭크를 몇 회전씩 돌리면 되는가?(단, 웜 휠의 잇수는 40개이다.)

① 4회전   ② 8회전
③ 10회전   ④ 40회전

> 해설 분할 크랭크 회전수
> $$n = \frac{40}{\text{일감의 등분수}} = \frac{40}{10} = 4(\text{회전})$$

17 선반의 점검을 일반 점검과 정기 점검으로 나눌 때 다음 중 일반 점검 사항이 아닌 것은?

① 각종 레버는 정 위치에 있으며, 이송핸들의 조작이 원활한가?
② 선반 설치의 수평은 양호한가?
③ 이송축 및 리드 스크루 축에는 이상이 없는가?
④ 브레이크의 기능은 양호한가?

> 해설 기계 작동과 관련된 모든 사항은 일반 점검(수시 점검)을 하며 설치와 관련된 사항은 정기 점검한다.

18 드릴 작업에서 구멍을 뚫는 데 걸리는 시간 T(min)를 구할 경우 옳은 계산식은?(단, t는 구멍 깊이(mm), h는 드릴끝 원뿔 높이(mm), v는 절삭 속도(m/min), f는 드릴의 이송(mm/rev), D : 드릴의 지름(mm)이다.)

① $T = \dfrac{t + h}{1000vf}$

② $T = \dfrac{1000v}{\pi D(t + h)}$

③ $T = \dfrac{\pi D(t + h)}{1000vf}$

④ $T = \dfrac{\pi D(t + h)}{f}$

> 해설 드릴의 작업 시간 계산식
> $$T = \frac{\pi D(t + h)}{1000vh}$$

19 선반에서 고정식 방진구를 설치하는 부분으로 맞는 것은?

① 공구대 ② 베드
③ 왕복대 ④ 심압대

> 방진구란 지름이 작고 긴 공작물(지름의 20배 이상)이 가공 중 휨과 진동을 방지해 주는 도구로서 베드 위에 고정하는 고정식 방진구와 왕복대에 고정되어 왕복대와 함께 이동하는 이동식 방진구가 있다.

20 미세하고 비교적 연한 숫돌 입자를 사용하여 일감의 표면에 낮은 압력으로 접촉시키면서 매끈하고 고정 밀도의 표면으로 일감을 다듬는 가공 방법은?

① 브로칭 가공 ② 슈퍼피니싱 가공
③ 래핑 가공 ④ 액체호닝 가공

> 슈퍼피니싱 : 미세하고 비교적 연한 숫돌 입자를 사용하여 일감의 표면에 낮은 압력으로 접촉시키면서 매끈하고 고정밀도의 표면으로 일감을 다듬는 가공

21 게이지 블록의 표준조합 선택 및 치수의 조립 시 고려하여야 할 사항으로 거리가 먼 것은?

① 게이지 블록의 윤곽 판독 방식
② 소수점 아래 첫째자리 숫자가 5보다 큰 경우에는 5를 뺀 나머지 숫자부터 선택
③ 조합의 개수를 최소로 할 것
④ 정해진 치수를 고를 때는 맨 끝자리부터 고를 것

> 블록 게이지 : 기준 게이지의 대표적인 것으로 면과 면, 선과 선 사이의 길이의 기준을 정하는 데 사용하는 게이지. 윤곽 판독과는 거리가 멀다.

22 드릴링 머신에서 가공할 수 없는 작업은?

① 보링 가공
② 리머 가공
③ 수나사 가공
④ 카운터 싱킹 가공

> 수나사 가공은 선반에서 할 수 있다.

23 윤활제의 구비 조건으로 틀린 것은?

① 양호한 유성을 가진 것으로 카본 생성이 적어야 한다.
② 금속의 부식이 없어야 한다.
③ 온도 변화에 따른 점도 변화가 커야 한다.
④ 열이나 산성에 강해야 한다.

> 윤활제는 온도의 변화에 따른 점도 변화가 작아야 한다.

24 그림과 같이 Ø24mm 드릴로 두께 50mm의 SM25C 강판에 구멍 가공을 할 때 최소 이송거리는?

① 42mm ② 50mm
③ 58mm ④ 66mm

> 드릴이 완전히 관통하기 위한 최소 이동 거리는 일감의 두께에 드릴지름 1/3을 더한 이송을 해야 한다.
> $50 + \left(\dfrac{24}{3}\right) = 58mm$

25 길이를 측정하고 직각삼각형의 삼각함수를 이용한 계산에 의하여 임의각의 측정 또는 임의각을 만드는 측정기는?

① 사인바
② 높이 게이지
③ 깊이 게이지
④ 공기 마이크로미터

　사인바 : 기준으로 삼는 여러 가지 각도를 만들거나 각도를 측정하는 공구. 45° 이하의 각도 측정에 사용

26 다음 그림에서 표시된 기하 공차 기호는?

① 선의 윤곽도
② 면의 윤곽도
③ 원통도
④ 위치도

　선의 윤곽도

27 다음의 등각 투상도에서 화살표 방향을 정면도로 하여 제3각법으로 투상하였을 때 맞는 것은?

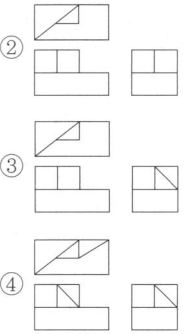

28 도면에서 다음과 같은 기하 공차 기호에 알맞은 설명은?

| // | 0.01/100 | A |

① 평면도가 평면 A에 대하여 지정 길이 0.01mm에 대하여 100mm의 허용값을 가지는 것을 말한다.
② 평면도가 직선 A에 대하여 지정 길이 100mm에 대하여 0.01mm의 허용값을 가지는 것을 말한다.
③ 평행도가 기준 A에 대하여 지정 길이 0.01mm에 대한 100mm의 허용값을 가지는 것을 말한다.
④ 평행도가 기준 A에 대하여 지정 길이 100mm에 대한 0.01mm의 허용값을 가지는 것을 말한다.

　기준 A에 대한 평행도가 지정 길이 100mm에 대하여 0.01mm의 허용값을 가지는 것

29 정사각형 변의 길이를 나타내는 기호는?

① □　　　② ∅
③ C　　　④ ∨

30 다음 그림과 같은 Ø50H7-r6 끼워 맞춤에서 최소 죔새는 얼마인가?

① 0.009　　② 0.025
③ 0.034　　④ 0.05

해설 구멍 50H7 = 50
축 50r6 = 축이 항상 큰 억지 끼워 맞춤 상태이다.
최소 죔새 = 축의 최소 허용 치수 - 구멍의 최대 허용 치수 = 50.034 - 50.025 = 0.009

31 도면에 마련하는 양식 중에서 마이크로필름 등으로 촬영하거나 복사 및 철할 때의 편의를 위하여 마련하는 것은?

① 윤곽선　　② 표제란
③ 중심마크　　④ 비교눈금

해설 도면에 반드시 기입해야할 양식은 윤곽선, 표제란, 중심마크이며 비교눈금은 축소, 확대 도면의 편의를 위해 사용한다.

32 도형의 표시 방법으로 적합하지 않는 것은?

① 가능한 한 자연, 안정, 사용의 상태도 표시한다.
② 물품의 주요 면이 가능한 한 투상면에 수직 또는 수평하게 한다.
③ 물품의 형상이나 기능을 가장 명료하게 나타내는 면을 평면도로 선정한다.
④ 서로 관련되는 도면의 배열을 가능한 한 숨은선을 사용하지 않도록 한다.

해설 물품의 형상이나 기능을 가장 명료하게 나타내는 면을 정면도로 선정한다.

33 부품도에서 일부분만 부분적으로 열처리를 하도록 지시해야 한다. 이 때 열처리 범위를 나타내기 위해 사용하는 특수 지정선은?

① 굵은 1점 쇄선
② 파선
③ 가는 1점 쇄선
④ 가는 실선

해설 굵은 1점 쇄선 : 특수한 가공부분 및 열처리 부위 표시 등에 사용

34 다음 중 도면에서 2종류 이상의 선이 같은 곳에서 겹치는 경우 최우선하여 그리는 선은?

① 외형선
② 절단선
③ 중심선
④ 치수 보조선

해설 선의 우선 순위
외형선 > 숨은선 > 절단선 > 중심선 > 무게중심선 > 치수보조선

35 다음 어떤 물체를 제3각법으로 투상하여 평면도와 우측면도를 나타낸 것이다. 정면도로 옳은 것은?

평면도와 우측면도의 투상선을 연결하여 보면 ① 항이 정답이다.

36 기계 제도에서 가는 실선으로 나타내는 것이 아닌 것은?

① 치수선
② 회전 단면선
③ 외형선
④ 해칭선

외형선은 굵은 실선으로 나타낸다.

37 그림과 같이 기입된 표면 지시 기호의 설명으로 옳은 것은?

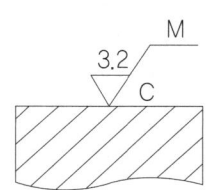

① 연삭 가공을 하고 가공 무늬는 동심원이 되게 한다.
② 밀링 가공을 하고 가공 무늬는 동심원이 되게 한다.
③ 연삭 가공을 하고 가공 무늬는 방사상이 되게 한다.
④ 밀링 가공을 하고 가공 무늬는 방사상이 되게 한다.

• M : 밀링 가공
• C : 가공 무늬가 동심원 모양
• G : 연삭 가공
• R : 가공 무늬가 방사상 모양

38 IT 기본 공차는 치수 공차와 끼워 맞춤에 있어서 정해진 모든 치수 공차를 의미하는 것으로 국제표준화기구(ISO) 공차 방식에 따라 분류한다. 구멍 끼워 맞춤에 해당되는 공차의 등급범위는?

① IT 3 ~ IT 5
② IT 6 ~ IT 10
③ IT 11 ~ IT 14
④ IT 16 ~ IT 18

끼워 맞춤 공차
• 구멍은 IT6급~10급
• 축은 IT5급~9급

39 한국 산업 표준(KS)에서 기계 부문을 나타내는 분류 기호는?

① KS A
② KS B
③ KS C
④ KS D

KS A: 기본, KS B: 기계, KS C: 전기, KS D: 금속

40 재료의 표시에서 SM35C에서 35C가 나타내는 뜻은?

① 인장 강도　　② 재료의 종별
③ 탄소 함유량　　④ 규격명

> 해설 일반기계구조용 탄소강이며 35는 0.30~0.40% 탄소함유량을 나타낸다.

41 Ø70H7에서 70mm IT7급의 기본 공차 값은 30㎛이고 아래치수 허용차는 0일 때 다음 중 틀린 것은?

① 위치수 허용차는 30㎛이다.
② 최대 허용 치수는 Ø70.030mm이다
③ 최소 허용 치수는 Ø70.000mm이다.
④ 기준 치수는 69.970mm이다.

> 해설 70 : 기준 치수는 70mm이다.

42 각도 치수가 잘못 기입된 것은?

43 회전 도시 단면도를 설명한 것으로 가장 올바른 것은?

① 도형 내의 절단한 곳에 겹쳐서 90° 회전시켜 도시한다.
② 물체의 1/4을 절단하여 1/2은 단면, 1/2은 외형을 동시에 도시한다.
③ 물체의 반을 절단하여 투상면 전체를 단면으로 도시한다.
④ 외형도에서 필요한 일부분만 단면으로 도시한다.

> 해설 회전 도시 단면도 : 암, 리브, 축, 훅 등의 일부를 90° 호 전하여 나타냄
> ②항은 한쪽 단면도(반 단면도)에 대한 설명
> ③항은 전 단면도(온 단면도)에 대한 설명
> ④항은 부분 단면도에 대한 설명

44 치수 기입의 요소가 아닌 것은?

① 치수선　　② 치수보조선
③ 치수숫자　　④ 해칭선

> 해설 치수 기입 요소
> ① 치수선, ② 치수보조선, ③ 화살표, ④ 치수

45 다음 그림과 같이 정면은 정투상도의 정면도와 같고 옆면 모서리를 수평선과 임의 각도로 하여 그린 투상도는?

① 등각 투상도
② 부등각 투상도
③ 사투상도
④ 투시 투상도

> 해설
> • 등각 투상도 : 세 축이 투상면 위에서 120°의 등각이 되도록 나타낸 것
> • 부등각 투상도 : 등각 투상과 비슷하지만 각을 서로 다르게 하여 나타낸 것
> • 사투상도 : 한 화면을 중점적으로 정확하게 나타내며 경사시켜 투상하는 것

46 표준 스퍼 기어의 모듈이 2이고 기어의 잇수가 32일 때 바깥지름은?

① 64mm
② 68mm
③ 72mm
④ 76mm

📖 바깥지름 D = m(Z + 2) = 2(32 + 2) = 68

47 평 벨트 풀리의 도시 방법에 관한 설명 중 틀린 것은?

① 벨트 풀리는 축직각 방향의 투상을 주 투상도로 한다.
② 벨트 풀리와 같이 모양이 대칭형인 것은 그 일부분만을 도시한다.
③ 암은 길이 방향으로 절단하여 단면을 도시한다.
④ 암의 단면형은 도형의 안이나 밖에 회전단면을 도시한다.

📖 암이나 리브는 길이 방향으로 절단하여 단면 도시하지 않으며 90° 회전하여 단면하는 회전 도시 단면법을 사용한다.

48 구름 베어링의 호칭 번호 "608C2P6"에서 C2가 나타내는 것은?

① 베어링 계열 번호
② 안지름 번호
③ 접촉각 기호
④ 내부 틈새 기호

📖 베어링 호칭 기호 순서 : 베어링 계열 번호 – 안지름번호 – 틈새 기호 – 등급 기호
• C2 : 내부 틈새 기호
• P6 : 등급 기호

49 〈보기〉의 설명을 나사표시 방법으로 옳게 나타낸 것은?

• 왼나사이며 두줄 나사이다.
• 미터 가는 나사로 호칭지름이 50mm, 피치가 2mm이다.
• 수나사 등급이 4h 정밀급 나사이다.

① 왼 2줄 M50×2-4h
② 우 2줄 M50×2-4h
③ 오른 2줄 M50×2-4h
④ 좌 2줄 M50×2-4h

📖 왼 2줄 M50×2-4h

50 스퍼 기어의 피치원을 나타낼 때 사용하는 선은?

① 굵은 실선
② 가는 실선
③ 가는 1점 쇄선
④ 가는 2점 쇄선

📖 스퍼 기어의 피치원은 가는 1점 쇄선을 사용한다.

51 나사의 도시 방법에 대한 내용 중 틀린 것은?

① 암나사의 안지름은 가는 실선으로 그린다.
② 수나사의 바깥지름은 굵은 실선으로 그린다.
③ 완전 나사부와 불완전 나사부의 경계선은 굵은 실선으로 그린다.
④ 불완전 나사부의 골을 나타내는 선은 경사진 가는 실선으로 그린다.

📖 암나사의 안지름은 굵은 실선으로 도시한다.

52 다음 그림은 파이프 도시 중 유체의 종류기

호를 나타낸 것이다. 이 파이프에는 어떤 우체가 흐르는가?

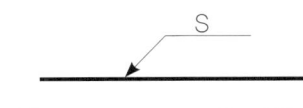

① 물 ② 기름
③ 가스 ④ 증기

> 해설 W : 물, O : 기름, G : 가스, S : 증기(수증기 포함 증기를 V라고도 하는데 KS규격 개정으로 S로 통합)

53 코일 스프링의 제도 방법으로 틀린 것은?

① 원칙적으로 하중 상태로 그린다.
② 특별한 단서가 없는 한 모두 오른쪽 감기로 도시한다.
③ 코일 부분의 중간을 생략할 때에는 가는 2점 쇄선으로 표시한다.
④ 스프링의 종류와 모양만을 도시할 때에는 재료의 중심선만을 굵은 실선으로 그린다.

> 해설 스프링은 원칙적으로 무하중 상태에서 그리며 겹판스프링의 경우 하중이 걸린 상태에서 그린다

54 축의 도시 방법으로 올바른 것은?

① 축은 길이 방향으로 단면 도시를 한다.
② 긴 축은 중간을 파단하여 그릴 수 없다.
③ 축 끝에는 모떼기를 할 수 있다.
④ 중심선을 수직 방향으로 놓고 축을 길게 세워 놓은 상태로 도시한다.

> 해설 ① 축은 길이 방향으로 단면 도시하지 않는다.
> ② 긴 축은 중간을 파단하여 짧게 그릴 수 있다.
> ④ 축은 수평으로 눕혀 그린다.

55 다음 그림과 같은 반달 키의 호칭 치수 표시 방법으로 맞는 것은?

① b × c ② b × L
③ b × h ④ h × L

> 해설 반달 키의 호칭 치수 : 두께(b) × 반경(d)

56 다음 그림과 같이 용접하고자 한다. 올바른 도시 방법은?

①

②

③

④

> 해설 화살표 방향의 필릿 용접을 나타낸 것이다.

57 컴퓨터의 처리 속도 단위 중 가장 빠른 시간 단위는?

① 밀리 초(ms)   ② 마이크로 초(μs)
③ 나노 초(ns)   ④ 피코 초(ps)

해설
- 미리초(ms) : 10^{-3}
- 마이크로초(μs) : 10^{-6}
- 나노초(ns) : 10^{-9}
- 피코초(ps) : 10^{-12}

58 다음 설명에 해당하는 3차원 모델링에 해당하는 것은?

- 데이터의 구조가 간단하다.
- 처리 속도가 빠르다.
- 단면도 작성이 불가능하다.
- 은선 제거가 불가능하다.

① 와이어 프레임 모델링
② 서피스 모델링
③ 솔리드 모델링
④ 시스템 모델링

해설 와이어 프레임 모델링은 선으로만 표현되기 때문에 단면도 작성이나 은선 제거가 불가능하다.

59 다음 중 CAD 시스템의 입력 장치가 아닌 것은?

① 라이트 펜(light pen)
② 마우스(mouse)
③ 트랙 볼(track ball)
④ 그래픽 디스플레이(graphic display)

해설 그래픽 디스플레이는 모니터로 화상 출력 장치에 속한다.

60 일반적인 CAD 시스템에서 사용되는 좌표계의 종류가 아닌 것은?

① 극 좌표계
② 원통 좌표계
③ 회전 좌표계
④ 직교 좌표계

해설 CAD 시스템에서 회전 좌표계는 사용하지 않는다.

ANSWER 적중모의고사 5회

01	②	02	③	03	④	04	②	05	①
06	①	07	③	08	②	09	③	10	②
11	④	12	①	13	②	14	②	15	①
16	①	17	②	18	③	19	②	20	②
21	①	22	③	23	②	24	③	25	①
26	①	27	②	28	④	29	①	30	①
31	③	32	③	33	①	34	①	35	①
36	③	37	②	38	②	39	②	40	③
41	④	42	①	43	①	44	④	45	③
46	②	47	③	48	④	49	①	50	③
51	①	52	④	53	①	54	③	55	①
56	④	57	④	58	①	59	④	60	③

전산응용기계제도
기능사 필기

2026년 01월 05일 인쇄
2026년 01월 20일 발행

저자	김원중 저
발행처	(주)도서출판 책과상상
등록번호	제2020-000205호
발행인	이강복
주소	경기도 고양시 일산동구 장항로 203-191
대표전화	(02)3272-1703~4
팩스	(02)3272-1705
홈페이지	www.sangsangbooks.co.kr
ISBN	979-11-6967-342-6

저자협의
인지생략

값 20,000원
Copyright© 2026
Book & SangSang Publishing Co.